城市设施安全运维系列丛书

城镇燃气管道安全运行与维护

第 2 版

李庆林　松长茂
卓秋武　邢国宝　编著

机械工业出版社

本书根据国家有关规范、标准，对城镇燃气管道的安全运行与维护的相关内容进行了全面系统的介绍，其中涵盖城镇燃气专业必备的基础理论知识以及从钢管的焊接连接、管道的腐蚀防护与保温、燃气管道及附属设备的安装、燃气管道安装质量监督检验、管道的试验与验收开始，直到燃气管道安全运行、管道的维护管理、抢修的全过程内容，还包括在用燃气管道的检验、门站和储配站的安全运行、调压装置的使用与维护、室内燃气管道的使用与维护、燃气管道的破坏与事故处理等内容。

本书紧密联系实际，内容大都是从生产实际中总结的经验，具有较强的可操作性，是从事城镇燃气管道运行管理、检验、检测及监督检查人员的实用培训教材，亦可作为大专院校、高等职业院校有关专业的学习教材，也可供设计、科研机构有关人员参考。

图书在版编目（CIP）数据

城镇燃气管道安全运行与维护/李庆林等编著．—2 版．—北京：机械工业出版社，2020. 1

（城市设施安全运维系列丛书）

ISBN 978-7-111-64491-0

Ⅰ.①城…　Ⅱ.①李…　Ⅲ.①城市燃气—输气管道—运行②城市燃气—输气管道—维修　Ⅳ.①TU996. 7

中国版本图书馆 CIP 数据核字（2020）第 007624 号

机械工业出版社（北京市百万庄大街 22 号　邮政编码 100037）
策划编辑：罗　莉　责任编辑：罗　莉
责任校对：王明欣　封面设计：严娅萍
责任印制：李　昂
唐山三艺印务有限公司印刷
2020 年 3 月第 2 版第 1 次印刷
184mm×260mm · 18. 75 印张 · 463 千字
标准书号：ISBN 978-7-111-64491-0
定价：95. 00 元

电话服务　　网络服务
客服电话：010-88361066　机　工　官　网：www. cmpbook. com
010-88379833　机　工　官　博：weibo. com/cmp1952
010-68326294　金　书　网：www. golden-book. com

机工教育服务网：www. cmpedu. com

第 2 版前言

我国天然气事业快速发展，燃气应用领域不断扩大。城镇燃气管道安全运行与维护是燃气应用领域中很重要的一个环节。经过多年的发展，我国在城镇燃气管道安全运行与维护方面已经积累了很成熟的经验。本书是在广泛收集、整理、学习、汇总这方面的经验和有关参考文献的基础上编写完成的。

本书在第 1 版的基础上增加了 3 章内容，即钢管的焊接连接、管道的腐蚀防护与保温、燃气管道及附属设备的安装。这是考虑到增加这些内容会使本书进一步充实和完善，也使得本书能较全面系统地反映出城镇燃气管道安全运行与维护的相关内容。

由于编者专业技术水平有限，错误和不妥之处在所难免，恳请专家和读者批评指正。

编　者

2019 年 8 月

第 1 版前言

受北京劳动保障职业学院的委托，编写本书《城镇燃气管道安全运行与维护》。

北京劳动保障职业学院是国家重点骨干高等职业院校。学院在 2008 年教育部进行的高职高专院校人才培养工作水平评估中获得优秀，2009 年成为北京市示范性高等职业建设院校。如今，学院已形成以高等职业教育为主体，继续教育、社会培训、职业技能培训考核、鉴定等全面协调发展的办学格局。

学院设有“城市管理与监察”（城市设施安全技术）专业，该专业面向北京市自来水集团、燃气集团、热力集团、排水集团等以地下管线为主的城市公用设施保障服务单位的生产一线，基于管网安全运行与操作维护岗位而设立，以现代管网安全技术为基本专业内涵，主要培养掌握管网安全运行与操作维护技术的高级技能型专门人才。

《城镇燃气管道安全运行与维护》是该专业所需教材之一。另一方面，考虑到我国天然气事业快速发展，燃气应用领域不断扩大，对从事燃气专业的技术人才和高技能人员的需求量不断增加。在燃气应用领域，城镇燃气管道安全运行又是很重要的一个环节，也需要这方面的培训教材和参考资料。因此，编写本教材的目的既要满足学校教学上的需要，也要尽量符合燃气行业职工培训的需求。

我国燃气事业经过多年的发展，在城镇燃气管道安全运行与维护方面，已经有了很成熟的经验。因此，广泛收集、整理、学习、汇总这方面的经验和文献也是本书编写的重要环节。本书的编写是在参考同行业专家的著作基础上完成的，主要参考了中国城市燃气协会 2006 年组织编写的系列职业技能培训教材、江孝禔为主编、修长征、李建勋为副主编的《城镇燃气与热能供应》以及相关的国家技术规范和标准等。

本书的内容以城镇燃气管道安全运行与维护为主题，又以城镇埋地燃气管道为重点，对管道的安全运行与维护的相关内容进行了全面、系统的介绍。书的前两章简要介绍燃气的基本知识和燃气管道概要。从第三章开始，利用七章篇幅较详细叙述了从燃气管道的施工安装验收开始，直到涵盖了管道的安全运行、维护，在用管道的检验、管道抢修、事故的发生和处理整个运行维护的全过程。书中也用三章的内容介绍了与管道密切相关的调压装置、门站、储配站及室内管道的安全运行与维护，使得本书能较全面地反映出城镇燃气管道安全运行与维护的相关内容。因目前在用的燃气管道大部分建设于 20 世纪末期，均采用旧标准，为维护人员的实际需求，仍沿用旧标准，仅给出最新标准供读者查询。

本书紧密联系实际，内容大多是从生产实际中总结的经验，具有较强的可操作性，是从事城镇燃气管道运行管理、检验、检测及监督检查人员的实用培训教材，亦可作为大专院校、高等职业院校有关专业的学习教材，也可供设计、科研机构的有关人员参考。

参加本书编写者多是在燃气行业工作过几十年的老专家和高级工程师。本书第一、七、十、十一章由李庆林、邢国宝编写，第二、九章由徐罱编写，第三、五、十二章由孙祖亮编写，第六、八章由松长茂编写，第四章由卓秋武编写，各章内容的编写也有相互交叉互补情

况。本书由李庆林、徐謇担任主编，孙祖亮担任主审。

本书在编写过程中承蒙中国城市燃气协会负责同志、北京燃气学院有关同志的支持和帮助，以及北京劳动保障职业学院赵俊岭老师的指导，一并表示深深的谢意。同时，对本书所引用过的著作、文献的作者、专家表示崇高的敬意。

对北京劳动保障职业学院资助本书的出版亦表示衷心的感谢。

由于编者专业技术水平有限，错误不当之处在所难免，恳请专家和读者批评指正。

编　者

目　录

第一章

城镇燃气基础知识

第一节　城镇燃气的种类及应用

天然气的应用在我国有着悠久的历史。我国第一个经营城镇燃气的公司于 1865 年在上海建立，至今已有 150 多年历史。解放后，随着冶金工业的发展，北京等一些城市兴建了燃气事业，供应以煤炭为原料的人工煤气。由于石油与天然气的开采与利用，一些地区逐渐利用天然气作为城镇燃气。20 世纪 60 年代中期，我国石油炼制工业得到很大发展，液化石油气开始进入城镇。改革开放以后，作为城市基础设施之一的城镇燃气，为了提高能源利用率、保护环境、防止大气污染及提高人民生活水平的需要，得到了长足的发展。近年来，随着天然气的开采量增加，西气东输工程的实施、引进国外液化天然气等措施，加快了我国城镇燃气发展速度。

通常把城镇燃气种类划分为：天然气、人工煤气、液化石油气、沼气。近年来也将掺混气和工业企业的生产余气（称为工业余气）列入城镇燃气。

一、城镇燃气的种类

（一）天然气

天然气一般可分为五种：从气井开采出来的气田气称纯气田天然气；伴随石油一起开采出来的石油气称石油伴生气，也称油井气；含石油轻质馏分的凝析气田气；在开采煤矿时从井下煤层抽出的煤矿矿井气，或称煤田气；还有煤成气等。

纯气田天然气（简称天然气）的组分以甲烷为主，还含有少量的乙烷、丙烷等烃类及二氧化碳、硫化氢、氮和微量的氦、氖、氩等气体。我国四川天然气中甲烷含量一般不少于 90%，热值为 34. 750~36. 000MJ/Nm^3（8300~8600kcal/Nm^3）。天津大港地区的天然气为石油伴生气，甲烷含量约为 80%，乙烷、丙烷和丁烷等含量约占 15%，热值约为 41. 868MJ/Nm^3（10000kcal/Nm^3）。凝析气田气除含有大量甲烷及一定量的 C_2 ~ C_4 的碳氢化合物外，还含有 2%~5%戊烷及戊烷以上的碳氢化合物。矿井气的主要组分是甲烷，其含量随采气方式而变化。可见，天然气所含组分不同，其热值的高低也有差异。

（二）人工煤气

20 世纪 50 年代，我国城镇燃气供应系统的气源基本是人工煤气。作为居民生活、工业企业生产和商业用气的人工煤气主要是指以煤或油为原料，经制气及净化处理后通过城镇燃气管网为用户提供的气体燃料。

根据煤和油的原料组分、原料的性质，以及制气的加工方式不同，人工煤气一般可分为四种：固体燃料干馏煤气、固体燃料汽化煤气、油制气和高炉煤气。

1. 固体燃料干馏煤气

利用焦炉、连续式直立碳化炉（又称伍德炉）和立箱炉等对煤进行干馏所获得的煤气称为干馏煤气。用干馏方式生产煤气，每吨煤可产煤气 300~400m^3。这类煤气中甲烷和氢的含量较高，低热值一般在 16.740MJ/Nm^3（4000kcal/Nm^3）左右。干馏煤气生产历史较长，虽然在某些场合已逐步为天然气、液化石油气等气源替代，但目前仍是我国城镇燃气的重要气源之一。

2. 固体燃料汽化煤气

压力汽化煤气、水煤气、发生炉煤气均属此类。在 1.47~2.94MPa 的压力下，以煤作为原料，采用纯氧和水蒸气为汽化剂，可获得高压蒸气氧鼓风煤气，也叫加压汽化煤气。其主要组分为含量较高的甲烷及氢，热值在 15.072MJ/Nm^3（3600kcal/Nm^3）左右。若城市附近有褐煤或长焰煤资源，可采用鲁奇炉生产压力汽化煤气，这套装置可建立在煤矿附近，一般称为坑口汽化。该系统无须另设压送设备，燃气可直接输送至较远的城镇使用。

水煤气和发生炉煤气的主要组分为一氧化碳和氢。水煤气的热值为 10.467MJ/Nm^3（2500kcal/Nm^3）左右，发生炉煤气的热值为 5.443MJ/Nm^3（1300kcal/Nm^3）左右。由于这两种煤气的热值低、毒性大，不可单独作为城镇燃气的气源，但可用来加热焦炉和连续式直立炭化炉，以顶替出热值较高的干馏煤气增加城市的供气量；也可以和干馏煤气、重油蓄热裂解气掺混，用以调节供气量和调整燃气的热值，或作为城镇燃气的调度气源。发生炉煤气还可作为工厂及燃气轮机的燃料。

3. 油制气

我国一些城镇利用重油（炼油厂在提取汽油、煤油和柴油之后所剩的油品）制取城镇燃气。

按制取的方法不同，可分为重油蓄热热裂解气和重油蓄热催化裂解气两种。重油蓄热热裂解气以甲烷、乙烯和丙烯为主要组分，热值约为 41.868MJ/Nm^3（10000kcal/Nm^3）。每吨重油的产气量为 500~550m^3。重油蓄热催化裂解气中氢的含量最多，也含有甲烷和一氧化碳，热值在 17.585~20.934MJ/Nm^3（4200~5000kcal/Nm^3）。利用三筒炉催化裂解装置，每吨重油的产气量为 1200~1300m^3。

以石脑油（粗汽油）作为制气原料，与重油相比，石脑油有如下优点：含硫量少、不生成焦油、烟尘及污水等公害问题小、汽化效率高，而且石脑油催化裂解制气转换一氧化碳的过程比较简单。油制气既可作城镇燃气的基本气源，也可作城镇燃气的调度气源。

4. 高炉煤气

高炉煤气是冶金系统炼铁工艺的副产品，其主要组分是一氧化碳和氮气，热值为 3.768~4.186MJ/Nm^3（900~1000kcal/Nm^3）。

高炉煤气可取代焦炉煤气用作炼焦炉的加热煤气，以使更多的焦炉煤气供应城市。高炉煤气也常用作锅炉的燃料或与焦炉煤气掺混用于城镇供气与冶金工厂的加热工艺。

（三）液化石油气

液化石油气是开采和炼制石油过程中，作为副产品而获得的一部分碳氢化合物。

作为工业和民用燃料的液化石油气可来自于由天然气分离出来的 C_3、C_4 组分，也可以是石油炼制和加工过程中作为副产品的一部分碳氢化合物。目前我国供给城镇作为燃料的液

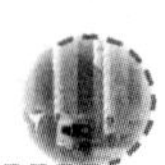

化石油气（LPG）主要来源于石油炼厂催化裂解装置产出的石油气，其主要的组分为丙烷（C_3H_8）、丁烷（C_4H_{10}）、丙烯（C_3H_6）和丁烯（C_4H_8），这部分产量通常约占催化裂解装置处理量的7%~8%。由于各地石油炼厂所用的原料油成分、性质、加工工艺和设备类型不同，各地液化石油气的组成及其热值也有差异。

液化石油气习惯上又称为C_3、C_4，即只用短的碳原子（C）数表示。这些碳氢化物在常温、常压下呈气态，当压力升高或温度降低时，很容易转变为液态；当液态的液化石油气转变为气态时其体积将增大约250倍，从经济角度分析，液化石油气以液态方式储存和输送较以气态方式优越。液态液化石油气的热值为45.217~46.055MJ/kg（10800~11000kcal/kg），气态液化石油气的热值为92.110~121.417MJ/Nm^3（22000~29000kcal/Nm^3）。

随着石油化学工业的迅速发展，利用液化石油气作为城镇燃气的气源具有投资省、设备简单、供应方式灵活、建设速度快等优点，所以我国的一些城镇常以液化石油气作为燃气的气源。近年来，国内外不少城镇还用液化石油气作为汽车燃料。

液化石油气除以瓶装供应外，还可采用汽化的方法使其由液态转化为气态，并通过管道供应用户。为了避免汽化后的液化石油气在有压力输送状态下转换为液态影响正常的输送，因而，常在气态液化石油气中掺混一定量的空气输送给用户使用。按照国家规定，液化石油气与空气的混合气做主气源时，液化石油气的体积分数应高于其爆炸上限的2倍，且混合气的露点温度应低于管道外壁温度5℃。硫化氢含量不应大于20mg/m^3。

（四）沼气

沼气是一种可用作能源且成本低的可燃气体，其发生源和分布极为广泛。以沼气的发生源不同可分为天然沼气和人工沼气两大类。天然沼气是自然界中的有机质自然形成的沼气。人工沼气也被称作生物气，是一种可再生能源。含有蛋白质、纤维素、脂肪、淀粉等有机物质，在缺氧情况下借助厌氧菌的作用使之发酵分解生成可燃气体，即为沼气。发酵的原料在城镇可以来自于分布广泛的生活垃圾、杂草、落叶等，农村也可用农作物的秸秆等。

作为再生能源之一的沼气，其主要成分为甲烷，约占60%，二氧化碳约占35%，此外，还含有少量的氢、一氧化碳等气体，沼气的热值为20.000~29.308MJ/Nm^3（4800~7000kcal/Nm^3），是一种清洁能源，可望未来成为城镇燃气的一种资源。

（五）工业余气

石油化工与化肥工业企业在生产过程中常排出一些工业余气，这些工业余气含有大量的可燃成分，经过收集、加工也可以作为城镇燃气的来源。

每生产1t合成氨约有120~150m^3驰放气，其体积分数一般H_2占50%~60%；CH_4占18%；N_2占22%~32%，热值为11.8~12.9MJ/Nm^3。有些企业驰放气多被放空，造成能源浪费和大气污染。

石油化工企业由于生产工艺需要，一般设火炬将余气燃烧。这种火炬余气的成分随着生产原料、加工工艺、生产产品的不同而改变，但一般均含有较多的CH_4等烃类和H_2，因此热值较高，其波动范围为22.00~41.86MJ/Nm^3，有很高的热能利用价值。

工业余气的利用，可提高能源利用率，避免资源浪费，同时减轻大气环境污染。

（六）掺混气

天然气、液化石油气、人工煤气等燃气常作为单一气源为城镇供气，但也常为调节供气量和调整燃气热值而将不同类别的燃气或燃气与空气混合配制成混合气，作为城镇的供气气源，这种混合燃气叫作掺混气。如：有热值较高的液化石油气与热值较低的发生炉煤气、焦炉煤气与水煤气、高炉煤气与焦炉煤气掺混等的供气方式；又有天然气与空气、液化石油气掺混空气等供气方式。掺混气用以作为城镇的供气气源或过渡气源、补充气源、调峰气源等，现在常为一些城镇所采用。

在一种基本燃气气源中加入另一种燃气或空气形成的掺混气，形式上是一种燃气与另一种燃气或空气的相互混合，而实质则是为调整燃气中 H_2、CH_4、N_2、C_3H_6、C_4H_{10}、C_3H_8 和空气等各主要组分比例关系，目的在于改变气源的热值和燃烧特性，达到燃气互换与燃具适应性的预期效果。掺混气的应用不仅提高了燃气的资源价值，也成为城镇燃气气源的一种类型。

组成掺混气的各类燃气，应符合国家标准的技术要求。另外，在设计时必须核算掺混气的爆炸极限。

各类城镇燃气的组分及低热值实例见表 1-1。

表 1-1　各类城镇燃气的组分及低热值

序号	燃气类别	体积分数（%）									低热值/(MJ/Nm³)
		CH_4	C_3H_8	C_4H_{10}	C_mH_n	CO	H_2	CO_2	O_2	N_2	
一	天然气										
1	纯天然气	98	0.3	0.3	0.4					1.0	36.216
2	石油伴生气	81.7	6.2	4.86	4.94			0.3	0.2	1.8	45.469
3	凝析气田气	74.3	6.75	1.87	14.91			1.62		0.55	48.358
4	矿井气	52.4						4.6	7.0	36.0	18.841
二	人工煤气										
1	固体燃料干馏煤气										
(1)	焦炉煤气	27			2	6	56	3	1	5	18.254
(2)	连续式直立炭化炉煤气	18			1.7	17	56	5	0.3	2	16.161
(3)	立箱炉煤气	25				9.5	55	6	0.5	4	16.119
2	固体燃料汽化煤气										
(1)	压力汽化煤气	18			0.7	18	56	3	0.3	4	15.407
(2)	水煤气	1.2				34.4	52.0	8.2	0.2	4.0	10.383
(3)	发生炉煤气	1.8		0.4		30.4	8.4	2.4	0.2	56.4	5.903
3	油制气										
(1)	重油蓄热热裂解气	28.5			32.17	2.68	31.5	2.13	0.62	2.39	42.161
(2)	重油蓄热催化裂解气	16.5			5	17.3	46.5	7.0	1.0	6.7	17.543
4	高炉煤气	0.3				28.0	2.7	10.5		58.5	3.936
三	液化石油气（概略值）		50	50							108.438
四	掺混气										
1	液化石油气掺混空气		15	35					10.5	39.5	57.230
2	干馏煤气掺混水煤气	13			4	20	49	0.2	6.3	7.5	15.990
3	焦炉气掺混高炉气	18.7			2.0	9.3	50.6	4.7	0.7	14.0	15.062
五	沼气（生化气）	60				少量	少量	35	少量		21.771

二、天然气的应用

天然气是重要能源之一，越来越受到广泛重视，它不仅是重要能源，而且也是化工原料。

国家发展和改革委员会于2007年发布《天然气利用政策的通知》，2012年又以15号令的形式再次明确天然气利用政策，政策明确规定：综合考虑天然气利用的社会效益、环境效益和经济效益以及不同用户的用气特点等各方面因素，天然气用户分为优先类、允许类、限制类和禁止类。

第一类：优先类

城市燃气：

1）城镇（尤其是大中城市）居民炊事、生活热水等用气；

2）公共服务设施（机场、政府机关、职工食堂、幼儿园、学校、医院、宾馆、酒店、餐饮业、商场、写字楼、火车站、福利院、养老院、港口、码头客运站、汽车客运站等）用气；

3）天然气汽车（尤其是双燃料及液化天然气汽车），包括城市公交车、出租车、物流配送车、载客汽车、环卫车和载货汽车等以天然气为燃料的运输车辆；

4）集中式采暖用户（指中心城区、新区的中心地带）；

5）燃气空调；

工业燃料：

6）建材、机电、轻纺、石化、冶金等工业领域中可中断的用户；

7）作为可中断用户的天然气制氢项目；

其他用户：

8）天然气分布式能源项目（综合能源利用效率70%以上，包括与可再生能源的综合利用）；

9）在内河、湖泊和沿海航运的以天然气（尤其是液化天然气）为燃料的运输船舶（含双燃料和单一天然气燃料运输船舶）；

10）城镇中具有应急和调峰功能的天然气储存设施；

11）煤层气（煤矿瓦斯）发电项目；

12）天然气热电联产项目。

第二类：允许类

城市燃气：

1）分户式采暖用户；

工业燃料：

2）建材、机电、轻纺、石化、冶金等工业领域中以天然气代油、液化石油气项目；

3）建材、机电、轻纺、石化、冶金等工业领域中以天然气为燃料的新建项目；

4）建材、机电、轻纺、石化、冶金等工业领域中环境效益和经济效益较好的以天然气代煤项目；

5）城镇（尤其是特大、大型城市）中心城区的工业锅炉燃料天然气置换项目；

天然气发电：

6）除第一类第 12 项、第四类第 1 项以外的天然气发电项目；

天然气化工：

7）除第一类第 7 项以外的天然气制氢项目；

其他用户：

8）用于调峰和储备的小型天然气液化设施。

第三类：限制类

天然气化工：

1）已建的合成氨厂以天然气为原料的扩建项目、合成氨厂煤改气项目；

2）以甲烷为原料，一次产品包括乙炔、氯甲烷等化工项目；

3）新建以天然气为原料的氮肥项目。

第四类：禁止类

天然气发电：

1）陕、蒙、晋、皖等十三个大型煤炭基地所在地区建设基荷燃气发电项目，煤层气（煤矿瓦斯）发电项目除外；

天然气化工：

2）新建或扩建以天然气为原料生产甲醇及甲醇生产下游产品装置；

3）以天然气代煤制甲醇项目。

由此可见，城市燃气被列为优先类，可优先用于城镇（尤其是大中城市）居民炊事、生活热水等用气；公共服务设施（职工食堂、幼儿园、学校、医院、宾馆、酒店、餐饮业、商场、火车站、福利院、养老院等）用气；天然气汽车；集中式采暖用户；燃气空调等。

国家政策将有力推动城镇燃气的发展。

国家在综合考虑天然气利用的社会效益、环境效益和经济效益以及不同用户的用气特点等方面因素，限制、禁止天然气在某些行业的发展，如限制天然汽化工以甲烷为原料，一次产品包括乙炔等化工产品的项目，新建以天然气为原料的氮肥项目等。禁止某些大型煤炭基地所在地区建设燃气发电项目（煤矿瓦斯发电除外），禁止新建或扩建以天然气为原料生产甲醇及甲醇生产下游产品装置等项目。

天然气的输送手段方面，除可以管道输送，还可采用压缩天然气（CNG）用气瓶车运输，也可经低温液化后成为液化天然气（LNG）采用槽船、槽车进行运输，再经汽化通过管道送至用户。

第二节　城镇燃气的分类与互换

城镇燃气习惯上按其成因的不同主要分为天然气、人工燃气、液化石油气和沼气等类型。不同类别燃气的组分、热值和燃烧特性等也各异。从应用的角度，如果以热值和燃烧特性作为特征对燃气进行适当的分类，使用户可以按不同的需求选择燃气类别，这对提高各类燃气的能源价值是十分有益的。

国际煤气工业联盟曾于 1967 年第十届国际煤气工业会议推荐将燃气分为三类，每类又分为几组：

第一类为人工燃气，华白数为 23.865～31.401MJ/m^3（5700～7500kcal/m^3）。它又分为三组。

A 组：一般指煤制气、水煤气等热值较低的燃气（即贫煤气）或石油气与空气或贫煤气的混合气体，华白数为 23.865～28.052MJ/m^3（5700～6700kcal/m^3），燃烧势大于 60。

B 组（焦炉气）：华白数为 23.865～25.958MJ/m^3（5700～6200kcal/m^3），燃烧势大于 60。

C 组（空气与液化石油气或其他石油气的混合体）：华白数为 24.283～27.214MJ/m^3（5800～6500kcal/m^3），燃烧势小于 60。

第二类是天然气，华白数为 41.449～57.778MJ/m^3（9900～13800kcal/m^3）。

国际煤气工业联盟于 1970 年第十一届国际煤气工业会议修改了第二类燃气的分级，将其分为两组：

H 组，华白数较高的天然气，华白数为 48.148～57.987MJ/m^3（11500～13850kcal/m^3）。

L 组，华白数较低的天然气，华白数为 41.282～47.311MJ/m^3（9860～11300kcal/m^3）。

第三类是液化石油气，华白数为 77.456～92.424MJ/m^3（18500～22075kcal/m^3）。此类燃气虽然从规定上没有分组，但实际中人们将它们分为两组。

商业丁烷：以丁烷为主的混合气体；

商业丙烷：以丙烷为主的混合气体。

华白数 W 是一项控制燃具热负荷状况的指数，即发热指数，按下式计算：

$$W=\frac{Q_h}{\sqrt{d}}$$

式中　W——华白数，MJ/m^3(kcal/m^3)；

Q_h——燃气高热值，MJ/m^3（kcal/m^3）（华白数按燃气高热值计算）；

d——燃气相对密度（空气相对密度为 1）。

燃烧势 C_P 是燃烧速度指数。按下式计算：

$$C_P=K\frac{1.0H_2+0.6(C_mH_n+CO)+0.3CH_4}{\sqrt{d}}$$

$$K=1+0.0054O_2^2$$

式中　C_P——燃烧势；

H_2——燃气中氢含量（体积分数）；

C_mH_n——燃气中除甲烷以外的碳氢化合物含量（体积分数）；

CO——燃气中一氧化碳含量（体积分数）；

CH_4——燃气中甲烷含量（体积分数）；

d——燃气相对密度（空气相对密度为 1）；

K——燃气中氧含量修正系数；

O_2——燃气中氧含量（体积分数）。

随着社会的发展，气体燃料的应用领域不断扩大，掺混气的应用也拓宽了城镇燃气类型的多样化。这样，便增加了用户从多种气源中合理地选择气源或更换气源的机会，与此同时也产生了燃具对不同性质气源的适应性问题。

民用燃具都是按一定的燃气组分设计的，也就是说燃具对燃气组分变化的适应范围有着一定的限度。对已定的燃具来说，当燃气组分发生变化时，燃气的热值、密度和燃烧特性等也将随着改变，当其变化超过燃具的适应范围时，用户使用的燃具内的燃烧器便会反映出热负荷、一次空气系数、燃烧稳定性、火焰结构、烟气中一氧化碳含量等燃烧工况的改变，致使用户不能安全和经济地用气。

当城镇更换气源时遇有这种情况，使大范围的用户不得不更换燃具，这在技术上和经济上都是不可取的；然而，如果燃具对某种拟置换的气源有较好的适应性，使燃具仍可保持良好的燃烧效果，则可认为该气源对原气源具有互换性。

不同类别的城镇燃气是否能形成互换是一个关键问题，各类城镇燃气，其内在的共性为，它们都是由可燃气体和惰性气体组成的，其主要成分不外乎如 H_2、CH_4、N_2、C_3H_6、C_3H_8、C_4H_{10}和空气；而引起燃气间性质差异的因素，则是因为它们所含组分的比例不同，其热值和燃烧特性等也随之不同。这就是说，如果改变燃气各组分间的比例关系，使其热值和燃烧特性在预想值的波动范围之内，它们之间便具有互换性。

如何判定两种燃气是否可以互换，希望有一个公式来加以计算，但由于影响燃气互换性的因素十分复杂，因此迄今为止尚不能从理论上推导出一个计算燃气互换指数的经验公式和图表，燃气互换指数只有通过实验手段来确定。目前民用燃具的品种繁多，但绝大多数都使用产生本生火焰的大气式燃烧器。因此，研究燃气的互换性和燃具适应性问题，就集中在燃气性质对本生火焰结构的影响，以及大气式燃烧器如何适应燃气性质改变的问题。一些国家在大量实验数据的基础上，总结出几种燃气互换指数的计算公式和图表，但由于各国对燃气互换性的要求不同，所进行的实验对象和深广程度也不同，因此各国所采取的燃气互换指数的计算公式和图表也不同。

根据我国的气源和居民用气情况，我国采取以燃气的燃烧特性指数，其中包括华白数 W（发热指数）和燃烧势 C_P（燃烧速度指数）作为燃气互换指数，用以判定两种燃气是否可以互换的依据。

燃气的性质、燃具对燃气的适应性和燃气的互换性实质上均与燃气的组分有关。为提高燃气的标准化水平，遵循统一的燃气互换性指数，保证燃气用具在其适应的范围内工作，便于用户对各种不同燃具的选用和维修以及燃气用具产品的国内外流通，GB/T 13611—2018《城镇燃气分类和基本特性》，表 1-2 按我国城镇用气特点以不同的燃气组分、与其相应的燃烧特性指数以及应控制的波动范围等三种因素构成燃气分类的基准气和界限气，并依此分别对天然气、人工煤气和液化石油气三种基本燃气气源进行进一步分类。也就是说燃气分类的技术要求为：城镇燃气应按燃气类别及其燃烧特性指数（华白数 W 和燃烧势 C_P）分类，并应控制其波动范围，表 1-2 中所列华白数的范围是指 GB/T 13611—2018 规定的最大允许波动范围。但作为商品天然气供给作城镇燃气时，应适当留有余地。另外，天然气 10T 和 12T（相当于国际煤气工业联盟标准的 L 类和 H 类），其成分主要由甲烷和少量惰性气体组成，燃烧特性比较类似，一般可用单一参数（华白数）判定其互换性。

表 1-2　城镇燃气的类别及特性指标（15℃，101.325kPa，干）

类别		高华白数 W/(MJ/m^3)		高热值 H/(MJ/m^3)	
		标准	范围	标准	范围
人工煤气	3R	13.92	12.65~14.81	11.10	9.99~12.21
	4R	17.53	16.23~19.03	12.69	11.42~13.96
	5R	21.57	19.81~23.17	15.31	13.78~16.85
	6R	25.70	23.85~27.95	17.06	15.36~18.77
	7R	31.00	28.57~33.12	18.38	16.54~20.21
天然气	3T	13.30	12.42~14.41	12.91	11.62~14.20
	4T	17.16	15.77~18.56	16.41	14.77~18.05
	10T	41.52	39.06~44.84	32.24	31.97~35.46
	12T	50.72	45.66~54.77	37.78	31.97~43.57
液化石油气	19Y	76.84	72.86~87.33	95.65	88.52~126.21
	22Y	87.33	72.86~87.33	125.81	88.52~126.21
	20Y	79.59	72.86~87.33	103.19	88.52~126.21
液化石油气混空气	12YK	50.70	45.71~57.29	59.85	53.87~65.84
二甲醚	12E	47.45	46.98~47.45	59.87	59.27~59.87
沼气	6Z	23.14	21.66~25.17	22.22	20.00~24.44

注：1. 燃气类别，以燃气的高华白数按原单位为 kcal/m^3 时的数值，除以 1000 后取整表示，如 12T，即指高华白数约计为 12000kcal/m^3 时的天然气。

2. 3T、4T 为矿井气或混空轻烃燃气，其燃烧特性接近天然气。

3. 10T、12T 天然气包括干井气、油田气、煤层气、页岩气、煤制天然气、生物天然气。

① 二甲醚气应仅用作单一气源，不应掺混使用。

GB/T 13611—2018 适用于供城镇作燃料使用的各种燃气的分类，要求各地供应的城镇燃气（应按基准气分类）的热值和组分应相对稳定，偏离基准气的波动范围不应超过燃气用具适应性的允许范围，也就是要符合城镇燃气互换的要求。对于城镇供气的主气源必须对基准气具有互换性。

GB/T 13611—2018 所表达的分类指标是数据化的，不仅提高了燃气的标准化水平，规范并统一了各类燃气互换性指数，而且对于提高燃气管道运行系统的安全性是很有意义的。

第三节　单一气体的基本性质

燃气组成中常见的低级烃和某些单一气体的基本性质分别见表 1-3 和表 1-4。

表 1-3　某些低级烃的基本性质（0℃，101.3kPa）

气　体	甲烷	乙烷	乙烯	丙烷	丙烯	正丁烷	异丁烷	正戊烷
分子式	CH_4	C_2H_6	C_2H_4	C_3H_8	C_3H_6	C_4H_{10}	C_4H_{10}	C_5H_{12}
相对分子质量 M	16.0430	30.0700	28.0540	44.0970	42.0810	58.1240	58.1240	72.1510
摩尔体积 V_m/(m^3/mol)	22.3621	22.1872	22.2567	21.9362	21.990	21.5036	21.5977	20.891
密度 ρ/(kg/m^3)	0.7174	1.3553	1.2605	2.0102	1.9136	2.7030	2.6912	3.4537
气体常数 R/[J/(kg·K)]	517.00	273.66	294.24	184.51	193.82	137.22	137.82	107.39
临界参数								
临界温度 t_c/℃	−82.1	32.3	9.8	95.7	91.6	152.8	134.0	197.2

（续）

气 体	甲烷	乙烷	乙烯	丙烷	丙烯	正丁烷	异丁烷	正戊烷
临界压力 P_c/MPa	4.64	4.88	5.34	4.40	4.76	3.62	3.66	3.34
临界密度 ρ_c/(kg/m^3)	162	210	220	226	232	225	221	232
热值								
高热值 Q_h/(MJ/m^3)	39.842	70.351	63.438	101.266	93.667	133.885	133.048	169.377
低热值 Q_l/(MJ/m^3)	35.902	64.397	59.478	93.240	87.667	123.649	122.853	156.733
爆炸极限①								
爆炸下限 L_l（%）（体积分数）	5.0	2.9	2.7	2.1	2.0	15	1.8	1.4
爆炸上限 L_h（%）（体积分数）	15.0	13.0	34.0	9.5	11.7	8.5	8.5	8.3
黏度								
动力黏度 μ/(×10^{6}Pa·s)	10.40	8.60	9.32	7.50	7.65	6.84	—	6.36
运动黏度 ν/(×10^{6}m^2/s)	14.50	6.41	7.46	3.81	3.99	2.53	—	1.85
无因次系数 C	164	252	225	278	321	377	368	383

① 在常压和20℃条件下，可燃气体在空气中的体积分数。

表1-4 某些气体的基本性质（0℃，101.3kPa）

气 体	一氧化碳	氢	氮	氧	二氧化碳	硫化氢	空气	水蒸气
分子式	CO	H_2	N_2	O_2	CO_2	H_2S		H_2O
相对分子质量 M	28.0104	2.0160	28.0134	31.9988	44.0098	34.076	28.966	18.015
摩尔体积 V_m/(m^3/mol)	22.3984	22.427	22.403	22.3923	22.2601	22.1802	22.4003	21.629
密度 ρ/(kg/m^3)	1.2506	0.0899	1.2504	1.4291	1.9771	1.5363	1.2931	0.833
气体常数 R/[J/(kg·K)]	296.57	4125.61	296.62	259.53	187.59	241.42	286.82	445.25
临界参数								
临界温度 t_c/℃	-140.15	-239.83	-146.95	-118.35	31.05		-140.65	373.85
临界压力 P_c/MPa	3.38	1.26	3.29	4.91	7.15		3.65	21.41
临界密度 ρ_c/(kg/m^3)	300.86	31.015	310.91	430.00	468.19		320.07	321.70
热值								
高热值 Q_h/(MJ/m^3)	12.636	12.745				25.347		
低热值 Q_l/(MJ/m^3)	12.636	10.785				23.367		
爆炸极限①								
爆炸下限 L_l（%）（体积分数）	12.5	4.0				4.3		
爆炸上限 L_h（%）（体积分数）	74.2	75.9				45.5		
黏度								
动力黏度 μ/(×10^{6}Pa·s)	162.6	81.5	163.6	190.5	137.6	114.4	168.4	82.8
运动黏度 ν/(×10^{6}m^2/s)	13.30	93.00	13.30	13.60	7.09	7.63	13.40	10.12
无因次系数 C	104	81.7	112	131	266		122	

① 在常压和20℃条件下，可燃气体在空气中的体积分数。

第四节　城镇燃气的基本性质

一、燃气的组成

燃气是由多种气体组成的混合气体。它主要由低级烃（甲烷、乙烷、丙烷、丁烷、乙烯、丙烯、丁烯）、氢气和一氧化碳等可燃组分，二氧化碳、氮气和氧气等不可燃组分，以及氨、硫化物、氧化物、水蒸气、焦油、萘和灰尘等杂质所组成。

组成燃气的单一气体在标准状态下的物理化学性质见表1-3和表1-4。

二、燃气的平均分子量

1. 混合气体的平均分子量

按下式计算：

$$M=1/100\times(y_1M_1+y_2M_2+\cdots+y_nM_n)$$

式中　M——混合气体的平均分子量；

y_1，y_2，…，y_n——各单一气体体积分数，%；

M_1，M_2，…，M_n——各单一气体分子量。

2. 混合液体的平均分子量

按下式计算：

$$M=1/100\times(x_1M_1+x_2M_2+\cdots+x_nM_n)$$

式中　M——混合液体的平均分子量；

x_1，x_2，…，x_n——各单一液体分子成分，%；

M_1，M_2，…，M_n——各单一液体分子量。

各气体的分子量与气体常数见表1-3和表1-4。

三、燃气的平均密度和相对密度

1. 燃气的平均密度

单位容积的燃气所具有的质量称为燃气平均密度，其单位为kg/m^{3}或kg/Nm^3。燃气平均密度可用下式计算：

$$\rho=M/V_{\mathrm{m}}$$

或

$$\rho=1/100\times(y_1\rho_1+y_2\rho_2+\cdots+y_n\rho_n)$$

式中　ρ——燃气平均密度，kg/Nm^3；

V_{m}——燃气的平均摩尔体积，Nm^3/kmol；

M——燃气的平均摩尔质量，kg/kmol；

ρ_1，ρ_2，…，ρ_n——标准状态下各单一气体密度，kg/Nm^3。

对于双原子气体和甲烷组成的混合气体，标准状态下的V_{m}可取22.4Nm^3/kmol，而对于由其他碳氢化合物组成的混合气体，则取22Nm^3/kmol。

2. 燃气相对密度

燃气平均密度与相同状态下的空气平均密度之比值称为燃气相对密度。通常用标准状态数值进行计算：

$$d=\rho/1.293=M/(1.293V_m)$$

式中 d——燃气的相对密度；

ρ——燃气平均密度，kg/Nm^3；

M——燃气的平均摩尔质量，kg/kmol；

V_m——燃气的平均摩尔容积，Nm^3/kmol；

1.293——标准状态下的空气平均密度，kg/Nm^3。

几种燃气的密度和相对密度见表1-5。

表1-5 几种燃气的密度和相对密度

燃气种类	密度/(kg/Nm^3)	相对密度
天然气	0.75~0.8	0.58~0.62
焦炉煤气	0.4~0.5	0.3~0.4
气态液化石油气	1.9~2.5	1.5~2.0

3. 燃气的比体积

单位质量燃气所具有的体积称为比体积，即

$$\nu=V/m$$

式中 ν——燃气的比体积（m^3/kg或Nm^3/kg）。

燃气的比体积与平均密度关系为$\rho\nu=1$，即燃气的比体积和密度互为倒数。

四、临界参数

当温度不超过某一数值，对气体进行加压可以使气体液化，而在该温度以上，无论施加多大压力都不能使之液化，这个温度就称为该气体的临界温度；在临界温度下，使气体液化所需的压力称为临界压力；此时的比体积称为临界比体积；上述参数统称为临界参数。

临界参数是气体的重要物性数据，一些单一气体的临界参数见表1-3、表1-4。

气体临界温度越高，越易液化。由于组成天然气的主要成分甲烷的临界温度低，故天然气较难液化，而组成液化石油气的碳氢化合物的临界温度较高，故较易液化。

五、黏度

燃气是有黏滞性的，这种特性用黏度表示。黏度是气体或液体内部摩擦引起的阻力。包括动力黏度和运动黏度，当气体内部有相对运动时，就会因为摩擦产生内部阻力。黏度越大，阻力越大，气体流动就越困难。

气体的黏度随温度的升高而增加，而液体的黏度则随温度的升高而降低。对于燃气，其分子间吸引力很小，温度升高则体积膨胀，对分子间吸引力的影响不大，但增大了气体分子的运动速度，于是气体层间作相对运动时产生的内摩擦力就增大，即黏度增大。

六、饱和蒸气压

饱和蒸气压简称蒸气压，就是在一定温度下密闭容器中的液体及其蒸气处于动态平衡时的绝对压力。蒸气压随温度升高而增大。

七、沸点和露点

1. 沸点

通常所说的沸点是指一定压力下液体沸腾汽化时的温度。一些低级烃的沸点见表 1-7。

由表 1-7 可知，液体丙烷在 101325Pa 压力下，−42.17℃时就处于沸腾状态，而液体正丁烷在 101325Pa 压力下，−0.5℃时才处于沸腾状态。因而冬季当液化石油气容器放置在 0℃以下的地方时，应该使用沸点低的丙烷、丙烯组分高的液化石油气。因为丙烷、丙烯在寒冷的地区或季节也可以汽化。

2. 露点

在一定压力下，气体冷却出现液体时的温度。

气态碳氢化合物在某一蒸气压时的露点也就是液体在同一压力时的沸点。燃气的露点与其组成及压力有关。露点随燃气压力及各组分的容积成分而变化，压力增大，露点升高。

当用管道输送燃气时，必须保持其温度在露点以上，以防凝结，阻碍输气。

八、体积膨胀

燃气的体积会随温度变化而变化。

液态碳氢化合物的体积膨胀系数大约比水大 16 倍。在灌装容器时必须考虑由温度变化引起的体积增大，留出必需的气相空间体积。

一些液态碳氢化合物的体膨胀系数见表 1-6。

表 1-6 液态碳氢化合物的体膨胀系数

液体名称	15℃时的体膨胀系数	下列温度范围内的体膨胀系数平均值	
		−20～+100℃	+10～+400℃
丙烷	0.00306	0.00290	0.00372
丙烯	0.00294	0.00280	0.00368
丁烷	0.00212	0.00209	0.00220
丁烯	0.00203	0.00194	0.00210
水	0.00019	—	—

液态碳氢化合物的体积膨胀可根据体膨胀系数按下式计算：

对于单一液体：

$$V_2=V_1[1+\beta(t_2-t_1)]$$

式中 V_1——温度为 t_1（℃）时的液体体积；

V_2——温度为 t_2（℃）时的液体体积；

β——$t_1\sim t_2$ 温度范围内的体膨胀系数平均值。

对于混合液体：

$$V_2=V_1k_1[1+\beta_1(t_2-t_1)]+V_1k_2[1+\beta_2(t_2-t_1)]+\cdots+V_1k_n[1+\beta_n(t_2-t_1)]$$

式中 V_1，V_2——温度为 t_1、t_2 时混合液体的体积；

k_1，k_2，…，k_n——温度为 t_1 时混合液体各组分的体积分数；

β_1，β_2，…，β_n——各组分在 $t_1 \sim t_2$ 温度范围内的体膨胀系数平均值。

九、水化物

如果碳氢化合物中的水分超过一定含量，在一定温度压力条件下，水能与液相和气相的 C_1、C_2、C_3 和 C_4 生成结晶水化物 $C_mH_n \cdot xH_2O$（对于甲烷，$x=6\sim7$；对于乙烷，$x=6$；对于丙烷及异丁烷，$x=17$）。水化物在聚集状态下是白色的结晶体或带铁锈色。依据它的生成条件，一般水化物类似于冰或致密的雪。水化物是不稳定的结合物，在低压条件下易分解为气体和水。

在湿燃气中形成水化物的主要条件是压力及温度，次要条件是，含有杂质、高速、紊流、脉动（例如由活塞式压送机引起的）、急剧转弯等因素。

水化物的生成，会缩小管道的流通截面，甚至堵塞管线、阀件和设备。

为防止水化物的形成或分解已形成的水化物有两种方法：一是采用降低压力、升高温度、加入可以使水化物分解的反应剂（防冻剂）；二是采用脱水，使气体中水分含量降低到不致形成水化物的程度。

十、燃气的热值

燃气热值是指单位数量（1kmol、$1Nm^3$ 或 1kg）燃气完全燃烧时所放出的全部热量，单位分别为 kJ/kmol、kJ/Nm^3、kJ/kg。燃气工程中常用 kJ/Nm^3，液化石油气有时用 kJ/kg。

燃气热值可分为高热值和低热值。高热值是指单位数量的燃气完全燃烧后，其燃烧产物和周围环境恢复至燃烧前温度，而其中的水蒸气被凝结成同温度水后放出的全部热量；低热值是指单位数量燃气完全燃烧后，其燃烧产物和周围环境恢复至燃烧前温度，而不计其中水蒸气凝结热时所放出的热量。

燃烧产物中的水蒸气通常以气体状态排出，因此实际工程中常用燃气的低热值进行计算，常用城镇燃气的低热值见表1-1。

通常燃气的热值可按下式计算：

$$H=\sum y_i H_i$$

式中　H——燃气热值，kJ/Nm^3；

y_i——燃气中第 i 组分的摩尔（体积）分数；

H_i——燃气中第 i 组分的热值，kJ/Nm^3。

十一、燃气的汽化潜热

单位数量物质由液态变成与之处于平衡状态的蒸气所吸收的热量为该物质的汽化潜热。反之，由蒸气变成与之处于平衡状态的液体时所放出的热量为该物质的凝结热。同一物质，在同一状态时汽化潜热与凝结热是同一个值，其实质为饱和蒸气与饱和液体的焓差。其单位为 kJ/kg 或 kJ/kmol。

燃气中常见组分在 0.1MPa 压力下，沸点时的汽化潜热见表1-7。

表 1-7　燃气中常见组分在 101.325kPa 时的沸点及沸点时的汽化潜热

物　　质	分　子　式	沸点/℃	汽化潜热	
			kJ/kg	kJ/kmol
一氧化碳	CO	-191	215.2	6029
二氧化碳	CO_2	-72.8[①]	369.1	16244.8
氢	H_2	-252.75	448.6	904.3
水	H_2O	0	2260.9	40733.4
硫化氢	H_2S	-61.8	548.4	18685.7
氮	N_2	-195.78	199.7	5593.6
氨	NH_3	-33.4	1372.0	23366.5
氧	O_2	-182.98	213.1	6820.3
二氧化硫	SO_2	—	389.5	24953.3
甲烷	CH_4	-161.49	510.8	8164.3
乙烷	C_2H_6	-88.3	485.7	15072.5
乙烯	C_2H_4	-103.9	481.5	15114.3
乙炔	C_2H_2	-84	686.6	17877.6
丙烯	C_3H_6	-47.7	439.6	18421.9
异丁烷	C_4H_{10}	-11.73	366.3	21440.6
正丁烷	C_4H_{10}	-0.5	383.5	21222.9
丁烯	C_4H_8	-6	391.0	21855.1
丁二烯	C_4H_8	-11.73	416.2	22600.3
戊烷	C_5H_{10}	36.1	355.9	25455.7
环烷	C_5H_{10}	—	378.3	27297.9
苯	C_6H_6	—	405.7	30831.6
丙烷	C_3H_8	-42.1	422.9	18786.2

① 升华。

十二、着火温度和爆炸浓度极限

1. 着火温度

燃气开始燃烧时的温度称为着火温度，不同可燃气体的着火温度不同。单一可燃气体在空气中的着火温度见表 1-8，在纯氧中的着火温度比在空气中的数值低 50~100℃。

表 1-8　几种单一气体在空气中的着火温度（0℃，101.325kPa）

气体名称	氢	一氧化碳	甲烷	乙烷	丙烷	丁烷	苯	硫化氢
着火温度/K	400	605	540	515	450	365	560	270

2. 爆炸浓度极限

燃气的爆炸浓度极限是燃气的重要性质之一，因为当燃气和空气（或氧气）混合后，如果这两种气体达到一定比例时，就会形成具有爆炸危险的混合气体。该气体与火焰接触时，即形成爆炸。但是并非任何比例的燃气-空气混合气体都会发生爆炸，只有在燃气-空气混合气体中可燃气的浓度在一定范围时，混合气体才能发生爆炸，此范围是从爆炸下限的某一最小值到爆炸上限的某一最大值。

混合气体的爆炸极限取决于组成气体的爆炸极限及其摩尔分数。各单一气体在常压293.15kPa下的爆炸极限见表1-3、表1-4。

几种主要燃气的爆炸极限见表1-9。

表1-9　主要燃气的爆炸极限

爆炸极限［空气中体积分数（%）］	炼焦煤气	纯天然气	液化石油气	人工沼气
上限	35.8	15.0	9.7	24.4
下限	4.5	5.0	1.7	8.8

第五节　燃气的燃烧、爆炸及安全防护

燃气管道是一种可能引起燃爆、中毒等危险性较大的压力管道。当选用气体燃料作为获取电能及热能时，应充分认识到它的燃烧和爆炸规律，这对于合理燃烧、确保压力管道安全使用、保障人民生命和国家财产的安全有着特殊意义。

燃烧是气体燃料中的可燃成分在一定条件下与氧发生激烈的氧化反应，反应的同时产生热并出现火焰。

可燃物、助燃的媒介物和传播燃烧（热）的因素是构成燃烧的三个条件。每一种可燃气体与空气的混合物受热达到其燃点时，即使没有明火也会燃烧。若使燃烧过程正常，可燃气体与空气应有一定的比例关系。以下的化学方程式表明了气体燃料中主要成分的燃烧反应式，从中可以求得燃气燃烧所需的理论空气量和所能得到的热效应：

$$H_2+0.5O_2 \rightarrow H_2O+16316 \quad (J/mol)$$

$$CO+0.5O_2 \rightarrow CO_2+16156 \quad (J/mol)$$

$$CH_4+2O_2 \rightarrow CO_2+2H_2O+50826 \quad (J/mol)$$

$$C_2H_4+3O_2 \rightarrow 2CO_2+2H_2O+80547 \quad (J/mol)$$

$$C_2H_6+3.5O_2 \rightarrow 2CO_2+3H_2O+89045 \quad (J/mol)$$

$$C_3H_8+5O_2 \rightarrow 3CO_2+4H_2O+126730 \quad (J/mol)$$

$$C_4H_{10}+6.5O_2 \rightarrow 4CO_2+5H_2O+164243 \quad (J/mol)$$

在氧气充分的情况下，燃烧速度也取决于可燃物的燃烧面积与其整体的比例，即燃烧面积增大，燃烧速度也相应增加。

爆炸是一种猛烈进行的物理、化学反应，其特点在于爆炸过程中的巨大反应速度、反应的一瞬间产出大量的热和气体产物。所有的可燃气体与空气混合达到一定的比例关系时，都会形成有爆炸危险的混合气体。大多数有爆炸危险的混合气体在露天中可以燃烧得很平静，燃烧速度也较慢；但若同一有爆炸危险的混合气体聚集在一个密闭的空间内，遇有明火即瞬间爆炸；反应过程生成大量高温，被压缩的气体在爆炸的瞬间即释放出极大的气体压力，对

周围环境产生极大的破坏力。反应产生的温度越高，产生的气体压力和爆炸力也成正比地增长。爆炸时除产生破坏以外，因爆炸过程某些物质的分解产物与空气接触，还会引起火灾。

引起爆炸的可燃气体浓度范围（体积分数），称为可燃气体的爆炸极限。能发生爆炸的最低浓度为其爆炸下限，而当它的含量一直增加到不能形成爆炸混合物时的浓度为爆炸上限。

爆炸下限越低的燃气，爆炸危险性越大。由表1-10可知，液化石油气的爆炸危险性最大。

表1-10　几种可燃气体的爆炸限度（体积分数）　（%）

燃气种类名称		天然气					人工煤气			液化石油气	
		四川天然气	西气东输天然气	大庆石油伴生气	大港石油伴生气	华北石油伴生气	焦炉煤气	催化裂解油煤气	热裂解油煤气	北京	大庆
爆炸极限	上限	15	15.1	14.2	14.2	14.1	35.8	42.9	25.7	9.7	9.7
	下限	5	5	4.2	4.4	4.4	4.5	4.7	3.7	1.7	1.7

在城镇燃气运作过程中，也有很多场合可以形成有爆炸危险混合气体的机会，例如在气源方面，常因某种需要将不同类别的燃气或燃气与空气配制成掺混气作为供气气源，这时应当考虑掺混气的爆炸极限问题。

可燃气体爆炸时所产生的压力见表1-11。

表1-11　几种可燃气体爆炸时所产生的压力值

可燃气体	氢	甲烷	乙烷	丁烷	乙烯	乙炔	丙酮	汽油	煤油	焦炉煤气
压力/MPa	1.6464	0.735	0.931	0.931	1.6464	1.6464	0.931	0.931	0.931	0.735

根据燃烧、爆炸现象产生的机理，可以认定，燃气管道漏气是引起爆炸、火灾和中毒的主要根源。

杜绝燃气管道漏气是一项细致的系统工程，它涉及设计、制造、安装、检验、运行、维护与检修等各个环节。各个环节都必须严格遵循国家有关的标准和规定，认真、细致地对待压力管道的安全问题；例如在管理过程中可以细致到注意地下燃气管道被违章占压，或因其他工程施工挖破燃气管道等情况的发生。

防止燃气管道安全事故的发生，必须以预防为主，采取各种防漏措施，避免爆炸性混合物的形成。严格执行国家对城镇燃气的质量要求，按规定对城镇燃气加臭，以便容易发现漏气，及时进行处理。

第六节　城镇燃气的质量要求和加臭

一、城镇燃气的质量要求

城镇燃气中常含有硫化氢、焦油、灰尘、氨、萘和水分等，如不将这些有害物质控制在一定范围内，会对燃气的应用和环境产生不同程度的影响。国家对供应城市的燃气规定了相应的技术要求，要求供应城镇的燃气应符合相关规定。

1. 天然气

开采出来的天然气中，常伴有一些有害和在应用中不利的物质，如硫化物、二氧化碳和水分等。硫在大气中存在的形式主要有硫氧化物、硫酸盐、硫化氢和硫醇等。硫化物及其燃烧产物是主要的大气污染物之一，硫化物的燃烧产物二氧化硫（SO_2）释放至大气中，经气相或液相氧化反应生成的硫酸是造成酸性降水，即酸雨的主要原因之一。燃气中的硫化氢（H_2S）是一种无色气体，有臭味，吸入人体进入血液后，可与血红蛋白结合，生成硫化血红蛋白，使人出现中毒症状，甚至死亡。另外，H_2S 会造成运输、储存和蒸发设备及管道的腐蚀，也可使含铅颜料和铜变黑，还会侵蚀混凝土等。

国家标准 GB 17820—2018《天然气》对天然气的质量指标做了如下规定：

1）天然气发热量、总硫和硫化氢含量、水露点指标应符合天然气技术指标（见表 1-12）的规定；

2）在天然气交接点的压力和温度条件下：

天然气的水露点应比最低环境温度低 5℃；

天然气中不应有固态、液态或胶状物质。

表 1-12　天然气质量要求

项　　目		一类	二类
高位发热量①②/（MJ/m^3）	≥	34.0	31.4
总硫（以硫计）①/（mg/m^3）	≤	20	100
硫化氢①/（mg/m^3）	≤	6	20
二氧化碳摩尔分数（%）	≤	3.0	4.0

① 本标准中使用的标准参比条件是 101.325kPa，20℃。

② 高位发热量以干基计。

2. 人工燃气

人工燃气中含有的杂质有焦油和灰尘、萘、氨及硫化氢等。焦油和灰尘容易堵塞管道和用气设备，特别是干馏煤气中含萘量较高，当输送燃气温度下降时，过饱和结晶出来的萘将因焦油和灰尘的存在，使堵塞状况加剧。人工燃气中多含一氧化碳（CO），CO 是一种无色、无味、有剧毒的可燃气体，对神经系统是一种极危险的气体；它与血红蛋白的亲和力比氧与血红蛋白的亲和力大 200~300 倍，当 CO 被吸入人体后，会很快与血红蛋白结合成碳氧血红蛋白（COHb），使血液因失去吸氧能力而中毒致死。另外，CO 的燃烧产物 CO_2 也是造成大气温室效应和酸性降水的主要污染物之一。

国家标准 GB/T 13612—2006《人工煤气》中，有关人工煤气的技术要求见表 1-13。

3. 液化石油气

液化石油气中的主要杂质有硫化物、游离水和 C_5 及 C_5 以上的组分。液化石油气对人体是有害的。这是由于吸入的重碳氢化合物溶于人的脂肪肌体内，将破坏人体的神经系统和血液。吸入的重碳氢化合物的分子量越大，危险性就越大。另外，因 C_5 和 C_5 以上的组分沸点较高，在常温下难以汽化，形成的残液将占据一定的容积。液化石油气中若含有水和水蒸气能与液态和气态的 C_2、C_3 和 C_4 生成结晶水化物，将减小管道的过流面积，甚至堵塞管道以及如安全阀等设备与仪表。

表 1-13　人工煤气的技术要求

项　　目	质量指标	试验方法
低热值①/(MJ/m³)		
一类气②	>14	GB/T 12206
二类气②	>10	GB/T 12206
燃烧特性指标③波动范围应符合	GB/T 13611	
杂质		
焦油和灰分/(mg/m³)	<10	GB/T 12208
硫化氢/(mg/m³)	<20	GB/T 12211
氨/(mg/m³)	<50	GB/T 12210
萘④/(mg/m³)	<50×10²/*P*（冬天） <100×10²/*P*（夏天）	GB/T 12209.1
含氧量⑤（体积分数）(%)		
一类气②	<2	GB/T 10410.1 或化学分析方法
二类气②	<1	GB/T 10410.1 或化学分析方法
含一氧化碳量⑥（体积分数）(%)	<10	GB/T 10410.1 或化学分析方法

① 本标准煤气体积（m³）指在 101.3kPa，15℃状态下的体积。

② 一类气为煤干馏气；二类气为煤汽化气、油汽化气（包括液化石油气及天然气改制）。

③ 燃烧特性指数：华白数（*W*）、燃烧势（C_P）。

④ 萘系指萘和它的同系物 α—甲基萘及 β—甲基萘。在确保煤气中萘不析出的前提下，各地区可以根据当地城市燃气管道埋设处的土壤温度规定本地区煤气中含萘指标，并报标准审批部门批准实施。当管道输气点绝对压力（*P*）小于 202.65kPa 时，压力（*P*）因素可不参加计算。

⑤ 含氧量系指制气厂生产过程中所要求的指标。

⑥ 对二类气或掺有二类气的一类气，其一氧化碳含量应小于 20%（体积分数）。

GB 11174—2011《液化石油气》规定了液化石油气产品的技术要求（见表 1-14）。该标准还对液化石油气的检验、采样法和加臭、包装、标志、运输、储存、交货验收以及对在生产、储存、使用液化石油气的场所安全等方面也相应地做了明确规定。

二、城镇燃气的加臭

为能及时消除因管道漏气引起的中毒、燃爆事故，城镇燃气应具有可以察觉的臭味。根据 GB 50028—2006《城镇燃气设计规范》规定，燃气中加臭剂的最小量应符合下列规定：

1）无毒燃气泄漏到空气中，达到爆炸下限的 20%时，应能察觉；

2）有毒燃气泄漏到空气中，达到对人体允许的有害浓度时，应能察觉。

有毒燃气一般指含一氧化碳的可燃气体。若空气中含有 0.01%（体积分数）左右的 CO，人就会感到头痛、呕吐出现轻度中毒症状；含量达到 0.10%为致命界限。可见，CO 漏入空气中尚未达到其爆炸下限 20%时（CO 的爆炸下限为 12.4%），人体早已中毒。CO 的毒性主要是 CO 在人体血液中生成的碳氧血红蛋白（COHb），使血液失去吸氧能力。空气中不同的 CO 含量与血液中最大的碳氧血红蛋白浓度的关系见表 1-15。

表 1-14　液化石油气产品的技术要求

项　　目	质量指标			试验方法
	商品丙烷	商品丙丁烷混合物	商品丁烷	
密度（15℃）/(kg/m³)	报告			SH/T 0221①
蒸气压（37.8℃）/kPa	<1430	<1380	<485	GB/T 12576
组分②				SH/T 0230
C_3 烃类组分（体积分数）(%)	>95	—	—	
C_4 及 C_4 以上烃类组分（体积分数）(%)	<2.5	—	—	
(C_3+C_4) 烃类组分（体积分数）(%)	—	>95	>95	
C_5 及 C_5 以上烃类组分（体积分数）(%)	—	<3.0	<2.0	
残留物				SY/T 7509
蒸发残留物/(mL/100mL)	<0.05			
油渍观察	通过③			
铜片腐蚀（40℃，1h）/级	<1			SH/T 0232
总硫含量/(mg/m³)	<343			SH/T 0222
硫化氢（需满足下列要求之一）：				
乙酸铅法	无			SH/T 0125
层析法/(mg/m³)	<10			SH/T 0231
游离水	无			目测④

① 密度也可以用 GB/T 12576 方法计算，有争议时以 SH/T 0221 为仲裁方法。

② 液化石油气中不允许人为加入除加臭剂以外的非烃类化合物。

③ 按 SY/T 7509 方法所述，每次以 0.1mL 的增量将 0.3mL 溶剂残留物混合液滴到滤纸上，2min 后在日光下观察，无持久不退的油环为通过。

④ 有争议时，采用 SH/T 0221 的仪器及试验条件目测是否存在游离水。

表 1-15　空气中不同的 CO 含量与血液中最大的碳氧血红蛋白浓度的关系

空气中 CO 含量（体积分数）(%)	0.100	0.050	0.025	0.018	0.010
血液中最大的碳氧血红蛋白浓度（%）	67	50	33	25	17
对人的影响	致命界限	严重症状	较大症状	中等症状	轻度症状

CO 中毒的影响程度取决于空气中 CO 的含量、吸气的持续时间和呼吸的强度。人体允许的有害物质的含量，在于空气中 CO 含量不应升高到足以使人产生严重症状。从表 1-15 可见，采用空气中 CO 含量为 0.025%，达到平衡时人体血液中碳氧血红蛋白最高只能到 33%，对人一般只能产生头痛、视力模糊、恶心等，不会产生严重症状。在实际操作运行中，还应留有安全裕量，因此规范中对于有毒燃气采用空气中 CO 含量为 0.02%（体积分数）时，应能察觉。

当无毒燃气（如天然气）漏出时，尽管使人中毒的可能性较小，但其危险在于管道漏出的燃气逐渐将室内含氧的空气排出，使人因缺氧而窒息。正常的空气含氧量为接近 21%（体积分数），如果空气中甲烷含量占 19%，相当于氧含量减少到 17%，人的呼吸开始感到

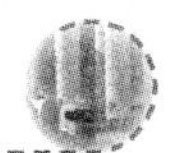

困难；当空气中的含氧量小于12%~9%（甲烷为43%~57%），人难以生存。故规定无毒燃气泄漏到空气中，达到爆炸下限的20%时（甲烷的爆炸下限为5.6%），应能察觉。

在确定加臭剂及其用量时，应按国家有关标准并结合当地燃气的具体情况确定。有条件时，宜通过试验确定。

城镇燃气加臭剂应符合下列要求：

1）加臭剂和燃气混合后应具有特殊的臭味、不易被土壤和家具吸收、漏气消除后不应再有臭味保留。

2）加臭剂不应对人体、管道或与其接触的材料有害。

3）加臭剂的燃烧产物不应对人体呼吸有害，并不应腐蚀或伤害与此燃烧产物常接触的材料。

4）加臭剂溶解于水的程度不应大于2.5%（体积分数）。

5）加臭剂应有在空气中能察觉的加臭剂含量指标。

6）加臭剂应便于制造、价格低廉。

目前国内外常用的加臭剂有四氢噻吩（THT）和乙硫醇（TBH）等。

几种常见的无毒燃气加臭剂用量见表1-16。

表1-16　几种常见的无毒燃气的加臭剂用量

气体种类	加臭剂用量/(mg/m^3)
天然气（在空气中的爆炸下限为5%）	20
液化石油气（C_3和C_4，各一半）	50
液化石油气和空气的混合气 （液化石油气：空气=50：50；液化石油气成分C_3和C_4各一半）	25

第二章

城镇燃气管道概要

第一节　燃气管道基本要求

城镇燃气具有易燃、易爆和有毒等特点，一旦供气设施发生泄漏，极易发生火灾、爆炸及中毒事故，造成国家和人民生命财产的损失。因此，确保燃气安全供应是城镇燃气供应单位的重要职责。

近年来，我国燃气事业飞速发展，新工艺、新设备、新材料、新技术在燃气行业有了广泛应用，特别是城镇燃气系统运行压力级制的提高，聚乙烯（PE）管、压缩天然气（CNG）、液化天然气（LNG）技术的广泛应用对城镇燃气的运行管理工作提出了新的要求。发展就是要满足社会需要，不断地向用户提供优质气体燃料。可靠意味着用户随时随地都可以获得所需要的城镇燃气；安全则是要求使用城镇燃气时安全而无事故。为此必须做好城镇燃气的安全管理。城镇燃气通过管道与千家万户相连，不论从理论上还是生活实际，对城镇燃气的使用，安全总是第一位的。城镇燃气的管理与使用单位，历来比较重视安全，并制定了设计、施工验收、运行管理等方面的规范与标准，保证了设计施工均有章可循，有法可依。近些年来城镇燃气发展较快，有时为了工程进度而忽视质量的现象时有发生，埋地敷设的燃气管道又是隐蔽工程，在城镇中经常有燃气管道被违章占压，甚至有的压在建筑物之下，有的燃气管道与建构筑物间距严重不足，一旦发生燃气泄漏，后果将是十分严重。

国内外由于燃气泄漏而造成安全事故的实例很多，例如某年冬天，某市正值上班高峰，由于地下燃气管道漏气，达到爆炸极限范围，遇明火在一路口处引起爆炸，造成 6 人死亡，26 人受伤。又如，某市地下燃气管道受压过大而断裂，燃气漏入楼内，遇明火引燃，三层砖混结构住宅严重受损，3 人死亡，6 人受伤。

1995 年，韩国大邱市燃气公司用液化石油气掺混空气作为城镇燃气的 0. 4MPa 燃气管道，由于挖土作业被钻穿，造成大量燃气泄漏，顺着敞开式下水道流至地铁基坑，遇明火点燃，引起爆炸，造成 101 人死亡，107 人受伤。

1984 年，墨西哥首都墨西哥城郊一所液化石油气供应中心一管道产生裂纹，液化石油气外泄，遇明火引起连锁爆炸，供应中心站内 54 座液化石油气储罐全部爆炸起火，在数百米上空形成了巨大的火球，爆炸冲击波将 10km 外的住宅玻璃震碎，油罐碎片四处飞散，事故中约 490 人死亡，4000 多人受伤，900 余人失踪，31000 人无家可归。

这些惨痛的事故教训深刻。

城镇燃气已有多年管理经验，形成了一整套设计、施工安装、竣工验收及运行管理的体系。作为压力管道应按照压力管道安全监察的要求，对设计、制造、安装、使用、检验、维修、改造实行全过程的安全监察，以保证安全，杜绝事故发生。

此外，在现代化城市中，燃气和电力、自来水一样，既是城市重要基础设施，又是不可缺的基本能源供应，对城市的经济建设和人民生活都有着重大影响。因此对燃气管网输配系统的安全可靠性有很高的要求，其中最基本的要求如下：

一、管道、设备不泄漏

燃气管道是有压管道，一旦发生泄漏，就可能导致火灾、中毒、爆炸等恶性事故。泄漏出的燃气达到爆炸极限范围，遇到明火（包括撞击火星及电火花），就可能引起爆炸和火灾事故；人工燃气中含有一定成分的一氧化碳等有毒气体（我国城市人工煤气一氧化碳含量有的高达20%以上）可危及人的生命安全；燃气的泄漏既是一个能源的浪费，也会造成环境的污染。因此，“不漏气”对燃气管道来讲是最重要的，也是最起码的要求。

随着我国国民经济的不断发展，城镇燃气汽化规模与普及率大幅度提高，为确保广大人民群众生命财产安全，原劳动部于 1996 年颁发了《压力管道安全管理与监察规定》，将一部分危险性较大的管道定义为压力管道（包括城镇燃气管道），由政府实施安全监察。从此，我国的压力管道开始进入法制管理时期。随着我国安全生产法规的不断健全，国务院于 2009 年颁布了《特种设备安全监察条例》，将压力管道纳入特种设备范围，并对应进行监管的压力管道的含义作了明确规定，即压力管道是指利用一定的压力，用于输送气体或者液体的管状设备，其范围规定为最高工作压力大于或者等于 0.1MPa（表压）的气体、液化气体、蒸汽介质或者可燃、易爆、有毒、有腐蚀性、最高工作温度高于或者等于标准沸点的液体介质，且公称直径大于 25mm 的管道（包括其附属的安全附件、安全保护装置和与安全保护装置相关的设施）。

压力管道的安全监察涵盖了六大方面的内容：①压力管道设计环节的安全监察；②压力管道制造环节的安全监察；③压力管道安装环节的安全监察；④压力管道使用环节的安全监察；⑤压力管道维修、改造环节的安全监察；⑥压力管道检验环节的安全监察。

此外，还实行资质许可制度，相关单位要有相应的管理制度，所有这些都是为确保压力管道的安全运行，确保压力管道不泄漏。

二、管道、设备耐腐蚀

经久耐用、耐腐蚀是燃气管道不泄漏的必要条件。城镇燃气管道是城镇重要基础设施，投资大、施工涉及面广、检查和抢修难度大，也要求燃气管道耐腐蚀、使用寿命长。

城市燃气管线埋在地下，目前使用最多的是钢管和铸铁管。铸铁管耐蚀性好，但承受压力低，而钢管如没有有效的防腐措施，2~3 年就有可能腐蚀穿孔，发生燃气泄漏。

为使钢质管道耐腐蚀、不易损坏，一定要认真做好管道腐蚀防护这一重要环节。对钢管而言，管道的涂层保护和电保护相结合是非常有效的腐蚀防护措施。从理论上讲，这种联合的保护措施可以无限期延长埋地钢管的使用寿命。

也可采用耐蚀性好的铸铁管（球墨铸铁）和大力推广应用聚乙烯（PE）燃气管等新型材料。

经国内外长期反复实践表明，聚乙烯（PE）燃气管确具有其独特的优越性：耐腐蚀性能强，具有非常优异的耐化学性；柔韧性好，能适应较大的管基不均匀沉降和优良的抗震性能；重量轻，连接方便，有利施工；低摩阻，降低运行能耗等。因而在中、低压燃气输送管道中得到了越来越广泛的应用。

三、冬季凝水不冻结

燃气中往往含有一定的水分、油分和萘（主要是人工燃气）。在温度较低（冬季）的情况下会在管道中凝结出水和油而发生水堵，冬季还会产生萘的结晶体而发生萘堵。为了保证输气畅通，就需要及时排除这些水和油。为此，在管道设计中，规定了一定的坡度（不小于0.003），在管线最低点（500mm左右为一段）设置凝水缸，定期排放管道内的液体，以保证输气的畅通。

在寒冷地区，保证凝水和凝水缸冬季不冻结是输气管线正常运行的必需条件。《城镇燃气设计规范》中明确要求燃气管线要埋设在土壤冰冻线以下，从而保证了凝结水不会冻结。

供应城镇的燃气质量应符合国家规定标准的要求，燃气中的有害物质应控制在规定的允许范围之内。

第二节　城镇燃气管道的分类及选择

一、燃气管道的分类

燃气管道根据用途、敷设方式和输气压力分类。

（一）根据用途分类

1. 长输管道

由输气首站输送城镇商品燃气至城镇燃气门站、储配站或大型工业企业的长距离输气管道。

2. 城镇燃气管道

（1）输气管道　由气源厂或门站、储配站至各级调压站输送燃气的主干管道。

（2）分配管道　在供气地区将燃气分配给工业企业用户、商业用户和居民用户。分配管道包括街区的和庭院的分配管道。

（3）用户引入管　从分配管道引到用户室内管道引入口处总阀门的燃气管道。

（4）室内燃气管道　通过用户管道引入口总阀门将燃气引向室内，并分配到每个燃气用具。

3. 工业企业燃气管道

（1）工厂引入管道和厂区燃气管道　由各级调压站将燃气引入工厂，分送到各用气车间。

（2）车间燃气管道　从车间的管道引入口将燃气送到车间内各个用气设备（如窑炉），车间燃气管道包括干管和支管。

（3）炉前燃气管道　从支管将燃气分送给炉前各个燃烧设备。

（二）根据敷设方式分类

1. 地下燃气管道

在城镇中常采用地下敷设。

2. 架空燃气管道

在工厂区和管道穿越铁路、河流时，为了管理维修方便，有时用架空敷设。

（三）根据输气压力分类

由于城镇燃气管道直接敷设于城镇地下，管道漏气可引发火灾、爆炸、中毒事故，造成严重后果。燃气管道中的压力越高，管道接头脱开或管道本身出现裂缝等的危险性也越大。因此，根据人口密度、道路、地下管线等状况对城镇燃气管道按输气压力进行分级是十分必要的。对不同压力燃气管道的材质、安装质量、检验标准和运行管理的要求也各不同。

我国城镇燃气管道设计压力 P 分为 7 级，见表 2-1。

表 2-1　城镇燃气管道设计压力（表压）分级

名　　称		压力/MPa
高压燃气管道	A	$2.5<P\leqslant4.0$
	B	$1.6<P\leqslant2.5$
次高压燃气管道	A	$0.8<P\leqslant1.6$
	B	$0.4<P\leqslant0.8$
中压燃气管道	A	$0.2<P\leqslant0.4$
	B	$0.01\leqslant P\leqslant0.2$
低压燃气管道		$P<0.01$

居民用户和小型商业用户一般由低压管道供气。

中压管道必须通过区域调压站或用户专用调压站向城镇分配管道供气，或向工厂企业、大型商业用户以及锅炉房供气。

城镇高压燃气管道是大城市供气的主动脉，高压燃气也必须通过调压站送入次高压或中压管道、高压储气罐以及工艺需要高压燃气的大型工厂企业。

高压燃气管道在沿管道中心线两侧各 200m 范围内，任意划分为 1.6km 长并能包括最多供人居住的独立建筑物数量的地段，按划定地段内的房屋建筑密集程度划分为四个等级。

一级地区：有 12 个或 12 个以下供人居住建筑物的任一地区分级单元。

二级地区：有 12 个以上，80 个以下供人居住建筑物的任一地区分级单元。

三级地区：介于二级和四级之间的中间地区。有 80 个和 80 个以上供人居住建筑物的任一地区分级单元，或距人员聚集的室外场所 90m 内铺设管线的区域。

四级地区：地上 4 层或 4 层以上建筑物普遍且占多数的任一地区分级单元（不计地下室层数）。

城镇燃气管道系统中各级压力的干管，特别是中压以上压力较高的管道，应连成环网，初建时也可以是半环形或枝状管道，但应逐步构成环网。

城镇、工厂区和居民点可由长距离输气管道供气，个别距离城镇燃气管道较远的大型用户，经论证确系经济合理和安全可靠时，可通过自设调压站与长输管线连接。除了一些允许设专用调压器、与长输管线相连接的管道检查站用气外，单个的居民用户不得与长输管线连接。

随着科学技术的发展，有可能改进管道和燃气专用设备的材质，提高管道施工的质量和运行管理的水平，在新建的城镇燃气管网系统和改建旧有的系统时，燃气管道可采用较高的压力，以降低管网的总造价或提高管道的输气能力。

二、城镇燃气管道系统及选择

（一）城镇燃气输配系统的构成

现代化的城镇燃气输配系统是复杂的综合设施，主要由下列几部分构成：

1）低压、中压、次高压以及高压等不同压力的燃气管道。

2）门站、储配站。

3）分配站、压送站、调压计量站、区域调压站。

4）信息与电子计算机中心。

输配系统应保证不间断地、可靠地给用户供气，在运行管理方面应是安全的，在维修检测方面应是简便的。还应考虑到在检修或发生故障时，可关断某些部分管段而不致影响全系统的工作。

在一个输配系统中，宜采用标准化和系列化的站室、构筑物和设备。采用的系统方案应具有最大的经济效益，并能分阶段地、一部分一部分地建造和投入运行。

（二）城镇燃气管道系统

城镇燃气输配系统的主要部分是燃气管道，根据所采用的管道压力级制不同可分为：

1）一级系统：仅用低压管道来分配和供给燃气，一般只适用于小城镇的供气系统。如供气范围较大时，则输送单位体积燃气的管材用量将急剧增加。

2）两级系统：由低压和中压或低压和次高压两级管道组成。

3）三级系统：包括低压、中压（或次高压）和高压的三级管道。

4）多级系统：由低压、中压、次高压和高压的管道组成。

（三）采用不同压力级制的必要性

城镇燃气输配系统中管网应采用不同的压力级制，其原因如下：

1）管网采用不同的压力级制是比较经济的。因为燃气由较高压力的管道输送，为充分利用能量，管道单位长度的压力损失可以选得大一些，这样可降低管道的管径，以节省管材。如由城镇的一地区输送大量燃气到另一地区，采用较高的压力比较经济合理。对于城镇中一些大型工业企业用户，可根据工艺需要采用压力较高的专用输气管线。

2）各类用户所需要的燃气压力不同。如居民用户和小型商业用户需要低压燃气，直接与低压管网连接，即使采用用户调压器或楼栋调压装置时，一般也只与压力小于或等于中压的管道相连。而大多数工业企业则需要中压或次高压、甚至高压燃气。

3）在城市未改建的老区，建筑物比较密集，街道和人行道都比较狭窄，不宜敷设高压或次高压管道。对于城市新建区道路宽阔，建筑物比较整齐、宽松，可敷设压力较高的燃气管道。对于大城市燃气输配系统的建造、扩建和改建过程时间较长，新区与老区条件差别较大，新区的道路与建筑物条件比老区要好，因此，一般近期建造的管道的压力都比原建的老区燃气管道压力要高。

（四）燃气管道系统的选择

无论是旧有的城镇，还是新建的城镇，在选择燃气管网系统时，应考虑到许多因素，其中最主要的有：

1）气源情况。燃气的性质，是选用人工燃气（煤制气或油制气）、天然气、还是利用几种可燃气体或空气的掺混燃气；供气量和供气压力；燃气的净化程度和含湿量；气源的发

展或更换气源的规划。

2）城镇性质、规模、远景规划情况、建筑特点、人口密度、居民用户的分布情况。

3）原有的城镇燃气供应设施情况。

4）对不同类型用户的供气方针、汽化率及不同类型的用户对燃气压力的要求。

5）用气的工业企业的数量和特点。

6）储气设备的类型。

7）城镇地理地形条件，敷设燃气管道可能遇到天然和人工障碍物（如河流、湖泊、铁路等）的情况。

8）发展城镇燃气事业所需的材料及设备的生产和供应情况。

设计城镇燃气管网系统时，应全面综合考虑上述诸因素，从而提出数个方案作技术经济计算，选用经济合理的方案。方案的比较必须在技术指标和工作可靠性相同的基础上进行。

三、城镇燃气管网系统举例

（一）低压—次高压两级管网系统

气源为天然气，用长输管线的末段储气。如图 2-1 所示。

天然气由长输管线从东西两方向经燃气分配站送入该城市。次高压管道连成环网，通过区域调压站向低压管网供气，通过专用调压站向工业企业供气。低压管网根据地理条件分成三个互不连通的区域管网。

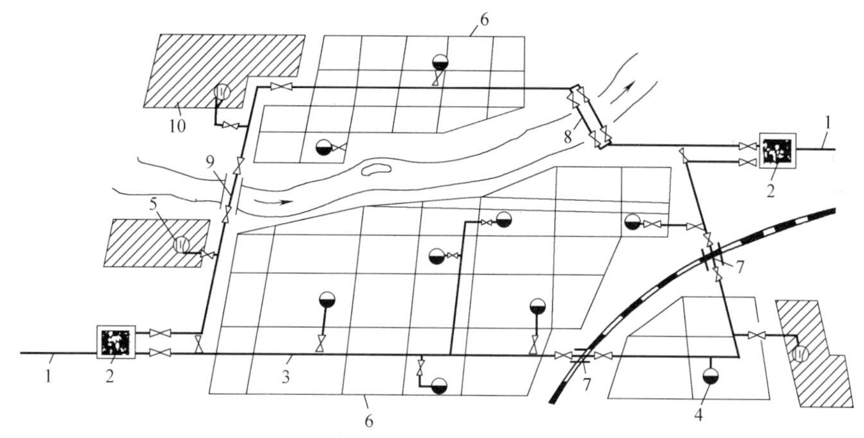

图 2-1　低压—次高压两级管网系统

1—长输管线　2—城镇燃气门站　3—次高压（或中压）管网　4—区域调压站　5—工业企业专用调压站　6—低压管网　7—穿过铁路的套管敷设　8—穿越河底的过河管　9—沿桥敷设的过河管　10—工业企业

图 2-1 上与铁路相交处的燃气管道敷设在套管内，过河的地方一处用双管穿越河底，另一处则利用已建的桥梁采用沿桥敷设。

居民用户和小型商业用户由低压管网供气。根据居民区规划和人口密度等特点，一种情况是低压管道沿大街小巷敷设，以组成较密的低压环网；另一种情况则是低压管道敷设在街坊内，而只将主干管连成环网。

第一种情况适用于城镇的老区，因为那里建筑物鳞次栉比，又分成许多小区，故低压管道敷设在每条街道上、胡同里，互相交叉而连成较密的环网，从低压管道上连接用户引入管。

第二种情况适用于城镇的新建区，那里居民住宅区楼房整齐地布置在街坊内，楼房之间保持必要的间距。在这样的条件下，低压管道可以敷设在街坊内，这些楼房可由枝状管道供气，而主要的街道低压干管连成环网，以提高供气的可靠性和保持供气压力稳定性。

低压管网中主干管连成环网是比较合理的，次要的管道可以是枝状管。为了使压力留有余量，以保证环网工作可靠，主环各管段宜取相近的管径。不同压力等级的管网应通过几个调压站来连接，以保证在个别调压站关断时仍能正常供气。这样的管网方案，既保证了必要的可靠性，同时也比较经济。低压燃气管网还应根据城镇的地形地物自然分片布置，不必形成全城性的由许多环组成的大环网，因为从供气安全可靠的角度看，一个大型或中型城镇的低压管网连成大片环网的必要性不大，再则为了形成大环网要穿越较多的河流、湖泊、铁路和公路干线，这种做法并不一定合理。

区域调压站的主要设备是调压器，调压器将压力较高的燃气降压，并在其出口处保持稳定的压力。

给低压管网供气的区域调压站的数量，即各调压站的作用半径，应由技术经济计算决定。调压站宜布置在供气区的中心，并靠近管道的汇交点。调压站一般应设在地上单独的建筑物内或采用调压箱。

（二）低压—中压两级管网系统

气源是人工燃气，用低压储气罐储气，如图2-2所示。

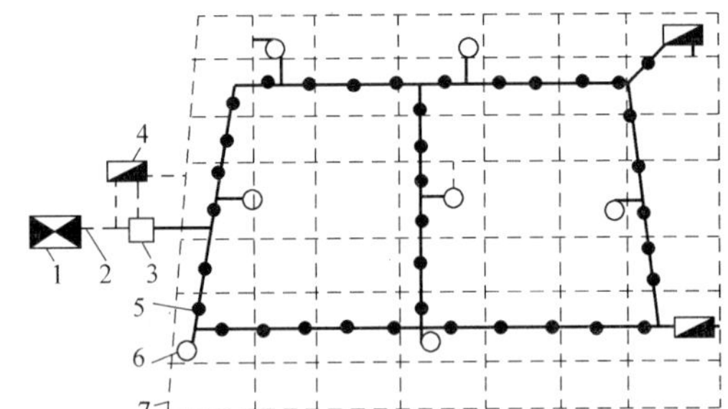

图2-2　低压—中压两级管网系统

1—气源厂　2—低压管线　3—压送机站　4—低压储罐站　5—中压管网　6—区域调压站　7—低压管网

从位于该城镇西侧的燃气厂生产的低压燃气，经加压后送入中压管网，再经区域调压站调压后送人低压管网，设置在用气区的低压储气罐由中压管供气，用户高峰时向低压管网输送燃气。这种两级系统的特点是中压管网经调压后与低压储气罐相连，中压管道和低压干管均连成环网，但由于低压罐站设在城市里，对市容和安全是不利的。另外，区域调压站与储气罐站的位置必须布置合适，以避免局部地区供气量和压力不足的情况出现。

（三）三级管网系统

由低压、中压和次高压管网组成，气源是来自长输管线的天然气（也可以是高压的人工燃气），用高压储气罐储气，如图2-3所示。

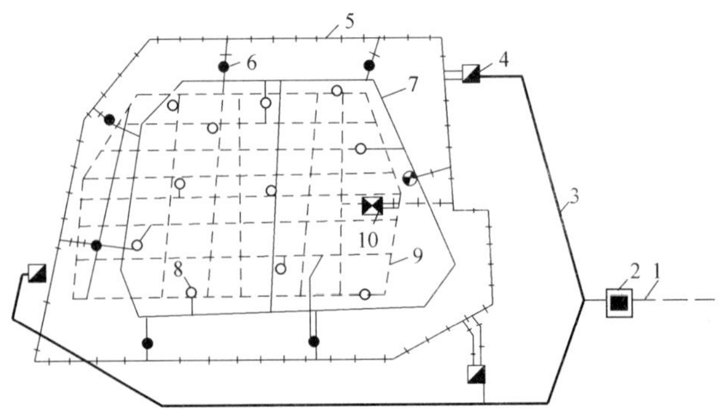

图2-3　三级管网系统

1—长输管线　2—城镇燃气门站或分配站　3—次高压管道　4—高压储配站　5—次高压管网　6—次高压调压站　7—中压管网　8—中低压调压站　9—低压管网　10—煤气厂

该城镇原气源是煤制气，为中

压和低压两级管网。随着燃气供应事业的发展，天然气送入该市，建立了压力为0.003MPa、0.07~0.15MPa和0.3~0.5MPa的三级管网。

为了充分利用该城镇原有的供气系统，天然气先与煤气厂煤制气掺混，然后送入城镇管网。该城镇先后在郊区建立了三个高压储配站，用1.2MPa的次高压管道在城镇郊区将几个储配站连成整体。

当城镇的气源全部是低压人工燃气时，由于燃气出厂的压力较低，是否采用三级系统和高压储气设备，需要根据发展规划，进行技术经济计算加以确定。

（四）多级管网系统

气源是天然气，该城镇的供气系统用地下储气库、高压储配站以及长输管线储气，如图2-4所示。

居民人口密度相当大的某特大型城市，采用了多级管网系统。天然气通过几条长输管线进入城镇管网，两者的分界点是城镇燃气门站或分配站，天然气的压力在该站降到2MPa，进入城镇外环的高压管网。

该城镇管网系统的压力主要分为四级，即低压、中压、次高压和高压。各级管网分别组成环状。天然气由较高压力等级的管网进入较低压力等级的管网时，必须通过调压站。

由于该城镇中心区的人口密度很大，从安全考虑只敷设了压力不大于0.15MPa的中压管网。工业企业用户和大型商业用户与中压或次高压管网相连，居民用户和小型商业用户则与低压管道相连。

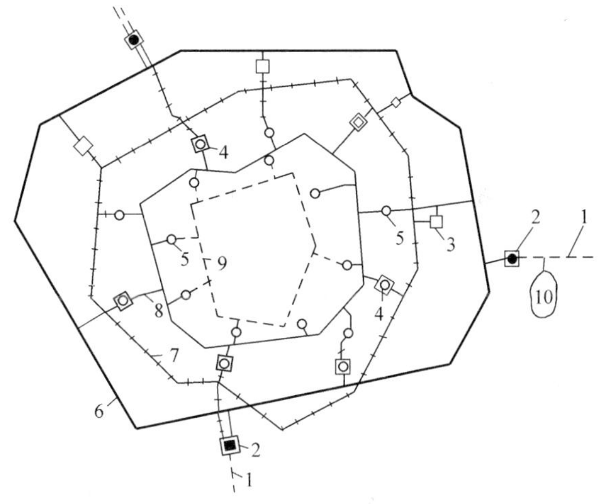

图2-4 多级管网系统

1—长输管线 2—城镇燃气门站（分配站） 3—调压计量站 4—储配站 5—调压站 6—高压外环网 7—次高压A管网 8—次高压B管网 9—中压管网 10—地下储气库

从运行管理方面来看，该系统既安全又灵活，因为气源来自多个方向，主要管道均连成环网。平衡用户用气量的不均匀性可以由缓冲用户、地下储气库、高压储气罐以及长输管线储气来解决。

第三节 城镇燃气管道的布线

一、城镇燃气管道的布线原则

城镇燃气管道的布线是指城镇燃气管网系统在原则上选定之后，决定各管段的具体位置。

（一）布线依据

需要敷设管道的线路，根据燃气管道沿街道或广场的平面布置图来决定。在决定城市中各种不同燃气管道的布线问题时，必须考虑下列基本情况：

1）城镇燃气门站、储配站的位置。

2）管道燃气的压力。高压燃气管道不宜进入城镇四级地区。

3）城镇燃气各级调压站的位置。

4）街道其他地下管道的密集程度与布置情况。

5）街道交通量和路面结构情况，以及运输干线的分布情况。

6）所输送燃气的含湿量，必要的管道坡度，街道地形变化情况。

7）与该管道相连接的用户数量及用气量情况，该管道是主要管道还是次要管道。

8）线路上所遇到的障碍物情况。

9）土壤性质、腐蚀性能和冰冻线深度。

10）该管道在施工、运行和万一发生故障时，对城镇交通和人们生活的影响。

在布线时，要决定燃气管道沿城镇街道的平面位置与纵断面位置。

（二）管线的平面布置

在决定平面布置时，要考虑下列各点：

1）要使主要燃气管道工作可靠，燃气应从管道的两个方向得到供应，为此，管道应逐步连成环形。

2）次高压和中压管道最好不要沿车辆来往频繁的城镇主要交通干线敷设，否则对管道施工和检修造成困难，来往车辆也将使管道承受较大的动荷载。对于低压管道，有时在不可避免的情况下，征得有关方面同意后，可沿交通干线敷设。

3）燃气管道不得在堆积易燃、易爆材料和具有腐蚀性液体的场地下面通过，也不宜与给水管、热力管、雨水管、污水管、电力电缆、电信电缆等同沟敷设。在特殊情况下，当地沟内通风良好，且电缆置于套管内时，可允许同沟敷设。

4）燃气管道可以沿街道的一侧敷设，也可以双侧敷设。在有有轨电车通行的街道上，当街道宽度大于20m或管道单位长度内所连接的用户分支管较多时，经过技术经济比较，可以采用双侧敷设。

5）燃气管道布线时，应与街道轴线或建筑物的前沿相平行，管道宜敷设在人行道或绿化地带内，应尽可能避免在高级路面的街道下敷设。

6）燃气管道布线时，应在门站、储配站、调压站进出口、分支管起点、主要河流、主要道路、铁路两侧设置阀门。次高压和中压管道上每2km左右设分段阀门。高压燃气干管上，分段阀门最大间距为：以四级地区为主的管段不应超过8km；以三级地区为主的管段不应超过13km，以二级地区为主的管段不应超过24km；以一级地区为主的管段不应超过32km。

7）在空旷地带敷设燃气管道时，应考虑到城镇发展规划和未来的建筑物布置的情况。

8）为了保证在施工和检修时互不影响，也为了避免由于漏出的燃气影响相邻管道的正常运行，甚至进入建筑物内，地下各级压力燃气管道与建筑物、构筑物基础以及其他各种管道之间应保持的最小水平净距分别列于表2-2a、表2-2b、表2-2c。

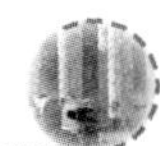

表 2-2a 地下燃气管道与建筑物、构筑物或相邻管道之间的水平净距 （单位：m）

项目		地下燃气管道压力/MPa				
		低压	中压		次高压	
		<0.01	B≤0.2	A≤0.4	B 0.8	A 1.6
建筑物	基础	0.7	1.0	1.5	—	—
	外墙面（出地面处）	—	—	—	5.0	13.5
给水管		0.5	0.5	0.5	1.0	1.5
污水、雨水排水管		1.0	1.2	1.2	1.5	2.0
电力电缆（含电车电缆）	直埋	0.5	0.5	0.5	1.0	1.5
	在套管内	1.0	1.0	1.0	1.0	1.5
通信电缆	直埋	0.5	0.5	0.5	1.0	1.5
	在套管内	1.0	1.0	1.0	1.0	1.5
其他燃气管道	$D \leqslant 300$mm	0.4	0.4	0.4	0.4	0.4
	$D > 300$mm	0.5	0.5	0.5	0.5	0.5
热力管	直埋	1.0	1.0	1.0	1.5	2.0
	在管沟内（至外壁）	1.0	1.5	1.5	2.0	4.0
电杆（塔）的基础	≤35kV	1.0	1.0	1.0	1.0	1.0
	>35kV	2.0	2.0	2.0	5.0	5.0
通信照明电杆（至电杆中心）		1.0	1.0	1.0	1.0	1.0
铁路路堤坡脚		5.0	5.0	5.0	5.0	5.0
有轨电车钢轨		2.0	2.0	2.0	2.0	2.0
街树（至树中心）		0.75	0.75	0.75	1.2	1.2

注：1. 如受地形限制无法满足表中要求时，经与有关部门协商，采取有效防护措施后，表中规定的净距可适当缩小，但次高压燃气管道距建筑物外墙不应小于 3m，中压管道距建筑物基础不应小于 0.5m，且距外墙面不应小于 1.0m，低压管道应不影响建、构筑物和相邻管道基础的稳固性。次高压 A 燃气管道距建筑物外墙面 6.5m 时，管道壁厚不应小于 9.5mm；距外墙面 3.0m 时，管壁厚度不应小于 11.9mm。

2. 表中除地下燃气管道与热力管道的净距不适于聚乙烯燃气管道和钢骨架聚乙烯塑料复合管外，其他规定均适用于聚乙烯燃气管道和钢骨架聚乙烯塑料复合管道。聚乙烯燃气管道与热力管道的净距应按国家现行标准 CJJ 63—2018《聚乙烯燃气管道工程技术标准》执行。

表 2-2b 一级或二级地区地下燃气管道与建筑物之间的水平净距 （单位：m）

燃气管道公称直径 D/mm	地下燃气管道压力/MPa 1.61	2.50	4.00	燃气管道公称直径 D/mm	地下燃气管道压力/MPa 1.61	2.50	4.00
$900 < D \leqslant 1050$	53	60	70	$300 < D \leqslant 450$	19	23	28
$750 < D \leqslant 900$	40	47	57	$150 < D \leqslant 300$	14	18	22
$600 < D \leqslant 750$	31	37	45	$D \leqslant 150$	11	13	15
$450 < D \leqslant 600$	24	28	35				

注：1. 如果燃气管道强度设计系数不大于 0.4 时，一级或二级地区地下燃气管道与建筑物之间的水平净距可按表 2-2c确定。

2. 水平净距是指管道外壁到建筑物出地面处外墙面的距离。建筑物是指供人使用的建筑物。

3. 当燃气管道压力与表中数不相同时，可采用直线方程内插法确定水平净距。

高压地下燃气管道与构筑物或相邻管道之间的水平净距，不应小于表 2-2a 次高压 A 的规定。但高压 A 和高压 B 地下燃气管道与铁路路堤坡角的水平净距分别不应小于 8m 和 6m，与有轨电车钢轨的水平净距分别不应小于 4m 和 3m。

高压 A 和高压 B 地下燃气管道与建筑物外墙面之间的水平净距不应小于 30m 和 16m（当管道材料钢级不低于 GB/T 9711—2017《石油天然气工业 管线输送系统钢管》标准规定的 L245，管壁厚度 $\delta\geqslant 9.5$mm 且对燃气管道采取有效保护措施时不应小于 20m 和 10m）。

以上是我国从安全角度考虑的各级压力地下燃气管道与建筑物、构筑物基础以及相邻管道之间的水平净距。

表 2-2c　三级地区地下燃气管道与建筑物之间的水平净距　（单位：m）

燃气管道公称直径和壁厚 δ/mm	地下燃气管道压力/MPa		
	1.61	2.50	4.00
A　所有管径 $\delta<9.5$	13.5	15.0	17.0
B　所有管径 $\delta\geqslant 9.5$	6.5	7.5	9.0
C　所有管径 $\delta\geqslant 11.9$	3.0	5.0	8.0

注：1. 如果对燃气管道采取行之有效的保护措施，$\delta<9.5$mm 的燃气管道也可采用表中 B 行的水平净距。

2. 与表 2-2b 注 2 相同。

3. 与表 2-2b 注 3 相同。

4. 管道材料钢级不低于现行国家标准 GB/T 9711—2017 规定的 L245。

（三）管线的纵断面布置

在决定纵断面布置时，要考虑下列各点：

1）地下燃气管道埋设深度，宜在土壤冰冻线以下，管顶覆土厚度还应满足下列要求：

埋设在车行道下时，不得小于 0.9m；

埋设在非车行道下时，不得小于 0.6m；

埋设在庭院（指绿化地及载货汽车不能进入之地）内时，不得小于 0.3m；

埋设在水田下时不得小于 0.8m。

有些国家随着干天然气的广泛使用以及管道材质的改进，埋设在人行道、次要街道、草地和公园的燃气管道采用浅层敷设，分配管道的最小埋深为 0.5m。

2）输送湿燃气的管道，不论是干管还是支管，其坡度一般不小 0.003。布线时，最好能使管道的坡度和地形相适应。在管道的最低点应设冷凝水缸。

3）燃气管道不得在地下穿过房屋或其他建筑物，不得平行敷设在有轨电车轨道之下，也不得与其他地下设施上下并置。

4）在一般情况下，燃气管道不得穿过其他管道，如因特殊情况需要穿过其他大断面管道（污水干管、雨水干管、热力管沟等）时，需征得有关方面同意，同时燃气管道应安装在钢套管内。

5）高压、次高压、中压、低压燃气管道与其他各种构筑物以及管道相交时，应保持的最小垂直净距见表 2-3。在距相交构筑物或管道外壁 2m 以内的燃气管道上不应有接头、管件和附件。

表 2-3　地下燃气管道与构筑物或相邻管道之间的垂直净距　（单位：m）

项　　目		地下燃气管道（当有套管时，以套管计）
给水管、排水管或其他燃气管道		0.15
热力管的管沟底（或顶）		0.15
电　　缆	直埋	0.50
	在导管内	0.15
铁路轨底		1.20
有轨电车轨底		1.00

当受条件限制不能按规定的最小净距敷设时，可与有关部门协商在管道不致受机械损伤和燃气中冷凝物不会冻结的前提下，采取有效措施，以上规定可适当放宽。最常采用的措施为将管道敷设在套管内（见图 2-5）。套管是比燃气管道稍大的钢管，直径一般比管道直径大 100mm，其伸出长度，从套管端至与之交叉的构筑物或管道的外壁不小于表 2-2a 燃气管道与该构筑物的水平净距。也可采用非金属管道作套管。套管两端有密封填料，在重要套管的端部可装设检漏管，检漏管上端伸入防护罩内，由管口取气样检查套管中的燃气含量，以判明有无漏气及漏气的程度。

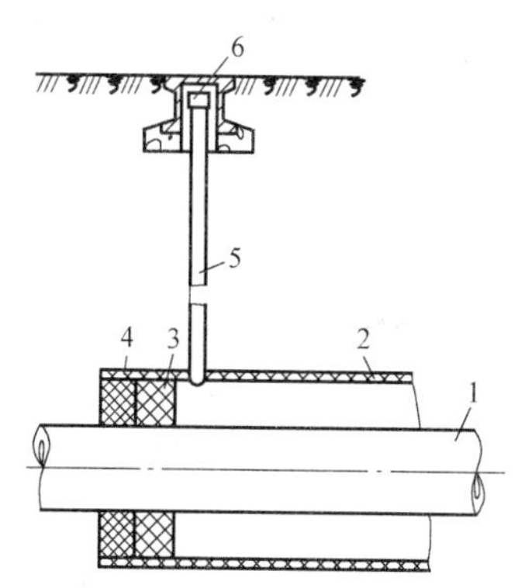

图 2-5　敷设在套管内的燃气管道
1—燃气管道　2—套管　3—油麻填料
4—沥青密封层　5—检漏管　6—防护罩

二、燃气管道障碍物的穿跨越

城镇燃气管道布线过程中，经常会遇见河流、铁路、公路、城镇道路、电车轨道等障碍物，当燃气管道遇到障碍物时，可采用地上跨越（即架空敷设）和水下、地下穿越两种方法。当燃气管道遇见公路、市区干道、电车轨道等障碍物时，一般采用地下穿越方式。遇见铁路与河流时，可采用地下或水下穿越，也可采用架空跨越，这需根据当地条件进行技术经济比较确定，并需经有关部门同意。工厂企业的燃气管道，为维护管理方便，在遇见障碍物时，一般采用架空敷设。

燃气管道穿越或跨越障碍物时，一般采用钢管。对于埋地穿越管道，应敷设在套管或地沟内。并应在套管上设检漏管，如图 2-5 所示。

图 2-6 是燃气管道穿越铁路干线时的示意图。套管两端至路堤坡脚外距离应不小于 2m。置于套管内的燃气管段焊口应为最少，并需用射线方法检查，还应采用特加强绝缘层防腐。对埋深的要求是：从轨底到燃气管道保护套管管顶应不小于 1.2m。在穿越工厂企业的铁路支线时，燃气管道的埋深有时可略小些。

图 2-7 是燃气管道在穿越电车轨道和城镇主要交通干线时的图示。燃气管道允许敷设在钢制的、铸铁的、钢筋混凝土的或石棉水泥的套管中。对于穿过城镇非主要干道，并位于地下水位以上的燃气管道，可敷设在过街沟里。

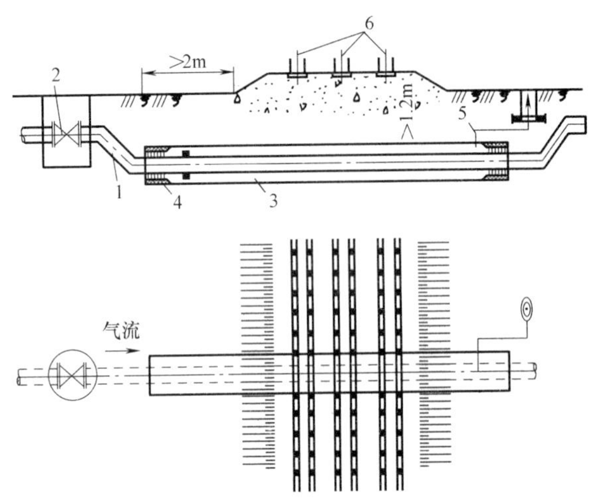

图 2-6　燃气管道穿越铁路

1—燃气管道　2—阀门　3—套管　4—密封层　5—检漏管　6—铁道

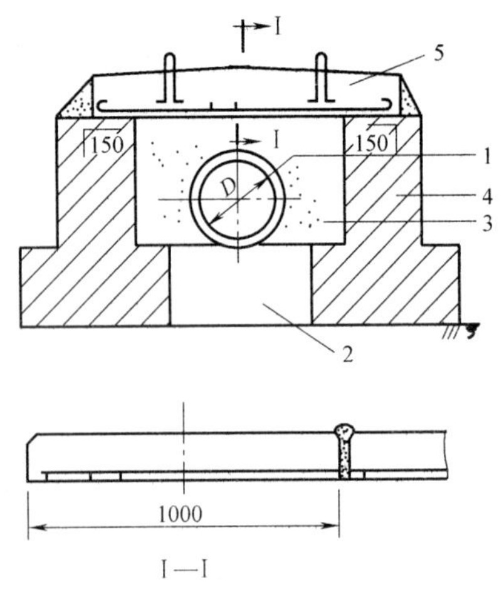

图 2-7　燃气管道的单管过街沟

1—燃气管道　2—原土夯实　3—填砂　4—砖墙沟壁　5—盖板

燃气管道采用穿越河底的敷设方式如图 2-8 所示。燃气管道应尽可能从直线河段穿越，并与水流轴向垂直，从河床两岸有缓坡而又未受冲刷、河滩宽度最小的地方经过。燃气管道从水下穿越时，宜用双管敷设。每条管道的通过能力是设计流量的 75%，但在环形管网可由另侧保证供气，或以枝状管道供气的工业用户在过河管检修期间，可用其他燃料代替的情况下，允许采用单管敷设。在不通航河流和不受冲刷的河流下，双管允许敷设在同一沟槽内。

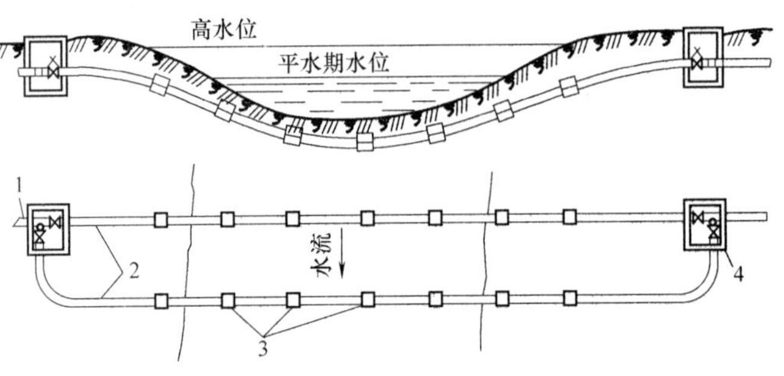

图 2-8　燃气管道穿越河流

1—燃气管道　2—过河管　3—稳管重块　4—闸井

两管的水平净距不应小于 0.5m。当双管分别敷设时，平行管道的间距应根据水文地质条件和水下挖沟施工的条件确定，按规定不得小于 30～40m。燃气管道在河床下的埋设深度应根据水流冲刷的情况确定，一般不小于 0.5m，对通航河流还应考虑疏浚和投锚的深度。在穿越不通航或无浮运的水域，当有关管理机关允许时，可以减少管道的埋深，直至直接敷设在河底上。水下燃气管道的稳管重块应根据计算决定。一般采用钢筋混凝土重块，或中间浇灌混凝土的套管，也允许用铸铁重块。水下燃气管道的每个焊口均应进行射线方法检查，规定采用特加强绝缘层。在加上稳管重块之前，应在管道周围绑扎 20mm×60mm 的木条，以保护绝缘层不受损坏。

通过水流速度大于 2m/s、河床和河岸又不稳定的水域，以及通过较深的峡谷和洼地、铁路车站等障碍物时，建议采用水上（或地上）跨越。跨越可采用桁架式、拱式、吊架式、悬索式以及栈桥式，最好采用单跨结构。在得到有关部门同意时，也可利用已建的道路桥梁。架空敷设时，管道支架应采用难燃或不燃材料制成，并在任何可能的荷载情况下，能保证管道的稳定与不受破坏。燃气管道悬索式跨越铁道，如图 2-9 所示。

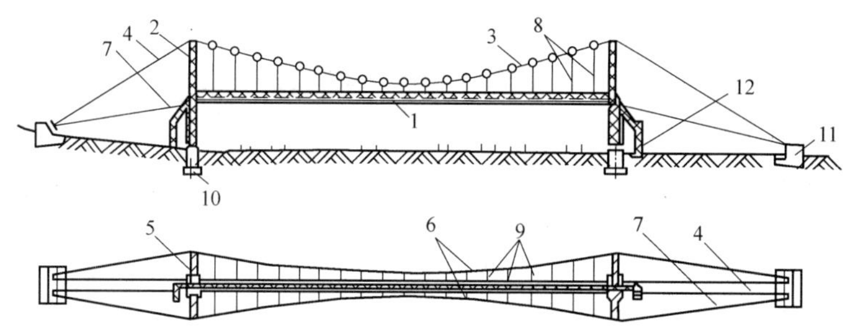

图 2-9　燃气管道悬索式跨越铁道

1—燃气管道　2—桥柱　3—钢索　4—牵索　5—平面桁架　6—抗风索　7—抗风牵索　8—吊杆　9—抗风连杆　10—桥支座　11—地锚基础　12—工作梯

架空燃气管道的选线与敷设时应征得规划、桥梁、铁路、公路等有关部门的同意，并应符合下列要求。

1）中压和低压燃气管道，可沿建筑耐火等级不低于二级的住宅或公共建筑的外墙敷设；次高压、中压和低压燃气管道，可沿建筑耐火等级不低于二级的丁、戊类生产厂房的外墙敷设。

2）沿建筑物外墙的燃气管道距住宅或公共建筑物门、窗洞口的净距：中压管道不应小于 0.5m，低压管道不应小于 0.3m。燃气管道距生产厂房建筑物门、窗洞口的净距不限。

3）架空敷设管道与铁路、道路、其他管线交叉时的垂直净距不应小于表 2-4 的规定。

4）输送湿燃气的管道应采取排水措施，在寒冷地区还应采取保温措施。燃气管道坡向凝水缸的坡度不宜小于 0.002。

5）工业企业内燃气管道沿支柱敷设时，尚应符合现行的国家标准 GB 6222—2005《工业企业煤气安全规程》的规定。

表 2-4　架空燃气管道与铁路、道路、其他管线交叉时的垂直净距

建筑物和管线名称		最小垂直净距/m	
		燃气管道下	燃气管道上
铁路轨顶		6.00	—
城市道路路面		5.50	—
厂区道路路面		5.00	—
人行道路路面		2.20	—
架空电力线电压	3kV 以下	—	1.50
	3~10kV	—	3.00
	35~66kV	—	4.00
其他管道管径	≤300mm	同管道直径，但不小于 0.10	同管道直径，但不小于 0.10
	>300mm	0.30	0.30

注：1. 厂区内部燃气管道，在保证安全的情况下，管道至道路路面的垂直净距可取 4.5m；管底至铁路轨顶的垂直净距，可取 5.5m。在车辆和人行道路以外的地区，可在从地面到管底高度不小 0.35m 的低支柱上敷设燃气管道。

2. 电气机车铁路除外。

3. 架空电力线与燃气管道的交叉垂直净距尚应考虑导线的最大垂度。

第四节　管材及管道的连接

一、常用管材概述

管道一般由管子和附件组成，称为通用材料。为便于生产、设计、施工和建设等单位进行工程建设，我国相关部门于1959年正式批准了管子及其附件的统一技术标准，即：公称通径标准和公称压力标准，并于1961年5月1日全面贯彻实施。现行的各种材料及管件的技术标准，均依这两项标准为基准编制。

1. 公称通径

制订公称通径的目的是使管道安装连接时，接口保持一致，具有通用性和互换性。国家标准GB/T 1047—2005㊀《管道元件DN（公称尺寸）的定义和选用》推荐优先选用的DN数值见表2-5。

表2-5　管材优先选用公称通径数值

DN 6	DN 25	DN 80	DN 250	DN 500	DN 1000	DN 1600	DN 2600	DN 3600
DN 8	DN 32	DN 100	DN 300	DN 600	DN 1100	DN 1800	DN 2800	DN 3800
DN 10	DN 40	DN 125	DN 350	DN 700	DN 1200	DN 2000	DN 3000	DN 4000
DN 15	DN 50	DN 150	DN 400	DN 800	DN 1400	DN 2200	DN 3200	
DN 20	DN 65	DN 200	DN 450	DN 900	DN 1500	DN 2400	DN 3400	

公称通径从6~4000mm共分43个级别，其中15、20、40、50、65（70）、80、100、125、150、200、250、300、400、500、600、700、800、1000等18个规格是工程上常用的公称通径规格。

公称通径既不等于其实际内径，也不等于其实际外径，只是个名义直径，但无论管材的实际内径和外径的数值是多少，只要其公称通径相同，就可以用相同公称通径的管件相连接，具有通用性和互换性。

我国曾用符号Dg表示金属管公称直径，国际通用DN表示，符号后面用数字注明公称通径的数值。如公称通径为150mm的管材用DN 150表示。

2. 公称压力

（1）公称压力　工程上所用的管材足以在一定介质温度条件下（200℃）承受介质压力的允许值，作为管材的耐压强度标准，称为“公称压力”，用符号PN表示。GB/T 1048—2005《管道元件PN（公称压力）的定义和选用》规定了PN系列的数值。

（2）试验压力　管材出厂前，为检验其机械强度和严密性能，一般以压力试验来确定，用来进行压力试验的压力标准，称为试验压力，以符号Ps表示。试验压力一般为公称压力的1.5~2倍。

（3）工作压力　管材不但承受介质的压力作用，同时还承受介质的温度作用。材料在不同温度条件下具有不同的机械强度，因而其允许承受的介质工作压力是随介质温度不同而

㊀　现行标准为2019年发布。——编者注

不同的。对于碳素钢管材，工程上将其工作温度应用范围（0~450℃）分为8级，每级的公称压力与工作压力的换算对应关系如下：

Ⅰ级温度0~20℃，工作压力=1.20×公称压力；

Ⅱ级温度20~200℃，工作压力=1.00×公称压力；

Ⅲ级温度200~250℃，工作压力=0.92×公称压力；

Ⅳ级温度250~300℃，工作压力=0.82×公称压力；

Ⅴ级温度300~350℃，工作压力=0.73×公称压力；

Ⅵ级温度350~400℃，工作压力=0.64×公称压力；

Ⅶ级温度400~425℃，工作压力=0.58×公称压力；

Ⅷ级温度425~450℃，工作压力=0.45×公称压力。

3. 管螺纹

管螺纹是管道采用丝扣连接的通用螺纹，按其构造形式，分为圆柱形管螺纹和圆锥形管螺纹两种。它们均为无间隙螺纹，可以保证管道的气密性，圆锥管螺纹用于螺纹较短，管壁较薄或要求较高的场合。

二、燃气用金属管材

1. 钢管

钢管是应用于燃气管道的主要管材，它能承受较大的应力，有良好的塑性，便于焊接。与其他金属相比，在相同的敷设条件下，管壁较薄，能节省金属用量，但钢管的耐腐蚀性较差。随着生产技术的发展，钢管的性能在不断改进，可提高燃气管网安全运行的可靠性。

燃气常用的钢管有无缝钢管和有缝钢管。

1）无缝钢管强度高，广泛用于压力较高的管道。例如热力管道、燃气管道、氨制冷管道、压缩空气管道、氧气管道、乙炔管道，以及除强腐蚀性介质以外的各种化工管道。无缝钢管规格用外径乘壁厚表示，如D219×5表示外径为219mm、壁厚为5mm的无缝钢管。

2）有缝钢管又称焊接钢管，分为低压流体输送钢管与卷焊钢管。低压流体输送钢管分为不镀锌钢管（黑铁管）和镀铸钢管（白铁管）两种，应用在管径较小的低压介质输送上，如给水管道、热水管道、燃气管道、蒸汽管道、碱液及废气管道、压缩空气管道等。卷焊钢管是由钢板卷制，采用直缝或螺旋缝焊制而成。主要用在大直径介质输送管道，一般可用于燃气管网和热力管网。

2. 钢管规格

（1）低压流体输送用焊接钢管　低压流体输送用焊接钢管因有焊接缝，称为有缝钢管，其规格详见《低压流体输送用焊接钢管》（GB/T 3091—2008）㊀，常用在室内采暖、燃气管道、给水、消防等工程中，俗称水煤气输送钢管。这种管材多采用螺纹连接，为便于螺纹加工，管材多用碳素软钢制造，故俗称熟铁管。根据管材是否镀锌，又分为镀锌钢管（俗称白铁管）和不镀锌钢管（俗称黑钢管）。镀锌钢管常应用于小管径的生活给水管道、消防自喷给水管道、生活热水管道、蒸汽管道等；不镀锌钢管主要用于小管径的生产给水管道、消防栓给水管道、燃气管道、热水采暖管道、蒸汽管道、碱液及废气管道、压缩空气管道等。

㊀ 最新标准发布于2015年。——编者注

有缝钢管按其壁厚可分为两种规格：普通管和加厚管，普通管适用于公称压力 PN≤1.0MPa 的场所；加厚管适用于公称压力 PN≤1.6MPa 的场所。钢管出厂时有管端带螺纹和不带螺纹两种。

低压流体输送用焊接钢管的规格见表 2-6。

表 2-6　低压流体输送用焊接钢管①的规格

公称直径/mm	公称直径/in	钢管					管螺纹		
		外径/mm	普通管		加厚管		扣数/in②	退刀部分前的螺纹长度/mm	
			壁厚/mm	理论质量（不计管接头）/(kg/m)	壁厚/mm	理论质量（不计管接头）/(kg/m)		锥形螺纹	圆柱形螺纹
6	1/8	10.2	2.0	0.40	2.50	0.47	—	—	—
8	1/4	135.0	2.5	0.68	2.8	0.74	—	—	—
10	3/8	17.2	2.5	0.91	2.8	0.99	—	—	—
15	1/2	21.3	2.8	1.28	3.5	1.54	14	12	11
20	3/4	26.9	2.8	1.66	3.5	2.02	14	14	16
25	1	33.7	3.2	2.41	4.0	2.93	11	15	18
32	1¼	42.4	3.5	3.36	4.0	3.79	11	17	20
40	1½	48.3	3.5	3.87	4.5	4.86	11	19	22
50	2	60.3	3.8	5.29	4.5	6.9	11	22	24
70	2½	76.1	4.0	7.11	4.5	7.95	11	23	27
80	3	88.9	4.0	8.38	5.0	10.35	11	32	30
100	4	114.3	4	10.88	5.0	13.48	11	38	36
125	5	139.7	4.0	13.39	5.5	18.20	11	41	38
150	6	168.3	4.5	18.18	5.5	21.63	11	45	42

① 本表摘自 GB/T 3091—2008。

② 1in=25.4mm。

（2）无缝钢管　用普通碳素钢、优质碳素钢、普通低合金钢和合金结构钢生产的无缝钢管，有冷拔和热轧两种，其规格详见《输送流体用无缝钢管规格》（GB/T 8163—2008）㊀。其中冷拔管的公称直径为 5~200mm，壁厚为 0.25~14mm。热轧管的公称直径为 32~630mm，壁厚为 2.5~75mm。为满足不同的工作压力需要，同一公称直径的无缝钢管有多种壁厚，参见表 2-7 输送流体用无缝钢管规格。

表 2-7　输送流体用无缝钢管规格

外径/mm	壁厚/mm									
	3.0	3.5	4.0	4.5	5.0	6.0	7.0	8.0	9.0	10.0
	每米理论质量/kg									
32	2.15	2.46	2.76	3.05	3.33	3.85	4.32	4.74	—	—
57	4.00	4.62	5.23	5.83	6.41	7.55	8.63	9.67	10.65	11.59
76	5.49	6.26	7.10	7.93	8.57	10.36	11.91	13.42	14.87	16.28
89	—	7.38	8.38	9.38	10.36	12.28	14.06	15.98	17.76	19.48

㊀ 最新标准发布于 2018 年。——编者注

（续）

外径/mm	壁厚/mm									
	3.0	3.5	4.0	4.5	5.0	6.0	7.0	8.0	9.0	10.0
	每米理论质量/kg									
108	—	—	10.26	11.49	12.70	15.09	17.44	19.73	21.97	24.17
159	—	—	—	17.15	18.99	22.64	26.24	29.79	33.29	36.75
219	—	—	—	—	—	31.52	36.60	41.63	46.61	61.54
273	—	—	—	—	—	—	45.92	52.28	58.60	64.86
325	—	—	—	—	—	—	—	62.54	70.14	77.68
426	—	—	—	—	—	—	—	—	92.55	102.59

注：本表节选 GB/T 8163—2008。

无缝钢管的供货长度分为普通长度、定尺长度和倍尺长度三种。普通长度，热轧管为3~12.5m；冷拔管为1.5~9m。定尺寸长度按用户提出的管长订货，倍尺寸长度，按某一长度的倍数供货。如按2.0m的倍长供货即2m、6m、8m等。

（3）螺旋缝焊接钢管　螺旋缝焊接钢管一般用A2、A3、A4、B2、B3等普通碳素钢和16Mn低合金钢制造。根据标准（GB 1047—2005）㊀，采用自动电弧焊接。生产规格系列为：管径D219~D720、厚度 δ=7~10mm，其中D529~D720有单面焊和双面焊两种。

螺旋缝焊接钢管较广泛地应用在燃气管道上，在水暖工程中，一般用在大管径的蒸汽、冷凝水、热水和燃气等室外管道和长距离输送管道。适用于介质压力 $P \leqslant 2$MPa，介质温度 $t \leqslant 200$℃范围。

螺旋缝焊接钢管的规格和无缝钢管一样，用外径×壁厚表示。如D219×8，螺旋缝焊接钢管的尺寸规格见表2-8。

表2-8　螺旋缝埋弧焊接钢管的常用规格

管子外径/mm	壁厚/mm						备　注
	5	6	7	8	9	10	
	每米理论质量/kg						
219	26.39	31.52	—	—	—	—	钢材，钢号 A3　16Mn
273	—	39.51	45.92	52.28	—	—	
325	—	47.20	54.90	62.54	—	—	
377	—	54.90	63.87	—	81.67	—	
426	—	62.15	72.83	82.47	92.55	—	
478	—	69.84	81.83	92.73	104.09	—	
529	—	77.39	90.11	102.90	115.40	—	
630	—	92.23	107.55	122.72	137.83	152.90	
720	—	105.65	123.50	140.50	157.80	175.10	

注：本表选摘自 GB/T 1047—2005。

㊀　最新标准发布于2019年。——编者注

（4）直缝卷制焊接钢管　直缝卷制焊接钢管，可以应用于燃气管道上，其公称直径规格为DN10~DN1200，壁厚为3~12mm。在水暖工程中多用在室外气、水和废气的管道上。适用于压力PN≤1.6MPa，温度≤200℃范围。直缝卷制焊接钢管的产品规格见表2-9。

表2-9　直缝卷制焊接钢管

管子外径/mm	壁厚/mm				
	3.0	3.5	4.0	4.5	5.0
	每米理论质量/kg				
57	4.00	4.62	—	—	—
76	5.40	6.26	7.10	7.93	—
89	6.36	7.38	8.38	9.38	—
108	7.96	9.02	10.26	—	—
114	8.21	9.54	10.85	12.15	13.44
133	—	11.18	12.73	14.61	15.72
140	—	11.78	13.42	15.04	16.65

3. 铸铁管

铸铁管是另一种重要的金属管材。与钢管相比，铸铁管有极好的抗腐蚀性能，所以在城镇中、低压燃气管网中应用十分普遍。

铸铁管是由灰铸铁铸造而成，不易焊接、材质较脆、不能承受较大的应力，所以在动荷载较大的地区与重要地段，仍需局部采用钢管。

由于科学技术不断进步与工业生产能力的提高，铸铁管的材质与接口形式都有较大改进，高强度的球墨铸铁管正逐渐代替普通铸铁管，其抗拉强度由250MPa提高到400MPa，相当于钢管的性能。使用这种铸铁管时，极少发生管道的折断或破裂事故，提高了运行的可靠性。在接口形式上也出现了很多柔性机械接口，提高了管道的抗震能力。

铸铁管不仅应用于低压燃气管道，也广泛应用于给水和排水管道上。

三、管道的连接

管道连接是按照设计图样的要求，将管子连接成一个严密的整体，以达到使用的目的。管道材质的不同，其连接方法不同；管道的用途不同，其连接方法也有差异。燃气管道的连接方法主要有焊接连接、法兰连接、螺纹连接、承插连接四种形式。

1. 焊接连接

焊接连接是燃气管道工程中最主要，而且应用最广泛的连接方法。焊接连接的优点是：接头强度高，牢固耐久；接头严密性高，不易渗漏；不需要接头配件，造价相对较低；工作性能安全可靠，不需要经常维护检修。焊接的缺点是：接口是固定接口，不可分离，拆卸时必须把管子切断；接口操作工艺要求较高，需受过专门培训的焊工焊接施工。

常用的焊接方法有气焊和电弧焊。当管壁厚度在4mm以下时，气焊能保证焊缝质量。当壁厚在4mm以上时，必须使用电弧焊。为保证焊接质量良好，在管端要根据管壁的厚度做成适当的坡口形式（见图2-10）。

燃气管道的焊接一般多采用“V”形坡口。当采用手工焊时应尽量减少固定焊口的数量，必须保证质量。

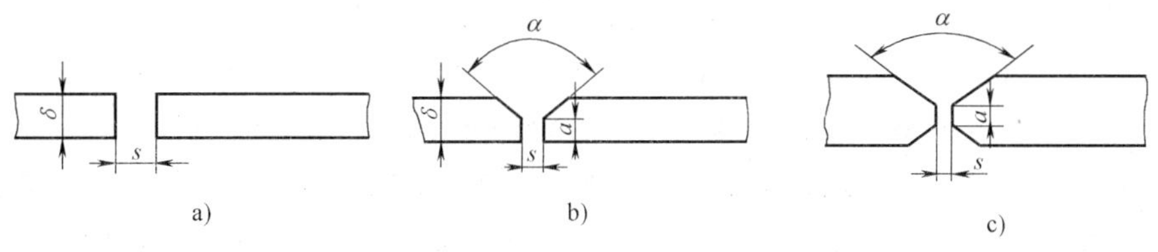

图 2-10　焊接坡口形式

a）“I”形坡口　b）“V”形坡口　c）“X”形坡口

注：“I”形坡口多用于壁厚 $\delta<4.0$mm 时，s 取 0.5~1.5mm；“V”形坡口多用于 $\delta=4.0\sim20.0$mm，s 取 2.5~4.5mm，$\alpha=60\sim70°$，$a=0.5\sim2.0$mm；“X”形坡口多用于壁厚在 14mm 以上。

2. 法兰连接

法兰连接就是把固定在两个管口上的一对法兰盘，中间放入密封垫片，然后用螺栓拉紧使其接合起来的一种可拆卸的接头，主要用于管道与带法兰的配件或设备的连接，以及管道需要拆卸检修的场所。

法兰连接的优点是拆卸方便、强度高、密封性能好。燃气管道与较大口径的阀门、管件连接时，也常用法兰连接。

钢管上的法兰盘，可以用焊接、螺纹、胀接等多种方法与管道连成一体，燃气管道通常采用焊接方式。当采用焊接方法时，在管道工作压力为 0.25~1.0MPa 时，一般采用图2-11所示的形式。

图 2-11　管道与法兰盘的焊接

管道与法兰连接之后，将一对法兰紧固，便连成管道。紧固时，要在一对法兰之间衬以软质垫圈，以保证连接的气密性。当输送焦炉煤气时，用石棉橡胶垫圈；输送液化石油气或天然气时，常用耐油橡胶垫圈，以防止介质侵蚀垫圈破坏管道的气密性。

3. 螺纹连接

螺纹连接也称丝扣连接，通过管道的外螺纹与管件的内螺纹把管道与管道、管道与管件、管道与阀门连接起来。

螺纹连接适用于低压流体输送用焊接钢管，室内燃气管道多采用螺纹连接。

管螺纹有圆锥形管螺纹和圆柱形管螺纹。管道连接多采用圆锥形外螺纹，阀门、通丝管箍、螺母等连接多采用圆柱形螺纹。

管螺纹的连接是用管子的外螺纹与管件内螺纹连接，中间充塞填料，使之严密地旋合在一起，并便于拆卸。

管螺纹的连接方式有三种：圆柱形接圆柱形管螺纹，圆柱形接圆锥形管螺纹，圆锥形接圆锥形螺纹。其中后两种连接方式可以使螺纹越旋越紧，是常用的连接方式。

管螺纹连接时，应在管子的外螺纹与管件或阀件的内螺纹之间加上适当的填料，填料的作用有两个：一是密封，二是养护管口，便于维护检修时拆卸。管子在输送湿燃气，冷、热水、压缩空气时，常用油麻和白厚漆（俗称铅油、麻丝）作填料。先将麻丝理成薄而均匀的纤维，然后把白厚漆均匀地涂在管螺纹上，再将麻丝从螺纹的第二扣开始沿螺纹方向（顺时针方向）进行缠绕，缠好后，用手拧入 2~3 扣为宜，再用管钳将管件拧紧，拧紧后的管口应留有 2~3 扣丝，随后，应将裸露的外丝作防腐处理。

输送天然气的管道，不宜用麻丝和白厚漆做填料，应用聚四氟乙烯生料带。聚四氟乙烯生料带是用聚四氟乙烯树脂与一定量的助剂相混合辗制成厚度为0.1mm、宽度不大于30mm、长度为1~5m的薄膜带，因为不经过热聚合过程，所以叫作生料带。

聚四氟乙烯生料带具有优良的耐化学腐蚀性，对于浓酸、浓碱及强氧化剂，即使在高温下也不发生化学反应，它的热稳定性好，耐工作温度较高，可在250℃下长期工作，可用在工作温度为-180~250℃的各类管路中。

4. 承插连接

承插连接应用于铸铁管的连接，承插连接分为刚性和柔性两种接口（见图2-12）。

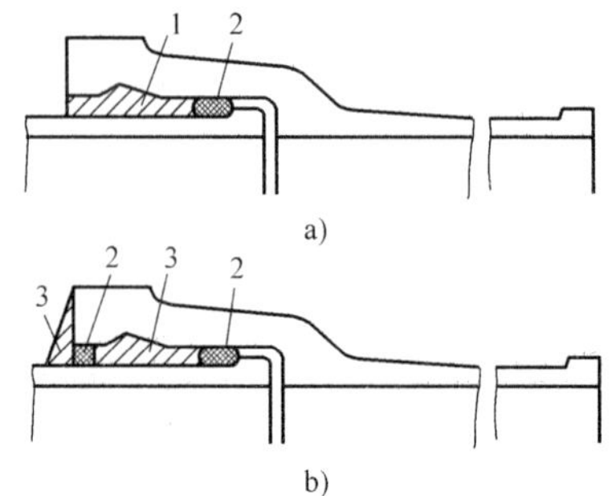

图2-12　铸铁管承插口连接

a）柔性接口　b）刚性接口

1—铅　2—浸油线麻　3—水泥

刚性接口，在低压燃气管道中用浸油线麻和水泥作填料；在中压燃气管道中以耐油橡胶圈和水泥作填料（有时也加一道浸油线麻）。使用的水泥有普通500号硅酸盐水泥、自应力水泥等。

柔性接口，过去是以青铅、油麻作填料，但要耗用大量有色金属，而且操作也较复杂。为此，也可在承插口内只设置一道耐油橡胶圈，如图2-13所示。这种做法简便易行，效果良好，对土壤的不均匀沉降和地震均有较强的抵抗力。

在铸铁管连接方面，机械接口是在承插接口基础上发展起来的连接方式，具有很好的抗震性能。如图2-14、图2-15和图2-16所示。

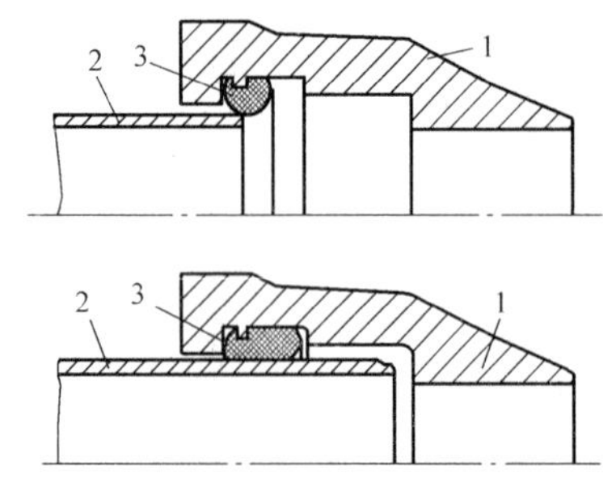

图2-13　采用橡胶圈的铸铁管柔性接口

1—承口　2—插口　3—橡胶圈

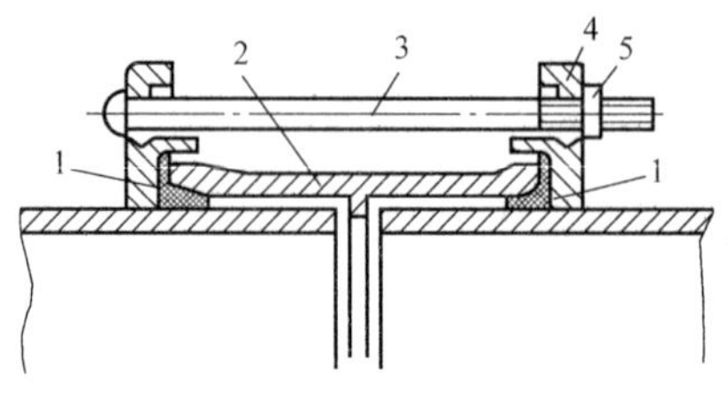

图2-14　铸铁管的防漏夹机械接口

1—橡胶垫　2—夹板　3—螺栓　4—卡箍　5—螺母

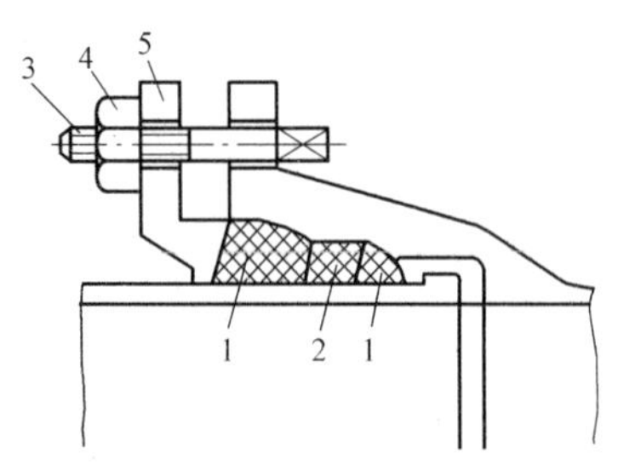

图2-15　全胶圈铸铁管机械接口

1—角形橡胶圈　2—圆橡胶圈

3—螺栓　4—螺母　5—挡圈

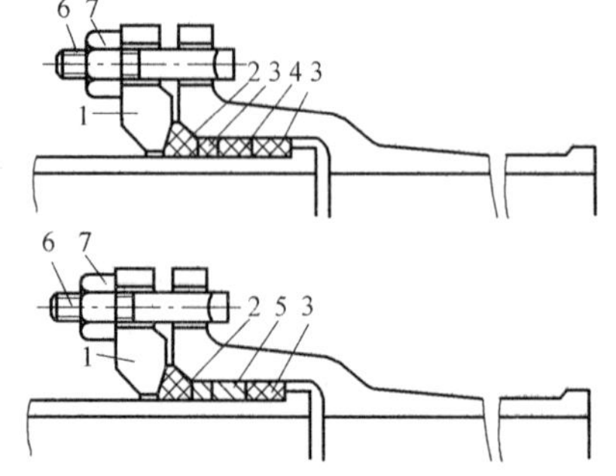

图2-16　铸铁管的机械接口

1—挡圈　2—橡胶圈　3—油麻

4—水泥　5—铅　6—螺栓　7—螺母

这些接口的填料以各种截面的橡胶圈为主，或再辅以油麻和铅，其外再用法兰盘与挡圈或卡箍紧固。螺栓等易腐蚀零件应经沥青防腐处理。

对于应用在燃气管道上的密封圈，要求能抵抗介质、水和细菌的腐蚀，有持久的良好弹性与强度，永久变形越小越好。在焦炉煤气管道上使用丁腈橡胶圈或氯丁橡胶圈，在天然气及液化石油气管道上，用耐油橡胶圈。

第五节　燃气管道附属设备

为保证管网的安全运行，并考虑到检修、接线的需要，必须依据具体情况及有关规定，在管道的适当地点设置必要的附属设备。这些设备有阀门、补偿器、凝水缸、放散管及检漏管等；此外为在地下管网中安装阀门和补偿器，还要修建闸井。

一、阀门

阀门是管网上的重要设备。因此阀门必须坚固严密、动作灵活、开关迅速、制造与检修都应比较方便，并能抵抗所输送介质的腐蚀性。因为燃气中常含有易与铜作用的氨和硫化物，所以在燃气管网中最好不使用铜和铜合金制作的阀门，也不用含铜的阀门密封圈。

燃气管道中，由于铁锈、灰尘及燃气中所含杂质的沉积，会使阀门的动作受到阻碍，因此阀门必须经常检修。阀门的数量应维持在满足运行要求的最低限度上，以减少设备投资，并节约维修费用。

阀门的种类很多，燃气管道上常用的有闸阀、旋塞阀、截止阀、蝶阀和球阀等。

闸阀中由于流体是沿直线通过阀门的，所以阻力损失小，闸板升降时所引起的振动也很小，但当存在杂质或异物时，关闭受到阻碍，使应该停气的管段不能完全关闭。

闸阀有单闸板阀与双闸板阀之分，由于闸板形状不同，又有平行闸板与楔形闸板之分，此外还有阀杆随闸板升降和不升降的两种，分别称为明杆阀门和暗杆阀门（见图 2-17 及图 2-18）。明杆阀门可以从阀杆和高度判断阀门的启闭状态。闸阀传动方式有手动、齿轮传动与电动等，多用于站场内。

旋塞阀是一种动作灵活的阀门，阀杆旋转 90°即可达到启闭的要求，杂质沉积造成的影响比闸阀小，所以广泛用于燃气管道上。常用的旋塞有两种：一种是利用阀芯尾部螺母的作用，使阀芯与阀体紧密接触，不致漏气，这种旋塞只允许用于低压管道上，称无填料旋塞；另一种称为填料旋塞，利用填料以堵塞阀体与阀芯之间的间隙而避免漏气，这种旋塞体积较大，但较安全可靠。允许应用在中压管道上。两种旋塞如图 2-19 及图 2-20 所示。

截止阀（见图 2-21）是依靠阀瓣的升降以达到开闭和节流的目的，这类阀门使用方便、安全可靠，但流通阻力较大。

蝶阀（见图 2-22）轻便、灵巧、体积小，特别沿管道轴向尺寸很小，金属耗量小，传动方式有手动、气动和电动等几种。

球阀（见图 2-23）体积小，流通断面与管径相等，这种阀门动作灵活、阻力损失小，且能满足通过清管球的需要。传动方式有手动、气动、电气、气-液、电-液等几种。

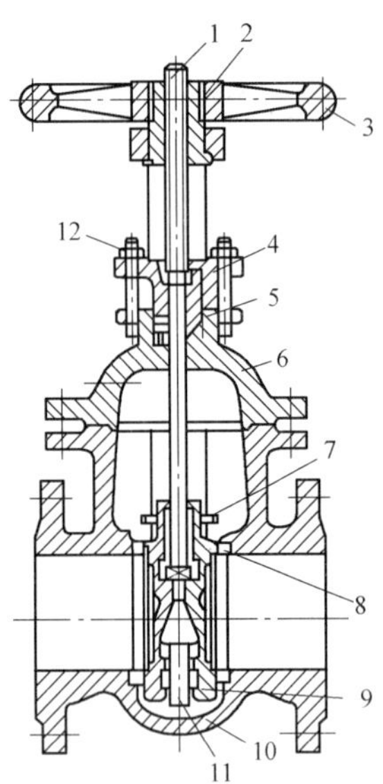

图2-17　明杆平行式双闸板闸阀

1—阀杆　2—轴套　3—手轮　4—填料压盖　5—填料　6—上盖　7—卡环　8—密封圈　9—闸板　10—阀体　11—顶楔　12—螺栓螺母

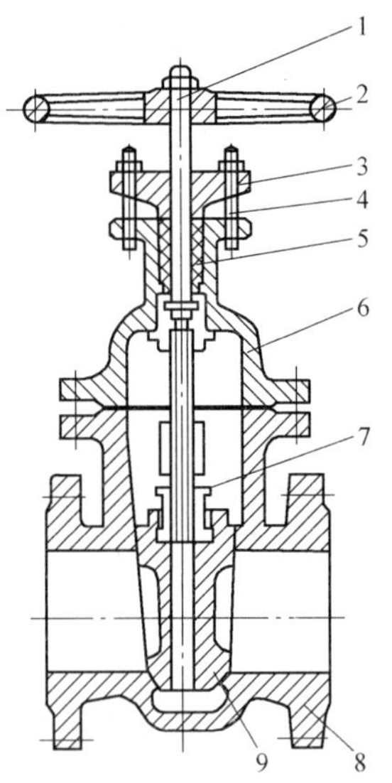

图2-18　暗杆单阀板楔形闸阀

1—阀杆　2—手轮　3—填料压盖　4—螺栓螺母　5—填料　6—上盖　7—轴套　8—阀体　9—阀板

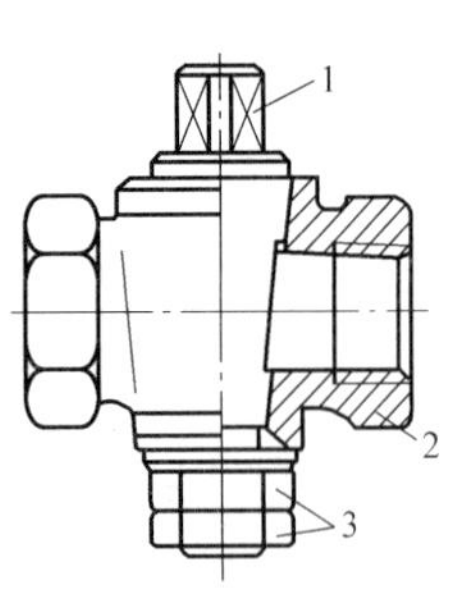

图2-19　无填料旋塞

1—阀芯　2—阀体　3—拉紧螺母

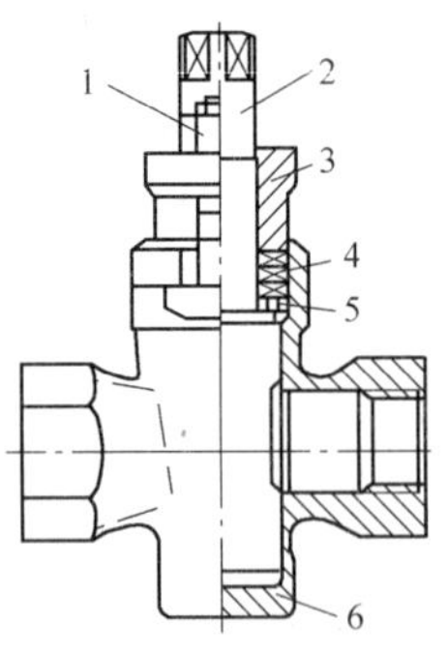

图2-20　填料旋塞

1—螺栓螺母　2—阀芯　3—填料压盖　4—填料　5—垫圈　6—阀体

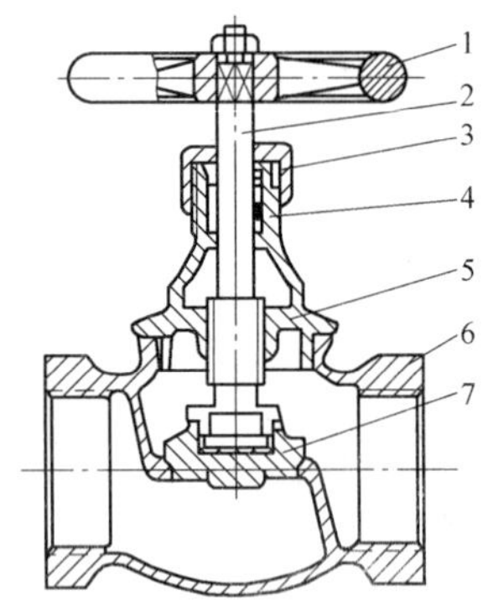

图2-21　截止阀

1—手轮　2—阀杆　3—填料压盖　4—填料　5—上盖　6—阀体　7—阀瓣

截止阀与球阀主要用于液化石油气及天然气管道。

由于构造上的原因，闸阀只允许安装在水平管段上，而其他几类阀门则不受这一限制；但如果是有驱动装置的截止阀或球阀，则也必须安装在水平管段上。

上述各类阀门均有多种规格，能满足不同压力、不同管径及输送不同介质的需要。

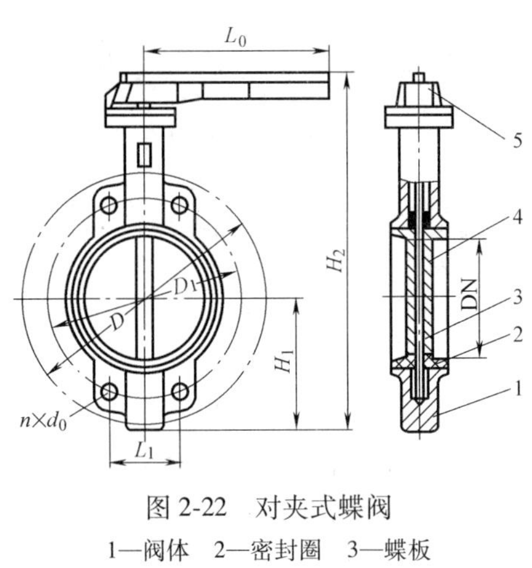

图 2-22　对夹式蝶阀

1—阀体　2—密封圈　3—蝶板
4—阀轴　5—手柄

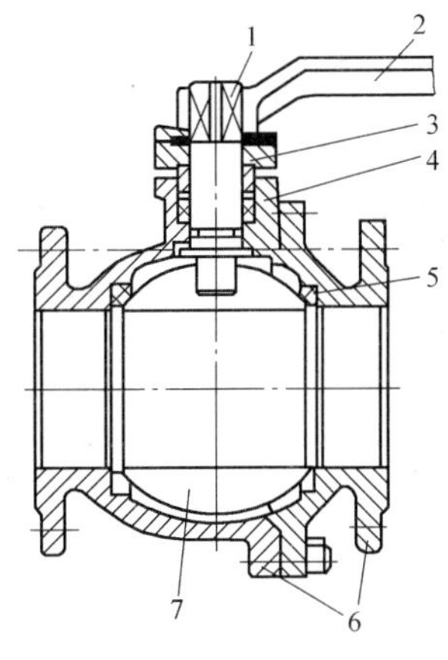

图 2-23　球阀

1—阀杆　2—手柄　3—填料压盖
4—填料　5—密封圈　6—阀体　7—球

二、补偿器

补偿器是作为调节管段胀缩量的设备，常用于架空管道和需要进行蒸汽吹扫的管道上。此外补偿器常安装在阀门的下游（按气流方向）利用其伸缩性能，方便阀门拆卸和检修。在理地燃气管道上，多用钢制波形补偿器（见图 2-24），其补偿量约为 10mm，为防止其中存水锈蚀，由套管的注入孔灌入石油沥青，安装时注入孔应在下方。补偿器的安装长度，应是螺杆不受力时的补偿器的实际长度，否则不但不能发挥其补偿作用，反使管道或管件受到不应有的应力。

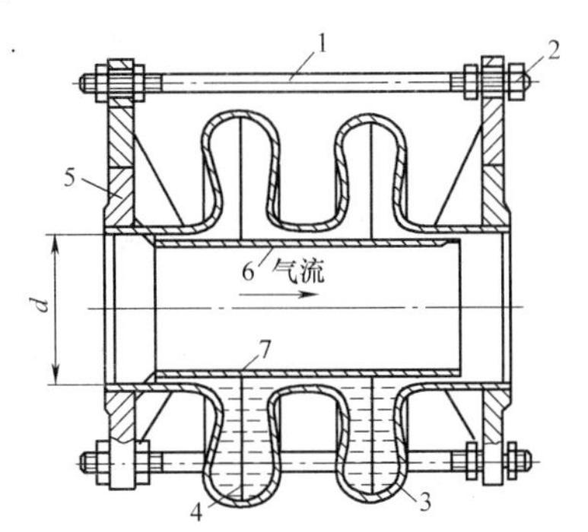

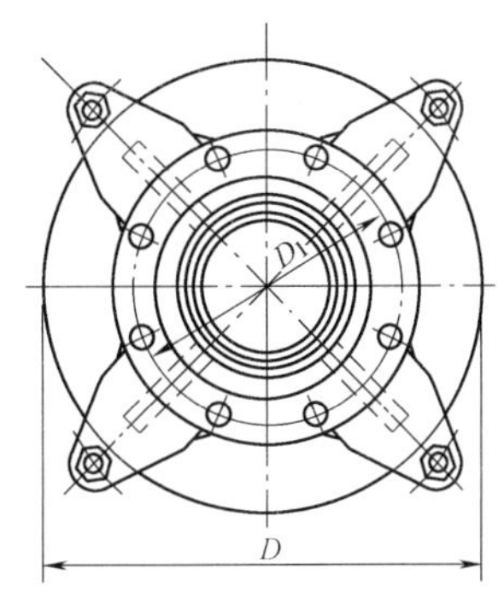

图 2-24　波形补偿器

1—螺杆　2—螺母　3—波节　4—石油沥青　5—法兰盘　6—套管　7—注入孔

松套伸缩接头是采用胶圈密封的管道柔性连接件，适用于管子之间及管子与阀门之间的连接，也可代替补偿器和法兰，如图 2-25 所示。由于其结构简单，安装方便，近来常用于城镇燃气输配系统中。

国外还使用一种橡胶-卡普隆补偿器（图 2-26）。它是带法兰的螺旋皱纹软管，软管是用卡普隆布作夹层的胶管，外层则用粗卡普隆绳加强。其补偿能力在拉伸时为 150mm，压缩时为 100mm。这种补偿器的优点是纵横方向均可变形，多用于通过山区、坑道和多地震地区的中、低压燃气管道上。

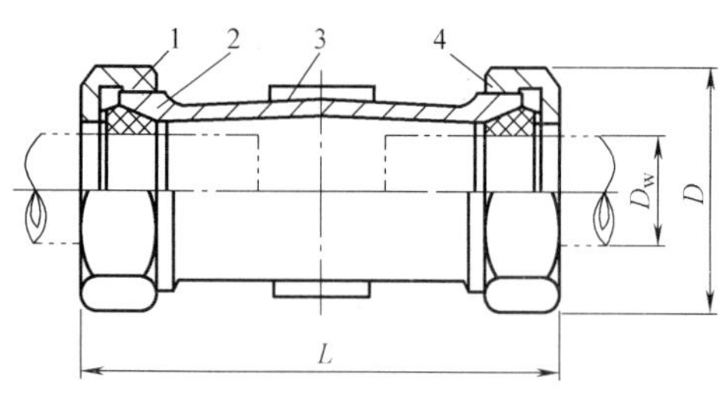

图 2-25　螺母式松套伸缩接头
1—螺母　2—密封圈　3—本体　4—垫圈

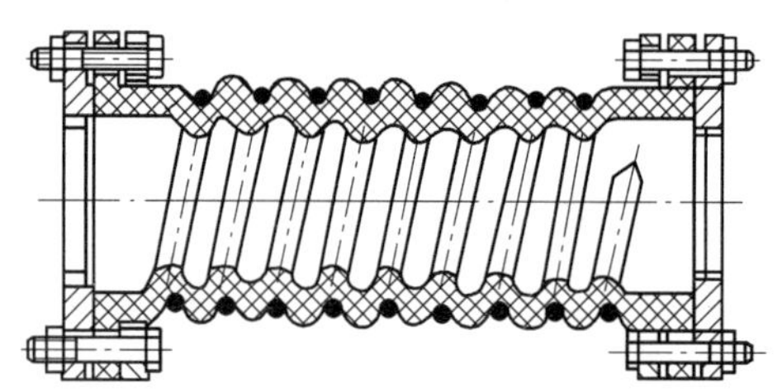
图 2-26　橡胶-卡普隆补偿器

三、凝水缸

为排除燃气管道中的冷凝水和天然气管道中的轻质油，管道敷设时应有一定坡度，以便在低处设凝水缸，将汇集的水或油排出。凝水缸的间距，视水量和油量多少而定，通常为500m 左右。

由于管道中燃气的压力不同，凝水缸有不能自喷和能自喷的两种。如管道内压力较低，水或油就要依靠手动吸筒等抽水设备来排出（见图 2-27）。安装在高、中压管道上的凝水缸（见图 2-28），由于管道内压力较高，积水（油）在排水管旋塞打开以后就能自行喷出，为防止剩余在排水管内的水在冬季冻结，另设有循环管，利用燃气的压力将排水管中的水压回到下部的凝水缸中。为避免燃气中焦油及萘等杂质堵塞，排水管与循环管的直径应适当加大。在管道上布置的凝水缸还可对其运行状况进行观测，也可作为消除管道堵塞的手段。

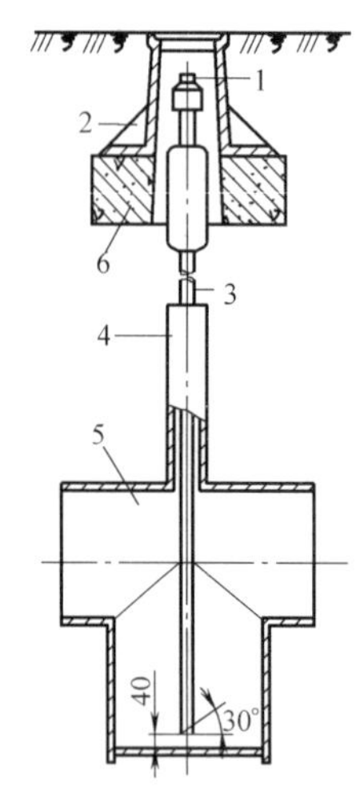

图 2-27　低压凝水缸
1—丝堵　2—防护罩　3—抽水管
4—套管　5—集水器　6—底座

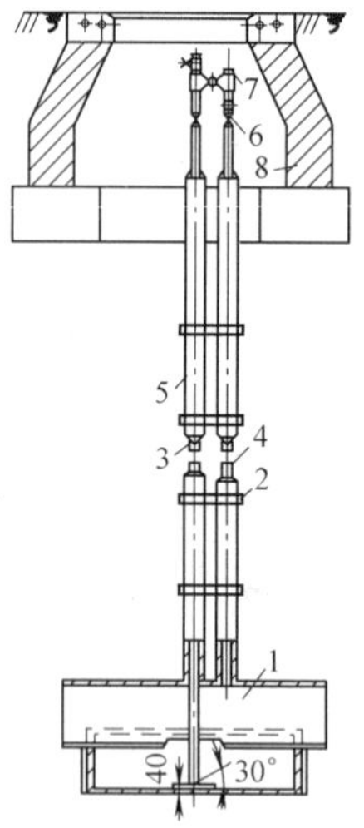

图 2-28　高、中压凝水缸
1—集水器　2—管卡　3—排水管　4—循环管
5—套管　6—旋塞　7—丝堵　8—井圈

四、放散管

这是一种专门用来排放管道中的空气或燃气的装置。在管道投入运行时利用放散管排空

管内的空气，防止在管道内形成爆炸性的混合气体。在管道或设备检修时，可利用放散管排空管道内的燃气。放散管一般也设在闸井中，在管网中安装在阀门的前后，在单向供气的管道上则安装在阀门之前。

五、闸井

为保证管网的安全与操作方便，地下燃气管道上的阀门一般都设置在闸井中。闸井应坚固耐久，有良好的防水性能，并保证检修时有必要的空间。考虑到人员的安全，井筒不宜过深。闸井的构造如图 2-29 所示。

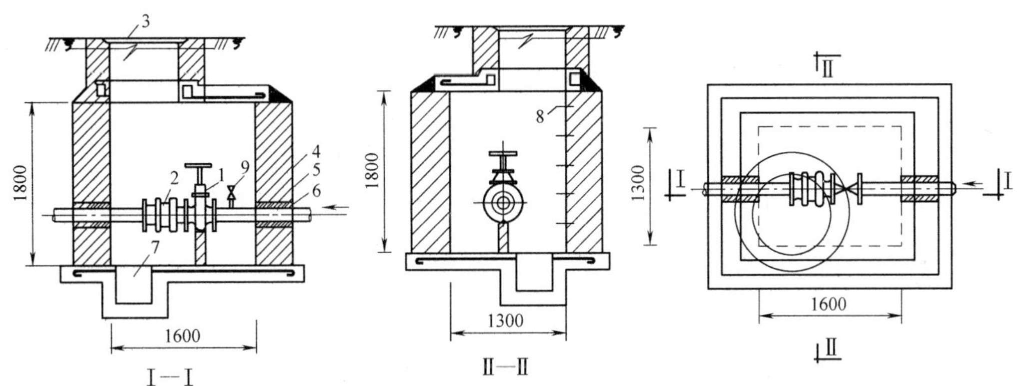

图 2-29　100mm 单管闸井构造图

1—阀门　2—补偿器　3—井盖　4—防水层　5—浸沥青线麻　6—沥青砂浆　7—集水坑　8—爬梯　9—放散管

钢管的焊接连接

第一节　气焊和气割

一、气焊

气焊是利用可燃气体与氧气混合燃烧的火焰所产生的高热熔化焊件和焊丝而进行金属连接的一种焊接方法。所用的可燃气体主要有乙炔气、液化石油气、天然气及氢气等。目前常用的是乙炔气和液化石油气，乙炔气在纯氧中燃烧时放出的有效热量最多。

气焊工作系统如图 3-1 所示。

乙炔气是用水分解电石（CaC_2）来制取，反应式为

$$CaC_2 + 2H_2O \longrightarrow C_2H_2 + Ca(OH)_2 + 热量$$

理论上，氧-乙炔火焰若是完全燃烧，可用下述化学反应方程式表示：

$$C_2H_2 + 2.5O_2 \longrightarrow 2CO_2 + H_2O + 热量$$

事实上，燃烧是由一次反应和二次反应来完成的，因此火焰可分成明显的三层，由内向外分别叫做焰心、内焰（一次反应）和外焰（二次反应）。

当内焰中氧与乙炔的比值变化时，可形成中性焰（$O_2/C_2H_2 = 1.0 \sim 1.2$）、碳化焰（$O_2/C_2H_2<1$）和氧化焰（$O_2/C_2H_2>1.2$），如图 3-2 所示。一般碳钢和有色金属材料多采用中性焰进行焊接。正常氧-乙炔焰的最高温度在内焰，距焰心 2~4mm。

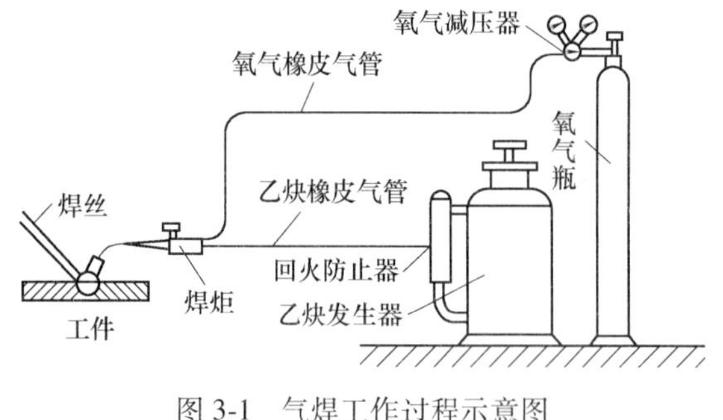

图 3-1　气焊工作过程示意图

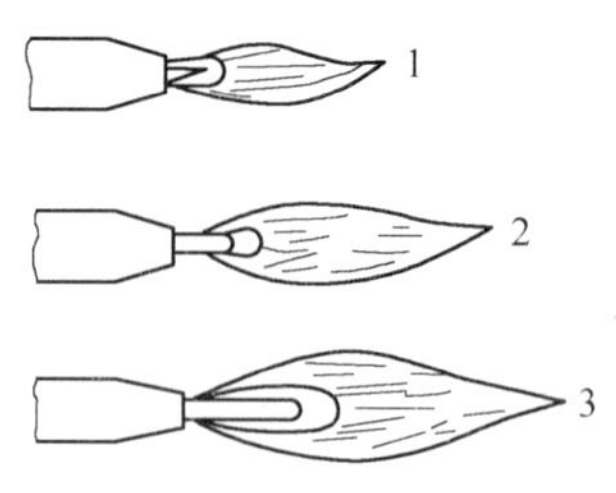

图 3-2　氧-乙炔焰的种类

1—氧化焰　2—中性焰　3—碳化焰

气焊操作容易掌握、所用设备价格低廉，且焊工能够控制热量输入值、焊接气氛及焊道的尺寸、形状，但焊接速度慢，焊缝的机械性能不如电焊焊缝。

二、气割

气割是利用金属在高温（金属燃点）下与纯氧燃烧而使金属切断的方法。气割开始时，

用氧-乙炔焰（预热火焰）将金属预热到燃点（在纯氧中燃烧的温度），然后通过切割氧（纯氧），使金属剧烈燃烧生成氧化物（熔渣），同时放出大量热，熔渣被氧气流吹掉，所产生的热量和预热火焰一起将下层金属加热到燃点，因此，当氧气流将生成的氧化物吹掉并与未燃金属接触时，这些未燃金属也要开始燃烧，如此继续下去就可将整个厚度切开。反应方程式为

$$3Fe + 2O_2 \longrightarrow Fe_3O_4 + 热量$$

适于用氧气切割的金属应具备下面的条件：

1）金属的燃点低于熔点；

2）金属氧化物的熔点低于金属的熔点，且流动性要好；

3）金属的导热性应小。

目前气割主要用于切割各种碳钢和普通低合金钢。

三、常用设备及工具材料

1. 乙炔发生器

是水与电石（CaC_2）相互作用，产生并储存乙炔的设备。按乙炔的压力 P 可分为低压式乙炔发生器（$P<0.045$MPa）和中压式乙炔发生器（$P=0.045\sim0.15$MPa）。

2. 氧气瓶

储存和运输高压氧的高压容器。常用容积为40L，工作压力为15MPa，可容6Nm^3 氧气。

3. 双气体燃料发生器

这是一种推广使用的新产品，在发生器内可将水电解成氢气和氧气，然后按最佳比例混合，从而取代氧气瓶和乙炔发生器。

4. 氧气减压器

用于显示氧气瓶内氧气及减压后氧气的压力，并将高压氧降到工作所需要的压力，且保持压力稳定。

5. 焊炬

是气焊时用来混合气体和产生火焰的工具。按可燃气体与氧气的混合方式分为射吸式焊炬和等压式焊炬两类。

6. 割炬

是氧-乙炔火焰进行切割的主要工具，火焰中心喷嘴喷射切割氧气流对金属进行切割。也分射吸式和等压式。

气焊所用材料主要有焊丝、电石和气焊粉。焊丝的化学成分直接影响焊缝金属的机械性能，应根据工件成分来选择焊丝，气焊丝的直径为2~4mm。为保护熔池与提高焊缝质量，需采用气焊粉，其作用是除去气焊时熔池中形成的高熔点氧化物等杂质，并以熔渣覆盖在焊缝表面，使熔池与空气隔离，防止熔池金属氧化。在焊铸铁、合金钢及各种有色金属时，必须采用气焊粉，低碳钢的气焊不必用气焊粉。

气焊规范主要指对焊丝直径、火焰能率、操作时的焊嘴倾斜角和焊接速度根据不同工件正确选用，并严格执行。

第二节　电弧焊与碳弧气刨

一、手工电弧焊

1. 工作原理

手工电弧焊是利用电弧放电时产生的热量，熔化焊条和焊件，从而使金属结合的焊接方法。手工电弧焊必须形成焊接电路，此电路以电源为起点引出两条电缆，一条接工件，另一条接焊钳，如图 3-3 所示。电弧就是在工件和焊条两个电极之间的气体发生的强烈放电现象。电弧的产生必须具备两个条件，即阴极电子发射和气体电离。

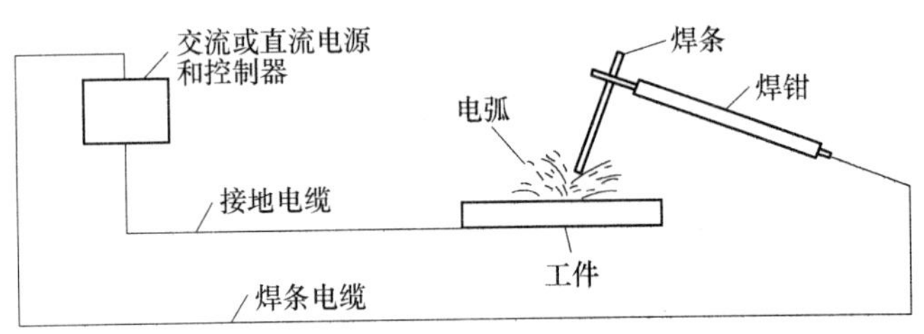

图 3-3　手工电弧焊基本焊接电路的构成

2. 主要设备及材料

电焊机是手工电弧焊的主要设备，是决定电弧稳定燃烧，从而获得优良焊缝的首要因素。电焊机有直流电焊机和交流电焊机两类，其中直流电焊机又分旋转式（焊接发电机）和整流式（焊接整流器）两种。

焊条的质量直接影响焊缝的性能，为此，焊条应满足下列基本要求。①保证焊缝金属具有一定的化学成分、力学性能和其他物理化学性能；②保证焊缝金属与焊接接头不产生气孔、夹渣、裂纹等缺陷；③具有良好的工艺性能。焊条由钢芯和药皮组成，钢芯强度应满足焊接构件要求。药皮应根据工艺要求选用，常用酸性焊条，重要结构用碱性焊条。

手工电弧焊的焊接规范参数主要是指焊条牌号与直径、焊接电流、电弧电压，以及焊接层数的选择。

二、自动和半自动电弧焊

焊接时，引弧、运条和结尾三个步骤完全用机械来完成，即称为自动焊；半自动焊时，电弧沿焊缝的移动（即运条）是靠手工操作的。自动焊的设备必须具有送丝机构（机头）和行走机构（小车或自行机头）两部分。机头应完成引弧、焊接（焊丝按预定要求向电弧区送进）和熄弧三个动作，行走机构则完成使焊接接头按预定速度沿焊缝移动。

自动调节弧长是自动焊的特点。目前有强制调节和自发调节两种方法，相应的自动焊机有变速送丝和等速送丝两类。

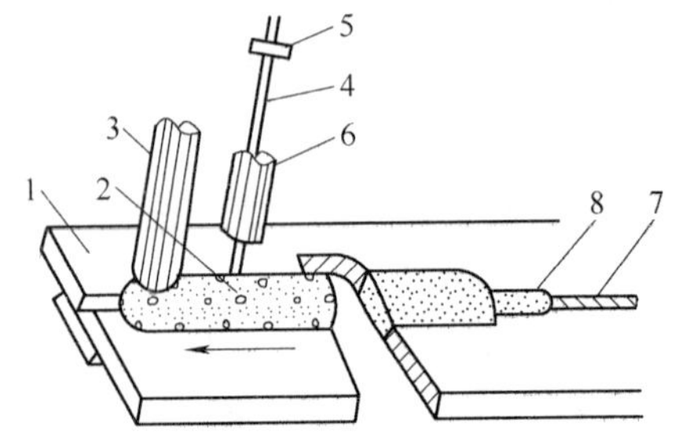

图 3-4　埋弧焊的焊接过程

1—工件　2—焊剂　3—焊剂漏斗　4—焊丝　5—送丝滚轮　6—导电嘴　7—焊缝　8—渣壳

图 3-4 为埋弧焊的焊接过程。焊剂由漏斗流出后，均匀地撒放在装配好的工件上，堆敷高度一般为 40~60mm。埋弧焊特别适用于大型焊件，其优点是

生产率高、焊缝质量好、节省材料和电能等。

三、碳弧气刨和碳弧气割

碳弧气刨及碳弧气割是利用碳极电弧的高温将金属局部加热到熔化状态，同时用压缩空气把熔化的金属吹掉，对金属进行刨削或切割的一种工艺方法。

碳弧气刨的主要工具是刨枪，碳弧气刨枪有侧面送风和圆周送风两种。

侧面送风式又分钳式和旋转式，钳式侧面送风枪的钳口端部一侧钻有压缩空气喷射小孔；旋转式侧面送风枪如图3-5所示，其特点是对不同直径的碳棒及扁形碳棒各备有一套黄铜喷嘴。喷嘴在连接套中能旋转360°。连接套和主体是采用螺纹连接，气刨枪头部可根据需要转成各种位置。

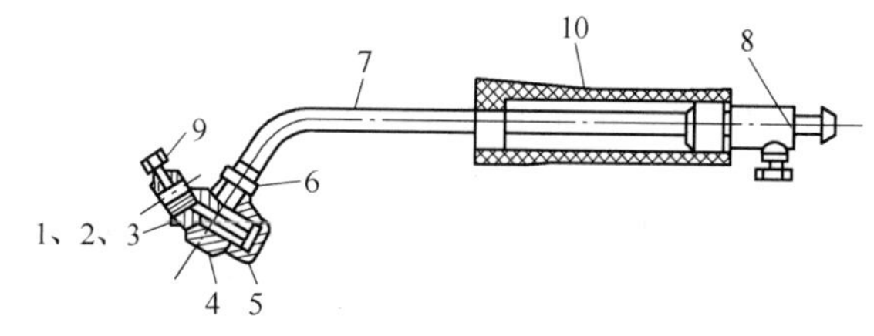

图3-5　旋转式侧面送风气刨枪

1—喷嘴Ⅰ　2—喷嘴Ⅱ　3—喷嘴Ⅲ　4—连接套　5—锁紧螺母　6—螺母　7—主体　8—气电接头　9—螺钉　10—手柄

圆周送风式气刨枪的枪体头部有分瓣弹性夹头，在夹头的圆周上有几个方形出风槽，压缩空气由出风槽沿碳棒四周吹出，碳棒冷却均匀。刨削时熔渣则从刨槽的两侧吹出，前方无熔渣堆积，便于掌握刨削方向。

碳弧气刨的电路连接应以工件为负极，可使熔化金属含碳量较高、金属流动性好、凝固温度低、刨削过程稳定、刨槽光滑。此外还应正确地选用碳棒直径、电流和压缩空气的压力等规范参数。

第三节　钢管的焊接

参加燃气管道焊接的焊工必须取得《锅炉压力容器焊工合格证》方可准许参加燃气管道的焊接施工。

一般情况下，应尽可能采用电弧焊，只有壁厚在4mm及以下的钢管才可用气焊焊接。

一、管子端面处理及对口

管子端面的形状和尺寸是保证焊接质量的首要条件。燃气管道的焊接一般均采用对接接头，对接接头的形式有：

1）不开坡口：适用于壁厚≤4mm的钢管，通常两接头间留1~2mm的间隙。

2）V形坡口：管壁厚度超过4mm时选择表3-1所示V形坡口。坡口的主要作用是保证焊透；钝边的作用是防止金属烧穿；间隙是为了焊透和便于装配。

表3-1　钢管对接接头尺寸　（单位：mm）

V形坡口图示	焊缝	壁厚 s	间隙 a	钝边 d	坡口角度 α
α, s, d, a	电弧焊	4~9	1.5~2	1~1.5	60°~70°
		≥10	2~3	1.5~2	
	气焊	3.5~6	1~2	0.5~1.5	60°~70°

不同壁厚的管子、管件对焊时，如两壁厚相差大于薄管壁厚的 25%或大于 3mm 时，必须对厚壁管进行加工，如图 3-6 所示。

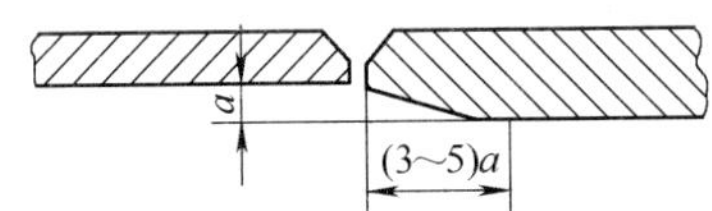

图 3-6　不同壁厚钢管的对接

对已加工好的坡口两侧 15mm 以内，应清除油、锈、水等脏物。管子对口时，两管纵向焊缝应错开，错开的环向间距不小于 100mm；错口允许偏差为 0.5～1.0mm。组对短管时，短管长度不应小于管径，且不应小于 150mm。

二、焊接工作的组织

对口完毕即可进行点固焊，然后焊成一定长度的管段，待强度试验后，将管段下到沟槽内再焊成管路。焊接作业组按流水作业进行。

1）对口点固焊组：负责把管子放在垫木或转动装置上，对好口，点固焊成管段。

2）转管焊接组：把点固焊的管段全部施焊完毕并进行强度试验。

3）固定口焊接组：把下到沟底的管段全部施焊完毕，一般是在沟内对口和固定口全位置焊接。

上述作业组形式适于长距离和较大管径（DN>150）的焊接工程，短距离焊接工程根据具体情况组织一个或两个作业组。

三、管道的焊接技术

1. 固定口全位置焊接技术

水平管道固定口全位置焊接的特点是焊缝的空间位置沿焊口不断变化，熔池形状也不断变化，因此操作比较困难，容易产生缺陷。

各部位产生的缺陷是各不相同的，如将管口分成 8 等分，如图 3-7 所示，则从位置 1～6 容易出现各种缺陷，部位 2 容易出现弧坑未填满和气孔，部位 5 容易出现熔透过分，形成焊瘤，部位 3 和 4 的熔渣与铁水容易分离。

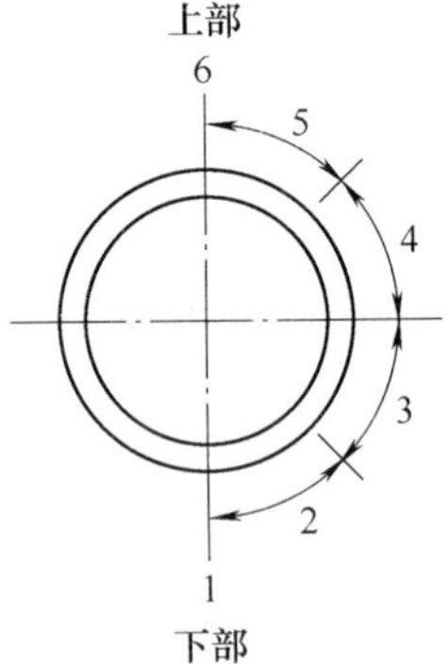

图 3-7　水平管固定口焊接缺陷分布

水平管固定口的焊接通常以平焊点 6 和仰焊点 1 为界，将环形焊口分为两个半圆形焊口，按仰焊、立焊、平立焊和平焊的顺序进行焊接。

（1）前半圈的焊接　起焊应从仰焊部位中心线前 5～15mm 处开始，如图 3-7 所示，管径较小时提前值取下限。首先在坡口侧面上引弧，用长弧预热，当坡口开始熔化时迅速压短电弧，靠近钝边做微小摆动；再用“半击穿法”将坡口两侧钝边熔透，形成反面成形，然后按仰焊、仰立焊、立焊、斜平焊及平焊顺序将半个圆周焊完。前半圈收尾时应在越过平焊部位中心线 5～15mm 处熄弧。焊接时焊条角度的变化如图 3-8 所示。焊接过程中遇到定位点焊焊缝时，必须用电弧将焊缝一端的根部间隙熔穿，以确保充分熔合，当运条至点固焊缝另一端时，焊条应稍停一下，使之充分熔合。

（2）后半圈的焊接　由于仰焊起焊时最容易产生各种缺陷，所以在后半圈焊接开始时，应把前半圈起焊处的焊缝端部用电弧割去约 10mm 的一段，这样既可以除去可能存在的缺

陷，又可以形成缓坡形的焊缝端部。操作方法是先用长弧预热原焊缝端部，待端部熔化时迅速将焊条转成水平位置，对准熔化铁水用力向前一推，必要时可重复 2~3 次，直到将原焊缝端部铁水推掉形成缓坡形槽口。随后将焊条移回到焊接位置，从割槽的后端开始焊接，这时切勿熄弧，以使原焊缝充分熔化，消除可能存在的缺陷。当运条至底部中心线时必须将焊条用力向上一顶，以便将根部熔透，形成熔孔后方可熄弧。此后即进行后半圈的正常焊接。

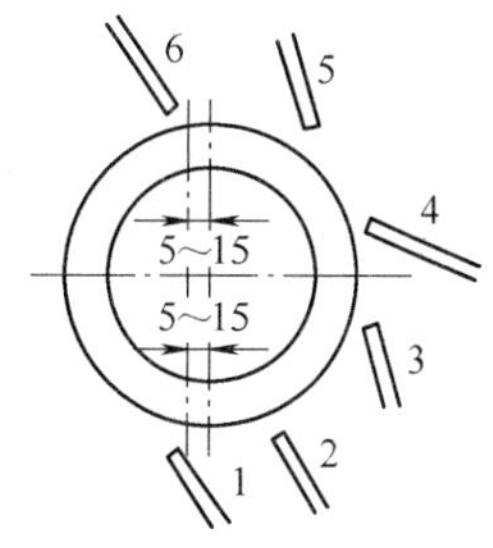

图 3-8　固定口全位置焊接

（3）平焊接头　平焊接头是两个半圈结尾的交接部分，也是整个焊口的收尾部分，要保证此处充分熔合并焊透。为此，运条至原焊缝尾部时应使焊条略向前倾，并稍作前后运条摆动，以便充分熔合。当接头封闭时，将焊条稍微压一下，这时可以听到电弧击穿根部的声音，说明根部已充分熔透。填满弧坑后，即可熄弧。

（4）表面多层焊　完成封底焊缝后，其余各层的焊接比较容易。但应注意使各焊道之间，以及坡口之间必须充分熔合；每焊完一道后要仔细清除熔渣，以免产生层间夹渣。

2. 固定口横焊技术

横焊时，熔池金属有自然下流造成上侧咬边的趋势，表面多层焊道不易焊得平整美观，常出现高低不平等缺陷。

（1）封底焊　因为全部是横焊，条件相同，所以要始终保持焊条与管子之间的角度相同，如图 3-9 所示，具体操作完全同于横焊单面焊双面成型焊接操作技术。焊接时要尽可能将熔池的形状控制为斜椭圆形，避免凸椭圆形，如图 3-10 所示。当组对间隙较小时，应增大电流或使电弧紧靠坡口钝边作直线运条，用击穿法进行焊接。

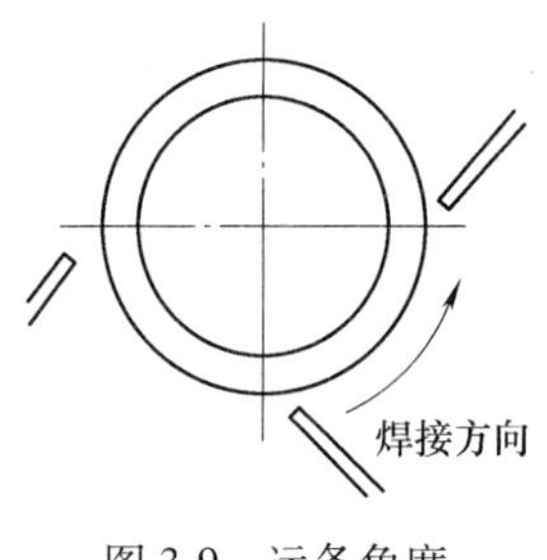

图 3-9　运条角度

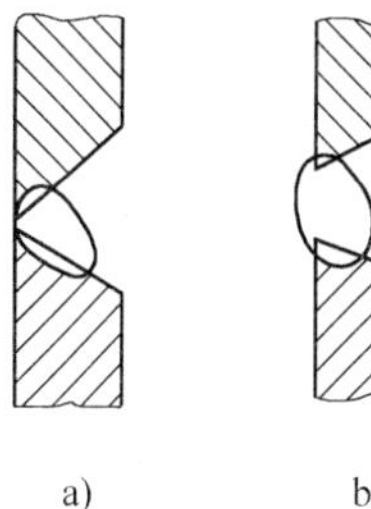

图 3-10　横焊根部焊缝形状

a）斜椭圆形　b）凸椭圆形

（2）表面多层焊　为了避免夹渣、气孔等缺陷，焊接电流应大些，运条速度不宜过快，熔形状尽可能控制为斜椭圆形。若铁水与熔渣混合不清，可将电弧略向后一带，熔渣就会吹向后方，而与铁水分离。当遇到焊缝表面凸凹不平时，在凸处运条应稍快，在凹处应稍慢，以获得较平整的焊缝。表面多层焊可使用直线和斜折线运条法。

3. 转动口焊接技术

转动口单面焊双面成型焊接可在立焊和斜立焊位置进行，如图 3-11 所示。立焊位置可保证根部很好熔合与焊透，熔渣与铁水容易分离，组对间隙较小时更适于采用立焊位置。斜立焊位置除具有立焊的优点外，还具有平焊操作方便的优点，可用较大的电流，以提高焊接速度。

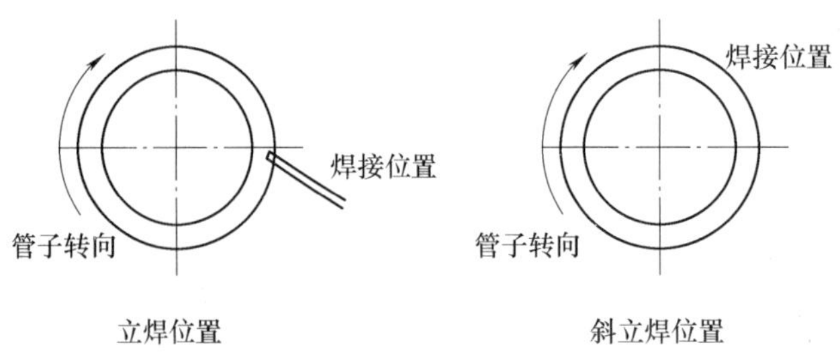

图 3-11　管道转动口施焊位置

第四节　焊接质量检验

一、焊接缺陷分析

焊接时产生的缺陷可分为外部缺陷及内部缺陷两大类。外部缺陷用眼睛和放大镜进行观察即可发现，而内部缺陷则隐藏于焊缝或热影响区的金属内部，必须借助特殊的方法才能发现。

1. 外部缺陷

（1）焊缝尺寸不符合要求　焊缝的熔宽和加强高度不合要求，宽窄不一或高低不平，这是由于操作不当等原因造成的。

（2）咬边　咬边是由于电弧将焊缝边缘吹成缺口，而没有得到焊条金属的补充，使焊缝两侧形成一凹槽，如图 3-12 所示。使焊缝造成咬边的主要原因是由于焊接时选用的焊接电流过大，或焊条角度不正确。咬边经常发生在立焊、横焊或角焊的两侧。

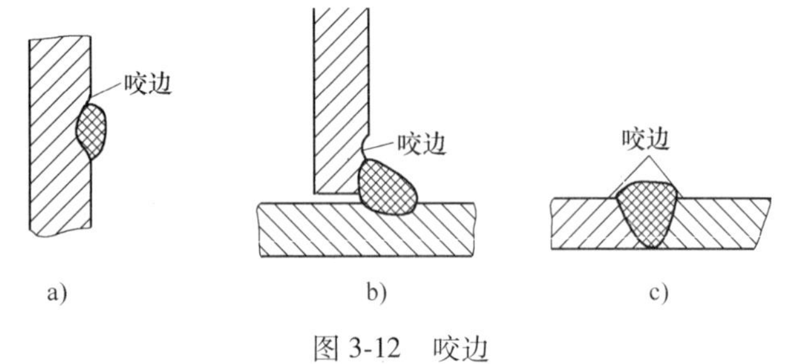

图 3-12　咬边

咬边的存在减弱了接头工作截面，并在咬边处形成应力集中。燃气管道和燃气储罐的焊缝不允许存在咬边。

（3）焊瘤　焊接过程中熔化金属流溢到加热不足的母材上，这种未能和母材熔合在一起的堆积金属叫做焊瘤，如图 3-13 所示。产生焊瘤的主要原因是电流太大、焊接熔化过快或焊条偏斜等，尤其是角焊缝更容易出现焊瘤。

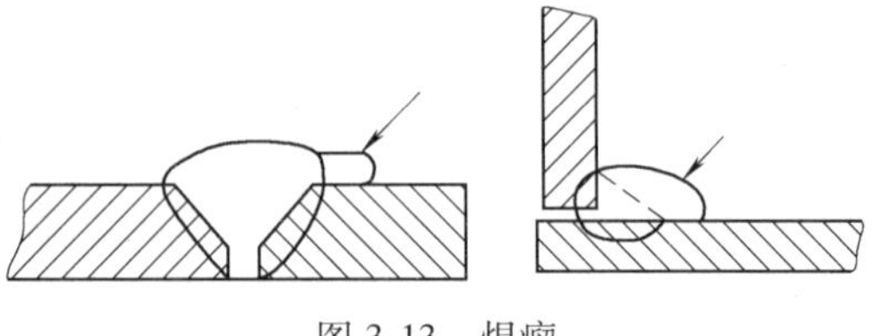

图 3-13　焊瘤

（4）烧穿　一般发生在薄板结构的焊缝中，是绝对不允许存在的。烧穿的原因是电流过大、焊接速度太慢或装配间隙太大。

（5）弧坑未填满　焊接电流下方的液态熔池表面是下凹的，所以断弧时易形成弧坑。它减少了焊缝的截面，使焊缝强度降低，因此必须填满弧坑。

（6）表面裂纹及气孔　这类缺陷会减小焊缝的有效截面，造成应力集中，并影响焊缝

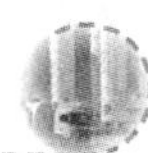

表面形状。

外部缺陷较容易被发现，应及时修补，有时需将缺陷铲（刨）去后重新补焊。

2. 内部缺陷

常见的内部缺陷是未焊透、夹渣、气孔和裂纹。

（1）未焊透　有根部未焊透、中心未焊透、边缘未焊透、层间未焊透等几种类型。未焊透使接头强度减弱，受力时可能产生裂纹。对重要结构，未焊透处必须铲除后重新补焊。

未熔透产生的原因可能是坡口角度和间隙太小，钝边太厚；也可能是焊接速度过大；焊接电流过小或电弧偏斜，以及坡口表面不洁净。未焊透常和夹渣一起存在。未熔合也属于未焊透，其原因是电流过大。

（2）夹渣　焊缝金属冷却过快，一些氧化物、氮化物或熔渣中个别难熔的成分来不及自熔池中浮出而残留于焊缝金属中形成夹渣。多层焊时，前一层的焊渣未清理干净也会形成夹渣。夹渣与气孔一样会降低焊缝强度。

（3）气孔　气孔是由于在焊接过程中形成的气体来不及排出，而残留在焊缝金属内部所造成的。气孔可能是单个存在，也可能成网状、针状，后者更为有害。气孔的存在减小了焊缝工作截面，降低了接头强度与致密性。避免产生气孔的措施是保证焊条或焊剂充分干燥，工件和焊丝没有铁锈、油污等，加强对焊缝的保温使之缓慢冷却。

（4）裂纹　裂纹发生于焊缝或母材中，可能存在于焊缝表面或内部，是最危险的缺陷。裂纹削弱了工作截面，不仅造成应力集中，而且在动荷作用下，即使微小裂纹，也很容易扩展成宏观裂纹，导致结构整体的脆性破坏。因此绝对不允许裂纹存在。

当发现有裂纹时，可在两端钻孔，防止其扩展。然后用风铲或碳弧气刨将它清除干净，重新补焊。

二、焊接接头性能鉴定

1. 化学成分分析

化学分析的目的是检查焊缝金属的化学成分，经常被分析的元素有碳、锰、硅、硫和磷等，必要时还对焊缝中的氢、氧或氮的含量作分析。

2. 金相组织检查

其目的是分析焊缝及热影响区的金相组织，测定晶粒的大小及焊缝金属中各种显微氧化夹杂物、氢白点的分布情况，以鉴定该金属的焊接工艺是否正确，热处理等各种因素对焊接接头机械性能的影响。

3. 机械性能试验

通过拉伸试验、弯曲试验测定焊接接头的机械性能。

三、无损探伤法

对于内部缺陷，可以用物理的方法在不损害焊接接头完整性的条件下去发现，因此称为无损探伤。常用的有射线法（X 射线或 γ 射线）和超声波法等。

1. 射线探伤

（1）射线探伤原理　用 X 射线或 γ 射线透视工件进行探伤的原理相同，只是获得射线的能源不同，这两种射线都是电磁波，γ 射线较 X 射线的波长更短。它们都具有穿透包括金属在内的各种物质的能力。射线的波长越短穿透能力越强，所以 γ 射线具有更强的穿透力。X 射线和 γ 射线都能使照相底片感光。

射线穿透各种材料时被部分地吸收，材料密度越大，射线被吸收得越多，射线探伤即是利用这种不同物质对射线的吸收能力不同这一特点而进行的。

透视时，将 X 射线源对准要照射的部位，在焊缝背面安置底片。因焊缝有加强高部分，故厚度最大，所以对射线的吸收也最多，底片相应部分感光最弱。若焊缝中有缺陷时，因为缺陷内的气体或非金属夹杂物对射线的吸收能力远远小于金属，所以射线通过缺陷时强度衰减较小。因此底片在有缺陷的部位感光最强。底片冲洗后，可清晰地看到焊缝上相应缺陷部分的黑度要深一些，根据底片上呈现出的较深颜色的圆点、窄条或细线的形状、大小、就可直观地判断缺陷的大小、性质和数量，因此这种方法是很可靠的。

与 X 射线相比，γ 射线探伤除可检验较厚的工件外，最主要的优点是不需要电源，适于野外操作，设备简单轻便，容易移动携带。

射线探伤所能发现的最小缺陷尺寸称为绝对灵敏度；最小缺陷的尺寸占被检工件厚度的百分比称为相对灵敏度。

由于射线在传播时发生散射绕射，所以不能发现尺寸过小的缺陷。当工件较厚时更无法显示微小缺陷。

（2）射线探伤方法　当透视大管径、平板或球形储罐等的对接焊缝时，是以射线中心来对准焊缝中心，底片放在焊缝的背面进行，如图 3-14 所示。

当检查内壁无法装暗盒的管子或容器的环焊缝时，可使射线以一倾斜角度透视双层壁厚，如图 3-15 所示。为了不使上层管壁中的缺陷投影到下层检查部位上造成伪缺陷，可将焦距缩短，使上层的缺陷模糊，从而不影响焊缝质量检验效果。

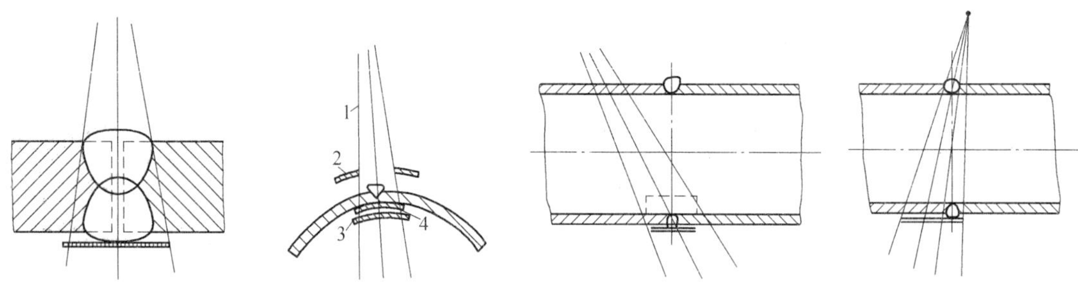

图 3-14　对接焊缝的透视示意图

1—射线束　2—前遮铅板　3—后遮铅板　4—底片

图 3-15　通过双层壁的透照方法

对于 DN<200 的管子环焊缝，可使射线一次透过整个环焊缝，在底片上得到椭圆形的影像（见图 3-16）。为使底片清晰，可适当加大焦距。

射线探伤时，与射线束平行并具有一定尺寸的缺陷容易被发现，如未焊透、夹渣、气孔等，而与射线束成一定角度的倾斜裂纹或极细小的裂纹则难以发现。

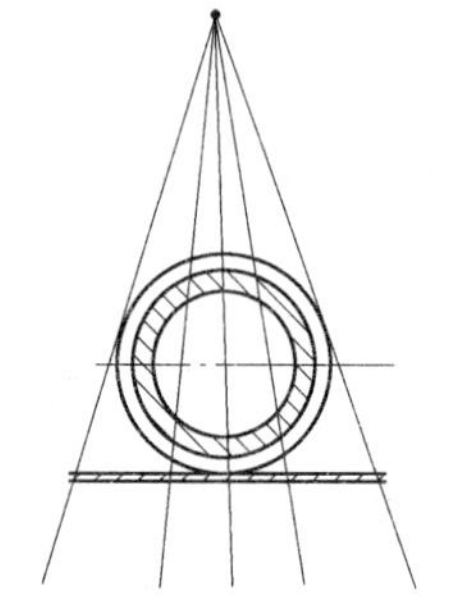

图 3-16　小直径管子的透照法

（3）射线探伤的缺陷判断

1）未焊透（未熔合）：根部未焊透表现为规则的连续或

断续的黑直线，宽度较均匀、位置处于焊缝中心。坡口部分的未熔合表现为断续的黑直线，位置多偏离焊缝中心、宽度不一致、黑度不太均匀。多层焊时各层间的未熔合表现为断续条状，如为连续条状则不会太长。

2）夹渣：多为不规则的点状或条状。点状夹渣显现为单个黑点、外形不规则、带有棱角、黑度较均匀；条状夹渣显现为宽且短的粗条状；多层焊时层间的夹渣是与未熔合同时存在。

3）气孔：显现为黑色小斑点、外形较规则，多为近似圆形或椭圆形，其黑度一般是中间较深，边缘渐浅，斑点分布可能是单个、密集或链状。

4）裂纹：多显现为略带曲折、波浪状黑色细条纹，有时也成直线细纹，轮廓较分明，中间稍宽，端部尖细，一般不会有分枝，两端黑度较浅逐渐消失。

判断焊接质量时，应注意排除底片上的伪缺陷。

2. 超声波探伤

频率高于20kHz的声波称为超声波，是一种超声频的机械振动波。超声波在各种介质中传播时，会在两种介质的界面产生反射和折射，也会被介质部分地吸收，使能量衰减。超声由固体传向空气时，在界面上几乎全部被反射回来，即超声波不能通过气体与固体的界面。如金属中有气孔、裂纹或分层等缺陷，因缺陷内有空气存在，超声波传到金属与缺陷边缘时就全部被反射回来。超声波的这种性能可用于探伤。

当超声波在被检测工件中传播时，碰到缺陷和工件底部就大部分被反射，自工件底部及缺陷处反射的超声波行经的路程不同，故反射回来的时间也有先后之分，据此即可判断该处是否存在缺陷。利用脉冲法探伤不能发现表面缺陷这是它的一个缺点，超声波探伤可测工件最大厚度达 10mm。

超声波探伤灵敏度高、速度快、设备轻便灵巧，不用冲洗照片、对人体无害，因此，应用越来越广乏。它的主要缺点是对缺陷尺寸的判断还不够精确，而且辨别缺陷性质的能力较差。因此在生产中与射线探伤配合使用。

第四章

管道的腐蚀防护与保温

第一节　管道的腐蚀原因

腐蚀是金属在周围介质的化学、电化学作用下所引起的一种破坏。金属腐蚀按其性质可分为化学腐蚀和电化学腐蚀。

化学腐蚀是金属直接和介质接触发生化学作用而引起金属的溶解过程，电化学腐蚀则是金属和电解质组成原电池所发生的电解过程。

输送燃气的钢管按其腐蚀部位的不同，分为内壁腐蚀和外壁腐蚀。

一、管道的内壁腐蚀

由于输送的燃气中可能含有硫化氢、二氧化碳、氧、硫化物或其他腐蚀性化合物直接和金属起作用，引起化学腐蚀；还由于燃气中常含有少量的水分，因此，在输送过程中，水在管道内壁生成一层亲水膜，形成了原电池腐蚀的条件，产生电化学腐蚀。因此，在钢管内壁一般同时存在化学腐蚀及电化学腐蚀。内壁防腐的根本措施首先应是将燃气净化，使其杂质含量达到规范要求的允许值以下。还可以在管道内用合成树脂或环氧树脂等做内涂层，可防止管道内壁的腐蚀，并能降低管壁的粗糙度，相应地提高了管道的输气能力。

二、管道的外壁腐蚀

钢管外壁腐蚀同样可以在架空或埋地情况下发生。对于架空钢管的外壁防腐一般用油漆覆盖层防护。而埋地钢管外壁腐蚀的原因比较复杂。其中化学腐蚀是全面性的腐蚀，在化学腐蚀的作用下，管壁厚度的减薄是均匀的，所以从钢管受到穿孔破坏的观点看，化学腐蚀的危害性不大，一般也可采取外壁覆盖层保护。除全面性的化学腐蚀而外，一般还有如下三类：

1. 电化学腐蚀

这种腐蚀的原理如图 4-1 所示。由于土壤各处物理化学性质不同以及管道本身各部分的金相组织结构不同，如晶格的缺陷及含有杂质、金属受冷热加工而变形产生内部应力，特别是钢管表面粗糙度不同等原因，使一部分金属容易电离，带正电的金属离子离开金属，而转移到土壤里，在这部分管段上电子越来越过剩，电位越来越负；而另一部分金属不容易电离，

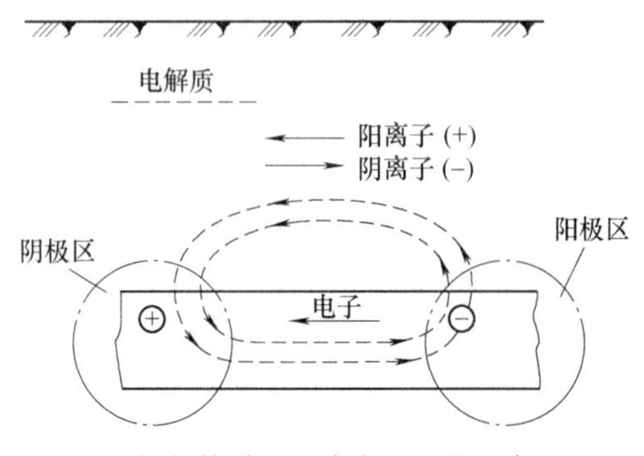

图 4-1　燃气管道在土壤中的电化学腐蚀原理

相对来说电位较正。因此电子沿管道由容易电离的部分向不易电离的部分流动，在这两部分金属之间的电子有失有得，发生氧化还原反应。失去电子的金属管段成为阳极区，得到电子的这段管段成为阴极区。腐蚀电流沿金属管段从阴极区流向阳极区，然后从阳极区流离管道，经土壤又回到阴极区，形成回路，土壤中发生离子迁移，带正电的阳离子（如 H^+）趋向阴极，带负电的阴离子（如 OH^-）趋向阳极。使阳极区的金属离子不断电离而受到腐蚀，使钢管表面出现凹穴，以至穿孔，而阴极则保持完好。

2. 杂散电流对钢管的腐蚀

由于外界各种电气设备的漏电与接地，在土壤中形成杂散电流。其中对钢管危害最大的是直流电，泄漏直流电的设备有电气化铁路和有轨电车的钢轨、直流电焊机、整流器外壳接地和阴极保护站的接地阳极等，在电流离开钢管流入土壤处，管壁产生离蚀。杂散电流对钢管的腐蚀如图 4-2 所示。

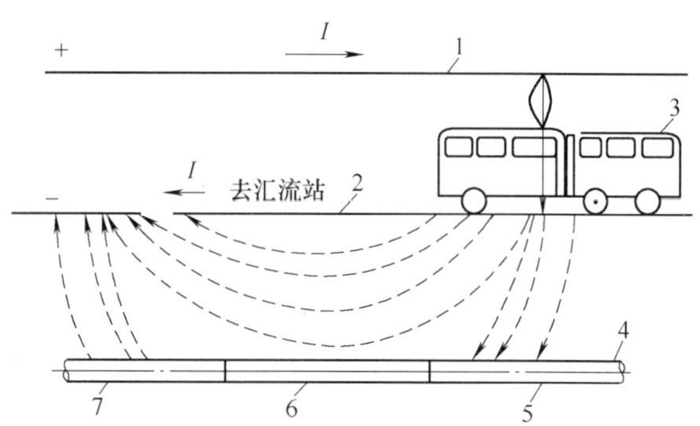

图 4-2　杂散电流对钢管腐蚀示意图

1—电线　2—钢轨　3—有轨电车　4—埋地钢管

5—阴极区　6—过渡区　7—阳极区

3. 细菌作用引起的腐蚀

根据对微生物参与腐蚀过程的研究发现，不同种类细菌的腐蚀行为，其条件各不相同。例如在缺氧土壤中存在厌氧的硫酸盐还原菌，它能将可溶的硫酸盐转化为硫化氢，使土壤中氢离子浓度增加，加速了埋地钢管的腐蚀过程。硫酸盐还原菌的活动与土壤的 pH 值有关。pH 值在 4.5~9.0 时，细菌生长最为适宜；pH 值在 3.5 以下或 11.0 以上时，细菌的活动完全受到抑制。

第二节　土壤的腐蚀性及其测定

一、土壤的电阻率

土壤颗粒内充满空气、水和各种可溶盐，使土壤具有电解质溶液的特征，可以导电。土壤的腐蚀性与土壤的结构、含水量、透气性、导电性、有无各种盐类和酸类等因素有关。

干燥土壤对金属的腐蚀作用比潮湿土壤小。当土壤含水量为 11%~13%时，土壤的腐蚀性最大；而超过 20%~24%时，土壤的腐蚀能力趋于下降。被水分饱和的土壤的腐蚀性最小。

当含水量经常变化，水分和氧共同对金属起腐蚀作用时，这样的腐蚀最为严重。城市中有污水淤积的土壤，其中的土壤结构各不相同，而且杂质很多，这种土壤的腐蚀性很大。沼泽地区、潮湿的泥炭质土壤以及炉渣覆盖的土壤等，腐蚀性也很大。纯砂土对管道的腐蚀作用甚小。

研究土壤时，考虑上述全部因素是相当复杂的。应找出一个既易测定而又基本上能反映土壤腐蚀性的物理量。研究结果证明，土壤的电阻率是土壤腐蚀性能的最重要特征，而电阻率又能迅速而较精确地测定。

二、二极测定法

图4-3是用二极法测定电阻率的示意图。它由两个电极和一块电流表组成，电源是干电池（3V）供给直流电。极杆和极尖分别由木杆和钢制成，阴极极尖尺寸较大，以减少极化作用。两极用穿在极杆内的导线与电池相连。电流表有两种刻度，25mA和100mA。测定土壤电阻率时，两极插入土壤的深度与管道的基础深度相等。土壤电阻率由测得的电流按下式计算：

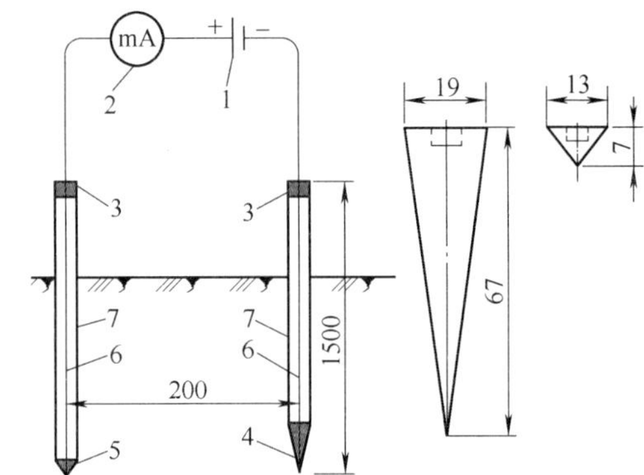

图4-3　二极法测定电阻率示意图

1—干电池　2—电流表　3—极杆上金属罩　4—阴极极尖　5—阳极极尖　6—导线　7—极杆

$$\rho = K\frac{U}{I}$$

式中　ρ——土壤电阻率，Ω·m；

U——干电池组的电压，V；

I——电流，A；

K——测量仪器的常数，每台仪器的常数均需事先在实验室测定。

三、四极测定法

用二极法测定电阻率是在需要测定土壤腐蚀性处的探井内进行的，而四极法则能在地面上进行测定，并可测定电极间范围较大的从地表面到规定深度的土壤腐蚀率。但当土壤的非均质程度较高时，四极法的误差较大。

四极法是用对称的A、M、N、B四个电极装置来测量电阻率，如图4-4所示。四个电极在地面上按一直线安装，其中两个供电极A和B与电源及电流表相连，构成供电回路；两个测量极M和N与电位计相连。由电源供给的电流经A和B两极，流入土壤，在测量极M和N之间建立电位差，该电位差值与经A和B两极的电流量及M和N两极间的土壤电阻值成正比。故当四个电极的间距一定时，可根据测量仪表上指示的电位差ΔU和电流值I，计算土壤电阻率ρ，其关系式为

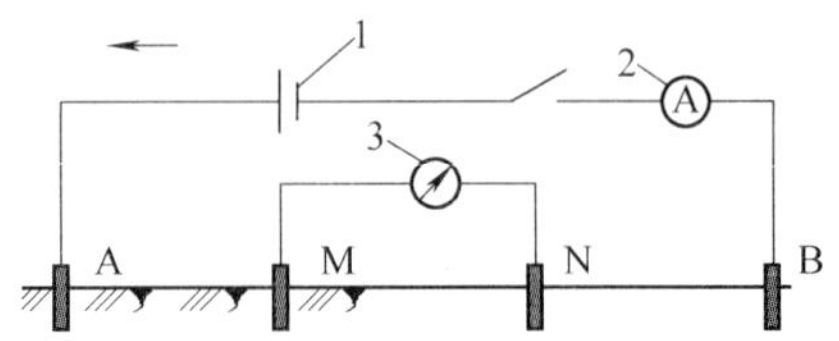

图4-4　四极法测定土壤电阻率示意图

1—干电池　2—电流表　3—电位计

$$\rho = K\frac{\Delta U_{MN}}{I}$$

式中　ρ——土壤电阻率，Ω·m；

K——仪器系数，其数值取决于四个电极的相对位置。

选择四个电极的间距时，一般应使M和N两极的距离等于需要测定的深度，A和B之间的距离约为M和N之间距离的3~5倍。

四、管盒测定法

管盒测定法如图4-5所示。将一段标准钢管试件放在土样中，使一定电压的电流通过，

以形成腐蚀电解电池。经过一定时间后，测量其重量损失，以此表示土壤的腐蚀性。

试验时先将土样按规定要求压碎、烘干，然后重新磨碎、过筛，再用蒸馏水润湿土样至饱和。用直径为 19mm、长为 100mm、重约 165g 的钢管做试件。试件擦洗干净后，称重至 0.01g 的精度。试件上端连导线，下端用橡皮塞支承。试件放在直径为 80mm、高为 120mm 的金属盒内，其中充满土样，盒底与导线相连。导线接电压为 6V 的干电池，电池的正极与试件相连，负极与金属盒相连，形成电解电池。

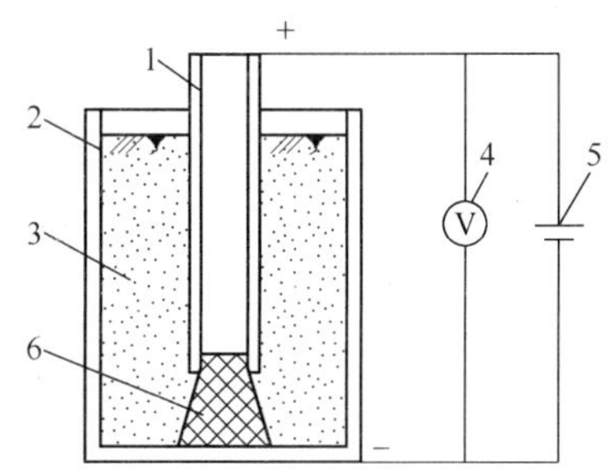

图 4-5　管盒法测定土壤腐蚀性的装置
1—钢管试件　2—金属盒　3—土样
4—电压表　5—干电池　6—橡皮塞

在试验期间回路内的电流值可能改变，但电池电压应保持稳定。24h 后从盒内取出试件，用金属刷清除腐蚀产物后，用酒精冲洗，干燥后称重。根据试验前后试件称重的数据，计算重量损失。

一些国家用土壤电阻率及失重判断指标确定土壤腐蚀等级的标准，见表 4-1。

表 4-1　土壤腐蚀等级划分参考表

土壤腐蚀等级		低	中	较高	高	特高
土壤电阻率/Ω·m	美国（二极法）	>50	49.99~20	19.99~10	9.99~7	<7
	苏联（四极法）	>100	100~20	20~10	10~5	<5
24h 后试件失重/g		0~1	1~2	2~3	3~6	>6

结合我国土壤实际情况，对一般地区土壤腐蚀性分级可按表 4-2 确定。

表 4-2　一般地区土壤腐蚀性分级标准

腐蚀性等级	强	中	弱
土壤电阻率/Ω·m	<20	20~50	>50

第三节　管道防腐层涂料

一、涂料的基本性能和分类

涂料的基本性能包括涂料本身的性能、涂料的施工性能和涂层的保护性能等，其中保护性能应包括下述使用功能。

（1）耐候性　是指涂层能抵抗大气中各种破坏因素（太阳辐射、温度和湿度变化、水分和各种污染的侵蚀等）对其破坏的性能。

（2）防湿热性　即耐潮气和饱和水蒸气对涂层的破坏作用。

（3）防盐雾性　沿海地区的盐雾有较多的氯化钠和氯化镁等腐蚀介质，在低温下吸潮严重，从而引起强烈的电化学腐蚀，涂层耐这种腐蚀作用的性能称之为防盐雾性。

（4）防霉性　湿热地带涂层容易被霉菌侵袭，尤其是油性涂料和有增塑剂的涂料很容易受霉菌破坏产生斑点、起泡，甚至为某些霉菌充当食料而被吃掉。涂层耐霉菌破坏作用的性能称之为防霉性。

（5）化学稳定性　是指涂料保护钢铁金属不被腐蚀的性能，这是涂料的一项综合性能。

（6）电绝缘性　即防腐涂料应是绝缘体，应能把外界的杂散电流与钢铁金属完全绝缘。

除了具有上述性能外，涂层尚应具有一定的机械强度和不透水性。涂料中所含颜料应具有钝化作用等。

涂料一般由四种组分构成，即成膜物质、颜料、溶剂和少量助剂。我国的涂料产品以成膜物质为基础进行分类，共有 18 大类，其中燃气工程上常用的有六类，见表 4-3。

表 4-3　常用涂料的名称和代号

成膜物质类别		底漆名称和型号		面漆名称和型号	
名称	代号	名称	型号	名称	型号
油脂	Y	铁红油性防锈漆	Y53-2	各色厚漆	Y02-1
		红丹油性防锈漆	Y53-1	各色油性调和漆	Y03-1
酚醛树脂	F	红丹酚醛防锈漆	F53-1	各色酚醛调和漆	F03-1
		铁红酚醛防锈漆	F53-2	各色酚醛磁漆	F04-1
醇酸树脂	C	铁红醇酸底漆	C06-1	各色醇酸调和漆	C03-1
过氯乙烯树脂	G	锌黄、铁红过氯乙烯底漆	G06-1	各色过氯乙烯防腐漆	G52-1
环氧树脂	H	锌黄、铁红环氧树脂底漆	H06-1	各色环氧防腐漆	H52-3
沥青	L			焦油沥青漆	L01-17

二、常用涂料

1. 油脂涂料

是以聚合油、催干剂和颜料制成的涂料，可用于调制各色调和漆和防锈漆。油脂涂料干燥缓慢，涂层过厚易起皱。

2. 酚醛树脂涂料

是涂料中使用较广泛的品种之一，又分为改性酚醛树脂涂料和纯酚醛树脂涂料。改性酚醛树脂漆膜较坚硬，有较好的光泽，但易变色，耐候性逊于醇酸磁漆；纯酚醛树脂的耐水性、耐化学腐蚀性和耐候性均较好。

3. 醇酸树脂涂料

是以多元醇与多元酸和脂肪酸经脂化缩聚而成，并可与其他多种树脂拼制成多种多样的涂料品种，性能各异，但均具有良好的柔韧性、附着力和机械强度，耐久性和保光性也较好，且施工方便、价格便宜。

4. 过氯乙烯树脂涂料

过氯乙烯树脂是聚氯乙烯进一步氯化而制得，可与多种涂料用树脂混溶而制成不同性能和使用要求的涂料。过氯乙烯涂料具有良好的耐腐蚀性、耐候性、防霉性和不燃性，但耐热性差，使用温度不宜超过 60℃。

5. 环氧树脂涂料

环氧树脂有较强的附着力、较好的韧性和机械强度，较高的体积电阻和击穿电压，常温

贮存不易变质。

环氧沥青涂料是利用环氧树脂和煤焦沥青配制成的高效防腐蚀涂料，可直接涂刷在钢燃气管道和储气罐的表面。

6. 沥青涂料

沥青涂料在燃气工程防腐涂料中占有重要地位，其价格低，货源充足，具有良好的施工性能和保护性能。

（1）沥青的组分与结构　沥青的化学结构极为复杂，对其进行成分分析很困难，因此一般不作沥青的化学分析，仅从使用角度将沥青划分为若干“组分”。

油分、树脂和沥青质是沥青中的三大主要组分，此外，还含有2%~3%的沥青炭和似炭物。油分和树脂可以互溶。树脂可以浸润沥青质，在沥青质的超细颗粒表面形成薄膜。

当油分和树脂较多时，胶团外膜较厚，胶团之间相对运动较自由，沥青的流动性、塑性和开裂后自行愈合的能力较强，但温度稳定性较差。当油分和树脂含量不多时，胶团外膜较薄，胶团靠近聚集，相互吸引力增大，因此沥青的弹性、黏性和温度稳定性较高，但流动性和塑性较低。

沥青在热、阳光、空气和水等外界因素作用下，各个组分会不断递变。低分子化合物将逐步转变为高分子化合物即油分和树脂逐渐减少，沥青质逐渐增多，使流动性和塑性逐渐变小，硬脆性逐渐增大，直至脆裂，这个过程称为沥青的“老化”。

（2）沥青的技术性质　沥青除具有防水性、电绝缘性和化学稳定性等涂料的基本性能外，为了合理应用，正确施工，还需明确下述各项性质。

1）黏性：沥青的黏性是沥青内部阻碍其相对流动的一种特性。黏性较大的沥青，其流动性较小。

黏稠沥青的黏性（黏度）用针入度仪测定的针入度值表示。针入度值越小，表明黏度越大。

液体沥青的黏度用标准黏度计测定的标准黏度表示。

2）塑性：是指沥青在外力作用时产生变形而不破坏，除去外力后，则仍保持变形的形状的性质。沥青的塑性用延度（伸长度）表示。延度越大，塑性越好。

3）温度敏感性：是指沥青的黏性和塑性随温度升降而变化的性能。当温度升高时，沥青由固态或半固态逐渐软化，最终呈黏流态。当温度降低时，又逐渐由黏流态凝固为固态，甚至变硬变脆。在相同的温度变化间隔里，各种沥青黏性和塑性变化幅度是不同的。燃气工程宜选用变化幅度较小的沥青。

温度敏感性通常用软化点表示。软化点越高，温度敏感性越小，针入度和延度越小。

4）大气稳定性：大气稳定性是指沥青在大气因素作用下抵抗老化的性能。常以蒸发损失和蒸发后针入度来评定。大气稳定性越高，“老化”越慢。

5）闪点与燃点：闪点指加热沥青至挥发出的可燃气体和空气的混合物，在规定条件下与火焰接触时，初次呈现蓝色闪火时的沥青温度（℃）；燃点是指加热沥青产生的气体和空气混合物，与火焰接触能持续燃烧5s以上时的沥青温度（℃）。

燃点温度比闪点温度约高10℃。闪点和燃点关系到沥青的运输、贮存和加热使用等方面的安全。

（3）沥青的分类　按生产来源可将沥青分为两大类，即：①地沥青（主要指天然沥青和石油沥青）；②焦油沥青（主要指煤沥青和页岩沥青）。目前常用石油沥青和煤沥青。煤沥青的塑性较差，温度敏感性较大，大气稳定性不如石油沥青，因含有蒽、萘和酚等成分故有毒性和臭味。但是，煤沥青抗水性强，埋地后的电阻率稳定，有较强的防霉性能，更适用于防腐涂料。为了克服煤沥青的缺点，国内外已广泛使用改性煤沥青（例如环氧煤沥青等）。

三、涂料的选用

选用涂料时，除了要注意颜色、外观、附着力、干燥时间等因素外，主要应对漆膜的保护性能和经济性加以考虑。

防腐层本身就是一项经济问题，所以延长防腐涂层寿命意味着最大的经济效益。但涂层的使用寿命又与管道和设备的检修周期相关。因此，选用涂料时不能片面强调价格便宜。但价格昂贵，涂料寿命远远超过管道或设备的检修周期，甚至超过管道或设备的使用年限，也不符合经济要求。应该从涂料价格、设备寿命、检修周期、维护和使用条件、维修费用、便于施工、停气损失等诸多方面做综合考虑，采用价值工程分析方法来选择最佳涂料。

第四节　钢管的防腐绝缘层

针对土壤腐蚀的特点，埋地钢管可以从下述两个途径来防止腐蚀的发生和降低腐蚀的程度，即第一，增加金属管道和土壤之间的过渡电阻，减小腐蚀电流，就是采用钢管外包覆防腐绝缘层使电阻增大；第二，采用电保护法，一般要与绝缘层防腐法相结合，以减小电流的消耗。

管道的绝缘层一般应满足下列基本要求：

1）应有良好的电绝缘性能、耐击穿电压强度不得低于电火花检测仪检测的电压标准；

2）应有足够的机械强度、韧性及塑性；

3）绝缘层与钢管应有良好的黏结性，保持连续完整；

4）应有良好的防水性和化学稳定性；

5）材料来源充足，价格低廉，便于机械化施工；

6）涂层应易于修补。

地下燃气管道防腐设计，必须考虑土壤电阻率。对高、中压输气干管宜沿燃气管道途经地段选点测定其土壤电阻率。应根据土壤的腐蚀性、管道的重要程度及所经地段的地质、环境条件确定其防腐等级。

地下燃气管道的外防腐涂层的种类，根据工程的具体情况，可选用石油沥青、环氧煤沥青、聚乙烯防腐胶带、聚乙烯防腐层、三层 PE 防腐层、环氧粉末喷涂等。

地上、地下铺设的钢管都要做防腐绝缘层。一般地上钢管涂刷防锈漆涂料，埋地钢管做绝缘层。在做绝缘层之前均应将钢管表面清理干净。

一、钢管的表面除锈

1. 手工除锈

一般使用钢丝刷、砂布或废砂轮片等在金属表面打磨，直至露出金属光泽。手工清除劳

动强度大、效率低，质量差。

2. 机械清除

对于局部清除，可采用风动或电动工具，即利用压缩空气或电力使除锈机械产生圆周或往复运动，当与被清除表面接触时，利用摩擦力或冲击力达到表面清除目的。例如风砂轮、风动钢丝刷、外圆除锈机和内圆除锈机等。

对于钢管和储气罐的大面积清除，大多采用干喷砂法。硬质砂粒借助压缩空气的引射从喷枪中以粒流状高速喷出，射到金属表面除去附着物，使钢铁表面洁净粗糙，可增加油漆的附着力。喷射的砂粒粒径，铁砂为1~1.5mm，石英砂为1~3mm。石英砂强度低，易产生粉尘。

喷砂装置如图4-6所示。砂粒射向金属表面的工作压力一般为0.2~0.4MPa。压缩机的工作压力不小于0.5MPa。操作时喷嘴与金属表面距离保持10~15cm，砂流与金属表面成60°~70°夹角，喷砂方向尽量与风向相同。

干喷砂法操作设备简单，质量好，效率高，但噪声和尘埃大，恶化环境。为避免所述缺点，可采用湿喷砂，即将水和砂在砂罐内混合后送出，或水和砂分别进入喷枪（见图4-7），在喷嘴出口处汇合，靠压缩空气，使砂粒高速喷出，形成严密的环形水屏。为防止喷砂后金属表面锈蚀，可加亚硝酸钠等溶液作防蚀剂。湿法除锈质量和效率较干法差。

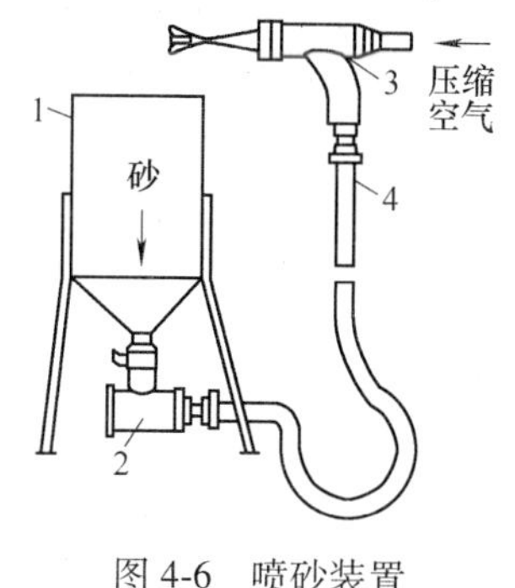

图4-6　喷砂装置

1—储砂罐　2—盛砂器　3—喷枪　4—橡胶管

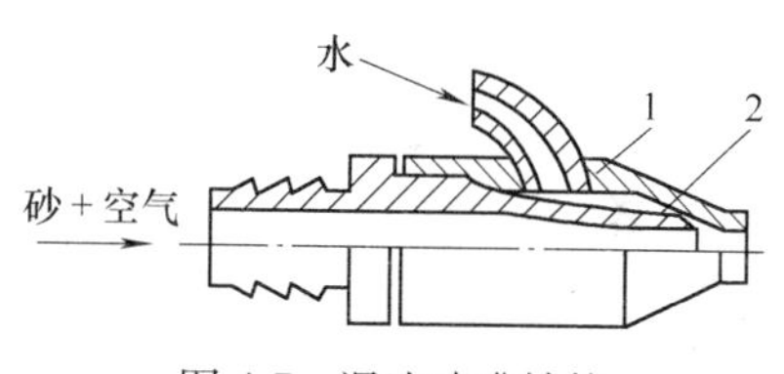

图4-7　湿法喷嘴结构

1—外套　2—喷嘴

3. 化学清除

表面锈层可用酸洗方法清除。无机酸除锈速度快，价格低廉。浸泡酸洗时应掌握好酸的浓度、温度和酸洗时间等因素，见表4-4。若采用喷射酸洗，效果更佳。

表4-4　钢材的酸洗操作条件

酸液种类	浓度（%）	温度/℃	时间/min
硫酸	10~20	50~70	10~40
盐酸	10~15	30~40	10~50
磷酸	10~20	60~65	10~50

为了缩短酸洗时间，提高酸洗效果，防止过蚀、氢脆及减少酸雾形成，可在洗液中加入缓蚀剂和润湿剂。

酸洗后的金属表面必须用水彻底冲洗，然后用稀碱溶液进行中和，中和后再用温水冲洗，干燥后立即喷刷涂料。

4. 漆前磷化处理

磷化处理是将钢铁表面通过化学反应生成一层非金属的、不导电的多孔磷化膜。涂料可以渗入到磷化膜孔隙中，从而显著提高涂层附着力。由于磷化膜为不良导体，从而抑制了金属表面微电池的形成，可以成倍地提高涂层的耐蚀性和耐水性。磷化膜为公认的最好基底。

二、钢管的外表面喷漆

1. 涂漆环境

涂漆施工的环境温度宜在15~35℃之间，相对湿度不大于70%；涂漆的环境空气必须清洁，无煤烟、灰尘及水汽，雨天及降雾天气应停止室外涂漆施工。

2. 涂漆方法

（1）手工涂刷　刷涂和揩涂一般均用手工进行。分层涂刷，每层均按涂敷、抹平、修饰三步进行。手工涂刷适用于初期干燥较慢的涂料，如油性防锈漆或调和漆。

（2）空气喷涂法　靠压缩空气的气流使涂料雾化成雾状，在气流的带动下喷涂到金属表面的方法。其主要工具是喷枪。在喷枪操作中，喷涂距离，喷枪运行方式和喷雾图样搭接是喷涂三原则。喷涂距离过大，漆膜变薄，涂料损失增大；过近，单位时间内形成的漆膜增厚，易产生流挂。运行方式是指喷枪对金属表面的角度和喷枪的运行速度，应保持喷枪与被涂面呈直角，平行运行，移动速度一般在30~60cm/s内调整恒定，方能使漆膜厚度均匀。在此运行速度范围内，喷雾图样的幅度约为20cm。喷雾图样搭接宽度为有效图样幅度的1/4~1/3。喷涂空气压力一般为0.2~0.4MPa。

为获得更均匀的涂层，不论刷涂或喷涂，第二道漆与前道漆应纵横交叉。

3. 涂漆要求

色漆开桶后需搅拌均匀后使用；多包装涂料，在使用时应按说明书规定比例进行调配。根据不同涂漆方法，用稀释剂调配到合适的施工黏度。

第一层底漆或防锈漆直接涂在金属表面，一般应涂两道，不要漏涂。第二层面漆一般为调和漆、磁漆或银粉漆，可根据彩色均匀情况涂一道或二道。第三层是罩光清漆，除有特殊要求外可不必涂刷。每道漆实际干燥后才能涂下一道。

三、埋地钢管石油沥青防腐层

1. 石油沥青防腐层结构

石油沥青防腐层适用于输送介质温度不超过80℃的埋地钢质管道外涂层的防腐，但不宜敷设在水下、沼泽及芦苇地带。

石油沥青防腐层由沥青、玻璃布和外包聚氯乙烯工业膜组成，其防腐层结构和等级见表4-5。

石油沥青防腐层的设计、生产以及施工和验收应符合SY/T 0420—1997《埋地钢质管道石油沥青防腐层技术标准》的规定，尚应符合国家现行有关强制性标准的规定。

（1）沥青底漆　其作用是为了加强沥青涂料与钢管表面的附着力。往往在施工现场配制，配制重量比一般为沥青：工业汽油=1：2.5。最好采用与沥青涂料相同牌号的沥青配制底漆。

表 4-5 石油沥青防腐层等级及结构

防腐等级		普通级	加强级	特加强级
防腐层总厚度/mm		≥4	≥5.5	≥7
防腐层结构		三油三布	四油四布	五油五布
防腐层数	1	底漆一层	底漆一层	底漆一层
	2	石油沥青厚≥1.5mm	石油沥青厚≥1.5mm	石油沥青厚≥1.5mm
	3	玻璃布一层	玻璃布一层	玻璃布一层
	4	石油沥青厚 1.0~1.5mm	石油沥青厚 1.0~1.5mm	石油沥青厚 1.0~1.5mm
	5	玻璃布一层	玻璃布一层	玻璃布一层
	6	石油沥青厚 1.0~1.5mm	石油沥青厚 1.0~1.5mm	石油沥青厚 1.0~1.5mm
	7	外包保护层	玻璃布一层	玻璃布一层
	8		石油沥青厚 1.0~1.5mm	石油沥青厚 1.0~1.5mm
	9		外包保护层	玻璃布一层
	10			石油沥青厚 1.0~1.5mm
	11			外包保护层

（2）沥青涂料　是沥青和适量粉状矿质填充料的均匀混合物。填充料可采用高岭土、石棉粉或废橡胶粉等，严禁使用可溶性盐类的材料作填充料。在沥青完全熔化后掺入完全干燥的填充料。沥青组分强烈吸附于填充料颗粒表面，形成一层“结构沥青”，使沥青涂料的附着力，耐热性和耐候性等得到提高，填充料愈细，影响愈大。涂料的性质取决于沥青和填充料的性质及其配合比。常温下沥青涂料的软化点应比管道表面最高温度高 45℃以上才有可靠的热稳定性。当改变填充料的掺量不能满足使用要求时，可以采用相同产源的不同牌号沥青进行掺配，掺配量可按下式估算。

$$A_1 = [(T_2 - T)/(T_2 - T_1)] \times 100\%$$

式中　A_1——低软化点沥青的掺量,%；

T_1——低软化点,℃；

T_2——高软化点,℃；

T——符合要求的软化点,℃。

掺配后的沥青仍然是均匀的胶体结构，通过试配，绘制“掺配比—软化点”曲线。

涂抹时，采用刮涂方法，涂料温度应保持在 150~180℃为好。

（3）玻璃布　沥青层之间的包扎材料，在防腐绝缘层内起骨架作用，增加绝缘层强度，避免脱落。使用时，玻璃布应浸沾沥青底漆，晾干后使用。玻璃布为中碱性网状平纹布，经纬密度 8×8 根/cm^2，厚约 0.1mm，扎时应保持一定的搭接宽度。

（4）保护层　沟边防腐施工可不做保护层，若在工厂做绝缘层则应做保护层。保护层常用防腐专用的聚氯乙烯塑料布或牛皮纸，也可用旧报纸。保护层的作用是提高防腐层的强度和热稳定性，减少或缓和防腐层的机械损伤和受热变形。用牛皮纸或旧报纸做保护层时应趁热包扎于沥青涂层上。聚氯乙烯塑料布应待沥青涂层冷却到 40~60℃时包扎。

2. 石油沥青防腐绝缘层的施工质量检查

（1）外观　用目视逐根逐层检查，表面应平整、无气泡、麻面、皱纹、凸瘤和包杂物等缺陷。

（2）厚度　用针刺法或测厚仪按规范规定检查。

（3）附着力　在防腐层上切一夹角为 45°~60°的切口，从角尖撕开漆层，撕开面积 30~50cm² 时感到费力，撕开后第一层沥青仍然粘附在钢管表面为合格。

（4）绝缘性　用电火花检验仪进行检测，以不闪现火花为合格。最低检漏电压按下式计算。

$$u = 7840\delta^{1/2}$$

式中　u——检漏电压，V；

δ——防腐层厚度，取实际厚度的平均值，mm。

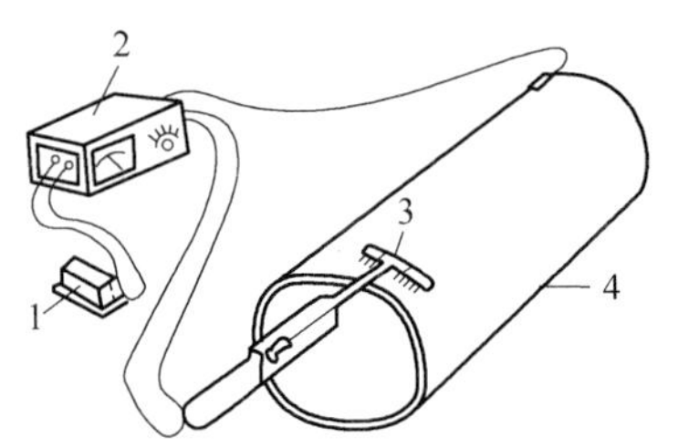

图 4-8　电火花检验接线图

1—电池组　2—检漏仪

3—探头　4—防腐钢管

电火花检漏仪由电池组、检漏仪和探头组成，按图 4-8 接线，探头金属丝距绝缘层表面 3~4mm 移动，移动缺陷处，金属丝产生火花，探头发出鸣声。

四、埋地管钢环氧煤沥青防腐层

环氧煤沥青防腐层适用于输送介质温度不超过 110℃ 的埋地钢质管道外涂层的防腐，为适应不同腐蚀环境对防腐层的要求，环氧煤沥青防腐层分为普通级、加强级、特加强级 3 个等级，其结构由一层底漆和多层面漆组成，面漆层间可加玻璃布增强。防腐层的等级与结构见表 4-6。

表 4-6　环氧煤沥青防腐层等级及结构

等级	结　　构	干膜厚度/mm
普通级	底漆—面漆—面漆—面漆	≥0.30
加强级	底漆—面漆—面漆、玻璃布、面漆—面漆	≥0.40
特加强级	底漆—面漆—面漆、玻璃布、面漆—面漆、玻璃布、面漆—面漆	≥0.60

注：“面漆、玻璃布、面漆”应连续涂敷、也可用一层浸满面漆的玻璃布代替。

环氧煤沥青防腐层的设计、生产以及施工和验收应符合 SY/T 0447—2014《埋地钢质管道环氧煤沥青防腐层技术标准》的规定，尚应符合国家现行有关强制性标准的规定。

环氧煤沥青是以煤沥青和环氧树脂为主要基料，再适量加入其他颜料组分所构成的防腐涂料。它综合了环氧树脂膜层机械强度大，附着力强、化学稳定性良好和煤沥青的耐水、防霉等优点。涂料分底漆和面漆两种，使用时应根据环境温度和涂刷方法加入适量的稀释剂（如正丁醇液）和固化剂（如聚酰胺），充分搅拌均匀并熟化后即可涂刷。每次配料一般在 8h 内用完，否则施工粘度增加，影响涂层质量。

五、埋地钢管聚乙烯胶粘带防腐层

聚乙烯胶粘带防腐层适用于输送介质温度 30~70℃ 的埋地钢质管道外的防腐。聚乙烯胶粘带按用途可分为防腐胶粘带（内带）、保护胶粘带（外带）和补口带三种。防腐时，应根据管径、防腐要求、施工方法，选用适宜的规格和厚度的内带、外带和补口带。

聚乙烯胶粘带防腐层的等级及结构应符合表 4-7 的要求，其设计、生产以及施工和验收

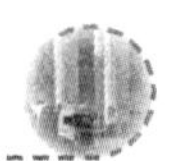

应符合 SY/T 0414—2017《钢质管道聚乙烯胶烃胶粘带防腐层技术标准》的规定，尚应符合国家现行有关强制性标准的规定。

表 4-7　聚乙烯胶粘带防腐层的等级及结构

防腐层等级	总厚度/mm	防腐层结构
普通级	≥0.7	一层底漆→一层内带→一层外带
加强级	≥1.4	一层底漆→一层内带（搭接为胶带宽度的 50%~55%）→一层外带（搭接为胶带宽度的 50%~55%）

注：1. 对于普通级防腐层，当胶粘带宽度≤75mm 时，搭接宽度可≥10mm；当胶粘带宽度>75mm，<230mm 时，搭接宽度可≥15mm；当胶粘带宽度≥230mm 时，搭接宽度可≥20mm。

2. 胶粘带宽度的允许偏差为胶粘带宽度的±5%。

聚乙烯胶带防腐施工可用机动缠绕机或手动缠绕机进行现场缠绕施工。全部的缠绕施工工艺流程如下：

吊支管道──→钢管表面除锈──→涂刷底漆──→缠绕胶带（内、外层）──→电火花检漏──→补伤──→下管──→覆土──→音频探伤──→补伤──→回填。

1. 吊支管道

用两台吊管机（附轮胎式吊具两台）将焊接完的管线吊起，搁在两个轮子中间，两台吊管机之间的距离一般在 20~30m 之间。

2. 表面除锈

同前面介绍的方法。

3. 涂刷底漆

粘结力很强的底漆，能润湿钢管表面，填平钢管表面的凹凸不平，起到粘结过渡层的作用。涂刷前，将漆料搅匀，然后用毛刷进行人工涂刷，要均匀，防止漏涂。实验表明，有底漆与没有底漆，胶粘带对钢管表面的附着力相差 3~4 倍。施工环境要求，风力<2 级，温度在 5℃以上。

4. 缠绕胶带

底漆一般在 5min 左右表干，然后缠绕胶带。缠绕机有两个臂，可同时缠绕内外带，搭接宽度要求 20~25mm，根据管径大小，用调节缠绕机的行走螺旋角来保证新卷与缠绕好涂层的搭接量为 100mm，补口时搭接量也为 100mm。新卷的搭接头一定贴平，防止折皱、歪扭影响涂层质量。为了保证胶带能紧密地包覆在管子表面上，调节缠绕机心轴的张紧力适中，张紧力太大，容易拉断胶粘带，且胶粘带变形量大，内应力大，影响胶粘带涂层的使用寿命；张紧力太小，包覆不严密，土质中的水分及腐蚀气体从螺旋缝侵入，影响涂层质量，腐蚀管子。自然段之间的补口用补口带采用补口机补口，有不易剥离，柔性好，与胶带的搭接贴合性好等优点。

聚乙烯胶粘带涂层整体性好，没有针孔现象，但有时可能出现碰伤，搭接处密封不好等缺陷，可先用肉眼观察，然后用电火花检漏仪检查。发现的缺陷，应及时修补，缺陷比较大的地方应割去一部分胶带，留出接茬，重刷底漆，用补口带修补。检漏、修补合格后，吊管下沟，覆土，用音频探伤仪探伤，以检查下沟回填覆土过程中涂层的损伤情况，再做最后的修补。

六、埋地钢管聚乙烯防腐层

挤压聚乙烯防腐层可分为长期工作温度不超过50℃的常温型（N）和长期工作温度不超过70℃的高温型（H）两种。

挤压聚乙烯防腐层分两层结构和三层结构两种。两层结构的底层为胶粘剂，外层为聚乙烯；三层结构的底层为环氧粉末涂料，中间层为胶粘剂，外层为聚乙烯，工程上常称为三层PE防腐层。防腐层的厚度应符合表4-8的规定。钢管焊缝部位防腐层的厚度不应小于表4-8规定值的70%。

埋地钢质管道挤压聚乙烯防腐层的设计、生产以及施工验收应符合《埋地钢质管道聚乙烯防腐层技术标准》SY/T 0413的规定，尚应符合国家现行有关强制性标准的规定。

表4-8　防腐层的厚度

钢管公称直径DN/mm	环氧粉末涂层厚度/μm	胶粘剂层厚度/μm	防腐层最小厚度/mm	
			普通级（G）	加强级（S）
DN≤100	≥80	170~250	1.8	2.5
100<DN≤250			2.0	2.7
250<DN<500			2.2	2.9
500≤DN<800			2.5	3.2
DN≥800			3.0	3.7

注：要求防腐层机械强度高的地区，规定使用加强级；一般情况采用普通级。

聚乙烯（三层PE）防腐层是在工厂加工制作。将聚乙烯粒料放入专用的塑料挤出机内，加热熔融，然后挤向经过清除并被加热至160~180℃的钢管表面，涂层冷却后聚乙烯膜则牢固地黏附在管壁上。

根据塑料熔液被挤出的方法，聚乙烯涂层的施工可采用三种工艺方法，即横头挤出法，斜头挤出法和挤出缠绕法。

1. 横头挤出法

如图4-9所示，挤出的聚乙烯液成喇叭状薄膜，缩套在穿过模头前移的钢管上，水冷后即成连续无缝的外套。

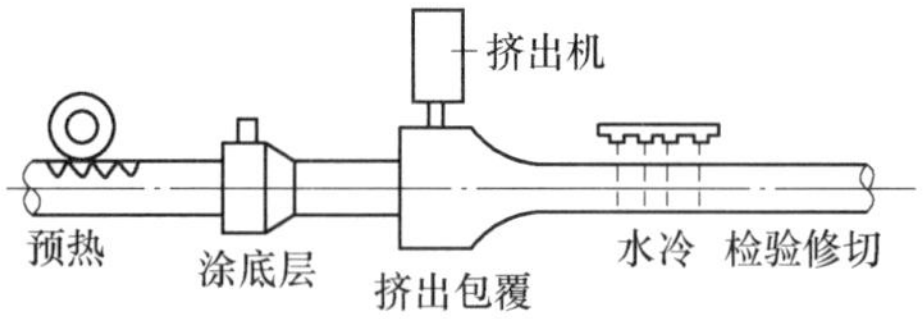

图4-9　横头挤出法工艺示意图

2. 斜头挤出法

如图4-10所示，粘合剂和面层同时连续地被挤到管子上，形成无缝的套子。然后进行水冷，质量检验和管端修切。

3. 挤出缠绕法

如图4-11所示，粘合剂底层和聚乙烯面层像一条连续的膜带从两个挤出机的模缝中同时挤出，螺旋地缠绕在预热的管子上，管子缓慢旋转并向前移动。粘合剂覆盖在钢管表面上，聚乙烯面层则借助于压力辊与底层及其他各层熔合在一起，形成坚韧的覆盖层。

七、钢管环氧粉末外涂层

环氧粉末外涂层为一次成膜的结构。钢质管道环氧粉末外涂层厚度应符合管道工程的设计规定，设计无规定时，可根据涂层使用条件参照表4-9的规定选用。

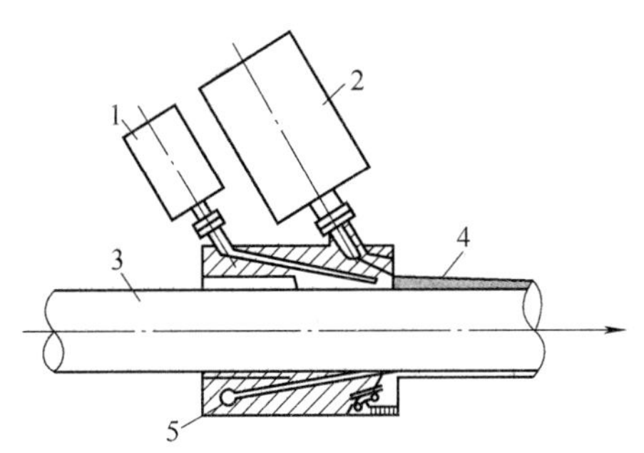

图 4-10　斜头挤出法

1—粘合剂挤出机　2—聚乙烯挤出机
3—管道　4—聚乙烯涂层　5—粘合剂

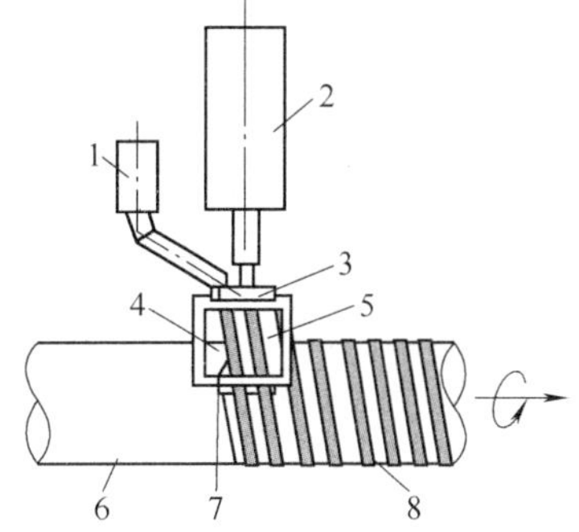

图 4-11　挤出缠绕法

1—粘合剂挤出机　2—聚乙烯挤出机　3—薄膜切条器
4—粘合剂薄膜　5—聚乙烯薄膜　6—管道
7—压力辊　8—聚乙烯涂层

表 4-9　管道环氧粉末外涂层厚度

序号	涂层级别	最小厚度/μm	参考厚度/μm
1	普通级	300	300~400
2	加强级	400	400~500

环氧粉末外涂层将表面清除过的管子预热到 200~250℃，将环氧粉末喷向管子表面，管子本身的热量将环氧粉末熔化，冷却后形成坚韧的薄膜。

管子的加热方法可使用反射炉、循环热风炉、红外线辐射、火焰喷头和中频感应加热器等。

常用的喷涂方法有空气喷涂法和火焰喷涂法。空气喷涂法是靠压缩空气的气流引射作用，将粉末喷涂到被加热的管子表面，火焰喷涂法是用火焰将喷出的粉末熔化后，涂至管表面，如图 4-12 所示。

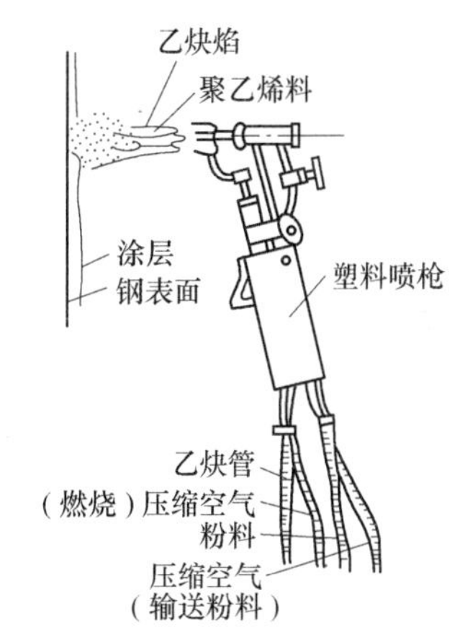

图 4-12　塑料粉末的火焰喷涂

第五节　埋地钢管电保护

一、外加电源阴极保护

利用外加的直流电源，通常是阴极保护站产生的直流电源，使金属管道对土壤造成负电位保护方法，称为外加电源阴极保护。其原理如图 4-13 所示。阴极保护站直流电源的正极与接地阳极（常用的阳极材料有废旧钢材，永久性阳极材料有石墨和高硅铁）连接，负极与被保护的管道在通电点连接。外加电流从电源正极通过导线流向接地阳极，它和通电点的连线与管道垂直，连线两端点的水平距离约为 300~500m。直流电由接地阳极经土壤流入被保护的管道，再从管道经导线流回负极，这样使整个管道成为阴极，接地阳极成为腐蚀电池，接地阳极的正离子流入土壤，不断受到腐蚀，管道则受到保护。

埋地金属管道达到阴极保护的最低电位值 U_2，由土壤腐蚀性质等因素决定，一般需要通过较长期的实践或在实验室测定来决定其数值。当阴极保护通电点处金属管道的电位过大时，可使涂在管道上的沥青绝缘层剥落而引起严重后果，故通电点的最高电位 U_1 也必须控制在一安全数值之内。

一个阴极保护站的保护半径 $R=15\sim20$km，两个保护站之间的保护距离 $S=40\sim60$km，如图 4-14 所示。

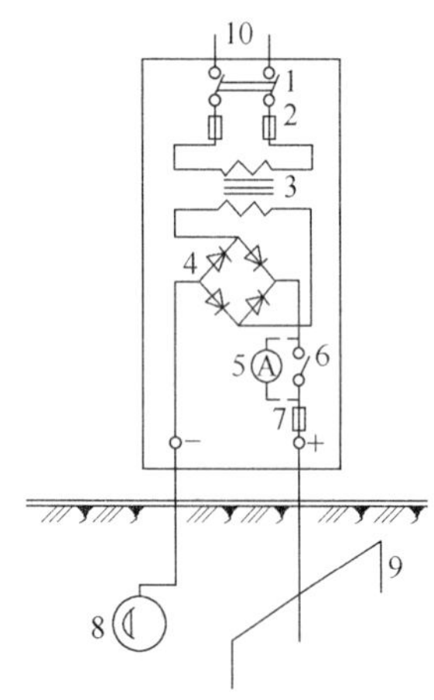

图 4-13 阴极保护原理

1—电源开关 2—熔丝 3—变压器 4—整流器 5—电流表 6—开关 7—熔丝 8—管道 9—接地阳极 10—电源

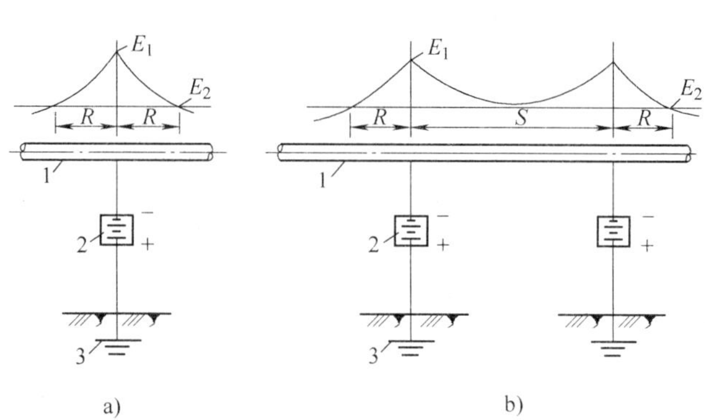

图 4-14 外加电源阴极保护站的保护范围

a）一个阴极保护站的保护范围

b）两个阴极保护站的保护范围

1—管道 2—阴极保护站 3—接地阳极

当被保护的管道与其他地下金属管道或构筑物邻近时，必须考虑阴极保护站的杂散电流对它们的影响。当这种影响超过现行标准时，就应考虑燃气管道与相邻地下金属管道或构筑物共同的电保护措施。

二、牺牲阳极保护法

采用比被保护金属电极电位较负的金属材料和被保护金属相连，以防止被保护金属遭受腐蚀，这种方法称为牺牲阳极保护法。电极电位较负的金属与电极电位较正的被保护金属，在电解质溶液（土壤）中形成原电池，作为保护电源。电位较负的金属成为阳极，在输出电流过程中遭受破坏，故称为牺牲阳极，其工作原理如图 4-15 所示。

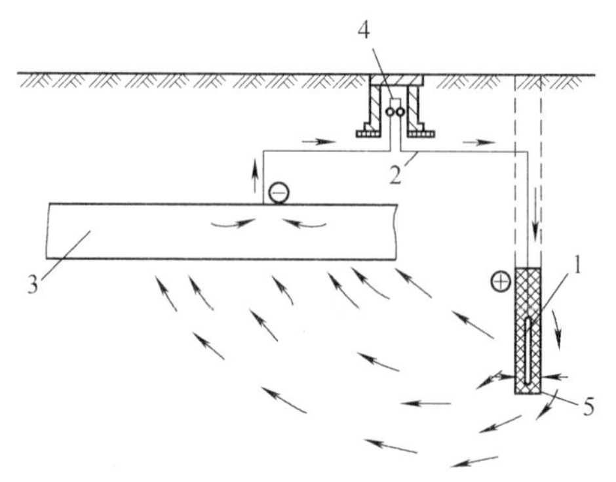

图 4-15 牺牲阳极保护原理

1—牺牲阳极 2—导线 3—管道 4—检测桩 5—填包料

所谓标准电极电位，即浸在标准盐溶液（活度为 1）中的金属的电位，与假定等于零的标准氢电极的电位之间的电位差，是一个相对值。一些金属可按其标准电极电位增长的顺序排列成电化学次序，见表 4-10。

表 4-10　金属电化学顺序表

K	Mg	Al	Zn	Fe	[H]	Cu	Au
-2.92	-2.38	-1.1	-0.76	-0.44	0	+0.34	+1.70

牺牲阳极又名为保护器，通常用电极电位比铁更负的金属，如镁、铝、锌及其合金作为阳极。

使用牺牲阳极保护时，被保护的金属管道应有良好的防腐绝缘层，此管道与其他不需要保护的金属管道或构筑物之间没有通电性，即绝缘良好。

每种牺牲阳极都相应地有一种或几种最适宜的填包料。例如锌合金阳极，用硫酸钠、石膏粉和膨润土作填包料。填包料的电阻率很小，使保护器流出的电流较大，填包料使保护器受到均匀的腐蚀。阳极应埋设在土壤冰冻以下。在土壤不致冻结的情况下，阳极和管道的距离在 0.3~0.7m 范围内，对保护电位影响不大。

三、排流保护法

防止地下杂散电流腐蚀的方法，除增加回路电阻（即加强防腐绝缘层）、阴极保护和牺牲阳极保护外，还可用排流保护法。

用排流导线将管道的排流点与电气化铁路的钢轨、回馈线或牵引变电站的阴极母线相连接，使管道上的杂散电流不经土壤而经过导线单向地流回电源的负极，从而保证管道不受腐蚀，这种方法称为排流保护法。排流保护法有直接排流和极化排流两种。

直接排流就是把管道连接到产生杂散电流的直流电源的负极上。当回流点的电位相当稳定，负极与管道之间的导电率不大，而“管道—负极”的电位差大于“管道—大地”的电位差，并且总是正电位时，直接排流设备才是有效的。

当回流点的电位不稳定，其数值和方向经常变化时，采用直接排流设备可能由于周期性交变破坏作用而使管道受到损害。在这种情况下就需要采用极化排流设备来防止腐蚀。极化排流保护与直接排流保护的区别在于设有整流器，其保护原理如图 4-16 所示。

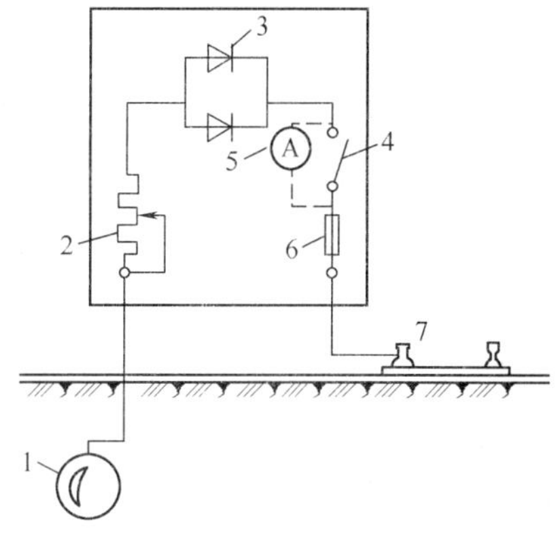

图 4-16　极化排流保护原理
1—管道　2—电阻　3—整流器　4—开关
5—电流表　6—熔丝　7—钢轨

第六节　燃气管道的保温

严寒地区，敷设在地上的燃气管道温度过低，会使燃气中的水蒸气、萘或焦油等杂质凝结或冻结，造成管径减小甚至堵塞，为此，管道外壁必须作绝热层。

一、对绝热材料的要求

1）导热系数和密度要小，一般要求导热系数 $A \leqslant 0.14$W/(m℃)，密度 $\rho \leqslant 450$kg/m^3；

2）具有一定的强度，一般应能承受 0.3MPa 的压力；

3）能耐一定的温度和潮湿，吸湿性小；

4）不含有腐蚀性物质，不易燃烧，不易霉烂。

选择绝热材料时还应考虑管道敷设方式和敷设地点，燃气介质温度，周围环境特点等因素。

二、常用绝热材料

燃气管道的绝热层一般使用无机绝热材料，现将几种常用的绝热材料简介如下。

1. 石棉及其制品

石棉是一种纤维结构的矿物，可耐 700℃的高温，因纤维长度不同可制成各种制品。长纤维可制成石棉布、石棉毡和石棉绳等。短纤维的石棉粉可与其他绝缘材料混合制成各种制品，如石棉水泥和石棉硅藻土等。

2. 玻璃棉及其制品

玻璃棉是用熔化的玻璃喷成的纤维状物体，其导热系数小，机械强度高，耐高温，吸水率小，很容易制成各种制品，如玻璃棉布、玻璃毡和玻璃棉弧形预制块等，因此得到广泛利用。其缺点是施工时细微的纤维易飞扬，刺激人的眼睛和皮肤。

3. 矿渣棉及其制品

是炼铁高炉的熔化炉渣，用蒸汽或压缩空气吹喷成的纤维状物体。其导热系数低、吸水率小、价格低廉，但强度低、施工条件差。其制品有矿渣棉毡。

4. 岩棉及其制品

岩棉是以玄武岩为主要原料，经高温熔融，以高速离心方法而制成的纤维状物体。密度小、导热系数低、吸水率小，是一种最常用的绝热材料。其制品有岩棉毡，加入酚醛树脂经固化成型后制成的管壳块。

5. 膨胀珍珠岩及其制品

其原料是一种叫做珍珠岩的矿石，将矿石粉碎，再经高温熔烧，由于高温作用，岩石中的结晶水急剧汽化膨胀，而形成多孔结构的膨胀珍珠岩颗粒。

用不同胶结材料（如水泥、水玻璃和塑料等）可将膨胀珍珠岩制成不同形状、不同性能的制品。这种绝热材料导热系数低、不燃烧、无毒、无味、无腐蚀性、耐酸碱盐侵蚀，材料强度高，是一种高效能的绝热材料。缺点是吸水率较大。

6. 泡沫混凝土及其制品

用水和水泥并加泡沫剂，可制成泡沫混凝土，是一种多孔结构的混凝土，孔隙直径 0.5~0.8mm，孔隙率越大绝热性能越好，但机械强度相应降低。其制品一般呈半圆形或扇形的管壳块，施工时，包扎在管子上即可。

燃气管道绝热层常用的几种绝热材料的性能详见表 4-11，各厂家生产的同一种绝热材料的性能均有所不同，选用时应按厂家说明书或样本所给的技术数据。

表 4-11　几种常用绝热材料的性能

材料名称	密度/(kg/m³)	导热系数/[W/(m℃)]	使用温度/℃
膨胀珍珠岩	50~135	0.033~0.046	-200~1000
普通水泥珍珠岩制品	240~450	0.053~0.081	≤600
矿渣棉	114~130	0.044~0.076	≤800
玻璃棉	81~85	0.032~0.035	<250
岩棉	150	0.034	≤300
石棉灰	600	0.081~0.093	<600
石棉绳	1000~1300	0.00021~0.14	<450
泡沫混凝土	400~500	0.093~0.14	<250

三、绝热层构造及施工

绝热层均包敷在防腐层之外，一般由绝热、防潮和保护三层组成。绝热层的主体是绝热层，根据不同绝热材料，采用不同施工方法。

1. 缠绕湿抹法

采用石棉绳和石棉灰作绝热层时，在已做好防腐层的管子上先均匀而有间隔地缠好石棉绳，绳匝间距 5~10mm，然后分两层抹石棉灰，最后抹一层石棉水泥浆作保护壳。若是室外燃气管道，待保护壳干固后再涂沥青底漆和沥青涂料各一层作为防潮层，如图 4-17 所示。缠绕湿抹法的绝热层总厚度不小于 20mm。

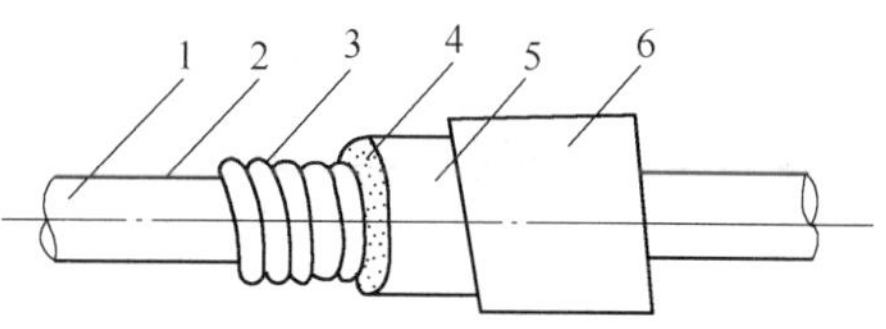

图 4-17　石棉绳绝热层

1—管子　2—防腐层　3—石棉绳　4—石棉灰浆　5—石棉水泥保护壳　6—防水层

这种方法适用于小直径和短距离的燃气管道，例如，建筑物的燃气引入管或沿建筑物外墙架设的小直径燃气管。

2. 绑扎法

使用泡沫混凝土或水泥膨胀珍珠岩管壳块作绝热层时，通常采用绑扎法。绑扎管壳块时，应将纵向接缝设置在管道的两侧，横向接缝错开。所有接缝均可采用石棉灰、石棉硅藻土或与管壳块材料性能接近的绝热材料制成泥浆填塞。绑扎的铁丝直径一般为 1~1.2mm，每块管壳应至少绑扎两处，铁丝的头嵌入接缝内。管壳块表面可以抹一层石棉水泥保护层，厚约 10mm。待保护层干固后在其表面涂一层沥青涂料，外包浸沥青底漆的玻璃布（或油毡），玻璃布上再涂一层沥青。沥青玻璃布层为防潮层。也可以不抹石棉水泥保护层，在管壳表面直接作防潮层，如图 4-18 所示。

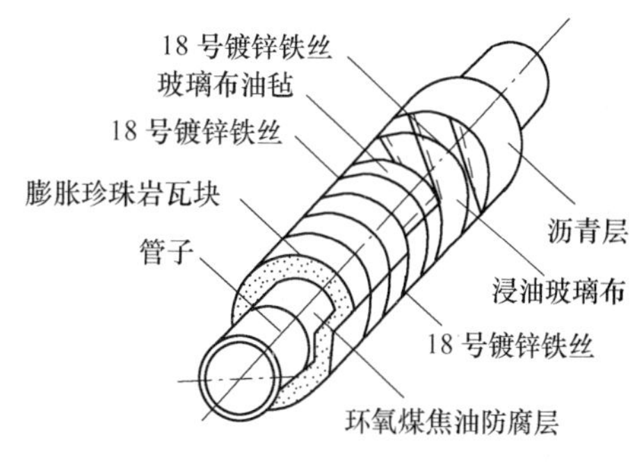

图 4-18　绑扎式绝热层结构

3. 缠包法

使用岩棉毡、矿渣棉毡或玻璃棉毡做绝热层时，将棉毡剪成适用的条块缠包在管子上，用铁丝或铁丝网紧紧捆扎。1 层不够厚度，可缠包 2~3 层。棉毡外再缠包油毡作保护（防潮）层。

四、硬质聚氨酯泡沫塑料绝热层

硬质聚氨酯是一种高分子多孔材料，全称为硬质聚氨基甲酸泡沫塑料（以下简称泡沫塑料），具有导热系数低，几乎不吸水，质轻、耐热性能好，化学稳定性强，与金属及非金属粘结性均较好等优点，可作为钢管既绝热又防腐的绝缘层。

硬质聚氨酯泡沫塑料分为普遍型和阻燃型两种，普通型泡沫塑料本身是可燃的，不具备抗火性能；阻燃型泡沫塑料具有良好的防火性能，能达到遇火不自燃，离火自行熄灭的要求。

施工时，首先将原料按比例分别配制 A 和 B 两组分备用。A 组分为多次甲基多苯基多异氰酸酯，简称异氰酸酯，代号为 PAPI，其结构式为 A—NCO（也可采用二苯基甲烷二异氰酸酯，代号为 MCI）；B 组分为多羟基聚醚（简称聚醚，结构式为 R—OH）、催化剂、乳化剂、发泡剂和溶剂按比例配制而成。只要 A、B 两组混合在一起，即起泡而生成泡沫塑料。

泡沫塑料一般采用现场发泡，施工方法有喷涂法和灌注法两种。

喷涂法施工如图 4-19 所示，A、B 两组分分别用两台比例泵送至喷枪，并采用压缩空气使两组分从喷枪喷出时雾化，掌握好喷涂速度和喷枪距钢管表面的距离，喷雾在钢管表面固化后即可达到要求的厚度。

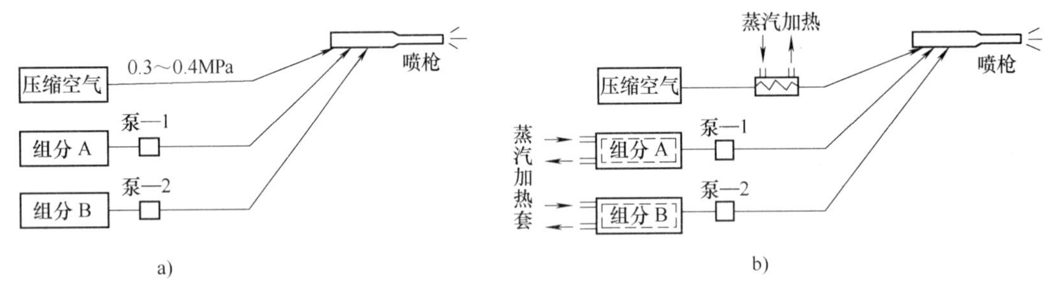

图 4-19　泡沫塑料喷涂法施工示意图

a）夏季施工　b）冬季施工

灌注法施工就是将两组分的液料按比例混合均匀，直接注入需要成型的空间或模具内，经发泡膨胀而充满模具空间，固化后即可达到要求形状与厚度。

泡沫塑料绝缘层施工时，因为异氨酸酶和催化剂有毒，对上呼吸道、眼睛和皮肤有强烈的刺激作用，所以必须加强劳动保护。

第五章

燃气管道及附属设备的安装

第一节　燃气管道下管

管道入沟就是将管子准确地放置于平面位置和高程均符合设计要求的沟槽中，简称下管。

一、下管前的准备工作

1）清理沟槽底至设计标高；

2）准备下管工具和设备，并检查其完好程度；

3）检查现场所采取的安全措施；

4）做好防腐层的保护，尤其是绳索与管子的接触处更要加强保护。对于小管径，人工下管时可在接触处用玻璃布或胶皮等软物包裹，若是大管径需用吊装软带，如图 5-1 所示。

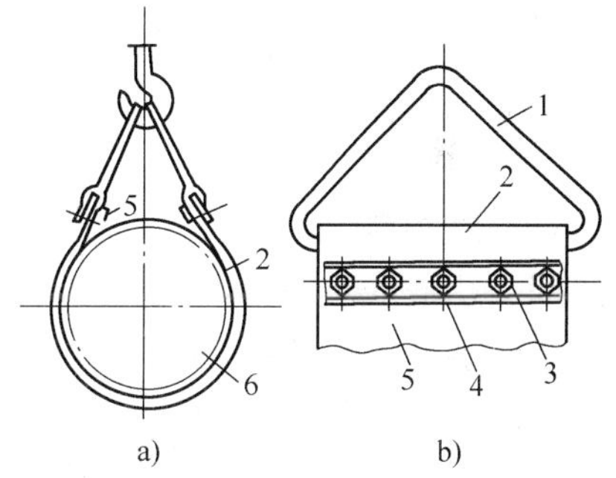

图 5-1　吊管软带

a）吊管软带使用时　b）吊管软带构造

1—圆钢　2—薄钢板　3—带钢夹板

4—螺栓　5—橡胶板　6—燃气管

二、下管方法

1. 压绳下管法

可采用人工压绳和竖管压绳（见图 5-2）。操作时在管子（段）两端各绕一根粗麻绳，以人力或工具滚动管子，当滚至沟边时，根据统一指挥，慢慢放松绳子将管子平稳放入沟中。由于管子重量被绳子之间或绳子与竖管的摩擦力所承受，故人承担的力量较小。

2. 搭架下管法

如图 5-3 所示，先将管子滚至横搭在沟槽的方木（不少于两根）或圆木上，然后用挂在搭架上的手拉葫芦将管子吊起，抽走方木，将管子缓缓放入沟槽中。

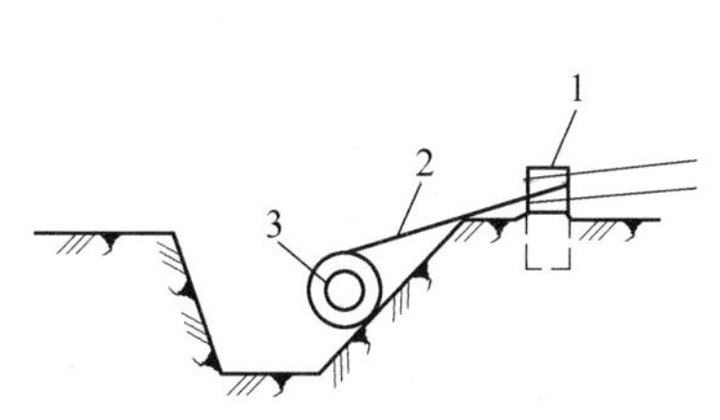

图 5-2　竖管（地锚）压绳下管法

1—竖管　2—大绳　3—管子

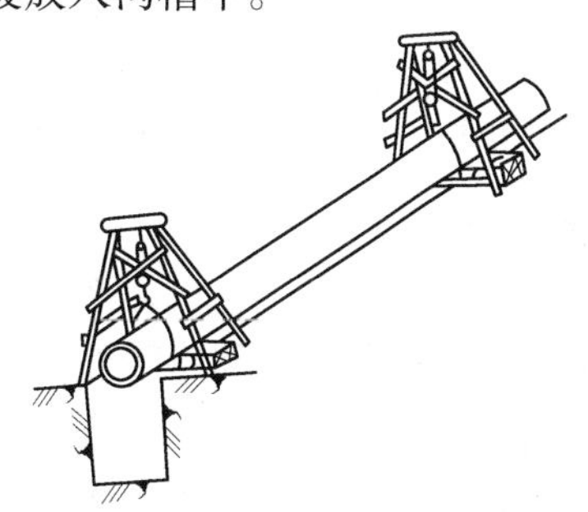

图 5-3　搭架下管法

3. 起重机下管法

下管时起重机沿沟槽移动，将管子吊起，转动起重臂把管子移至沟槽上方，然后徐徐放入沟槽。起重机的位置应与沟边保持一定距离，以免沟边土壤受压过大而塌方。为了防止起吊时管子摆动，可用绳子系住管子一端，由人拉住，随时调整其方向。

采用多台起重机同时起吊较长管段时，起重机之间的距离须保持起吊管段的实际弯矩小于管段的允许弯矩，起吊操作必须保持同步。最大起吊长度按下式计算确定

$$L = 0.443(2N - 1)\sqrt{\frac{(D_w^4 - D_n^4)\sigma}{qD_w}}$$

式中　L——允许最大起吊长度，m；

N——起重机台数；

D_w、D_n——起吊钢管的外径和内径，m；

q——管子重力，N/m；

σ——管材的允许弯曲应力，N/m^2。

三、管线位置控制

1. 中线控制

（1）中心线法如图 5-4 所示，坡度板的中心钉表示管线的中心位置，在中心钉的连线上挂一个线坠，当线坠通过管道中心时，表示管道已经对中。

（2）边线法如图 5-5 所示，边线一端系在槽底边线桩或槽壁的边桩上。稳管时，控制管子水平直径处外表面与边线间的距离为一常数 C，则管道处于中心位置。

边线法对比中心线法速度快，但准确度不及中心线法。

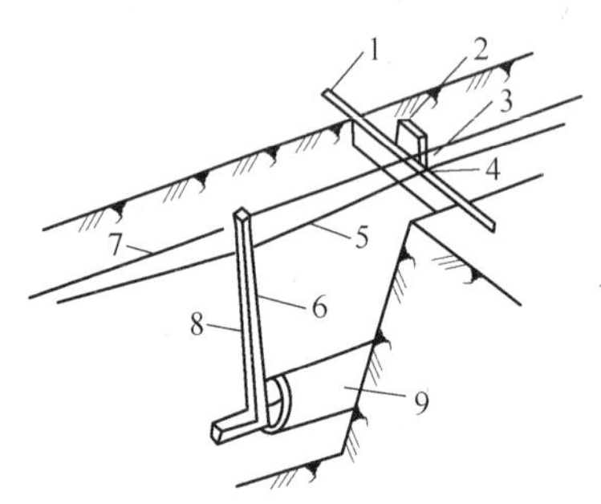

图 5-4　坡度板与中心线对中

1—坡度板　2—高程板　3—高程钉　4—中心钉　5—中心线　6—垂线　7—坡度线　8—高程尺　9—管子

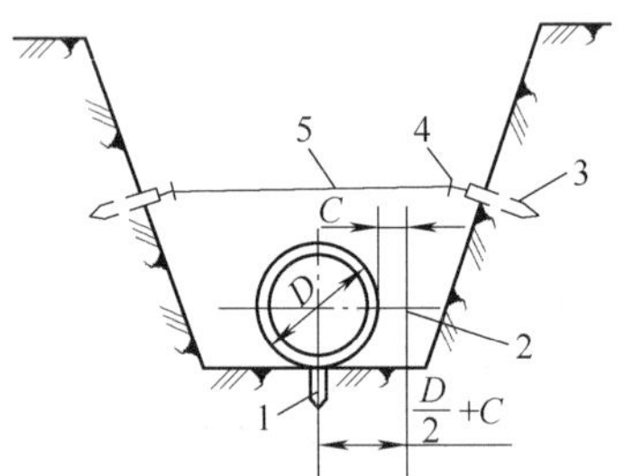

图 5-5　边线法

1—中心桩　2—边线桩（圆钢）　3—边桩　4—高程钉　5—高程线

2. 高程控制

在坡度板上标出高程钉（见图 5-4），坡度板的间距一般为 20~25m，高程钉至管底的垂直距离应相等，高程钉之间连线的坡度即为管底坡度，该连线称为坡度线。坡度线上任何一点到管底的垂直距离均相等。高程控制时，使用丁字形高程尺，尺上刻有管底与坡度线之间的距离标记，将高程尺垂直放在管底，当标记和坡度线重合时，表明高程正确。

当不能安装坡度板时，也可以采用图 5-5 所示的边桩上的高程钉，拉高程线控制管子高程。控制中心线与高程应该同时进行。

下管时，还应严格控制燃气管道和其他管道或构筑物的平行和垂直安全距离。

第二节　钢燃气管道的施工

一、埋地钢燃气管道的施工流程

埋地钢燃气管道的基本施工流程是测量放线、开挖沟槽、排管对口、焊接、试压（强度试验和严密性试验），防腐和回填等。但这些工序是多次重复交叉进行的，安装过程中又交叉进行附属构筑物的施工，而且重复交叉的规律因施工具体条件而异。因此，其施工安装流程应根据具体施工条件而定。但就某一施工段（严密性试验段）而言，从施工准备至竣工收尾存在一个基本流程，如图 5-6 所示。

二、架空钢燃气管道的施工

1. 施工流程

与埋地钢燃气管道的施工流程相比，架空钢燃气管道的施工不需要开挖沟槽和回填，以油漆防腐代替了沥青防腐涂层施工，增加了支架和支座安装，包敷绝热层，以及拆除脚手架。一个施工段（严密性试验段）的基本施工安装流程如图 5-7 所示。

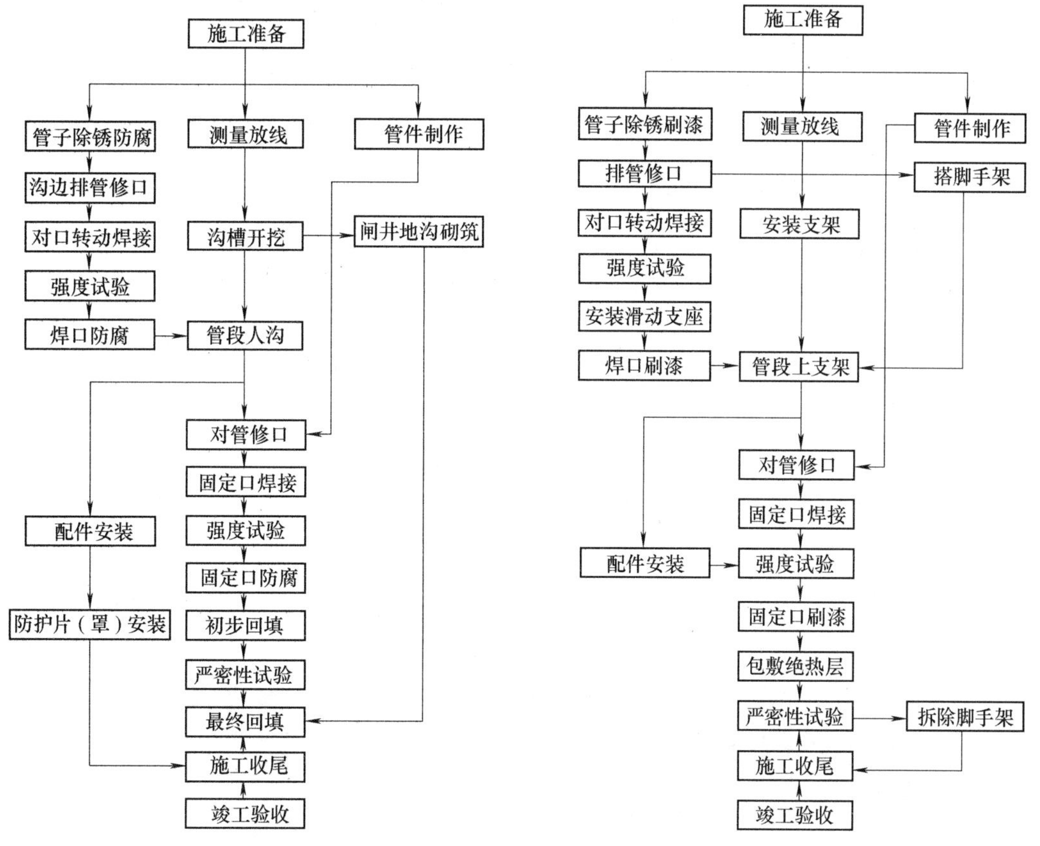

图 5-6　埋地钢燃气管道的施工流程

图 5-7　架空钢燃气管道的施工流程

2. 支架的安装

架空敷设的燃气管道支架可分为低支架、中支架和高支架。

低支架一般为钢筋混凝土或砖石结构，高度为0.5～1.0m。用于不妨碍通行的地段。中支架和高支架架空敷设不影响车辆通行，支架为钢筋混凝土或焊接钢结构。一般行人交通段用中支架，高度为2.5～4.0m，重要公路及铁路交叉处采用高支架，高度一般为4.0～6.0m。

为方便施工和确保安全，中、高支架上的管道安装，必须在支架两侧搭设脚手架，脚手架的平台高度比管道中心线低1m为宜，平台宽度1.0m左右。脚手架可一侧或两侧搭设。

3. 支座安装

燃气管道与支架之间要设支座，根据支座的作用分为活动支座和固定支座。

活动支座直接承受管道的重力，并能使管道因温度变化而自由伸缩移动，燃气管道常用的活动支座有滑动支座和滚动支座两种，如图5-8所示。滑动支座焊在管道上，其底面可在支架的滑面板上前后滑动。滚动支座架在底座的圆轴上，因其滚动使轴向推力大大减小。

固定支座（见图5-9）横向与轴向均为固定，支座承受管道横向和轴向推力，用于分配补偿器之间管道的伸缩量，因此，通常安装在补偿器两端的管道上。

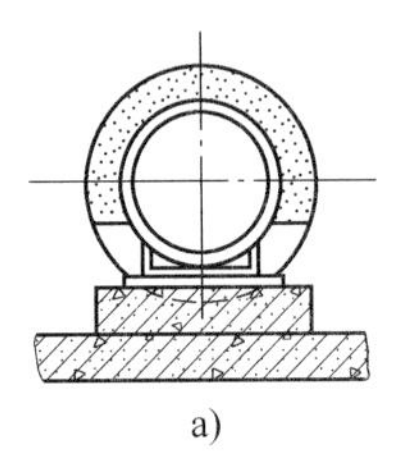

图5-8　活动支座

a）滑动支座　b）滚动支座

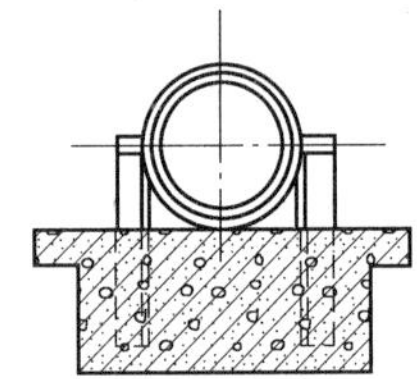

图5-9　固定支座

安装管道支座时，应严格掌握管道中心线及标高，使管道重力均匀地分配在各个支座上，而且横向焊缝应位于跨距1/5处（见图5-10），以减少弯曲应力，避免焊缝受力不均图或应力集中而出现裂纹。

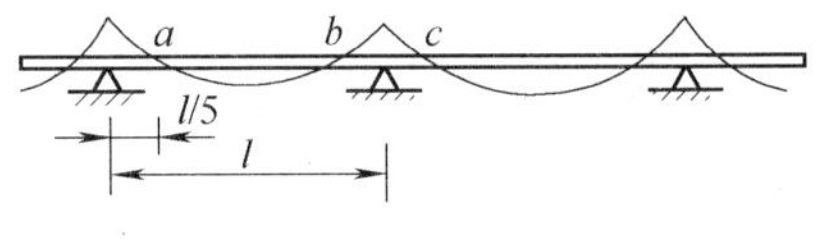

图5-10　横向焊缝的最佳位置

第三节　铸铁燃气管道施工

一、排管与下管

沿沟槽排管时，要按管子的有效长度排列，即每根管子应让出一个承口的长度出来。多数地区均将承口朝向来气方向。

下管前，最好预先在接口位置挖出接口操作工作坑，以便放下承口，使整根管子能平稳地放在沟底地基上。铸铁管多采用压绳下管法下管。

二、接口与填料

1. 承插接口与填料

离心连续浇注的铸铁管，其承口和插口端的形状如图5-11所示。承插口之间的间隙填

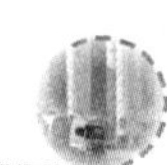

以各种填料，常用的填料有麻-膨胀水泥（或石膏水泥）；橡胶圈-膨胀水泥（或石膏水泥）；橡胶圈-麻-膨胀水泥（或石膏水泥）和橡胶圈-麻-青铅，等等。凡是不用水泥作填料的接口称作柔性接口，反之称作刚性接口。

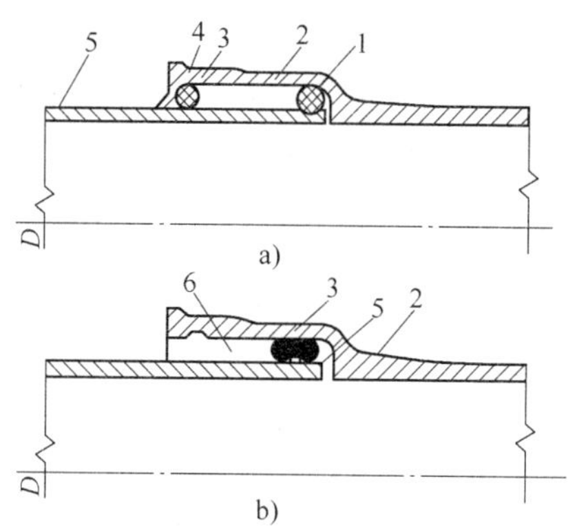

图 5-11　承插接口与填料

a）水泥承插式接口　b）精铅承插式接口

1—橡胶圈　2—铸铁接口　3—油绳环圈

4—水泥　5—铸铁插管　6—精铅

青铅接口能较好地承受震动和弯曲，损坏时易于修理。但青铅价昂贵，且系稀有金属，故一般均不使用，只有在特殊要求时方予采用。

2. 柔性机械接头

柔性机械接头是指接头间隙采用特制的密封橡胶圈作填料，用螺栓和压轮实现承插口的连接，并通过压轮将密封胶圈紧紧塞在承插间隙中的一种接头形式。例如，图 5-12 所示的 SMJ 型接头和图 5-13 所示的 N 型接头均属于柔性机械接头。

机械柔性接在外荷载作用下出现弯曲或反复的振动，只要不超过允许最大弯曲角仍可保持严密性，能适应抗震和管道地基沉降的要求。

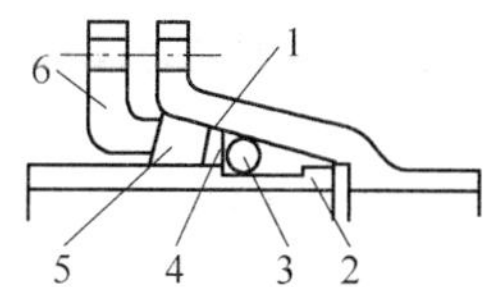

图 5-12　SMJ 型接头

1—承口　2—插口　3—锁环

4—隔离圈　5—密封胶圈　6—压轮

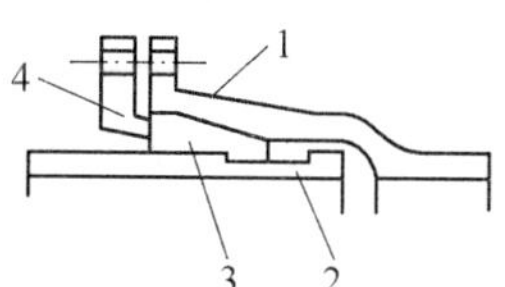

图 5-13　N 型接头

1—承口　2—插口

3—密封胶圈　4—压轮

3. 套接式管接头

用套管把两根直径相同的铸铁管连接起来，通过套管和管子之间的橡胶圈实现接口的严密性的接头称作套接式管接头。这种接头所使用的铸铁管仅仅是直管，不需要铸造承口，因此，可大大简化铸铁管的铸造工艺。套接式管接头具有如下三种结构形式。

（1）锥套式管接头如图 5-14 所示，套管的密封面加工成内锥状，利用压轮和双头螺栓把密封圈和隔离圈紧密地压在内锥间隙中，使接头可获得较大的可挠度。

安装前，首先把铸铁连接套、压轮、密封圈和隔离圈分别套入铸铁直管，然后利用隔环把铸铁直管接口对正找齐，再将连接套、隔离圈、密封圈移到管壁的标定位置，最后拧紧双头螺栓，让压轮将连接套两端的隔离圈和密封圈均匀地压入内锥中。隔离圈可使燃气中的某些腐蚀介质不接触密封圈，延长接头的密封耐久性。

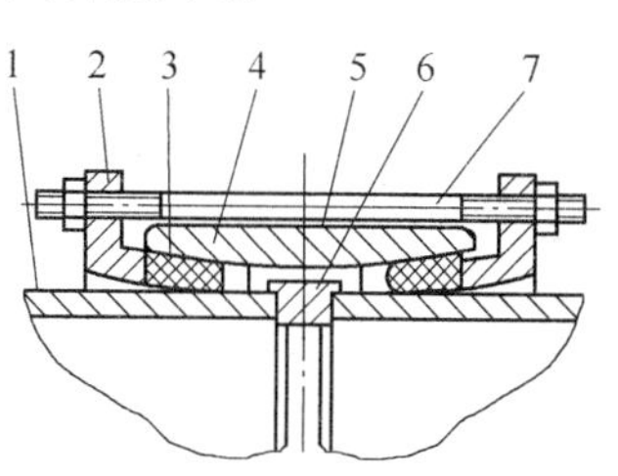

图 5-14　锥套式管接头

1—铸铁直管　2—压轮

3—密封圈（合成橡胶）

4—隔离圈（合成橡胶）

5—连接套　6—隔环

7—双头螺栓

（2）滑套式管接头如图 5-15 所示，连接套管的密封面为凹槽形，密封橡胶圈套在管端，当用外力将铸铁直管推入连接套管时，密封圈滑入凹槽内。

（3）柔性套管接头　如图5-16所示。这是用一个特制的橡胶套和两个夹环把两根铸铁直管连接起来的接头。这种接头适用于地基松软，多地震的地区使用。

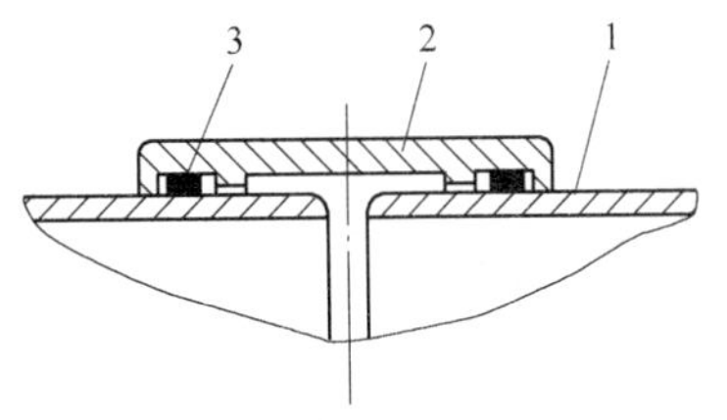

图5-15　滑套式管接头

1—铸铁直管　2—连接套　3—密封圈

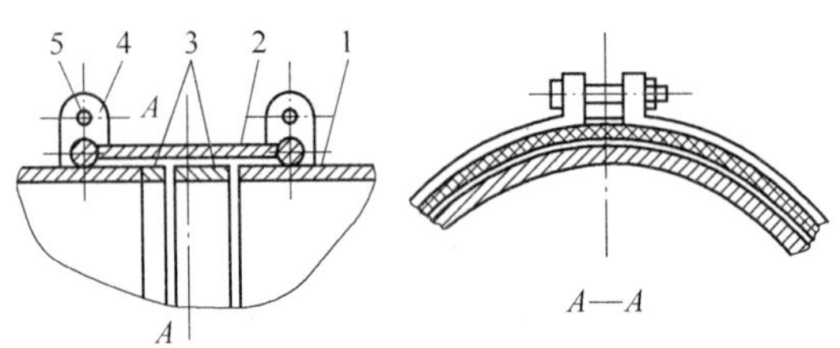

图5-16　柔性套管接头

1—铸铁直管　2—柔性套　3—支撑环　4—夹环　5—螺栓

三、铸铁管的截断

铸铁管的截断主要有人工截断、液压剪切和机械切削等方法。

人工截断可采用钢锯，也可采用带手柄的扁凿，沿画定的截断线，用手锤击凿截断。扁凿截断仅适用于DN≤300的铸铁管。

液压剪切系采用液压割管机截断。液压割管机由液压千斤顶、活动刀夹具和高压油管组成，如图5-17所示。液压剪切适于DN=150~300的铸铁管。

机械切削割管一般采用旋转式割管机或自爬式割管机，后者应用更广泛，适用于DN≥500的铸铁管。自爬式割管机由电动机、齿轮箱、滚轮、机架、导向链轮和锯齿形切削刀等组成。

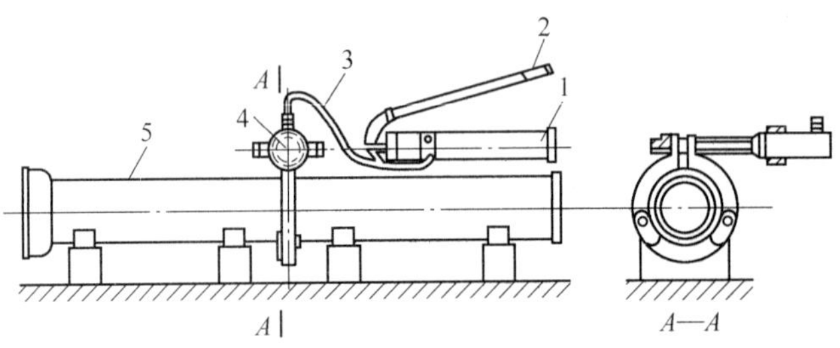

图5-17　液压割管示意图

1—油缸筒　2—起压手柄　3—高压胶管　4—顶泵头　5—被截铸铁管

第四节　聚乙烯燃气管道的安装

聚乙烯燃气管道施工中所使用的管材管件应符合现行国家标准GB 15558.1—2015，《燃气用埋地聚乙烯（PE）管道系统　第1部分：管材》，GB 15558.2—2005《燃气用埋地聚乙烯（PE）管道系统　第2部分：管件》。承接聚乙烯燃气管道工程设计及施工的单位，必须具有建设主管部门批准或认可的相应资质。埋地聚乙烯燃气管道工程设计、施工和验收应执行下列标准和规定：CJJ63—2018《聚乙烯燃气管道工程技术标准》、CJJ33—2005《城镇燃气输配工程施工规范》、GB 50028—2006《城镇燃气设计规范》等技术规范和标准。

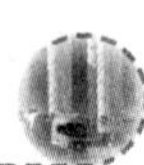

一、施工前的技术准备

1. 施工图的准备

施工是按照设计图样来进行的。当设计单位设计出有效的施工图后，施工单位应到施工现场，具体了解情况，对不能照图施工的部分要与设计单位交底，协商，确定是否能采取特殊的施工工艺或做局部设计变更。同时，还应根据图样进行材料、设备的采购，对施工进度进行安排。一般情况下聚乙烯燃气管道的采用是与调压箱配套使用的，它的供气形式有以下 4 种：

（1）单元式调压箱供气系统　这种供气方式是中压到户，低压直接进入户内没有埋地低压线，每个单元门栋安装一台壁挂式调压箱，适合多层住宅楼或单户住宅。

（2）楼栋式调压箱供气系统　这种方式适合多层及高层住宅楼。每栋楼安装 1 台调压箱，楼前采用低压管。特点：每栋楼由一台调压箱供气，楼前管径较大。

（3）区域式调压箱供气系统　这种方式适合独立小区供气，调压箱采用 150N·m^3 以上的流量，中压管少且管径较小，小区内全部是低压管网，管径较大，供气压力低。

（4）低压供气系统　这种方式由中、低压调压站供气，适用于所有民用户。特点：采用管径较大、管网压力低。

2. 人员培训

从事聚乙烯燃气管道连接的操作人员，在上岗前必须经过专门培训，经过考试和技术评定合格后方可上岗操作。

参加培训人员除了在燃气常识、聚乙烯专用料特性、电工知识、聚乙烯熔接设备、聚乙烯燃气管道施工技术等理论知识方面培训外，还应在实际操作技能等方面进行培训，并参加考核。

3. 施工机具的准备

根据施工工艺的要求，准备相应的施工机具。因我国对聚乙烯管道的熔接质量和熔接参数无统一标准，不同生产厂家生产的管材、管件熔接参数不同。为达到可靠的熔接效果，在选择设备上还需认真选型，选质量好的产品，在熔接效果上，要可靠许多。

施工机具分为电熔焊机和热熔对接焊机两类，现均采用条码式全自动熔接。

4. 管材、管件的准备

（1）采购原则

1）采购符合国家标准要求的产品。燃气工程是利在当代、功在千秋的城市基础工程。由于燃气 PE 管输送的是带压力的易燃、易爆的危险性气体，所以工程质量是压倒一切的因素。管材、管件的质量是工程质量的基本保证。在购买管材、管件的过程中，一定要索取原材料生产厂家名称、牌号及出厂质检报告。同时也必须向加工厂家索要产品出厂检验报告及破坏性实验报告，以确定该产品实际水平。

2）售后服务。根据燃气 PE 管加工的特殊性，生产管材的厂家出厂实际报告中，不含破坏性实验结果。例如：80℃，大于 1000h 的实验，不可能当时随产品运至施工现场。管理严格的厂家，会在实验完成后将实验报告交付用户，作为整理竣工资料的依据。

施工机械的自动化程度很高，需要厂家负责技术支持。如果厂家售后服务不完善将给施工造成极大的困难。

3）价格。城市燃气项目突出的是社会效益，但工程造价也是必须考虑到的因素，优质优价的原则是对的，但在实际工作中应注意性能价格比是否恰当。聚乙烯原料国际价格浮动较大，在适当的时机购入原料可以有效地控制工程费用。在机具采购中更应注意要货比三家，选择适当时机采购。

（2）管材的采购　采购符合国家规范规定燃气 PE 材料不得低于 PE80 品质的管材。

（3）管件的采购　在采用电熔熔接方式时，均需使用管件。管件品质的优劣影响到熔接质量的好坏，直接关系到工程质量，所以在采购管件时要进行严格的检查，看是否有划痕，内部金属丝是否平整、有无出头，检查孔是否完好等，符合标准方可使用。

管材、管件的采购数量应能满足施工的连续进行。

（4）管材的验收　用户对管材的验收，具体应做到以下几点：

1）检查产品有无出厂合格证，出厂检验报告。

2）对外观进行检查。检查管材内外表面是否清洁光滑，是否有沟槽、划伤、凹陷、杂质和颜色不均等。

3）长度检查。管的长度应均匀一致，误差不应超过±20mm。注意检查管口端面是否与管材的轴线垂直，是否存在有气孔。凡长短不均的管材，在未查明原因前应不予验收。

4）燃气用聚乙烯管应为黄色或黑色，当为黑色时管口必须有醒目的黄色色条，同时管材上应有连续的、间距不超过 2m 的永久性标志，写明用途、原材料牌号、标准尺寸比、规格尺寸、标准代号和顺序号、生产厂名或商标、生产日期。

5）不圆度检查：取三个试样的试验结果的算术平均值作为该管材的不圆度，其值大于 5%为不合格。

6）管材直径和壁厚的检查。管材直径的检查用圆周尺进行，测其两端的直径，任意一处不合格即为不合格。壁厚的检查用千分尺来进行，测圆周的上下左右四点，任意一点不合格即为不合格。

（5）管材、管件运输与保管　在聚乙烯产品的运输和保管中应按下述方法进行：

1）应用非金属绳捆扎和吊装；

2）不得抛摔和受剧烈撞击，也不得拖拽；

3）不得曝晒，雨淋，也不得与油类、酸、碱、盐、活性剂等化学物质接触；

4）管材、管件应存放在通风良好，温度不超过 40℃、不低于-5℃的库房内，在施工现场临时堆放，应有遮盖物；

5）在运输和存放过程中，小管可以套插在大管中；

6）运输和储存时应水平放置在平整的地面或车厢内，当其不平时，应设平整的支撑物，其支撑物的间距以 1~1.5m 为宜，管子堆放高度不宜超过 1.5m；

7）产品从生产到使用之间的存放期不应超过 1 年，发料时要坚持“先进先出”的原则。

二、聚乙烯（PE）燃气管

燃气用聚乙烯（PE）管材是由专用混配料经塑化、挤出、冷却定型而形成的制品；管件的毛坯和阀门的阀体都是由专用混配料经注塑而形成的制品。

管材质量在 GB 15558.1—2003《燃气用埋地聚乙烯（PE）管道系统　第 1 部分：管材》中明确规定燃气用埋地聚乙烯（PE）PE80 和 PE100 管材外观、几何尺寸、力学性能、物理性能、标志、检验规则和包装、运输、储存等的要求。

1. 外观

管材应为黑色或黄色。黑色管上应共挤出至少三条黄色条，色条应沿管材圆周方向均匀

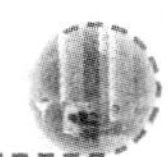

分布。目测时管材的内外表面应清洁、平滑，不允许有气泡、明显的划伤、凹陷、杂质、颜色不均等缺陷。管材两端应切割平整，并与管材轴线垂直。管材的外表面应有清晰牢固且符合标准规定的标记。至少的标记内容项目见表 5-1。

表 5-1　至少的标志内容项目

内容	标志或符号	内容	标志或符号
制造商和商标	名称和符号	材料和名称	如 PE80
内部流体	"燃气"或"GAS"字样	混配料牌号	
尺寸	$d_n \times e_n$	生产时间（日期、代码）	
SDR（$d_n \geqslant 40$mm）	SDR	本部分标准编号	GB 15558.1

聚乙烯（PE）标准尺寸比（SDR）为管材的公称外径 d_n 与公称壁厚 e_n 的比值，即 d_n/e_n。

2. 几何尺寸

管材在挤出后至少应放置 24h，并状态调节至少 4h 后按照 GB/T 8808—1988《软质复合塑料材料剥离试验方法》测量管材尺寸。通常用螺旋测微器测量管材的壁厚；用圆周尺在距管材端口（1.0~1.5）d 范围内进行平均外径测量。管材平均外径偏小会增加用电熔管件连接时的配合间隙，偏大会造成连接困难。考虑到实际应用的可操作性和热加工后不可避免的收缩，允许管材端口处的平均外径小于标准的规定，但不应小于距管材端口大于 1.5d 或 300mm（取两者之中较小者）处测量值的 95.5%。不圆度为在生产地点测量的管材同一截面处最大外径和最小外径的差值。管材的平均壁厚及其公差、平均外径及其公差和最大不圆度应符合标准规定。通常用米尺测量管材的长度。管材长度一般为 3m、9m、12m，目前国内直径不大于 63mm 的管材可盘卷，长度一般由供需双方商定。

3. 常用管材最小壁厚

常用燃气埋地聚乙烯（PE）管材系列 SDR17.6 和 SDR11 的最小壁厚应符合表 5-2 的规定。

表 5-2　常用管材 SDR17.6 和 SDR11 的最小壁厚　　（单位：mm）

公称外径 d_n	最小壁厚 $e_{y,min}$		公称外径 d_n	最小壁厚 $e_{y,min}$	
	SDR17.6	SDR11		SDR17.6	SDR11
16	2.3	3.0	180	10.3	16.4
20	2.3	3.0	200	11.4	18.2
25	2.3	3.0	225	12.8	20.5
32	2.3	3.0	250	14.2	22.7
40	2.3	3.7	280	15.9	25.4
50	2.9	4.6	315	17.9	28.6
63	3.6	5.8	355	20.2	32.3
75	4.3	6.8	400	22.8	36.4
90	5.2	8.2	450	25.6	40.9
110	6.3	10.0	500	28.4	45.5
125	7.1	11.4	560	31.9	50.9
140	8.0	12.7	630	35.8	57.3
160	9.1	14.6			

直径<40mm，SDR17.6 和直径<32mm，SDR11 的管材以壁厚表征。

直径≥40mm，SDR17.6 和直径≥32mm，SDR11 的管材以 SDR 表征。

4. 聚乙烯管件

燃气用埋地聚乙烯（PE）管件主要分为以下几类：电熔连接的插口管件、热熔对接管件和机械式连接管件。

电熔连接承口管件包括：电熔套筒、电熔三通、电熔变径、电熔弯头、电熔鞍形管件等；热熔对接管件包括：注塑变径、注塑三通（包括等径三通和异径三通）、注塑弯头、注塑端帽等；机械式连接管件包括：螺纹式和钢管式钢塑转换接头、PE 法兰；其他管件如凝水缸等。

管件的质量标准，分为一般要求、管件尺寸、力学性能和物理性能。其质量标准和检验，应严格按照 GB 15558.2—2005《燃气用埋地聚乙烯（PE）管道系统　第 2 部分：管件》标准执行。

5. 聚乙烯阀门

燃气用埋地聚乙烯（PE）阀门的质量标准和检验，应按照 GB 15558.3—2008《燃气用埋地聚乙烯（PE）管道系统　第 3 部分：阀门》执行。

三、聚乙烯燃气管道使用的压力和温度

聚乙烯管材、管件的材质和壁厚以及压力等级选择，应根据地质条件、使用环境、输送的燃气种类、工作压力、施工方式等，经技术经济比较后确定。

聚乙烯管道输送天然气、液化石油气和人工煤气时，其设计压力不应大于管道最大允许工作压力，最大允许工作压力应符合表 5-3 的规定。

表 5-3　聚乙烯管道的最大允许工作压力　（单位：MPa）

城镇燃气种类		PE80		PE100	
		SDR11	SDR17.6	SDR11	SDR17.6
天然气		0.50	0.30	0.70	0.40
液化石油气	混空气	0.40	0.20	0.50	0.30
	气态	0.20	0.10	0.30	0.20
人工煤气	干气	0.40	0.20	0.50	0.30
	其他	0.20	0.10	0.30	0.20

聚乙烯管道工作温度在 20℃以上时，最大允许工作压力应按工作温度对管道工作压力的折减系数进行折减，压力折减系数应符合表 5-4 的规定。

表 5-4　工作温度对管道工作压力的折减系数

工作温度 t	$-20℃ \leq t \leq 20℃$	$20℃ < t \leq 30℃$	$30℃ < t \leq 40℃$
压力折减系数	1.0	0.9	0.76

在聚乙烯管道系统中采用聚乙烯管材焊制成型的焊制管件时，其系统工作压力不宜超过 0.2MPa；焊制管件应在工厂预制，焊制管件选用的管材公称压力等级不应小于管道系统中管材压力等级的 1.2 倍，并应在施工过程中对聚乙烯焊制管件采用加固等保护措施。

各种压力级制管道之间应通过调压装置相连。当有可能超过最大允许工作压力时，应设置防止管道超压的安全保护设备。

四、聚乙烯管道的连接

聚乙烯管材、管件的连接应采用热熔对接连接或电熔连接（电熔承插连接、电熔鞍形连接）；聚乙烯管道与金属管道或金属附件连接，应采用法兰连接或钢塑转换接头连接，采用法兰连接时宜设置检查井。

不同级别和熔体质量流动速率差值不小于 0. 5g/10min(190℃，5kg）的聚乙烯原料制造的管材、管件和管道附属设备，以及焊接端部标准尺寸比（SDR）不同的聚乙烯燃气管道连接时，必须采用电熔连接。

燃气用埋地聚乙烯管道与管材、管件和阀门连接时，应根据设计文件进行的要求选配，选择相适配的专用热熔对接焊机或电熔焊机。目前一般都要求使用全自动热熔对接焊机或全自动电熔焊机，而不使用半自动热熔对接焊机或半自动电熔焊机以确保焊接质量。

公称直径小于 90mm 的聚乙烯管道宜采用电熔连接。

管道热熔或电熔连接的环境温度宜在-5~45℃范围内。在环境温度低于-5℃或风力大于 5 级的条件下进行热熔或电熔连接操作时，应采取保温、防风措施，并应调整连接工艺；在炎热的夏季进行热熔或电熔连接操作时，应采取遮阳措施。

当管材、管件存放处与施工现场温差较大时，连接前应将管材、管件在施工现场放置一定时间，使其温度接近施工现场温度。

聚乙烯管材的切割应采用专用割刀或切管工具，切割端面应平整、光滑、无毛刺，端面应垂直于管轴线。

1. 热熔连接

热熔连接又称热熔对接焊，是聚乙烯燃气管道施工中主要的连接方法之一，使用的设备是热熔对接焊机，根据聚乙烯管径选择不同规格的焊机。这项技术早在 20 世纪 60 年代就成功地应用于热塑性塑料管道的连接，在国内已经成熟地应用于所有行业聚乙烯管道的连接。

热熔连接的原理是依靠加热板同时加热需要焊接管材、管件的两个端面，使其达到熔化温度，然后迅速贴合，在一定的压力下冷却，达到熔接目的。

按照分子扩散缠绕理论，两个相容的高分子材料，加热到一定的温度，使大分子得到能量和空间，由于分子的热运动，并在得到外力的作用下，强制地彼此流动进行迁移、扩散、互相缠绕，随着温度的下降开始结晶，得到一定的结晶度达到理想连接的目的。

（1）热熔连接设备　热熔连接必须使用热熔对接连接设备，热熔对接连接设备应机架坚固稳定，并应保证加热板和铣削工具切换方便及管材或管件方便地移动和校正对中；夹具应能固定管材或管件，并应使管材或管件快速定位或移开；铣刀应为双面铣削刀具，应将待连接的管材或管件端面铣削成垂直于管材中轴线的清洁、平整、平行的匹配面；加热板表面结构应完整，并保持洁净，温度分布应均匀，允许偏差应为设定温度的±5℃；压力系统的压力显示分度值不应大于 0. 1MPa；焊接设备使用的电源电压波动范围不应大于额定电压的±15%。

热熔对接连接设备应定期校准和检定，周期不宜超过 1 年。

（2）连接　热熔对接连接的焊接工艺应符合图 5-18 的规定，焊接参数应符合 CJJ63-2018《聚乙烯燃气管道工程技术标准》的有关规定。

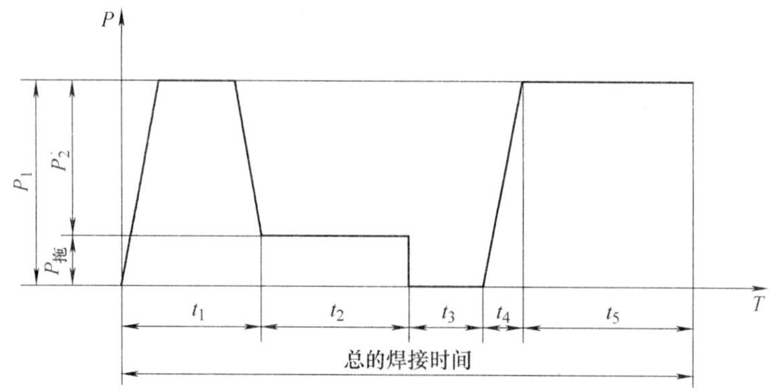

图 5-18　热熔对接焊接工艺

图中　P_1——总的焊接压力（表压），MPa，$P_1=P_2+P_{拖}$；

P_2——焊接规定的压力（表压），MPa；

$P_{拖}$——拖动压力（表压），MPa；

t_1——卷边达到规定高度的时间，s；

t_2——焊接所需要的吸热时间，s，t_2=管材壁厚×10；

t_3——切换所规定的时间，s；

t_4——调整压力到 P_1 所规定的时间，s；

t_5——冷却时间，min。

（3）检验　热熔对接接头连接完成后，应对接头进行 100%的翻边对称性、接头对正性检验和不少于 10%的翻边切除检验。

翻边对称性检验是指接头应具有沿管材整个圆周平滑对称的翻边，翻边最低处的深度（A）不应低于管材表面（见图 5-19）。

接头对正性检验是指焊缝两侧紧邻翻边的外圆周的任何一处错边量（V）不应超过管材壁厚的 10%（见图 5-20）。

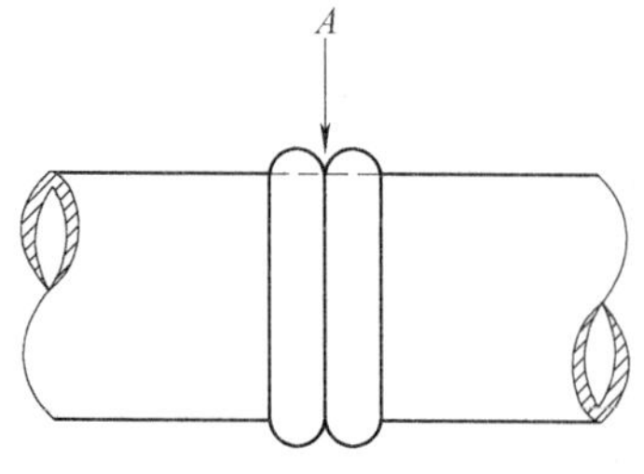

图 5-19　翻边对称性示意

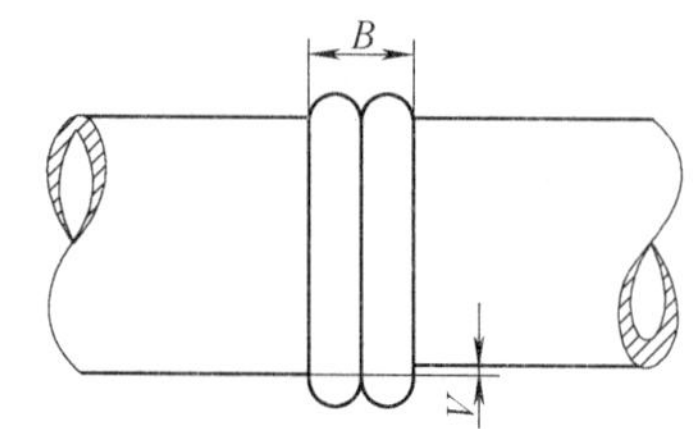

图 5-20　接头对正性示意

翻边切除检验应使用专用工具，在不损伤管材和接头的情况下，切除外部的焊接翻边（见图 5-21a）。翻边切除检验应符合下列要求：

1）翻边应是实心圆滑的，根部较宽（见图 5-21b）；

2）翻边下侧不应有杂质、小孔、扭曲和损坏；

3）每隔 50mm 进行 180°的背弯试验（见图 5-21c），不应有开裂、裂缝，接缝处不得露出熔合线。

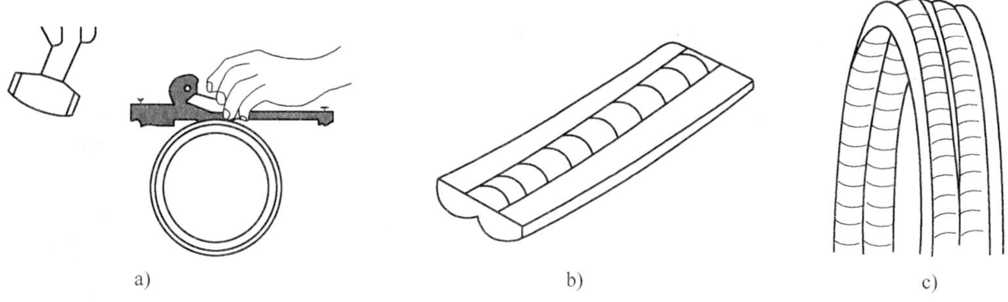

图 5-21　翻边切除检验

a）翻边切除示意　b）合格实心翻边示意　c）翻边背弯实验示意

2. 电熔连接

电熔连接又称电熔焊，也是聚乙烯燃气管道施工中主要的连接方法之一。20 世纪 70 年代后快速发展，目前电熔管件规格范围为 DN20～500，它使用的设备是电熔焊机。电熔连接主要包括电熔承插连接与电熔鞍型连接两种。电熔承插连接适用于各种规格管道的连接，电熔鞍型连接主要用于干线上接支线和管道修补。

电熔焊接的原理是预埋在电熔管件内表面的电阻丝通电后发热，使电熔管件内表面和承插管材的外表面达到熔化温度，升温膨胀产生焊接压力，冷却后融为一体，达到熔接目的。电熔焊接示意如图 5-22 所示。

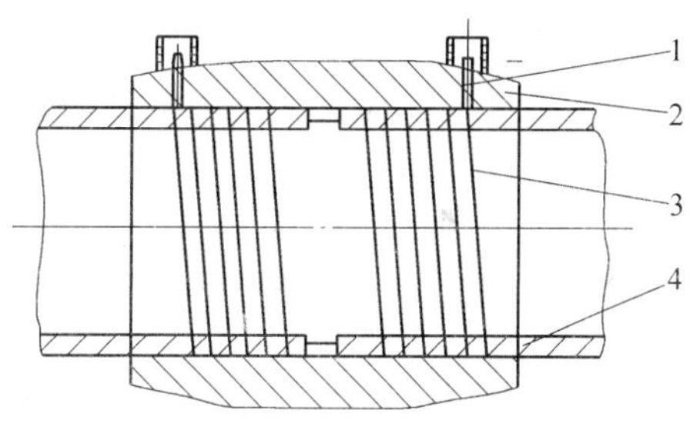

图 5-22　电熔焊接示意图

1—电源插头　2—连接管件

3—电阻丝　4—被连接管

（1）电熔连接机具　电熔连接机具的类型应符合电熔管件的要求；应在国家电网供电或发电机供电情况下，均可正常工作；外壳防护等级不应低于 IP54，所有线路板应进行防水、防尘、防震处理，开关、按钮应具有防水性；输入和输出电缆，当超过-10～40℃工作范围时，应能保持柔韧性；温度传感器精度不应低于±1℃，并应有防机械损伤保护；输出电压的允许偏差应控制在设定电压的±1. 5%以内；输出电流的允许偏差应控制在额定电流的±1. 5%以内；熔接时间的允许偏差应控制在理论时间的±1%以内。

电熔连接设备应定期校准和检定，周期不宜超过 1 年。

（2）电熔承插连接操作应符合下列规定

1）应将管材、管件连接部位擦拭干净；

2）测量管件承口长度，并在管材插入端或插口管件插入端标出插入长度和刮除插入长度加 10mm 的插入段表皮，刮削氧化皮厚度宜为 0. 1～0. 2mm；

3）将管材或管件插入端插入电熔承插管件承口内，至插入长度标记位置，并应检查配合尺寸；

4）通电前，应校直两对应的连接件，使其在同一轴线上，并应采用专用夹具固定管材、管件；

5）电熔连接冷却期间，不得移动连接件或在连接件上施加任何外力。

（3）电熔承插连接质量检验应符合下列规定

1）电熔管件端口处的管材或插口管件周边应有明显刮皮痕迹和明显的插入长度标记，图5-23留有划线标记和刮皮痕；

2）聚乙烯管道接缝处不应有熔融料溢出；

3）电熔管件内电阻丝不应挤出（特殊结构设计的电熔管件除外）；

4）电熔管件上观察孔中应能看到有少量熔融料溢出，但溢料不得呈流淌状；

5）凡出现与上述条款不符合的情况，应判为不合格。

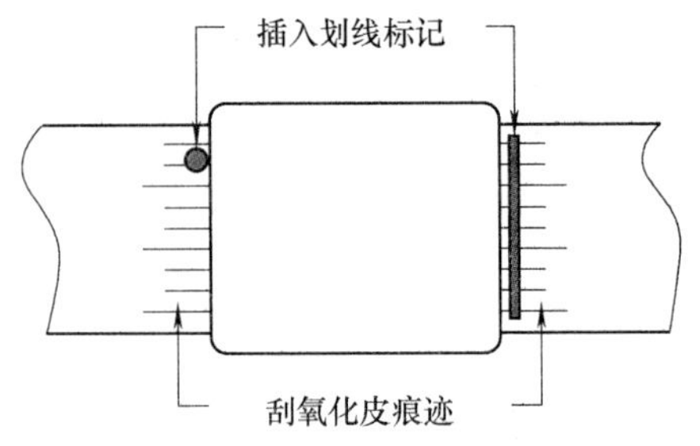

图5-23　留有划线标记和刮皮痕迹

3. 法兰连接

法兰连接是钢塑转换的连接方法之一，是金属法兰和聚乙烯法兰用螺栓将其紧密连接在一起，以达到钢塑转换的目的。

金属管端法兰盘与金属管道连接应符合金属管道法兰连接的规定和设计要求。

聚乙烯管管端的法兰盘连接应按规程规定的热熔连接或电熔连接的要求，将法兰连接件平口端与聚乙烯管道进行连接。

两法兰盘上螺孔应对中，法兰面相互平行，螺栓孔与螺栓直径应配套，螺栓规格应一致，螺母应在同一侧；紧固法兰盘上的螺栓应按对称顺序分次均匀紧固，不应强力组装；螺栓拧紧后宜伸出螺母1~3丝扣。

法兰密封面、密封件不得有影响密封性能的划痕、凹坑等缺陷，材质应符合输送城镇燃气的要求。法兰盘、紧固件应经防腐处理，并应符合要求。

图5-24是活套聚乙烯法兰。图中所示的A端是聚乙烯法兰；另一端即B端系金属法兰盘，它与金属管连接。活套金属法兰盘符合GB/T 9119—2010《板式平焊钢制管法兰》标准的要求，并需防腐处理；密封垫必须是丁腈橡胶（NBR），因为丁腈橡胶具有优越的耐油、耐溶剂性能；法兰连接的螺栓应当是热浸锌的防腐螺栓，螺栓应当采用扭力扳手，按规定对角紧固，待10h以后，再重新紧固一次，可以取得较好的效果。

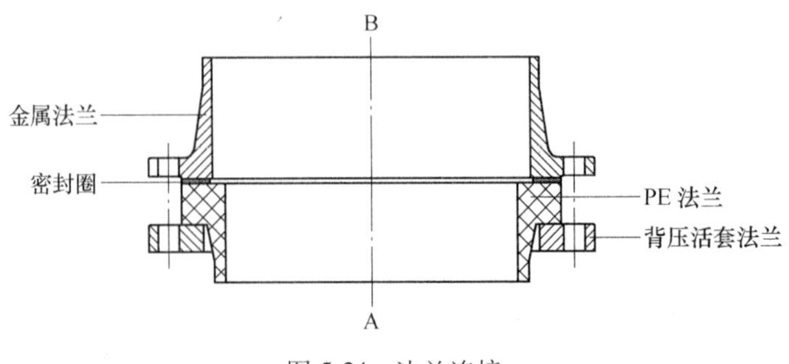

图5-24　法兰连接

4. 钢塑转换接头连接

钢塑转换接有钢管式转换接头和螺纹式转换接头两种形式。

（1）钢管式钢塑转换接头（见图5-25） 钢管式钢塑转换接头是用O型密封圈和金属管箍对聚乙烯管端压紧所产生的内应力密封，钢管连接时严禁焊接高温传到聚乙烯管端，使预应力释放产生泄漏，所以需要用湿毛巾裹住钢端，在不断加水冷却的情况下进行电焊或气焊，焊接完成后清理焊渣并作防腐处理。

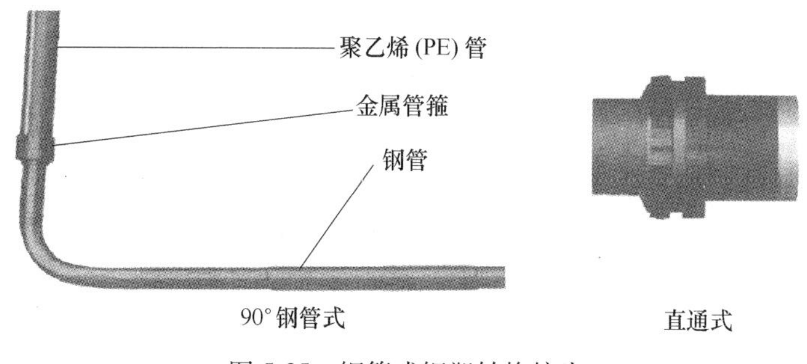

图5-25 钢管式钢塑转换接头

（2）螺纹式钢塑转换接头 螺纹式钢塑转换接头（见图5-26），钢端为螺纹式连接也称丝扣式连接，管件的螺纹均为圆锥形外管螺纹（螺纹代号R），而需要连接的金属管件，通常为圆锥形内螺纹（Rp）或圆柱形内螺纹（Rc）。这种形式主要用于楼前入户管，其管径一般在25~75m（1~2.5in），连接时注意连接件螺纹的质量，必要时用6H或2级精度的螺纹塞规和螺纹环规对螺纹进行检验，不合格的螺纹在连接时产生大的间隙或连接困难造成泄漏。

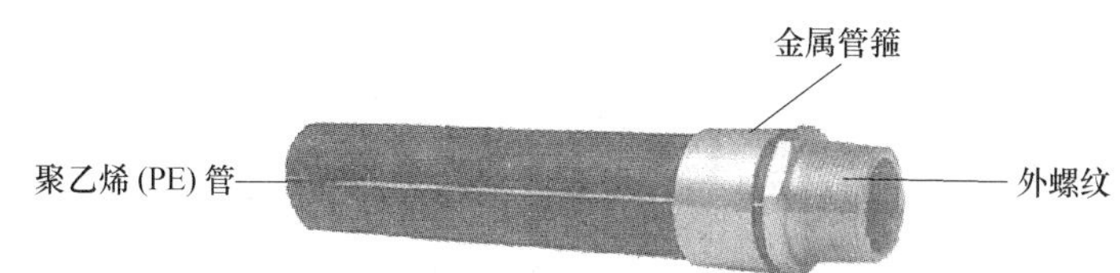

图5-26 螺纹式钢塑转换接头

五、聚乙烯燃气管道敷设

1. 直埋敷设

聚乙烯管道埋地敷设时，应遵循以下要求。

埋深及间距的要求：聚乙烯管的强度相对钢管较低，且对温度变化敏感，因此，对于埋深及与热力管的间距一定要注意，一定要确保聚乙烯埋地管的工作环境温度。

聚乙烯管道埋设的最小覆土厚度（管顶至地面）应符合下列规定：

1）埋设在车行道主干道下时不应小于1.2m，在车行道支线下时不应小于1.0m；

2）埋设在非车行道（含人行道）下时，不应小于0.9m；

3）埋设在庭院（指绿化地及汽车不能进入之地）内时，不应小于0.5m；

4）埋设在水田下时，不应小于0.8m；

5）当采取砌管沟等行之有效的防护措施后，上述规定均可适当降低。

聚乙烯燃气管道与建筑物、构筑物或相邻管道之间的最小水平净距和垂直净距应符合表5-5和表5-6的规定。

表5-5　聚乙烯燃气管道与建筑物、构筑物或相邻管道之间的最小水平净距（单位：m）

项目			地下聚乙烯燃气管道		
			低压	中压	
				B	A
建筑物外墙			1.2	1.5	2.0
给水管			0.5	0.5	0.5
排水管（污水、雨水）			1.0	1.2	1.2
电力电缆	直埋		0.5	0.5	0.5
	在导管内		1.0	1.0	1.0
通信电缆	直埋		0.5	0.5	0.5
	在导管内		1.0	1.0	1.0
其他燃气管道	DN≤300mm		0.4	0.4	0.4
	DN>300mm		0.5	0.5	0.5
热力管	直埋	热水	1.0	1.0	1.0
		蒸汽	2.0	2.0	2.0
	在管沟内（至外壁）		1.0	1.5	1.5
通信照明电杆（至杆中心）			1.0	1.0	1.0
电杆（塔）的基础	≤35kV		1.0	1.0	1.0
	>35kV		2.0	2.0	2.0
铁路路堤坡脚			5.0	5.0	5.0
有轨电车钢轨			2.0	2.0	2.0
街树（至树中心）			0.75	0.75	0.75

表5-6　聚乙烯燃气管道与建筑物及相邻管道之间的最小垂直净距　（单位：m）

项目		地下聚乙烯燃气管道（当有套管时，从套管外径计）	
		聚乙烯燃气管在该设施上方	聚乙烯燃气管在该设施下方
给水管、排水管、其他燃气管		0.15	
电缆	直埋	0.50	
	在导管内	0.15	
直埋热力管（热水）		0.5（加套管）	1.0（加套管）
热力管沟		0.20（加套管）或0.40	0.3（加套管）
铁路（轨底）		1.2	
有轨电车（轨底）		1.0	

2. 允许弯曲半径

聚乙烯燃气管道敷设时，管道允许弯曲半径应符合下列规定。

1）管道上无承插接头时应满足表 5-7 的规定。

表 5-7　聚乙烯燃气管道允许弯曲半径

管道公称直径 D/mm	允许弯曲半径 R/mm
$D\leqslant50$	$30D$
$50<D\leqslant160$	$50D$
$160<D\leqslant250$	$75D$

2）管段上有接头时不应小于 $125D$。

3）国际标准化组织建议的聚乙烯燃气管道的弯曲半径为：当要弯曲的管道上有接头时，允许的弯曲半径 $R\geqslant25D$；当要弯曲的管道上无接头时，允许的弯曲半径 $R\geqslant15D$。

3. 示踪警示带

为保护管线在日后运行中不受到人为的意外损坏，准确测定管道位置，应在管线的垂直上方，距管顶 50cm 处敷设一条示踪警示带，该示踪警示带应与管线走向一致，具有不低于 50 年的寿命。示踪警示带上应标出醒目的提示字样，例如，“危险！下有燃气管线；××公司；抢修电话×××”。

对示踪警示带的基本要求：宽度 100mm 或 150mm；颜色为金黄色（通用警示色），夹金属铝箔，缠绕在芯上；示踪警示带应能抗击回填土的冲击、压迫及土壤中化学物质的腐蚀。

示踪警示带的接口搭接距离为 50cm。

4. 聚乙烯阀门敷设

图 5-27 所示为聚乙烯阀门及护套的示意图。

聚乙烯阀门与钢阀门相比有如下优点：

1）不需防腐及定期检查；

2）不需要备件，免维护；

3）可直埋，不需砌阀室；

4）使用寿命 50 年以上。

目前所使用的规格尺寸从 DE400～DE20。

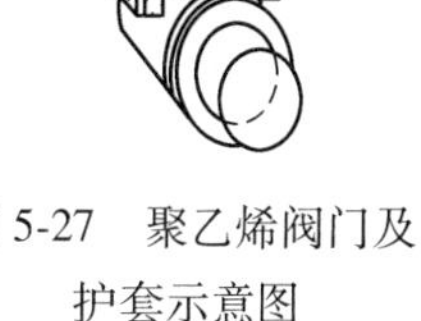

图 5-27　聚乙烯阀门及护套示意图

管道采用聚乙烯阀门时，阀门（包括放散阀门）埋深不应小于 0.8m，并砌筑小井保护，带放散的聚乙烯阀门，应设置在偏心井室内。

5. 特殊地段的施工

特殊地段是指穿越铁路，河流桥梁，重要道路等地段。在特殊地段敷设 PE 管道，第一要征得有关管理部门的同意；第二，由于 PE 管相对于钢管而言较易遭受人为破坏，原则上在这些地段不宜使用 PE 管；第三，若一定要用 PE 管时，则应增加套管或采取其他防护措施。

地质上的断裂带、明显存在非均匀性沉降的地段、管基处理耗资巨大等地段也应视为特殊地段。

6. 冬季施工

冬季施工（-5℃以下）时，室外环境温度较低，必须采取必要的加热保温措施。如哈尔滨的具体做法：①电加热带加热保温；②喷灯加热空气保温；③电暖风或采用其他对流、传导辐射等方式加热管材管件。溶解5min后，方可撤除加热保护措施。

六、试验与验收

1. 试验的一般规定

聚乙烯燃气管道与其他材质管道一样，投入使用前要进行强度试验、气密性试验及工程验收。未经验收，或验收不合格的管线不能投入使用。

燃气管道的试验介质一般为空气，有条件时也可采用惰性气体。

2. 管道的吹扫

聚乙烯燃气管道系统安装完毕，在外观检查合格后，应对全系统进行分段吹扫。

尽管施工中要求保证管道内清洁无异物，在管道试验前仍应进行清扫，清扫介质宜用压缩空气。聚乙烯管道吹扫时会产生静电，这种静电的积聚会产生很高的电压，会对人体造成伤害，所以吹扫时应采取如下措施：

1）吹扫口要用长度不小于4m的钢管，且钢管上应设置吹扫阀；

2）吹扫口的钢管一定要很好接地，其接地电阻应不大于10Ω，以便将静电导入地下。

3. 强度试验与气密性试验

吹扫合格后，方可进行强度试验和气密性试验。在强度试验时，使用洗涤剂或肥皂液检查接头是否漏气；在检验完毕后，及时用水冲去检漏的洗涤剂或肥皂液。吹扫与试验介质宜用压缩空气，其温度不宜超过40℃。压缩机出口端应安装分离器和过滤器，防止有害物质进入聚乙烯燃气管道。聚乙烯燃气管道的强度试验压力应为管道设计压力的1.5倍，中压管道最低不得小于0.3MPa；低压管道最低不得小于0.05MPa。

聚乙烯管道进行强度试验时，应缓慢升压，达到试验压力后，应稳压1h，以不降压为合格。

第五节　管道附属设备的安装和密封

一、管道附属设备的安装

1. 阀门安装

阀门安装前，必须进行检查、清洗、研磨，更换填料和垫片及试压，合格后方能进行安装。电动阀、气动阀、液压阀和安全阀等还需进行工艺性能检验。

（1）阀门的检查和水压试验　阀门的检查通常是将阀盖拆下，彻底清洗后进行全面检查。阀芯与阀座是否吻合，密封面有无缺陷；阀杆与阀芯连接是否灵活可靠，阀杆有无弯曲，螺纹有无断丝；阀杆与填料压盖是否配合适当；阀体内外表面有元缺陷等。对高温或中高压阀门的腰垫及填料必须逐个检查更换。

阀门要按规定压力进行强度试验和严密性试验，试验介质一般为压缩空气，也可使用常温清水。强度试验时，打开阀门通路让压缩空气充满阀腔，在试验压力下检查阀体、阀盖、垫片和填料等有无渗漏。强度试验合格后，关闭阀路进行严密性试验，从一侧打入压缩空气至试验压力，从另一侧检查有无渗漏，两侧分开试验。

（2）阀门的研磨　阀门密封面的缺陷深度小于0.05mm时都可用研磨方法消除。深度大于0.05mm时应先在车床上车削或补焊后车削，然后再研磨。研磨时必须在研磨表面涂一层研磨剂，常用的有人造刚玉、人造金刚砂和人造碳化棚。研磨方法可采用手工研磨和研磨机研磨。

对截止阀、升降式止回阀和安全阀，可直接将阀盘上的密封圈与阀座上的密封圈互相研磨，也可分开研磨。对闸阀，要将闸板与阀座分开研磨。

（3）阀门的安装　安装时，吊装绳索应拴在法兰上，不允许拴在手轮、阀杆或传动机构上，以防这些部位扭弯折断，影响阀门使用。

双闸板闸阀宜直立安装，即阀杆处于垂直位置，手轮或手柄在顶部。单闸板闸阀可直立、倾斜或水平安装，但不允许倒置安装。安装时，在阀门底部或阀门两侧设支座或支架，勿使阀门重量造成管线下凹，形成管线倒坡。

安装截止阀和止回阀时应使介质流动方向与阀体上的箭头指向一致；升降式止回阀只能水平安装；旋启式止回阀要保证阀盘的旋转轴呈水平状态，水平或垂直安装均可。

地下的手动阀门一般设在阀门井内（见图5-28）。钢燃气管道上的阀门与补偿器可以预先组对好，然后与套在管子上的法兰组对，组对时应使阀门和补偿器的中心轴线与管道一致，并用螺栓将组对法兰紧固到一定程度后，进行管道与法兰的焊接。最后加入法兰垫片把组对法兰完全紧固。

铸铁燃气管道上的阀门安装如图5-29所示，安装前应先配备与阀门具有相同公称直径的承盘或插盘短管，以及法兰垫片和螺栓，并在地面上组对紧固后，再吊装至地下与铸铁管道连接，其接口最好采用柔性接口。

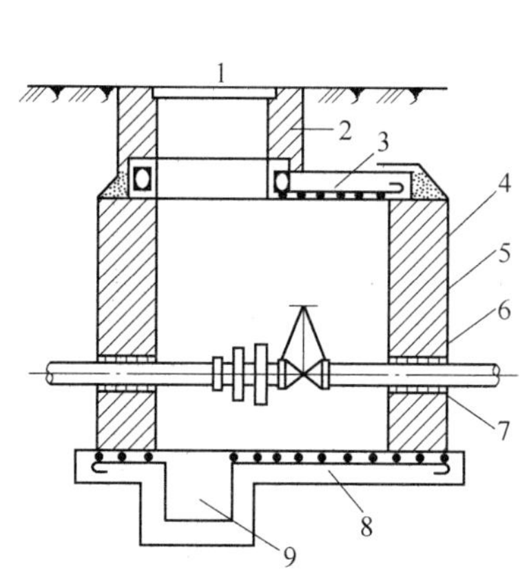

图5-28　地下阀门井构造

1—铸铁井盖　2—砖砌井脖　3—盖板　4—井墙　5—防水层　6—浸沥青线麻　7—沥青砂浆　8—底板　9—集水坑

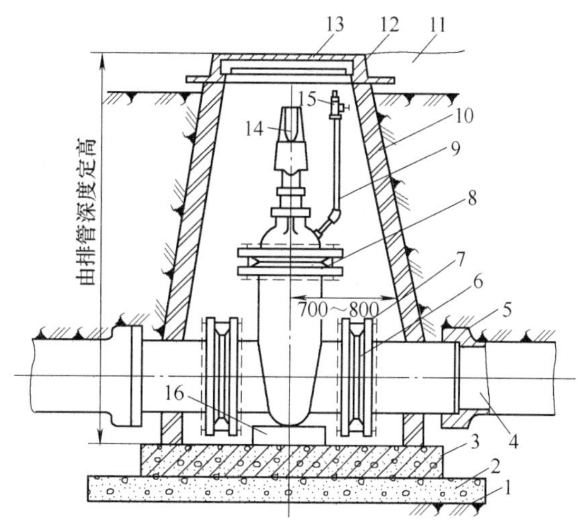

图5-29　铸铁管道上阀门安装

1—素土层　2—碎石基础　3—钢筋混凝土层　4—铸铁管　5—接口　6—法兰垫片　7—盘插管　8—阀体　9—加油管　10—闸井墙　11—路基　12—铸铁井框　13—铸铁井盖　14—阀杆　15—加油管阀门　16—预制钢筋水泥垫块

对DN≥500mm齿轮传动的闸阀，水平安装有困难时可将阀体部分直埋土内，法兰接口用玻璃布包缠，而阀盖和传动装置必须用闸门井保护，如图5-30所示。

当站内地下闸阀埋深较浅时，阀体以下部分可直立直埋土内，法兰接口用玻璃布包缠，填料箱、传动装置和电动机等必须露出地面，并用不可燃材料保护。

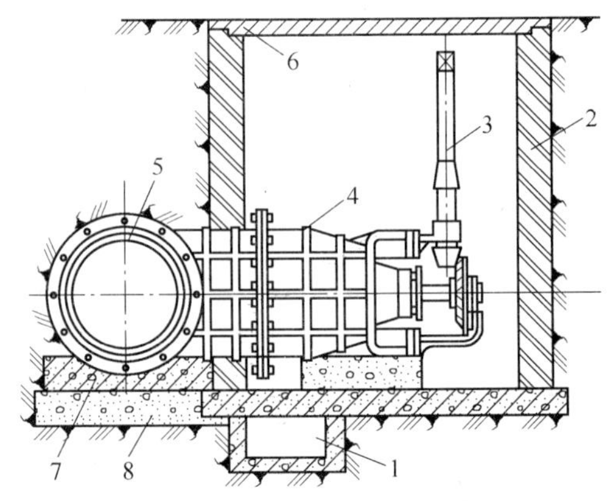

图5-30　齿轮传动闸阀的水平安装
1—集水坑　2—闸井　3—传动轴
4—阀体　5—连接管道　6—阀门井盖
7—混凝土垫块　8—碎石基础层

2. 补偿器安装

补偿器是本身能伸长或缩短的配件。补偿器一方面应用在温度变化较大的管线上（如架空管道、热煤气管道），以补偿管线的温度变形，防止管道受损，这种补偿器均单独安装。另一方面在阀门的下侧（按气流方向）一般都紧连一个波形补偿器，以方便阀门的安装或拆卸。

燃气管线上所用的补偿器主要有波形补偿器和波纹管两种，在架空燃气管道上偶尔也用方形补偿器。

波形补偿器俗称调长器，其构造如图5-31所示，因为套管一端与颈管焊接固定，另一端为活动端，故波节可沿套管外壁做轴向移动，利用连接两端法兰的螺杆可使波形补偿器拉伸或压缩。

波形补偿器可由单波或多波组成，但波节较多时，边缘波节的变形大于中间波节，造成波节受力不均匀，因此波节不宜过多，燃气管道上用的一般为二波。

波纹管是用薄壁不锈钢板通过液压或辊压而制成波纹形状，然后与端管、内套管及法兰组对焊接而成补偿器。波纹的形状有U形和Ω形两种。燃气管道上用的波纹管补偿器均不带拉杆，如图5-32所示。

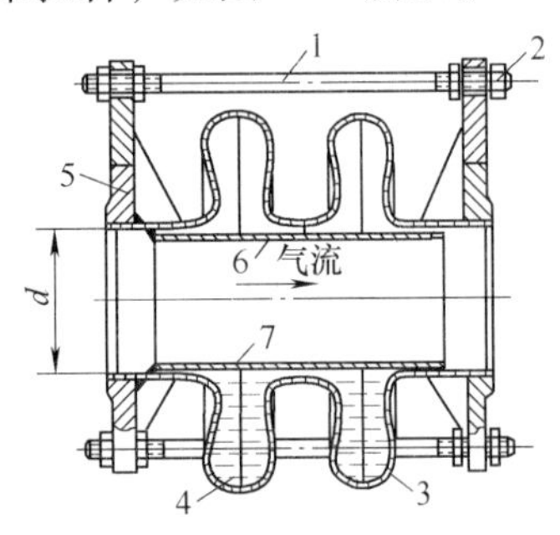

图5-31　波形补偿器
1—螺杆　2—螺母　3—波节　4—石油沥青
5—法兰　6—套管　7—注油机

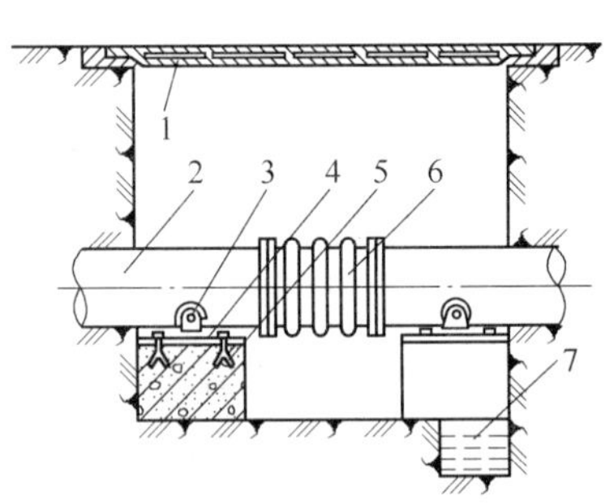

图5-32　地下管道波纹管安装示意图
1—闸井盖　2—地下管道　3—滑轮组（120°）
4—预埋钢板　5—钢筋混凝土基础
6—波纹管　7—集水坑

波形补偿器（或波纹管）都采用法兰连接，为避免补偿时产生的震动使螺栓松动，螺栓两端可加弹簧垫圈。波形补偿器一般为水平安装，其轴线应与管道轴线重合。可以单个安装，也可以两个以上串联组合安装。单独安装（不紧连阀门）时，应在补偿器两端设导向支座，使补充器在运行时仅沿轴向运动，而不会径向移动。安装在地下时应砌筑井室加以保

护，如图 5-32 所示。安装时，应根据补偿零点温度（t_0）定位，所谓补偿零点温度就是管道最高工作温度与最低工作温度的平均值。当安装环境温度（t）等于 t_0 时，波纹管可不必预拉伸或预压缩；当 $t>t_0$ 时，应预先压缩；当 $t<t_0$ 时，应预先拉伸，压缩或拉伸长度可按下式计算。

$$\Delta L = a \cdot L \cdot (t_0 - t)$$

式中 ΔL——预拉伸或预压缩长度（负值为预压缩长度，正值为预拉伸长度），m；

a——管线材料的线膨胀系数，m/(m·℃)；

L——管线胀缩段长度，m。

补偿器的固定端应位于管线坡度高的一侧，内套管上的注油孔位于下方，并注入石油沥青，防止波节锈蚀。

3. 排水器的制作与安装

排水器是用于排除燃气管道中冷凝水或轻质油的配件，由凝水缸、排水装置和井室三部分组成。凝水缸根据材料可分为钢制凝水缸（见图 5-33）和铸铁凝水缸，根据结构可分为立式凝水缸和卧式凝水缸；根据燃气的输气压力又可分为低压凝水缸和高中压凝水缸。

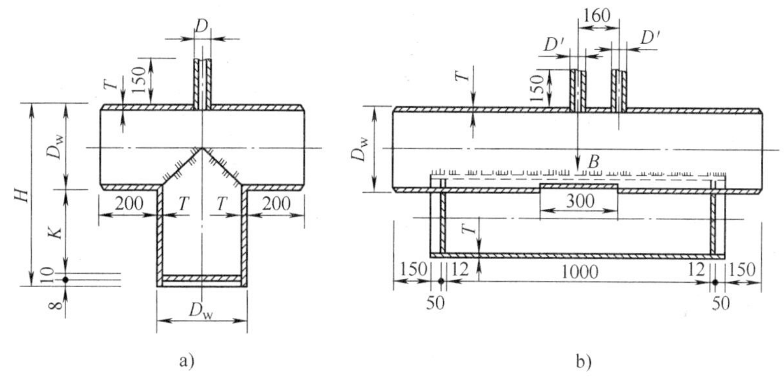

图 5-33 钢制凝水缸

a）低压立式 b）高压卧式

钢制凝水缸可采用直缝钢管或无缝钢管焊接制作，也可采用钢板卷焊，制作完毕应该用压缩空气进行强度试验和严密性试验，并按燃气管道的防腐标准进行防腐。

凝水器安装在管道坡度段的最低处，垂直摆放，缸底地基应夯实，直径较大的凝水器，缸底应预先浇筑混凝土基础，用于承受缸体及所存冷凝水的荷载。

因为低压燃气管道内的燃气压力小于排水管的水柱高度，必须采用抽水泵抽出凝水缸内的积水；而高中压燃气管道内的燃气压力一般均大于排水管的水柱高度，缸内积水在打开排水管阀门之后能自动排放。为防止冬天排水管冻冰而堵塞，用于冰冻地区的高中压排水器应采用带循环管的双管排水装置（见图 5-34）。

排水管和循环管均加套管保护。套管作防腐绝缘层保护。排水管底端吸水口应锯成 30°~45°的斜面，并与凝水缸底保持 40~50mm 的净距。

排水装置的接头均采用螺纹连接，排水装置与凝水缸的连接可根据不同管材分别采用焊接、螺纹连接或法兰连接。

排水装置顶端的阀门和丝堵，经常启闭和拆装，必须外露，外露部分用井室加以保护。

4. 法兰安装

安装前应仔细清除法兰密封面上的油污和泥垢，仔细检查其表面，不得有降低法兰强度和影响密封性能想缺陷。

平焊法兰焊接时，管子插入法兰内，管子端面应与法兰密封面留有一定距离，以保证焊接时不损坏法兰密封面，如图5-35所示。平焊法兰应先焊内焊缝，后焊外焊缝。DN≥150和PN≤1.0MPa的平焊法兰焊接前应装上相应的法兰或法兰盖，并将螺栓全部拧紧，以防止焊接变形。

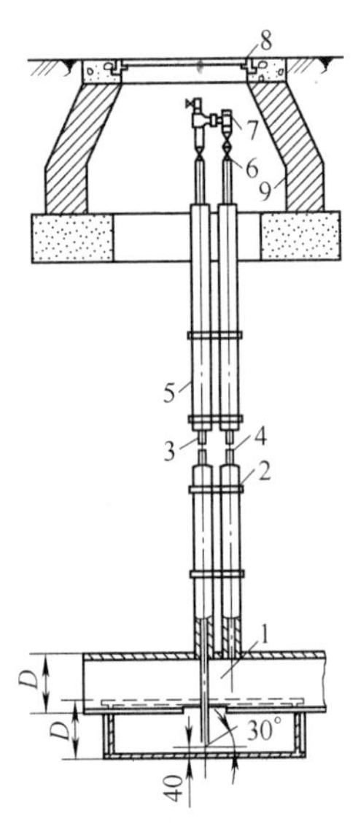

图5-34　双管排水器的安装

1—卧式凝水缸　2—管卡　3—排水管
4—循环管　5—套管　6—旋塞
7—丝墙　8—铸铁井盖　9—井墙

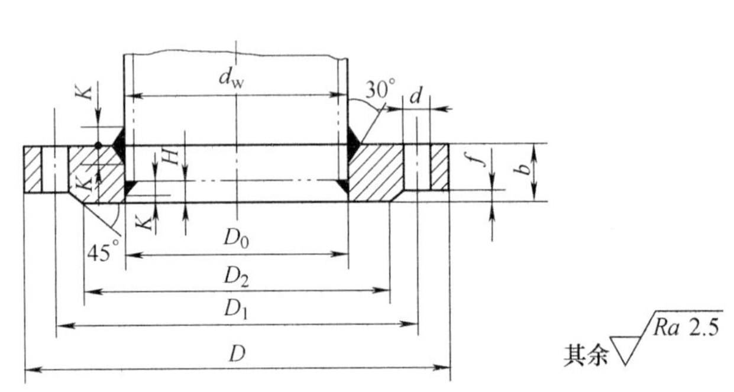

图5-35　光滑面平焊法兰与管子的焊接

焊接法兰时，应在圆周上均匀地点焊四处。首先在上方点焊一处，用法兰弯尺沿上下方向校正法兰位置，使法兰密封面垂直于管子中心线；然后在下方点焊第二处，用法兰弯尺沿左右方向校正法兰位置，合格以后再点焊左右的第三、第四处，如图5-36所示。如钢管两端焊接法兰时，要保证法兰螺栓孔的正确位置。将焊好一端法兰的钢管放置在平台上，用水平尺找正后，用吊线将已焊好的法兰位置找正，使上下孔在一条垂直线上（见图5-37），另一端的法兰用同样方法找正点焊，经过再次检查合格后方可焊接。

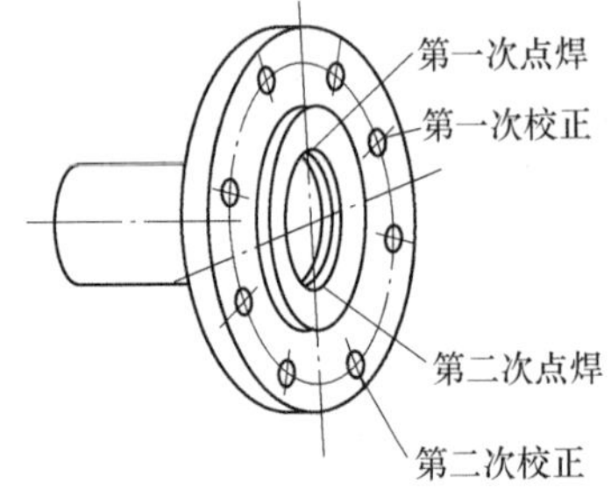

图5-36　法兰的点焊

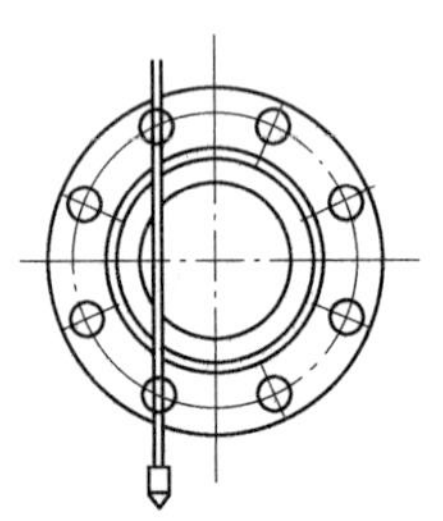

图5-37　法兰位置找正

两法兰密封面之间的垫片，其表面应薄涂一层石墨粉与机油的调和物，并使垫片与法兰保持同一中心。管道吹扫和试压后还要拆卸的法兰，可加临时垫片，待最后紧固时更换正式垫片。工作温度高于100℃的管道，安装法兰时应将螺栓的丝扣部分涂一层机油。拧紧螺栓时，应将间隙较大的一边先拧紧，再按对称顺序拧紧所有螺栓。法兰紧严后，螺栓应露出螺母2~3扣。螺栓头和螺母的支承面都应与法兰表面紧密贴合。法兰连接如发生偏斜、错位或间隙过大时，应切除重焊，不能强行紧固。

二、管道附属设备的密封

管道配件的密封主要是指法兰垫片和阀盖填料的密封。燃气的渗透力强，密封是一个重要问题。

1. 密封原理

两片法兰间的表面总是粗糙不平的，若在其间放一圈较软的垫片，用螺栓拧紧，使垫片受压而产生变形（局部表面为塑性变形，整体上是弹性变形），填满两密封面的凹凸不平间隙，就可以阻止介质（液体或气体）漏出，达到密封目的，这种密封称为静态密封。

同样，阀盖填料箱内表面和阀杆外表面也是粗糙不平的，若在其间放入填料，并用压盖把填料压紧，则填料受压而产生弹性变形，填满填料箱内表面和阀杆外表面的凹凸不平间隙，当转动阀杆时，阀杆外表面的凹凸形状发生变化，受压填料的弹性变形适应这种变化，仍可把凹凸不平的间隙填满，阻止燃气向外漏出，这种密封称为动态密封。

为了阻止介质向外漏出，密封面单位面积所承受的压力称为密封比压。由于燃气压力、温度、燃气成分、外力和环境等多种因素的影响，密封材料必然会老化，密封面必然会松弛而引起密封比压下降，当密封比压小于介质压力时，介质就要向外漏出。为了提高密封比压，必须提高封密材料的回弹性能。

2. 常用的法兰密封垫片

法兰密封垫片应根据燃气特性、温度及工作压力进行选择。常用的法兰垫片有：

（1）橡胶石棉板垫片　橡胶石棉板使用温度一般在350℃以下，耐油橡胶石棉板一般用于200℃以下，而高温耐油橡胶石棉板使用温度可达350~380℃。橡胶石棉板经浸蜡处理，也可用于低温，最低温度可达-190℃。

垫片适用压力范围与法兰密封面型式有关，最高使用压力可达6.4MPa。对于光滑密封面法兰，一般不超过2.5MPa。

为了增加回弹能力，安装前应将垫片放入机油中浸泡一定时间，晾干后使用。

（2）金属包石棉垫片　常用的金属外壳有镀锡薄钢板、合金钢及铝、铅等，内芯为白石棉板或橡胶石棉板，总厚度为2~3.5mm。其截面形状有平垫片和波形垫片两种。使用温度为300~450℃，压力可达4.0MPa。

金属包石棉垫片对法兰及其安装要求较高。公称压力小于2.5MPa的平焊法兰，一般不采用镀锡薄钢板包（简称铁包）石棉垫片。因铁包垫片、回弹能力小，如法兰安装偏差较大，密封面缺陷较多或铁包垫片位置放得不正时，密封性能均不好。因此，使用铁包石棉垫片时，必须严格保证法兰安装质量，垫片尺寸合适，摆放位置正确，螺栓拧紧均匀，高温下还需热紧，才能保证密封。

（3）缠绕式垫片　此种垫片是用“M”形截面的金属带及非金属填料带间隔地按螺旋

状缠绕而成，所以具有多道密封作用，密封接触面小，所需螺栓上紧力小。因金属带截面呈“M”形，弹性较大，当温度和压力发生波动，螺栓松弛或有机械振动时，仍能保持密封。此种垫片适用压力可达4.0MPa，适用温度取决于金属带材料。

缠绕式垫片在使用中易松散，内芯填料在高温条件下易变脆，甚至断裂而造成泄漏，安装要求较严格，法兰不能有较大偏口，螺栓上紧力必须均匀，否则造成垫片压偏，丧失弹性，影响密封。

阀门腰垫也属于法兰垫片，但腰垫法兰的紧固螺栓多采用单头螺栓，不易上紧，因此，最好选用凹凸形密封面。由于腰垫密封面小，可选用缠绕式垫片。

3. 阀门密封填料

阀门填料（又称盘根）一般选用石棉、高压石棉、带金属丝石棉、橡胶石棉和聚乙烯等，填料均制作成条状。

阀门加填料前必须将填料箱清理干净，阀杆应光滑无蚀坑。先在填料箱内表面刷少许机油铅粉调合物，再压人填料。填料应一圈一圈地用专用工具压入并压紧，最后一圈压入后，填料箱应有3~5mm余量，使压盖下端有再次压缩余地。填料填加太多或不足，填料压紧方法不正确均会造成泄漏。

总之，要保证阀门填料严密可靠，必须合理选用填料和正确掌握填料的安装方法。

第六章

城镇燃气管道安装质量监督检验

第一节　燃气管道安装资格及质量保证体系

燃气管道安装是保证燃气管道安全的一个重要环节，燃气管道安装质量直接影响燃气管道的安全使用。

国家对压力管道实施安装许可制度。城镇燃气管道是公用压力管道，因此燃气管道安装单位必须持有质量技术监督行政部门颁发的压力管道安装许可证。其安装单位资格认可的评审工作，由质量技术监督行政部门认可的评审机构进行。

城镇燃气管道与其他压力管道一样具有易燃、易爆、有毒、有压和易于引发事故危险等特殊性，因此，燃气管道安装单位必须具备以下条件：

1）法人或法人授权的组织；

2）健全的燃气管道安装质量保证体系；

3）适应保证燃气管道安装和管理需要的技术力量；

4）满足现场施工要求的完好的生产设备、检测手段和管道预制场地；

5）具有安装合格产品的能力。

为保证燃气管道加工、预制及安装的工程质量，燃气管道安装单位应根据有关法律、法规、规范、标准的要求，结合本单位的实际情况，参照 GB/T 19000—ISO9000 系列标准的规定，建立健全的燃气管道安装质量保证体系。燃气管道安装质量保证体系应在企业法人的领导下，由企业技术总负责人（或技术副总负责人）主持开展工作。按照燃气管道安装过程中的质量控制要求，安装单位应在质量保证体系中设置必要的质量控制系统（简称质控系统），每个质控系统应设置必要的控制环节和控制点，各质控系统、控制环节和控制点之间应有明确的信息传递和反馈渠道。

质量控制一般应包括：设计质量控制、采购及材料质量控制、施工工艺质量控制、施工过程中间质量控制、焊接质量控制、热处理质量控制、检验及试验质量控制、无损检测质量控制、理化及计量质量控制、设备质量控制、总体竣工验收质量控制、用户服务和人员培训等。

第二节　质量控制文件及质量控制内容

为保证燃气管道安装质量体系正常有效地运行，安装单位应建立相应的质量保证机构，编写质量手册、各项管理制度，明确质保体系质控负责人及控制内容，保证燃气管道法规、规范、标准能够贯彻执行。

一、质量手册

质量手册是质量体系建立和实施的主要文件，其内容不得违背国家有关燃气管道法律、法规、规范和标准的规定，质量手册的内容应包括：

1）企业宗旨、质量方针和目标、企业领导人的主要责任；

2）质量体系建立的依据和原则；

3）组织机构及各级机构的职、责、权；

4）术语与缩写；

5）质量控制系统、环节、控制点及其质控程序示意图表；

6）遵照的法规、规章和标准目录；

7）用户服务和用户意见处理；

8）培训和考核；

9）接受质量技术监督行政部门的安全监察、监督检验与建设部门的工程监理；

10）其他应予控制的内容。

二、质控负责人及控制内容

质保工程师（管理者代表）必须由本单位从事燃气管道安装技术工作或管理工作 1 年以上并具有大专学历或工程师职称的人员担任；各专业责任负责人，应由本单位熟悉本专业工作且具有技术员以上职称的人员担任。

1. 质保工程师

1）参照国家有关法律、法规、规范、标准的要求，建立、实施和保持质量体系；

2）组织编制、修订《燃气管道安装质量手册》，并进行宣贯、监督检查各部门贯彻实施；

3）组织编制《手册》中所涉及的“管理制度”和“工艺守则”，并通过质量体系贯彻实施；

4）组织内部质量审核，有权对各部门工作质量和产品质量进行抽查，对违反质控程序的作业有权责令其改进或停止工作；

5）负责对不合格品的控制与纠正，预防措施的实施。

2. 工艺责任负责人

1）对工艺文件的编制和修改控制负责；

2）贯彻最新的安装、检验和试验标准、规范和法规；

3）监督工艺纪律的执行；

4）对工艺文件的发放控制负责。

3. 材料责任负责人

1）对材料供货方质量保证能力进行评估，选择合格的供货方；

2）对管子、管件、膨胀节、阀门、法兰、压兰、胶圈、塑料管道连接件、附属配件的订货、接货验收、保管、发放的控制及标记移植控制负责；

3）对材料代用和进口材料质量控制负责。

4. 焊接责任负责人

1）对焊工资格考试、焊接工艺评定负责；

2）对焊接材料、设备质量控制负责；

3）对焊接质量控制负责；

4）对焊缝返修程序控制和返修质量控制负责。

5. 热处理责任负责人

1）负责热处理工艺文件编制的质量控制；

2）负责热处理设备控制、保证热电偶检定、热处理曲线的审查和评价。

6. 检验责任负责人

1）制订检验、试验、检查计划及程序；

2）确保原材料检验、工序检验、最终检验正确、数据可靠并可追踪；

3）确保检验工具、仪器仪表完好，并在检定周期内使用；

4）负责完工项目资料归档，并做到完整可靠；

5）对不合格的控制负责，有权制止向下道工序流转。

7. 无损检测责任负责人

1）对无损检测人员资格、操作工艺、执行标准负责；

2）对射线探伤的现场操作室、暗室、评片室的条件负责；

3）对无损检测像质合格率、探伤比例执行率、扩探率、评片准确率负责；

4）对无损检测记录报告及底片的保管质量负责。

8. 理化及计量责任负责人

1）负责计量器具的订购、验收及检定工作；

2）保证在用计量器具有合格证及检定标签，并在有效期内使用；

3）建立计量器具台账，并保证台账和实物标签可追溯；

4）对原材料复验、焊工资格考试、焊接工艺评定、热处理工艺评定、焊接抽样（代样）等试件的取样、加工、试验操作负责，保证试验数据正确可靠并可追溯；

5）负责理化试验设备和仪器仪表的维护、保养；

6）对新标准的贯彻、新设备的使用负责。

9. 设备责任负责人

1）负责设备的采购或自制设备的验收、鉴定工作；

2）监督检查设备的维护保养，负责设备年度大修计划的制订和实施；

3）确保压力管道使用设备完好、可靠；

4）对设备档案建立和保管负责。

第三节　燃气管道及管道附件的检验

燃气管道由燃气管道及管道附件组成，其产品质量的好坏直接影响燃气管道的安全运行。因此，对燃气管道用管子、管件、阀门、法兰、安全保护装置等产品的制造单位，应向质量技术监督行政部门申请安全注册。

安全注册的审查工作由国家质量技术监督部门认可的评审机构进行。制造单位应对其产品安全质量负责。产品投产前应进行型式试验。

根据GB 50235—2010《工业金属管道工程施工规范》有关规定，燃气管道的管子、管道附件必须具有制造厂的质量证明书，标志齐全，其质量标准不得低于国家现行标准的规定。在安装前，应按设计要求和施工规范核对材料品种、规格、型号，并进行质量检验。不合格者不得使用。安装单位应将产品质量证明书及检验报告提交监检人员确认。燃气管道的管子和管道附件在施工过程中，应妥善保管，不得混淆或损坏，其色标或标记应明显清晰。暂时不能安装的管子，应封闭管口。

一、钢管及钢管件检验

管道在安装前必须进行质量检验，检验合格并作好防腐层后方可下槽施工，检验包括以下方面的内容：

（1）钢管、钢管件必须具有制造厂的产品合格证书，应有制造厂的名称和商标、材质、规格、制造日期及工作压力等标记。否则应补作所缺项目的检验，其指标应符合现行的国家或部颁技术标准。

（2）应按设计要求核对钢管及钢管件的规格、型号、材质。

（3）钢管、钢管件应进行外观检查、其表面应满足下列要求：

1）无裂纹、缩孔、夹渣、折叠、重皮等缺陷；

2）不超过壁厚负偏差的锈蚀或凹陷；

3）合金钢管及管件应有材质标记。

（4）钢管外径及壁厚尺寸偏差应符合现行的国家或部颁的钢管制造标准：

1）GB/T 3091—2015《低压流体输送焊接钢管》；

2）SY/T 5037—2018《普通流体输送管道用埋弧焊钢管》；

3）SY/T 5038—2018《普通流体输送管道用直缝高频焊钢管》；

4）GB/T 8163—2018《输送流体用无缝钢管》。

（5）工作环境温度低于-20℃的钢管及钢管件应有低温冲击韧性试验结果证明书，否则应按GB/T 229—2007《金属材料夏比摆锤冲击试验方法》的要求进行试验，其指标不得低于规定值的下限。

（6）钢板卷管的质量检验应符合下列要求：

1）卷管板材必须具有制造厂的合格证明书。

2）卷管在加工过程中，所有板材的表面应避免机械损伤。

3）卷管的周长偏差及椭圆度应符合规定。

4）卷管端面与中心线的垂直偏差不应大于管子外径的1%，且不大于3mm，平直度偏差不应大于1mm/m。

5）卷管直径大于600mm时，允许有两道纵向接缝，两接缝间距应大于300mm。

6）卷管组对两纵缝间距应大于100mm。支管外壁距纵、环向焊缝不应小于50mm，若焊缝用无损探伤检查时，不受此限。

7）卷管对接纵缝的错边量不应超过壁厚的10%，且不大于1mm。如超过规定值，则应

选择两相邻偏差值较小的管子对接。

8）卷管校圆样板的弧长应为管子周长的1/6~1/4。样板与管内壁的不贴合间隙应不大于下列规定值：

① 对接纵缝处为壁厚的10%加2mm，且不大于3mm。

② 离管端200mm的对接纵缝处为2mm。

③ 其他部位为1mm。

9）公称直径大于或等于800mm的卷管对接时，外部环缝宜由两名焊工同时施焊。

10）焊缝不能双面成型的卷管，公称直径大于或等于600mm时，一般应在管子内侧的焊缝根部进行封底焊。

11）卷管的所有焊缝应经煤油渗透试验合格。焊缝外观检查应按照焊接检验的规定执行。

二、阀门检验

1）燃气管道的阀门，应逐个进行阀体压力试验和密封试验，不合格者，不得使用。

2）阀体压力试验，应清除阀门脏物和擦净接合面上油脂等涂料，并将阀体内的空气排尽，再往阀体内注水。试验止回阀时，压力应从进口一端引入，出口一端堵塞；试验闸阀、截止阀时，闸板或阀瓣应打开，压力从通道一端引入，另一端堵塞；试验带有旁通的阀门，其阀瓣也应打开；阀体试验压力不得小于公称压力的1.5倍，试验时间不得小于5min，以阀体填料无渗漏为合格。

3）阀体密封试验宜以公称压力进行试验，试验时应关闭上密封面，并松开填料压盖，试验时间4min，以阀瓣密封面不漏为合格。如用煤油作介质，其顺序为：试验闸阀时将闸阀关闭，介质从通路一端引入，另一端检查其气密性，压力逐渐下降后，再从另一端引入进行；试验截止阀时，阀杆处于水平位置，将阀瓣关闭，介质按阀件箭头指示方向供给，另一端检查其气密性；试验止回阀时，压力从介质出口一端引入，另一端进行检查其气密性。

阀门的压力试验和密封试验应使用洁净介质。不锈钢阀门液体压力试验时，水中的氯离子含量不得超过50mg/L。

4）公称压力小于1MPa且公称直径大于或等于600mm的闸阀，可不单独进行阀体压力试验和闸板密封试验。阀体压力试验宜在系统试压时按管道系统的试验压力进行试验，闸板密封试验可采用色印等方法进行检验，接合面上的色印应连续。

5）安全阀应按设计文件规定的开启压力进行试调。调试时，压力应稳定，每个安全阀启闭试验不得少于3次。调试合格后，应及时进行铅封。

6）设计要求作低温密封试验的阀门，应有制造单位的低温密封试验合格证明书。

7）经试验合格的阀门，应做出标识，并填写阀门试验记录。

三、管道附件的检查

弯头、异径管、三通、法兰、压兰、垫片、胶圈、盲板、补偿器及紧固件检查，应按下列规定进行：

1）核对质量证明书和标记；

2）进行外观检查，不得有影响产品质量的缺陷；

3）测量尺寸，其尺寸偏差应符合产品标准要求。

第四节　燃气管道安装质量检验

为保证燃气管道安装质量，建设单位应对燃气管道安装质量进行检查，安装单位应通过有资质的检验人员，对燃气管道安装质量进行检验，并委托有资质的无损检测单位对管道焊接质量进行无损检测。质量技术监督行政部门授权的检验单位，应按《压力管道安全管理与监察规定》对燃气管道安装质量实施监督检验。

燃气管道安装质量检验主要依据下列规范：

GB 50028—2006《城镇燃气设计规范》；

CJJ 33—2005《城镇燃气输配工程施工及验收规范》；

GB 50251—2015《输气管道工程设计规范》；

GB 50235—2010《工业金属管道工程施工规范》；

GB 50236—2011《现场设备、工业管道焊接工程施工规范》；

CJJ 63—2018《聚乙烯燃气管道工程技术标准》。

燃气管道的检验包括一般检验与铺管质量检验，检验的主要内容包括外观检验、无损检测、强度试验、气密性试验等方面。

一、外观检验

外观检验应包括对燃气管道和管道附件检验，以及在燃气管道施工过程中的检验。燃气管道和管道附件、燃气管道加工件、坡口加工及组对，燃气管道安装的检验数量和标准应符合上述 CJJ 33、GB 50235 的有关规定。

二、铸铁管接口检验

铸铁管的检验主要是管道本体，管道附件和接口的检验，管道本体与附件的质量主要应在制造过程中得到保证，并在施工安装中进一步严格审查，而接口的质量主要决定于施工安装，因此在检验中应根据 CJJ 33 重点检验各种接口使用的填充材料、胶圈的材料、压兰螺栓的工作状况等。

三、焊缝质量检验分级

焊缝质量检验应根据各类燃气管道对焊缝质量的要求，按 GB 50236 的焊缝质量分级标准（见表 6-1）分级进行检验。

四、无损检测

燃气管道焊缝内部无损检测采用射线和超声波检测，其检测方法、标准与焊缝抽检数量按第七章第二节有关内容进行。

表 6-1　焊缝质量分级标准

<table>
<tr><th rowspan="2">检验项目</th><th rowspan="2" colspan="2">缺陷名称</th><th colspan="4">质量分级</th></tr>
<tr><th>Ⅰ</th><th>Ⅱ</th><th>Ⅲ</th><th>Ⅳ</th></tr>
<tr><td rowspan="10">焊缝外观质量</td><td colspan="2">裂纹</td><td colspan="4">不允许</td></tr>
<tr><td colspan="2">表面气孔</td><td colspan="2">不允许</td><td>每 50mm 焊缝长度内允许直径≤0.3δ，且≤2mm 的气孔 2 个
孔间距≥6 倍孔径</td><td>每 50mm 焊缝长度内允许直径≤0.4δ，且≤3mm 的气孔 2 个
孔间距≥6 倍孔径</td></tr>
<tr><td colspan="2">表面夹渣</td><td colspan="2">不允许</td><td>深≤0.1δ
长≤0.3δ，且≤10mm</td><td>深≤0.2δ
长≤0.5δ，且≤20mm</td></tr>
<tr><td colspan="2">咬边</td><td colspan="2">不允许</td><td>≤0.05δ，且≤0.5mm 连续长度≤100mm，且焊缝两侧咬边总长≤10%</td><td>≤0.1δ，且≤1mm
长度不限</td></tr>
<tr><td colspan="2">未焊透</td><td colspan="2">不允许</td><td>不加垫单面焊允许值≤0.15δ，且≤1.5mm，缺陷总长在 6δ 焊缝长度内不超过 δ</td><td>≤0.2δ，且≤2.0mm，每 100mm 焊缝内缺陷总长≤25mm</td></tr>
<tr><td rowspan="2" colspan="2">根部收缩</td><td rowspan="2">不允许</td><td>≤0.2+0.02δ 且≤0.5mm</td><td>≤0.2+0.02δ，且≤1mm</td><td>≤0.2+0.04δ，且≤2mm</td></tr>
<tr><td colspan="3">长度不限</td></tr>
<tr><td colspan="2">角焊缝厚度不足</td><td colspan="2">不允许</td><td>≤0.3+0.05δ，且≤1mm
每 100mm 焊缝长度内缺陷总长度≤25mm</td><td>≤0.3+0.05δ，且≤2mm
每 100mm 焊缝长度内缺陷总长度≤25mm</td></tr>
<tr><td colspan="2">角焊缝焊角不对称</td><td colspan="2">差值≤1+0.1a</td><td>≤2+0.15a</td><td>≤2+0.2a</td></tr>
<tr><td colspan="2">余高</td><td colspan="2">≤1+0.10b，且最大为 3mm</td><td colspan="2">≤1+0.2b，且最大为 5mm</td></tr>
<tr><td rowspan="6">对接焊缝内部质量</td><td rowspan="5">射线检测</td><td>碳素钢和合金钢</td><td>GB 3323 的Ⅰ级</td><td>GB 3323 的Ⅱ级</td><td>GB 3323 的Ⅲ级</td><td rowspan="3">不要求</td></tr>
<tr><td>铝及铝合金</td><td>附录 E 的Ⅰ级</td><td>附录 E 的Ⅱ级</td><td>附录 E 的Ⅲ级</td></tr>
<tr><td>铜及铜合金</td><td>GB 3323 的Ⅰ级</td><td>GB 3323 的Ⅱ级</td><td>GB 3323 的Ⅲ级</td></tr>
<tr><td>工业纯钛</td><td colspan="2">附录 F 的合格级</td><td colspan="2">不要求</td></tr>
<tr><td>镍及镍合金</td><td>GB 3323 的Ⅰ级</td><td>GB 3323 的Ⅱ级</td><td>GB 3323 的Ⅲ级</td><td rowspan="2">不要求</td></tr>
<tr><td colspan="2">超声波检测</td><td>GB 11345 的Ⅰ级</td><td>GB 3323 的Ⅱ级</td><td>不要求</td></tr>
</table>

注：1. 当咬边经磨削整齐并平滑过渡时，可按焊缝一侧较薄母材最小允许厚度值评定。
2. 角焊缝焊脚不对称在特定条件下要求平缓过渡时，不受本规定限制（如搭接或不等厚板的对接和角接组合焊缝）。
3. 除注明角焊缝缺陷外，其余均为对接、角接焊缝通用。

五、压力试验

在燃气管道安装完毕，外观检查、无损检测合格后，应进行压力试验。压力试验的主要目的是检查压力管道系统及连接部位的工程质量，保证其强度和气密性。燃气管道压力试验是燃气管道竣工验收时必须进行的试验项目。因此，在进行压力试验时，施工部门应接受质检部门的监督检验。

燃气管道的压力试验包括强度试验与气密性试验，试验方法要求与合格标准可按第七章第四节要求进行。

六、燃气管道防腐质量检验

燃气管道的防腐是施工安装的重要组成部分。管道防腐质量直接影响燃气管道的安全运行与使用寿命，因此，应高度重视，并严格监督检验，以保证燃气管道的施工安装质量。

燃气管道防腐主要是指钢管的防腐，其质量可依据 SY 0007[㊀]《钢质管道及储罐腐蚀控制工程设计规范》及 CJJ 33—2005《城镇燃气输配工程施工及验收规范》等有关规范进行检验。按照所采用的管道防腐等级，采用不同的管道防腐检验方法。

（一）绝缘涂层防腐质量检验

绝缘涂层质量检验方法很多，应根据项目的防腐等级确定质检内容与方法。绝缘涂层的质量检验分为出厂质量检查与现场检查。现场检查分为回填前检查与回填后检查。

所有涂层回填土后必须用防腐层检测仪进行一次涂层整体状况检测评价与破损点定位检测，查出有损伤处，必须修补合格。

对各种涂层的质量检查，必须列表记录，并保存备查。

1. 石油沥青涂层的质量检查

（1）外观　用目视逐根检查，表面应平整、无气泡、麻面、皱纹、瘤子等缺陷。

（2）厚度　按设计防腐等级要求，总厚度应符合 SY 0007、CJJ 33 标准要求。检查时每20根抽查一根，每根测三个截面，每个截面应测上、下、左、右四点，并以最薄点为准。若不合格，再抽查2根，其中一根仍不合格时，全部为不合格。

（3）粘附力　在防腐层上切一夹角为45°~60°的切口，从角尖端撕开涂层，撕开面积30~50cm^2，防腐层应不易撕开，撕开后粘附在钢管表面上的第一层沥青仍全部覆盖钢管表面上为合格。

按上述方法每20根抽查一根，每根测一点。若不合格，再抽查2根，其中一根还不合格时，全部为不合格。

（4）涂层的绝缘性　用电火花检漏仪进行检测，以不打火花为合格，最低检漏电压按下式计算：

$$U=7840\sqrt{\delta}$$

式中　U——检漏电压，V；

δ——涂层厚度（取实测数字的算术平均值），mm。

1）每20根抽查一根，从管道一端测至另一端，若不合格，再抽一根，仍不合格时，全

㊀ 该标准已废止，本书仍保留，暂无替代标准。——编者注

部为不合格。

2）回填土前，对施工摆放好的防腐涂层管道再进行一次检查，从管道首端至末端，发现有打火点时，必须修补。

（5）补口、补伤　补口、补伤的防腐涂层结构及所用材料均应与原管道防腐涂层相同。补口时每层玻璃布应将原管端沥青涂层接茬处搭接50mm以上，补伤时对于损伤面直径大于100mm以上时应按防腐层结构进行补伤，小于100mm时可用沥青修补。

2. 环氧煤沥青涂层的质量检查

（1）外观　涂层应饱满、均匀、表面漆膜光亮，对皱纹、鼓包等应进行修复。

（2）厚度　按设计防腐等级要求，总厚度应符合SY 0007、CJJ 33标准。

（3）粘结力　涂层完全固化后，用小刀拉舌形刀口，用力撕开玻璃布，只能断裂，不能大面积撕开，破坏处钢管表面应仍为漆层所覆盖者为合格。

（4）绝缘性　用电火花检漏仪检查，发现有漏处应立即涂漆补上。电压按防腐等级确定，普通级不得小于2000V，加强级以上不得小于5000V。

3. 聚乙烯涂层质量检查

（1）外观　表面应平滑，无暗泡、无麻点、无皱折、无裂纹，色泽应均匀。

（2）厚度　按防腐层等级要求，厚度应符合SY/T0413标准。

（3）粘结力　应按标准SY/T0413㊀附录G的方法通过测定剥离强度进行检验。结果应符合SY/T0413的规定。

（4）绝缘性　用电火花检漏仪检查，检测电压为25kV，发现有漏处应立即涂漆补上。

（5）阴极剥离试验　按SY/T0413《埋地钢质管道聚乙烯防腐层技术标准》附录G的方法进行阴极剥离性能试验，结果应符合SY/T 0413的规定。

4. 其他材料的涂层质量检查

包括使用新材料新技术的防腐涂层，应按有关规范规定及产品技术文件等，进行质量检查。

（二）牺牲阳极质量检验

1）所有埋入地下的牺牲阳极必须具有厂方提供的质量保证书，每批产品均应附有质量保证书，该保证书应归入技术档案，质量保证书上应注明：①供方名称；②产品名称；③牌号、规格、批号；④重量或支数；⑤化学分析报告；⑥技术监督部门的印记；⑦执行的标准号；⑧制造日期及出厂日期。

2）在牺牲阳极验收时，应对外观质量进行检验，钢芯与阳极的接触电阻、化学成分及电化学性能，应按批量进行抽样检查，抽查率为3%，但至少不少于3支。若不合格，加倍抽查；其中一支仍不合格，则判定该批不合格。当化学成分不合格，而接触电阻和电化学性能合格时，可以使用。

3）牺牲阳极应储存在室内仓库里，严禁沾染油污、油漆和接触酸、碱、盐。

4）牺牲阳极保护施工时，除保证阳极本身的质量外，主要应使牺牲阳极置于填包料中，并作好阳极电缆，具体做法可按SY 0007、CJJ 33标准执行。

㊀　该标准已废止，且无替代，本文仍保留，原因同前。——编者注

（三）外加电源阴极保护检验

外加电源阴极保护应按 SY 0007、CJJ 33 等有关规范进行检验，具体内容如下：

1）阴极保护站的位置与站内施工是否按设计要求进行，站内设备应有厂家提供的出厂说明书，并应检查施工是否符合说明书要求，各通电线路及管道上的通电点是否按图样做好绝缘。

2）阳极是否埋设在设计指定范围的最低洼潮湿处，并有足够的使用年限。

3）管道绝缘法兰是否按设计要求的位置安装，绝缘法兰应事先做好防腐涂层，严禁埋地与浸泡在水中。

4）测试桩是否按规定地点设置，测试导线是否做好绝缘，是否有足够强度。

5）阴极保护系统的配线应保证足够的断面，且在敷设时应保证接触点坚固，导电性良好。

七、燃气管道竣工验收

安装单位按合同规定的范围完成全部工程项目后，应及时与建设单位、监理、设计与监检单位等有关部门联系，做交接和竣工验收的各项准备工作。燃气管道工程竣工验收应有当地质量技术监督行政部门参加。

公用燃气管道工程竣工验收时，应按 CJJ 33—2005《城镇燃气输配工程施工及验收规范》及有关规定提交下列技术文件：

1）项目批准书及安装审批（开工）报告；

2）各种测量记录；

3）隐蔽工程验收记录；

4）材料、设备出厂合格证，材质证明书，安装技术说明书以及材料代用说明书或检验报告；

5）管道与调压设施的强度和气密性试验记录；

6）焊接外观检查记录和无损检测记录；

7）防腐绝缘措施检查记录；

8）管道及附属设备检查记录；

9）全部设计文件、图样及设计变更通知单；

10）工程竣工图和竣工报告；

11）门站、储配站、调压站及汽化站、混气站、加气站等各项工程的程序验收及整体验收记录；

12）其他应有资料。

第五节　燃气管道安装监督检验程序

根据《压力管道安全管理与监察规定》中规定，新建、扩建、改建燃气管道应具有资格并经授权的检验单位对安装质量进行监督检验，监督检验属于法定检验。监督检验不能代替安装单位的自检和建设单位的验收，监督工作必须是在燃气管道安装现场且在安装过程中进行。在压力管道安装施工中，建设单位、设计单位、安装单位、监理单位、检测单位、防腐单位和其他相关单位（以下简称受监督检验单位），必须接受并配合监督检验工作，并应

承担压力管道安装安全质量责任。

在燃气管道安装监检工作中，必须根据项目的特征按工序的质量对安全性能的影响进行分析，以做到有的放矢控制质量。

燃气管道安装监检的依据是《压力管道安全管理与监察规定》和《压力管道安装安全质量监督检验规则》、现行的有关行政法规、规章、现行的有关国家和行业标准（如 GB 50235—2010、GB 50236—2011、CJJ 33—2005 等）、技术条件以及设计图样和合同。监检内容包括对燃气管道安装过程中涉及燃气管道安全质量的项目监检和对安装单位的燃气管道安装质量体系运转情况的检查。

1. 对安装单位的燃气管道安装质量体系运转情况检查

应进行经常性检查，其检查项目按《燃气管道安装质量管理情况检查项目表》（见表 6-3）的规定，每个单位工程至少填写该表一份。

2. 燃气管道监督检验的控制应根据该项目对安全性能的影响分成不同的要求

燃气管道安装安全质量的监检项目分为 A、B、C 三类。

A 类：为停检点，监检人员必须到现场进行监检，在安装单位自检合格的基础上，经监检确认，在安装单位提供的相应工作见证（安装记录、表式、报告等）的适应位置上盖“监检确认”的标记并签字。填写项目表中有关内容，未经确认不得进行下道工序工作。

B 类：为必检点，监检人员一般应在分阶段检查时现场检查，在安装单位自检合格基础上提供的相应工作见证后进行监检，合格后作出“监检确认”标记。

C 类：为巡检点，监检人员到现场抽查并对安装单位提供的工作见证进行抽查。

3. 燃气管道安装监检程序

燃气管道一般分为安装准备、连接敷设、压力试验、安装验收与监检结论等五个阶段。压力管道安装监检程序如图 6-1 所示（也可参见《压力管道安装安全质量监督检验规则》第五章“监督检验的基本程序”）。最后填写《燃气管道安装安全质量监督检验项目表》（见表 6-2）与《燃气管道安装质量管理情况检查项目表》（见表 6-3）。

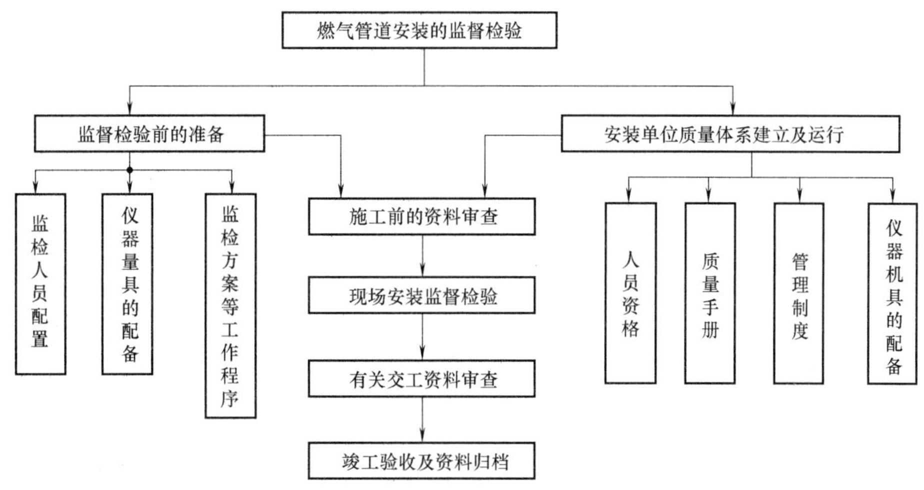

图 6-1　压力管道安装监督检验程序

表 6-2　燃气管道安装安全质量监督检验项目表

监检编号：

建设单位__________　设计单位__________　安装单位__________

管道名称__________　管道类别__________　压力等级__________

管道长度__________m　设计图号__________　地点、位置__________

检验分段长度__________m　共　分__________段　编　号__________

设计压力__________MPa　工作压力__________MPa　工作温度__________

序号	监检项目		类别	检验结果	工作见证	检验员	日期
一、安装准备阶段							
1	安装审批		A				
2	技术资料		B				
3	设备条件		C				
4	人员条件		C				
5	技术准备		C				
6	管道材料	钢管及管件、铸铁管及管件	A				
7		阀门、管道附件	B				
8		焊接材料检查	A				
9		铸铁管接口材料	B				
10		材料代用	C				
11	管沟	管沟位置（管线布置、标高、坐标）	B				
12		管沟施工质量	C				
13	焊接工艺评定		A				

阶段监检小结：

检验员　　　　年　　月　　日

二、管道连接敷设阶段							
14	焊接	焊工资格	C				
15		焊接现场质量控制	C				
16		焊接接头	B				
17	无损检测	无损检测报告	B				
18		射线检测底片	B				
19	铸铁管接口检查		C				
20	管道敷设	与建筑物、基础或相邻管道间水平净距与垂直净距	B				
21		埋地管坡向及坡度	C				
22		穿越公、铁路线和城镇主要干道要求	B				
23		法兰连接	B				
24		阀门布置与安装	B				
25		管道支架和管座安装	C				

（续）

序号	监检项目		类别	检验结果	工作见证	检验员	日期
26	附属设备安装	凝水缸	B				
27		补偿器位置	B				
28		阀门井	B				
29		放散管和检漏管	B				
30	保护装置	防腐层和电保护	B				
31		静电接地	B				
32		安全阀	B				

阶段监检小结：

检验员　　　　年　　月　　日

三、压力试验阶段						
33	吹扫和清洗	C				
34	强度试验	A				
35	气密性试验	A				
36	竣工资料审查	B				
四、安装验收阶段						

阶段监检小结：

检验员　　　　年　　月　　日

压力管道安装安全质量监督检验结论：

检验员　　　　年　　月　　日　　　　检验单位（章）

审核员　　　　年　　月　　日　　　　年　　月　　日

表 6-3　燃气管道安装质量管理情况检查项目表

安装单位：　　　　　　　　　　　　工程名称：　　　　　　　　　　编号：

编号	检 查 项 目		检查意见	备　注
1	质管人员	责任人员是否落实		
2		责任人员到岗情况		
3	人员资格	无损检测人员资格与管理		
4		上岗焊工人员资格与管理		
5		其他人员资格与管理		
6	工程管理	设计图样审查、技术交底、设计变更		
7		合同管理		
8	工艺	工艺纪律与工艺管理		
9	材料	金属材料、焊材等存放环境、标志		
10		材料验收、保管、发放		
11	无损检测	无损检测管理		
12		射线检测底片质量		
13	检验	安装检验管理		
14	质量反馈	安装发现的质量问题的反馈和处理		
15		用户反馈问题的处理		
16	设备工装	吊装、焊接、试压等设备及工装完好率		
17		设备专管情况、计量器具管理		
18	其他	外购件的验收		
综合评价	监检员：　　年　月　日　　监检单位（章） 审核人：　　年　月　日　　年　月　日			

燃气管道安装安全质量监督检查项目表说明：

（一）安装准备阶段

1. 安装审批

压力管道安装前，安装单位必须到压力管道安装所在地地（市）级质量技术监督行政部门办理审批手续，压力管道安装申请书应有质量技术监督行政部门审批章。

查看城镇规划部门批件，应手续齐全。

2. 技术资料

技术资料的监检包括设计单位资格与设计文件、施工图样、管道类别划分、安装规范、检验规范及无损检测要求等内容。

设计单位与设计文件：设计图样上应有设计单位印章，设计单位应具备规定要求的资格，设计文件应齐全；

施工图样：应有符合要求的、完整、齐全、有效的施工图样；

管道类别划分：设计图样上应有管道类别划分且应符合 GB 50028—2006《城镇燃气设计规范》的规定；

安装规范：设计文件上规定的安装规范，必须是现行标准；

检查规范及无损检测要求：安装所选用的检验规范应是现行标准，选用的无损检测方法、检验比例、合格级应符合 CJJ 33—2005《城镇燃气输配工程施工及验收规范》等标准的规定。管道系统试验方法应符合 CJJ 33—2005 等标准的规定。

3. 设备条件

查看安装设备以核实安装单位的设备条件是否能满足安装安全质量要求。

4. 人员条件

查看安装人员明细表和资格证书，核实安装单位的人员条件（质控人员、焊工、管工、无损检测人员等）能否满足安装安全质量要求。

5. 技术准备

技术准备的监检包括施工方案和安装工艺等内容。

施工方案：施工方案应经安装单位技术负责人批准，其内容应满足有关标准和技术文件的规定，并符合工程实际情况。

安装工艺：安装工艺包括焊接、检验等工艺和检验计划等，其内容应符合现行有关标准、规程和技术文件的规定。

6. 钢管及管件、铸铁管及管件

审查全部合格证、质量证明书，应选购已进行压力管道元件制造单位安全注册的厂家制造的产品，材料牌号应符合设计规范。按类型抽查 5%实物且不少于 1 件，其质量应符合 GB 50028—2006 和 CJJ 33—2005 等标准要求。

7. 阀门、管道附件

审查全部合格证。应选购已进行压力管道元件制造单位安全注册的制造单位生产的产品，按类型抽查 5%实物且不少于 1 件，阀门、管道附件的规格、型号应符合设计规定。

8. 焊接材料检查

审查焊接合格证和质量证明书，选用的焊接材料应符合设计规定。

9. 铸铁管接口材料

审查接口材料出厂合格证明，抽查安装使用的铸铁管接口材料是否符合设计规定。

10. 材料代用

查看材料代用审批手续，材料代用应经设计部门审批。

11. 管沟位置

管沟施工后，监检人员现场检查管线走向、标高、坐标是否符合规划部门的规划要求，是否符合 GB 50028—2006 和 CJJ 33—2005 和设计图样的有关规定。

12. 管沟施工质量

监检人员审查施工记录，并到现场抽查管沟施工质量是否符合 GB 50028、CJJ 33 和设计图样的规定。

13. 焊接工艺评定

审查全部焊接工艺评定报告。管道焊接所采用的焊接工艺，应按有关规范和标准，经焊接工艺评定合格后正确选用。评定未合格或未经评定的焊接工艺不得采用。

（二）管道连接敷设阶段

1. 焊工资格

抽查焊工工作记录，抽查焊工钢印及施焊焊工的资格。

2. 焊接现场质量控制

抽查施焊环境是否符合要求，所用焊接材料是否符合设计规定，焊材是否按规定烘干，专用焊接工艺是否得到执行。查看焊工工作记录，材料代用记录和焊材烘干记录等。

3. 焊接接头

焊接接头的监检包括焊缝坡口质量、焊缝布置、焊接接头表面质量、焊缝对口错边量和焊缝返修等。

焊接坡口质量：抽看实物和抽查记录，检查坡口成型质量是否符合设计规定或施工验收规范。

焊缝布置：检查焊缝布置情况，焊缝的布置应符合 GB 50236—2011《现场设备、工业管道焊接工程施工规范》的有关规定。

焊接接头表面质量：外观检查全部对接焊缝和角焊缝，表面质量符合 CJJ 33—2005 第四章的有关规定。

焊缝对口错边量：抽查焊缝对口错边量，焊缝对口错边量应符合 CJJ 33—2005 第四章的有关规定。

焊缝返修：审查全部返修记录，外观抽查部分返修焊缝。

4. 无损检测报告

检查射线检测布片图、超声波检测位置图和检测报告，无损检测比例和位置，有焊缝返修时，还应重点检查补充检测的数量。

5. 射线检测底片

抽查（数量不少于30%，返修片必查）射线检测底片，审片工作应在强度试验前完成。

6. 铸铁管接头检查

施工时进行抽查，施工质量应符合 CJJ 33—2005 和有关规定。施工后，审查检查记录，抽查不少于10个接口进行外观和质量检查。

7. 与建构筑物、基础或相邻管道间水平净距和垂直净距

监检人员审查全部施工记录，到现场检查水平净距和垂直净距是否符合 GB 50028—2006、CJJ 33—2005 和设计图样的规定。

8. 埋地管坡向及坡度

监检人员审查施工记录，坡向及坡度应符合 GB 50028—2006 的相应规定。

9. 穿越公、铁路线和城镇主要干道要求

监检员到现场检查穿越工程施工质量及记录。施工质量应符合 GB 50028—2006、CJJ 33—2005 和设计图样的规定。

10. 法兰连接

监检人员到现场抽查法兰连接的实物质量（含跨接质量），检查安装记录，法兰连接应符合设计图样及 CJJ 33—2005 的有关规定。

11. 阀门布置与安装

监检人员到现场检查全部阀门布置是否符合设计要求，并检查阀门安装质量。审查阀门安装前的气密性检查记录。

12. 管道支架与管座安装

审查安装记录，抽查管道支架与管座安装质量是否符合设计规定。

13. 凝水缸

监检人员到现场检查凝水缸安装质量，审查安装记录。

14. 补偿器安装

监检人员到现场检查全部补偿器安装质量，审查安装记录。补偿器的类型、型号应符合设计规定。

15. 阀门井

监检人员到现场检查全部阀门井是否符合设计要求。

16. 放散管和检漏管

监检人员到现场检查全部放散管和检漏管的安装质量和安装位置，并审查安装记录。放散管和检漏管的安装应符合 GB 50028—2006 的有关规定。

17. 防腐层和电保护

监检人员审查防腐层和电保护的施工记录，检测记录，现场抽查和抽测实物。防腐层和电保护应符合 GB 50028—2006、CJJ 33—2005 等规范和设计规定。

18. 静电接地

监检人员到现场检查静电接地安装质量，并审查静电接地检测记录。静电接地的质量应达到 GB50028 及有关标准、规程的规定。

19. 安全阀

监检人员到现场检查安全阀安装位置、规格、型号是否符合设计规定，安全阀应由有资格的检验单位出具检验报告。

（三）压力试验阶段

1. 吹扫和清洗

监检人员到现场抽查，并在强度试验前审查吹扫或清洗记录。

2. 强度试验

强度试验时，监检人员必须到现场检查试验装置及准备工作，确认试验结果。

3. 气密性试验

气密性试验时，监检人员必须到现场确认试验结果、审查试验记录，校核压力降计算结果。

（四）工程验收

监检人员到现场参加验收工作，并对验收提交的资料进行审查，在试运行前或试运行时，重点检查门站、储配站和调压站的安全保护装置的性能是否符合设计要求，作出监检结论，签发监检证书。验收提交资料应达到 CJJ 33—2006 及有关标准规程的规定。

（五）阶段监检小结和燃气管道安装安全质量监督检验结论

1. 阶段监检小结

应分阶段写出监检小结，对本阶段未完成工作或存在问题等处理情况记入小结。一般情况下，在阶段监检时，上一阶段的监检工作应全部完成。

2. 监督检验结论

指出安装质量存在的问题，并加以说明，提出监检后的综合评语。

（六）填写监检项目表

经监检的项目符合有关规程、标准的，在检验结果栏内填写“合格”，并在“工作见证”栏内填写有监检员签字的见证名称或见证件的编号；不符合规程、标准的，应在“检验结果”栏内填写实测数据或存在问题，并在“阶段监检小结”中写明具体情况和情节，以及安装单位处理结果。

燃气管道安装安全质量监督检验项目表所列项目，是对燃气管道安装安全质量监督检验的基本要求，其内容若不能满足项目监检要求时，监检单位可与建设单位、安装单位协商进行适当调整。

第七章

城镇燃气管道的试验与验收

城镇燃气具有易燃、易爆、有毒的特性。因此城镇燃气管道工程施工验收的要求高于一般管道工程。燃气管道投入运行后要确保严密无泄漏，在检修过程中属于高危作业的特殊工程。

城镇燃气管道工程的设计和施工单位应具有国家认证的资质，设计图样、资料、管道、附件等材料供应均应符合国家相关规定和技术标准。在施工过程中应遵守本专业的操作规程，认真对待各道工序，完工后要进行自检和分段检查，前段工程合格后再开始下道工序。整体工程施工安装完成。施工单位要进行自检。建设单位组织设计、监理、施工单位共同对整体工程进行总验收。管道投入运行一年后，由政府质量监督部门主持本工程备案工作。通过备案确定保修的年限。

第一节　燃气管道工程验收项目和程序

一、工程竣工验收项目

1. 燃气管道工程

1）管道土方施工质量检验；

2）燃气管道本体及其接口的材质和加工质量的检验；

3）燃气管道防腐层的材质及施工质量检验；

4）燃气管道接口材料及施工质量检验；

5）燃气管道附件性能、材质、加工精度及安装质量检验；

6）燃气管道强度试验；

7）燃气管道气密性试验。

2. 燃气调压站

1）燃气调压站单机试运转；

2）燃气检测仪表试运转测定；

3）燃气管道强度试验；

4）燃气管道气密性试验；

5）综合试运转试验及测定；

6）燃气调压站土建工程及安全防护设施的验收。

3. 燃气门站、储备站

1）燃气加压机试运转；

2）燃气调压设备试运转；

3）燃气储气罐试运转；

4）燃气管道强度试验；

5）燃气管道气密性试验；

6）燃气门站土建工程及安全防护设备的试验；

7）燃气门站、储配站的综合运行试验。

4. 入户燃气管道

1）燃气管道安装位置检查；

2）燃气管道的材质检查；

3）燃气管道接口及阀门等附件安装质量检查；

4）燃气用户计量仪表质量及精度检查与测定；

5）燃气管道的强度和气密性测验。

二、工程竣工验收基本要求

1）埋地敷设的燃气管道必须能承受地面通过的动荷载和静荷载。不得使燃气管道受损致断裂；

2）燃气管道本身及接口不得有渗漏情况；

3）燃气阀门启闭方便、灵活，关闭后阀件的两侧不得有互泄现象；

4）调压设备在规定的参数范围内能可靠运行；

5）低压湿式或干式储气罐应能顺利升降，配重均布，并设有防止冒顶或抽瘪的可靠控制设施；

6）高压储气罐的安全阀与放散系统均保证正常工作；

7）燃气压送设备本身及连接管道和阀门能在设定的最高压力范围内稳定运行。不可发生燃气泄漏情况；

8）入户燃气管道安装位置应符合安全要求，管道部位要严密不可泄漏；

9）燃气用户计量表要求精确、灵敏。

三、工程竣工验收程序

1）审查设计图样资料：施工安装的技术要求和质量标准；

2）查阅管道、阀件、设备的出厂质量合格证书，非标设备加工质量鉴定文件，施工安装自检及试验，测试记录等文件；

3）工程分项外观检查；

4）工程分项检验及检测试验报告；

5）工程综合试运行；

6）修复返工复检；

7）工程竣工验收合格证书签署。

第二节　室外燃气管道工程检验

一、燃气管道土方工程

1）沟槽深度应保证管顶标高在冰冻线或设计标高以下；

2）沟槽底部宽度，边坡坡度沟槽支撑按 CJJ 33—2005《城镇燃气输配工程施工规范》的相关要求检验；

3）沟底平整与设计标高偏差不超过 2cm；

4）沟槽中心线水平偏差不大于±5cm；

5）沟槽挖出的土一般堆于沟槽一侧，靠房屋墙壁的堆土高度不可超过平房檐高的 1/3，或楼房底层高度的 1/3，强度差的墙体，不得靠墙堆土；

6）凡穿过地下水地段的沟槽其底部一侧必须有排水沟和相应的抽水装置，槽底不得有浸泡或冻结的情况；

7）不同土质的沟槽地基均按施工质量要求处理或夯实；

8）沟底中心线坡度及坡向必须符合设计规定。

二、燃气管道敷设的质量检验

敷设的质量检验应在铺管后和管道试验前进行，两者的间隔时间不宜太长，以避免外部因素对铺管质量的影响，在管道强度实验前应重新进行铺管质量检验。

1. 燃气铸铁管敷设检验要求

1）管道中心线平面尺寸偏差应在±2cm 以内；

2）管顶高程偏差应在±2cm 以内；

3）管道坡度和坡向应符合设计要求不得出现倒坡或坡度小于设计图样的情况；

4）管道底部必须与管基紧密接触，不允许有间隙；

5）承口与插口的对口间隙不得大于表 7-1 规定的尺寸；

6）承插口铸铁管接口的环形间隙允许偏差应符合表 7-2 规定；

7）管道口部不得有任何污物；

8）接口材料的配方和配合料的性能应符合设计要求并应抽查投料记录；

9）使用耐油橡胶圈，应对样品胶圈进行抽验；

10）分支管道与渐缩之间的直管段长度不得小于 0. 5m；

11）管道与阀门、凝水缸等法兰接口部位的石棉橡胶板圈厚度应为 3~5mm，内径应大于管道内径 2~3mm，外径应距固定螺栓内边 2~3mm；

12）阀门、凝水缸等管道附件应符合加工质量和产品质量要求，安装前后根据有关技术及文件检查产品质量检验记录，并对实物进行抽验。

2. 燃气钢管检验要求

（1）钢管焊接质量要求

1）燃气管道焊缝质量根据国标 GB 50236—2011《现场设备、工业管道焊接工程施工规范》中焊缝质量分级标准与相关的规定进行分级。

表 7-1　铸铁管承口与插口的对口允许间隙尺寸

公称管径/mm	最大允许对口间隙尺寸/mm	
	沿直线段敷设	沿曲线敷设
75	4	5
100~200	5	7
300~500	6	10
600~700	7	12
800~900	8	—
1000~1200	9	—

表 7-2　承插铸铁管接口环形间隙尺寸

公称管径/mm	标准环形间隙尺寸/mm	允许偏差/mm
75~200	10	+3，-2
250~450	11	+4，-2
500~700	12	+4，-2

2）根据 GB 50235—2010《工业金属管道工程施工验收规范》；SY 0401《长输管道线路工程施工及验收规范》；CJJ 33—2005《城镇燃气输配工程施工规范》的有关规定和城镇燃气输配管道设计的工艺要求；城镇燃气钢管焊缝等级为

当城镇燃气管道工作压力大于或等于 4.0MPa，管道焊缝应为Ⅱ级；

当城镇燃气管道工作压力小于 4.0MPa，管道焊缝可为Ⅲ级；

城镇燃气管道穿越铁路、公路、河流城镇主要及三、四级地质区的管道焊缝均为Ⅱ级；

城镇燃气门站、储配站、调出站等场站管道焊缝宜为Ⅱ级。

3）城镇燃气管道焊缝的检测。

管道焊接完成后，立即去除渣皮，飞溅物清理焊缝表面，进行外观检查。再进行射线照相和超声波检验焊缝内部质量，应符合下列规定；

工作压力大于或等于 4.0MPa 的城镇燃气管道，穿越铁路、公路、河流、城市主要道路的燃气管道焊缝应进行 100%射线照相与超声波检验，场、站内燃气管道焊缝均为 100%无损伤；

工作压力小于 4.0MPa 的城镇燃气管道焊缝应进行抽样射线照相和超声波检验，抽检比例由设计确定，可参照下列规定设计。设计压力 1.6MPa$<P<$4.0MPa 且管道为固定焊口时，探伤数量 40%，设计压力 1.6MPa$<P<$4.0MPa 且管道为转动焊口时，探伤数量为 10%。设计压力 $P\leqslant$1.6MPa 且管道为固定焊口时，探伤数量 10%。设计压力 $P\leqslant$1.6MPa 且管道为转动焊口时，探伤数量为 5%；

根据 CJJ—2005《城镇燃气输配工程施工规范》规定，当设计对抽检数量无规定时，抽查数量应不少于焊缝总数的 15%。

凡规定进行无损探伤的焊缝，应对每一个焊工所施焊的焊缝按比例抽查。

4）当检验发现焊缝缺陷超出设计范围和规范规定时，必须进行返修。焊缝返修后应按原方法进行检验。

当抽样检验未发现需要返修的焊缝缺陷时，则该次抽样所代表的一批焊缝应认为全部合格。当抽样检验发现需要返修的焊缝缺陷时，除返修焊缝，还应按下列规定进一步检验：每出现一道不合格焊缝，应再检验两道焊工所焊的一批焊缝，当两道焊缝均合格，应认为检验所代表的这一批焊缝合格；若两道焊缝又出现不合格时，每道不合格焊缝应再检验两道该焊工的同一批焊缝。检验均合格可认为检验所代表的这批焊缝为合格；如又出现不合格，则应对该焊工所焊的同一批焊缝全部进行检验。

5）城镇燃气管道焊缝的无损检验可采用射线照相检验。应符合 GB 3323—2005《金属熔化焊焊接接头射线照相》中的规定，也可采用超声波检验，应符合 GB 11345—2013《焊缝无损检测超声检测技术、检测等级和评定》的规定。

（2）燃气管道防腐绝缘层检验　燃气管道焊缝质量检验合格后，进行防腐绝缘检验。防腐绝缘层竣工检验、验收包括以下各项内容：

1）防腐绝缘层的等级应符合设计要求；

2）防腐绝缘层不允许有空白、裂纹、气泡、小孔、块瘤、折皱以及凹槽等缺陷；

3）检查防腐绝缘层与管壁粘着性能采用抽查一定数量管子切口检查，不允许出现成片脱落现象；

4）以上各次检查合格，或对缺陷清楚经检验合格后，按表 7-3 规定的电压值检测防腐层的绝缘性能。在规定电压下，以绝缘层不被击穿为合格。

表 7-3　燃气钢管防腐绝缘性能检测电压

防腐绝缘层等级	普通级	加强级	特加强级
检测电压/kV	6	12	18

（3）燃气钢管铺设质量要求　管道防腐工程验收合格后，进行钢管铺设质量检验，铺管质量应符合以下各项要求：

1）防腐绝缘层应完整无损；

2）管道坡向和坡度应符合设计要求，不允许坡向相反现象存在；

3）管道底部与管沟底紧密接触；

4）管道中心线和高程应符合设计要求，偏差在±2cm 以内；

5）管道及其附件内部不允许残留杂质、泥沙等；

6）燃气阀门，凝水缸等管道附件的质量及与管道连接的安装质量要求同铸铁管铺管检验要求。

3. 燃气塑料管铺设检验要求

1）燃气塑料管道埋深应按设计要求，依管道走向设金属跟踪线，距管顶大于 0.3m 处埋设警示带；

2）燃气塑料管连接操作结束，应进行接头处的外观质量检查，不合格者，必须进行返工，再次进行接头外观质量检查；

3）按 CJJ 33—2005《城镇燃气输配工程施工及验收规范》的要求进行强度试验与气密性试验。

三、燃气管道穿跨越障碍物的敷设检验

燃气管道穿跨越障碍物的除按上述有关要求的检验外，还应增加以下内容：

1）穿越段燃气管道的套管直径和壁厚，洞涵与管沟的结构尺寸应符合设计要求；

2）燃气管段防腐绝缘层不允许被损伤；

3）穿越管段坡向和坡度应符合设计要求；

4）穿越河流的燃气管段埋设深度和稳管设施必须符合设计规定；

5）过河燃气管道，在河两侧距岸30~50m以内设立的警戒标志必须坚固、耐久、醒目；

6）沿桥梁架设的燃气管道上设置的补长装置，其预拉或预压值必须符合设计规定值；

7）跨越燃气管段的防腐绝缘层表面的保护设施或保护层应符合设计规定。

第三节　室外燃气管道系统吹扫

燃气管道在施工过程中，不可避免地有泥土、沙石、焊渣、接口物料等杂物进入或残留于管道内。因此燃气管道安装完工后需进行吹扫工作。为了保证吹扫工作顺利进行及燃气管道的正常运行，在管道安装过程中，要注意保持管道内的清洁，不允许将杂物落入管道内部。凡间隔4h以上作业的管道，两端均应用麻袋、塑料布封堵包扎严密，以免杂物进入管内。

一、吹扫前的准备工作

1）输送燃气管道分段进行吹扫，吹扫管道的长度一般应控制在3km以内；

2）将吹扫段内设有的孔板、过滤器等设备拆除，妥善保管，待吹扫后复位；

3）吹扫管段内设置的仪表要严格保护，无可靠保护措施，应暂时拆下并妥善保管，吹扫后复位；

4）将不允许吹扫的设备与吹扫系统隔离；

5）对吹扫管段采取临时稳固措施，以保证在吹扫过程中不发生位移与强烈振动；

6）吹扫口位置应选择在允许排放污物的较空旷的地段，且应不会危及周围行人的安全；

7）吹扫口应安装控制阀门，阀门出口中心线偏离垂直线30°角朝空安装，且高出管沟顶，临时控制阀门的安装必须牢固。

二、吹扫方法及要求

1）吹扫介质采用压缩空气；

2）吹扫应有足够的气压，压力不超过设计压力；

3）吹扫应有足够的气量，以保证吹扫气流量速度不小于20m/s；

4）吹扫顺序应从大管到小管，从干管到支管；

5）吹扫出的污物和杂质严禁进入设备和已吹扫过的管道内；

6）吹扫过程中，可用锤子敲打管道，对焊缝、弯头、死角、管底等部位应重点敲打，但不得损伤管子及防腐层；

7）对于吹入凝水缸内的大颗粒杂物，应在吹扫完成后，打开缸盖将杂物彻底清除干净；

8）吹扫结束，应将所有暂时加以保护或拆除的管道附件，设备、仪表等复位并安装稳妥；

9）吹扫合格，应用盲板或堵板将管道封闭，除必需的检查工作，不得再进行影响管道内洁净的其他作业；

10）吹扫合格以后，要填写《燃气管道系统吹扫记录》；见表 7-4。

表 7-4　燃气管道系统吹扫记录

工程名称			日期	年　月　日			
管线号	材质	工作介质	吹　扫				
			介质	压力/Pa	流速/(m/s)	吹扫次数	鉴定
施工单位		部门负责人		技术负责人			
质量检查员		施工人员或班组长					
建设单位		部门负责人		质量检查员			

三、燃气管道内吹扫合格标准

吹扫应反复进行数次，直至在要求的吹扫流速下，管道内无杂物的碰撞声，在排气口用白布或涂有白漆的靶板检查，5min 内白布或靶板上无铁锈、尘土、水分及其他污物或杂质，则吹扫合格。

第四节　室外燃气管道的强度实验和气密性试验

一、燃气管道强度试验

管道吹扫合格后，即可进行强度试验。输气干管试验管段一般限于 3km 以内。管道试验时应连同凝水缸、阀门及其他管道附件一起进行。

1. 燃气管道试验介质及实验压力

当管道设计压力为 0.01~0.8MPa 时，采用压缩空气进行强度试验，强度试验压力为设计压力的 1.5 倍，但不得小于 0.4MPa。

当管道设计压力为 0.8~4.0MPa 时，对城镇高压燃气管道一、二级地区可用压缩空气、清洁水进行强度试验，三、四级地区应用清洁水进行强度试验。但在符合下列条件时，也可采用压缩空气进行试验：①试压时最大环向应力对三级地区小于 50%σ_s、四级地区小于 40%σ_s；②最大操作压力不超过现场最大试验压力的 80%；③所试验的是新管，且焊缝系数为 1.0 时。强度试验压力不小于 1.5 倍设计压力，除聚乙烯（SDR17.6）的试验压力不小于 0.2MPa 外，均不小于 0.4MPa。

在进行强度试验时，为保证安全，应进行必要的校核计算：①水压试验时，每段自然高差应保证最低点管道环向应力不大于 $0.9\sigma_s$；②气压试验时，除城镇高压燃气管道应符合采用压缩空气进行强度试验的条件外，其他情况最不利管道的环向应力不应大于 $0.8\sigma_s$。

2. 燃气管道试验前的准备工作

1）试验管道的焊缝、接口等部位应裸露，不得涂漆或作防腐层。

2）试验管段两端必须用盲板或堵板严密堵死，使之成为封闭系统。盲板的紧固件和密封件应符合最高试验压力的要求，以保证试验的精确性。

3）对管道端头的堵板及弯头、三通等处应取临时稳固（如铆固、加设支撑等）措施，以保证在最高试验压力下管道的稳定与安全。

4）试压前应对空压机、连接管及管件等加以检查，确保系统的严密性。

5）取压点和测温点各不得少于两个。压力表采用精度不低于1.5级的经过校验的弹簧压力表。

6）将试验用的肥皂和小毛刷准备好。要注意肥皂水的浓度要适当。

7）对于铸铁管、管件及铸铁阀门，必须有出厂液压强度试验合格证，方可进行气压强度试验。

3. 试验步骤

（1）向燃气管道内充气升压。强度试验压力应逐级升高，步骤如下：

1）管道设计压力为0.005~0.8MPa：

① 一次升压至试验压力的50%，然后检查，如无泄漏及异常现象，则可进行下一步。

② 按试验压力的10%逐级升压，每一级稳压3min，进行观察，如无泄漏及异常现象，则可进行下一级升压。

③ 将压力升至试验压力。

2）管道设计压力为0.8~4.0MPa：

① 一次升压至试验压力的30%，停止升压，稳压半小时后，对管道进行观察，无泄漏时，则进行下一级升压。

② 第二次升压至60%试验压力，稳压半小时，无泄漏时可进行下一级升压。

③ 将压力升至试验压力。

（2）当管道内的气压达到试验压力后，稳压10min，用小毛刷沾肥皂水涂刷每一个接口、焊缝部位进行检查。刷肥皂水时要认真仔细，每一个焊口应反复刷2~3次，有漏气就会把肥皂水吹起气泡来。当发现有漏气点，则要及时划出漏洞的准确位置，待全部焊口检查完毕后，将管内的压缩空气放掉，至大气压力后方可进行漏洞的修补，修补完后重复上述步骤再进行试验，直到无漏气为止。为了防止可能遗漏漏气点，在稳压过程中要注意观察弹簧压力表的读数有无明显下降，若有明显下降，则说明还存在漏气点，应继续查找、修补、重新试验，直到合格。

（3）强度试验合格后，应填写《管道系统试验记录》，见表7-5。

（4）强度试验合格后，将压力降至气密性试验压力，然后进行气密性试验。

4. 强度试验合格标准

达到试验压力后，在稳压过程中，压力无明显下降，无异常现象，用肥皂水检查无泄漏，则为强度试验合格。

表 7-5　管道系统试验记录

工程名称						日　期		年　月　日		
管线号	材质	设计参数			强度试验			严密性试验		
		介质	压力/Pa	温度/℃	介质	压力/Pa	鉴定	介质	压力/Pa	温度/℃
施工单位				部门负责人				技术负责人		
质量检查员				施工人员或班组长						
建设单位				部门负责人				质量检查员		

二、燃气管道气密性试验

（一）燃气管道试验介质与试验压力

气密性试验介质采用压缩空气。

可根据管道设计压力确定气密性试验压力，当设计压力 $P \leqslant 5$kPa 时，试验压力应为 20kPa；当设计压力 $P > 5$kPa ~ 0.8MPa 时，试验压力应为设计压力的 1.15 倍但不小于 100kPa。当设计压力 $P>0.8$ ~ 4MPa 时，气密性试验压力为管道工作压力。

（二）燃气管道试验方法及要求

（1）取压点和测温点各不得少于两个。当试验压力不大于 0.1MPa 时，宜采用 U 型管水银压力计：当试验压力大于 0.1MPa 时，应采用经校验过的精度不低于 1.5 级的弹簧压力表。温度计的分度值不能超过 0.5℃。

（2）强度试验合格后，将压力降至气密性试验压力，并将沟槽回填至管顶以上 0.5m，但管道的焊缝、接口等应检部位应留出来，不予回填。待气密性试验合格之后，完成这些部位的防腐、再回填。

（3）为了使管道内空气温度与周围土壤温度一致，避免试验时间内因温度变化而导致压力变化，气密性试验的开始时间应按下列规定执行。

1）公称直径小于 200mm 的管道，从管道内压力降到气密性试验压力时开始计时，12h 后为气密性试验起始时刻，既稳压 12h。

2）公称直径为 200 ~ 400mm 的管道，从管道内压力降到气密性试验压力时开始计时，18h 后为气密性试验起始时刻，既稳压 18h。

3）公称直径为 400mm 的管道，从管道内压力降到气密性试验压力时开始计时，24h 后为气密性试验起始时刻，既稳压 24h。

在气密性试验起始时刻之前的这段时间内，若因管内空气温度下降而导致压力低于试验压力时，应向管内补充空气，以保证试验开始达到试验压力。

（4）气密性试验时间一律为 24h。从起始时刻开始观测和记录，以后每小时记录一次。观测和记录的内容包括管内空气压力和温度、大气压力。

（5）若试验结果不合格，就要重新检查，查出缺陷之后，将压力降至大气压力，方可进行修补，修补后必须重新进行气密性试验，直至合格为止。

（6）气密性试验合格后与强度试验一样，也应填写《管道系统试验记录》，见表7-5。

（三）燃气管道气密性试验合格标准

1. 燃气管道气密性试验的允许压力降

1）低压管道（设计压力 $P \leqslant 0.005\text{MPa}$）

当同一管径时

$$\Delta P = \frac{6.47T}{d}$$

当不同管径时

$$\Delta P = \frac{6.47T\ (d_1L_1 + d_2L_2 + \cdots + d_nL_n)}{d_1^2L_1 + d_2^2L_2 + \cdots + d_n^2L_n}$$

2）中、次高压B管道（设计压力为 $0.01\text{MPa} < P \leqslant 0.8\text{MPa}$）

当同一管径时

$$\Delta P = \frac{40T}{d}$$

当不同管径时

$$\Delta P = \frac{40T\ (d_1L_1 + d_2L_2 + \cdots + d_nL_n)}{d_1^2L_1 + d_2^2L_2 + \cdots + d_n^2L_n}$$

式中　ΔP——试验时间内的允许压力降，Pa；

T——试验时间，h；

d——管道内径，m；

d_1，d_2，…，d_n——各管段内径，m；

L_1，L_2，…，L_n——各管段长度，m。

3）次高压A、高压管道（设计压力为 $0.8\text{MPa} < P \leqslant 4\text{MPa}$）

$$[\Delta P] = \frac{500}{D_\text{n}}\%$$

式中　$[\Delta P]$——允许压降率，%；

D_n——管道公称直径，m。

当钢管公称直径小于或等于300mm时，允许降压率为1.5%。

2. 气密性试验的实际压力降

在进行气密性试验时观测时间要延续24h，在此期间内，由于管道与土壤之间的热传递，管内气体温度会产生变化，从而导致其压力的变化；另外，环境大气压的变化也会影响观测结果的准确性。所以，对于压力计实测的压力降，应根据大气压力和管内气体温度的变化加以修正，得出实际压力降，实际压力降按下式计算：

$$\Delta P_\text{p} = (H_1 + B_1) - (H_2 + B_2)\frac{273 + t_1}{273 + t_2}$$

式中　ΔP_p——修正后的实际压力降，Pa；

H_1、H_2——试验开始和结束时的压力计读数，Pa；

B_1、B_2——试验开始和结束时的大气压力，Pa；

t_1、t_2——试验开始和结束时的管内气体温度，℃。

3. 气密性试验合格标准

在气密性试验时间内，实际压力降 ΔP_p 小于允许压力降 ΔP，则气密性试验合格。

三、管道封闭

燃气管道经试压合格后，应将管道系统封闭，封闭前后应进行认真检查，并填写《系统封闭记录》，见表 7-6。

表 7-6　燃气管道隐蔽工程（系统封闭）记录

工程名称							年　月　日
管线号	管径	材质	工作介质	隐蔽（封闭）	前的检查	隐蔽（封闭）	方法	视图或说明
施工单位			部门负责人		技术负责人			
质量检验员			施工人员或班组长					
建设单位			部门负责人		质量检验员			

第五节　燃气调压站试验验收

燃气调压站内敷设管道和通气设备都应进行吹扫、强度试验和气密性试验。

一、试验准备

1）燃气管段与调压器进出口连接处用盲板隔断。

2）管段上的阀门全部处于全开状态。

二、吹扫

调压器进出口管道应分别进行吹扫，吹扫要求与室外管线的要求基本相同。

三、强度试验

吹扫合格后即进行强度试验。除调压器外，整个管路系统应一起进行强度试验，管道上的仪表应采取保护措施。

强度试验采用压缩空气，试验压力为设计工作压力的 1.5 倍，但不得低于 0.1MPa。

强度试验以升压至试验压力后稳压 1h 不降压为合格。

强度试验方法与室外管线有关部分相同。

四、气密性试验

1）气密性试验压力为设计工作的 1.15 倍，但不低于 0.1MPa。

2）管路气密性试验在充气 12h 后开始，持续压力降不大于初压的 1%，即为合格。

3）管路气密性试验合格后，进行调压器气密性试验。试验时取下进出口盲板，并与进出管道连通。试验压力为调压器最大允许工作压力，以不漏气为合格。

4）调压器性能应符合设计要求，在试验中应与产品性能吻合。

5）调压站其他设施按专业要求验收。

6）调压站试验合格后，如果半年以上未通气运行，应重新试验，复验合格后才允许投入运行。

第八章

燃气管道安全运行

保证在用燃气管道的安全是燃气管理工作的一项十分重要的内容，对企业的安全、稳定、周期生产关系极大。随着管理工作的不断深化，燃气管道如何建立，并规范组织保证体系，加强基础工作，实施标准的工作程序，严格使用和操作，推行科学检验维修，开展绩效分析是一件十分重要的工作。

第一节　燃气管道安全管理

在用燃气管道的安全管理是一项专业性很强的技术管理工作，为作好安全管理工作，必须在使用单位内部建立一个完整的、分工明确、各司其职而又密切配合的管理体系和组织保证体系，才能全面实现压力管道的安全可靠运行。

一、管理机构

城镇燃气主管单位要建立燃气管道管理网络，建立有权威的燃气管道管理工作领导体系，健全公司（城镇燃气经营部门）、所（城镇燃气管道运营部门）、车间与班组（城镇燃气运行操作部门）垂直的管理体系，公司及分公司要配备一名副经理和一名副总工程师分管燃气管道管理工作。各所配备取得质量技术监督行政部门认可的检验员负责本所燃气管道的日常管理工作和外部检验，各班组配备取得质量技术监督行政部门认可的操作人员负责压力管道的操作，从而形成一个燃气管道管理网，对本单位的燃气管道负责。

有条件的使用单位，要成立燃气管道（可与压力容器管理相结合）技术管理委员会，由设计、工程、供应、使用、维修、管理等部门人员组成。燃气管道技术管理委员会的主要职责是加强燃气管道全过程管理中各个环节的协调监督，对重大技术问题进行讨论，做出决策。

城镇燃气公司也可根据条件组建自己的燃气管道检验组、站、所，通过质量技术监督行政部门的资格认证，取得相应的检验资格。检验人员要坚持“安全第一，预防为主”的方针，围绕国家颁布的有关压力管道的法规，开展定期检验、安装检修工程验收、腐蚀监测等检验工作。

为保证燃气管道日常管理工作有序进行，燃气公司应设置专门负责燃气管道管理的职能机构，代表公司行使燃气管道的管理职责。公司管理职能部门与使用部门的职责分别如下：

（一）燃气管道管理职能机构职责

1）贯彻执行《压力管道安全管理与监察规定》和有关的法律、法规、规定和文件；

2）参与燃气管道施工的中间质量监督检查、验收和试运行工作；

3）监督燃气管道的运行和维护，参与压力管道工艺参数变更的审批工作；

4）根据燃气管道的检验周期，组织编制年度检验计划，并负责组织实施、监督检查有关检验工作；

5）负责组织燃气管道的改造、修理、检验、评定及报废等技术审查工作；

6）负责燃气管道登记、建档及技术资料的管理和统计报表工作；

7）组织燃气管道隐患、缺陷的查找以及整改工作，参加燃气管道事故的调查、分析和上报工作，并提出处理意见和改进措施；

8）每年向主管部门和当地质量技术监督行政部门报送当年定期检验计划执行情况以及管道存在的缺陷、下一年度的定期检验计划和工作要点；

9）负责组织对燃气管道的检验人员、焊接和操作人员的安全技术培训和技术考核；

10）编制燃气管道安全管理规章制度，并定期检查执行情况。

（二）燃气管道运营部门职责

1）贯彻执行有关燃气管道的法规和技术标准；

2）制定有关工艺操作规程；

3）严格执行操作人员通过技术培训、安全教育并经考核合格后取证上岗操作的制度；

4）制定并严格执行燃气管道巡回检查制度；

5）编制并上报本部门的燃气管道年度检验计划、大修理计划和更新改造计划；

6）负责本单位燃气管道的运营、管理和维护；

7）参与燃气管道工程的竣工验收；

8）参与燃气管道事故的调查分析。

二、管理制度

（一）主管单位管理制度

城镇燃气主管单位必须根据城镇实际情况，建立一套科学的管理制度，并在贯彻过程中不断地加以完善，其主要内容应包括：

1）各有关部门及人员的职责范围、工作程序和工作标准；

2）国家有关安全技术法规的实施条文；

3）燃气管道使用登记取证制度；

4）燃气管道的定期检验制度，包括检验周期、检验内容项目和检验程序；

5）燃气管道维护、检修、改造、变更、判废等技术审查和报批制度；

6）竣工验收和停用保养制度；

7）安全装置和仪表定期校验、修理制度；

8）技术档案统计上报制度；

9）操作、检验、焊接及管理人员的技术培训和考核制度；

10）燃气管道隐患查找、登记，事故报告及整改处理制度；

11）压力管道使用中出现紧急情况的处理规定；

12）接受当地质量技术监督行政部门对在用燃气管道现场安全监察的规定。

（二）运营单位管理制度

燃气管道的运营单位应根据生产工艺要求和燃气管道技术性能，制定燃气管道安全操作规程，其内容至少应包括：

1）操作工艺控制指标，包括最高或最低工作压力、最高或最低操作温度、压力及温度波动控制范围、介质成分尤其是有腐蚀性或易改变城镇燃气爆炸极限成分的控制值；

2）岗位操作法，开停车的操作程序和有关注意事项；

3）运行中应重点检查的部位和项目；

4）运行中可能出现的异常现象的判断、处理方法、报告程序和防范措施；

5）停用时的封存和保养方法；

6）确保安全附件灵敏可靠的要求。

（三）操作管理制度

燃气管道的操作人员应熟悉操作工艺流程，严格遵守安全操作规程和岗位责任制，在运行中发现操作条件异常时应及时进行调整。遇有下列情况时，应立即采取紧急措施，并及时报告有关部门和人员：

1）介质压力、温度超过材料允许的使用范围，且采取措施后仍不见效；

2）管道及管件发生裂纹、鼓瘪、变形、泄漏或异常振动、声响等；

3）安全保护装置失效；

4）发生火灾等事故，且直接威胁正常安全运行；

5）燃气管道的阀门及监控装置失灵，危及安全运行。

在按职责范围与执行管理制度的基础上，燃气管道管理还要制定工作标准及有关经济责任制和考核办法，做到人人有专责、事事有人管、工作有标准，检查与考核工作到位。

三、燃气管道管理工作程序

为了提高燃气管道的管理水平，促进管理工作的条理化，从而对燃气管道实行有效的安全技术管理，就必须在各项规章制度和基础资料完整的基础上，制定控制程序，抓住燃气管道全过程管理中的各个环节，并结合各环节的特点和要求，科学地开展程序管理。

管理工作程序是“条例”“制度”的具体化，燃气管道从设计、制造直至服役期满后报废的全过程中，就使用单位而言，可划分为在用燃气管道及新建、改建、扩建燃气管道两个系列，一般使用单位开展燃气管道全过程管理程序如图 8-1、图 8-2 所示。

第二节　燃气管道投运

新建、扩建或改建的城镇燃气管道工程施工安装完成并经竣工验收后，城镇燃气部门应立即组织燃气管道的投运工作，这是城镇燃气管道投入使用阶段的第一个环节。燃气管道投运工作主要是做好投运前准备与燃气管道置换。当燃气管道置换完成，管道系统中充满燃气后，即可投入运行使用。

一、燃气管道投运前准备

由于燃气管道在投运前后完全处于两种不同状态，因此在投运前，一定要把所有需要修改、调整的地方，特别是需要动火才能解决的问题，全部加以解决，才能考虑投产运行。这是燃气管道投运的前提。

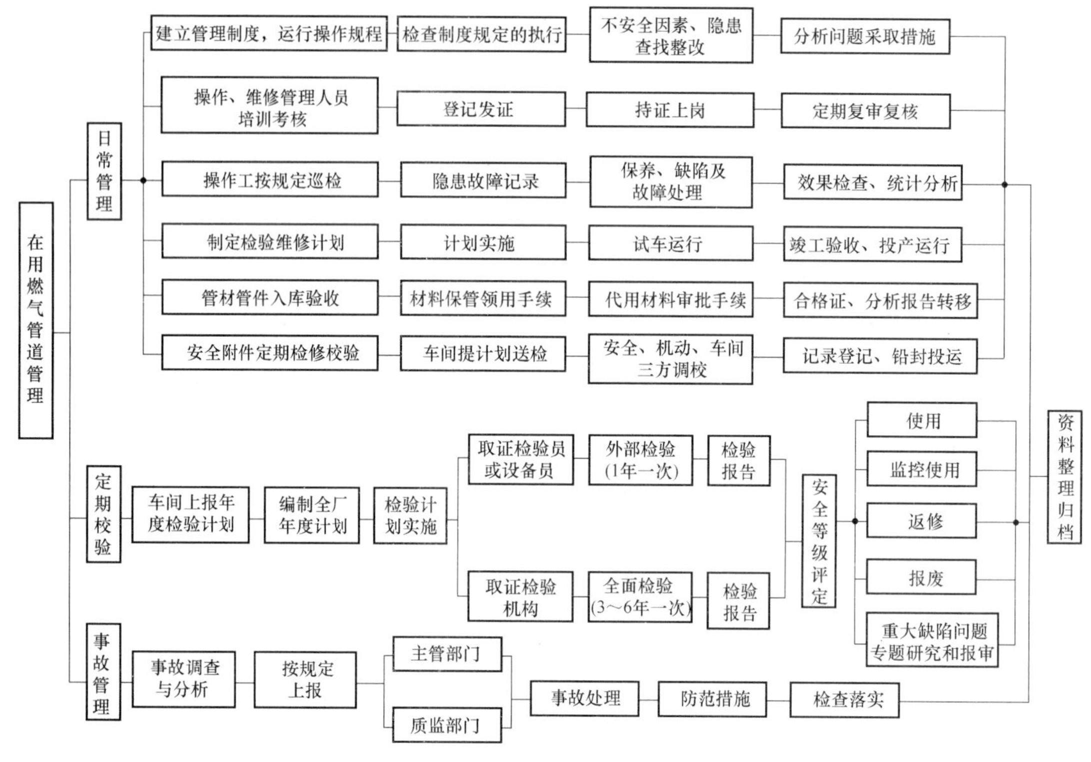

图 8-1　在用燃气管道管理工作程序

1. 制定燃气管道投运方案

在确定燃气管道已具备投运的前提条件下，首先必须制定管道投运方案。投运方案主要应包括以下内容：

1）投运燃气管道系统的范围，并绘出系统图。

2）投运燃气管道的管径、压力、长度应分段标于系统图上，并要明确表示出阀门、阀门井、放散口的位置。

3）制定燃气管道的置换方案，确定置换气体。

4）确定置换顺序，安排放散口位置，分段进行置换。

置换完毕后管道系统处于带气状态。

2. 检查燃气管道清洁状况

为保证燃气管道在施工完后管内的泥土杂物等残留物质能够清除，在施工完后需进行吹扫，以保证管道内的清洁。如已经确认进行过吹扫，则应在燃气管道投运前检查管道吹扫记录。

3. 检查燃气管道试压情况

燃气管道的试压是保证管道安全运行的重要环节。因此，在燃气管道投运前，应严格审查强度试验与气密性试验记录，确认投运的燃气管道压力试验合格。燃气管道的压力试验可见第七章第四节。

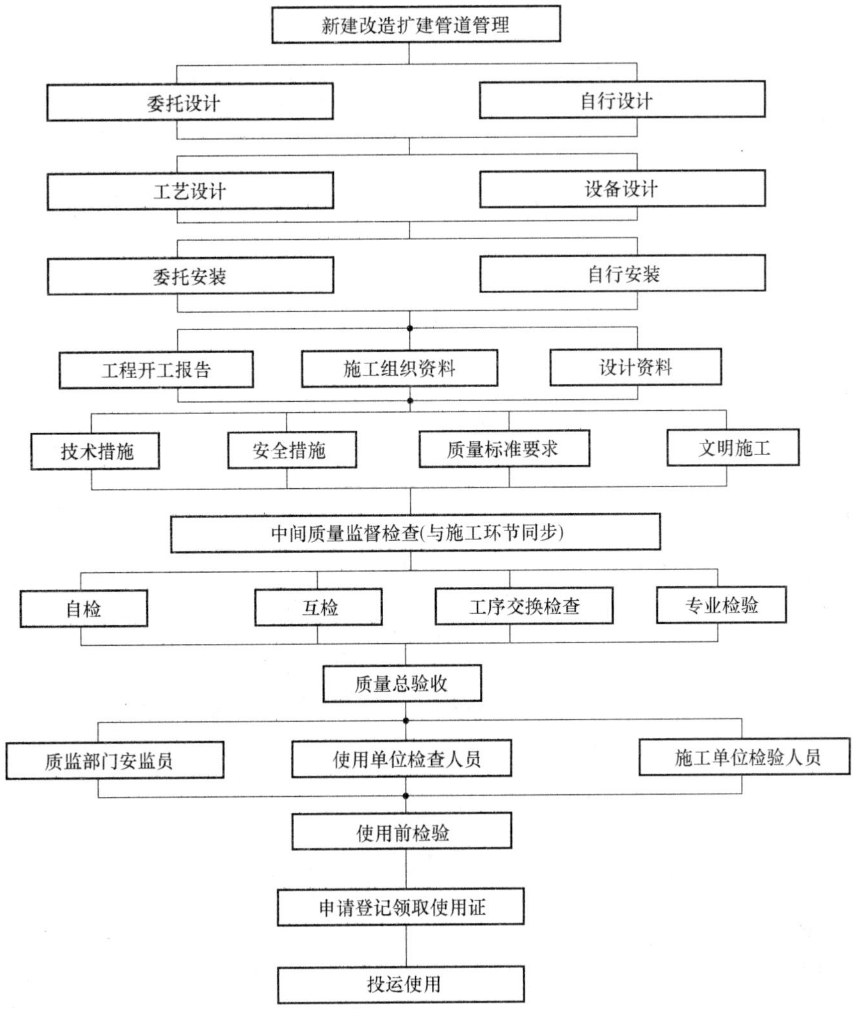

图 8-2　新建、改造、扩建管道工程管理工作程序

4. 检查管道的封闭状况

燃气管道在吹扫、试压合格后，管道应进行封闭，以避免燃气管道受到污染。管道封闭可见第七章第四节，在管道投运前应审查管道封闭记录与检查现场封闭状况。

二、燃气管道置换

燃气管道的置换是投运前准备工作的最重要环节，当置换完毕，确认管道无燃气渗漏后，燃气在管道中处于无流动的静止状态，此时仍属于燃气管道投运前准备阶段。当启动管道中的阀门，用户开始使用燃气，燃气在管道中处于流动状态，则此时燃气管道处于使用阶段。

1. 燃气管道置换的准备

1）完成竣工检查验收工作。

2）具有竣工图样、吹扫及试压记录等验收资料。

3）制定通气置换工作方案，经主管部门批准并下达任务。方案中须明确消防救护、通信联络、安全措施、组织分工、作业程序、器具材料和设施等事宜。

4）置换工作现场负责人须对管道设施仔细检查，检查各放散阀、排水阀是否灵活好用；对暂不通气的支管起端的阀门后加设盲板，排净凝水缸中积水；通气前，各阀门均应关闭严密。

2. 燃气管道置换过程

具体如下：

1）一般情况下，可采用直接用燃气置换空气，对防火防爆要求较高的场合，应先用氮气置换空气，然后用燃气置换氮气。

2）被置换的管线末端设置放散管，一般应高出地面2m以上。

3）置换前拆除盲板，或进行接线作业。如管线较长和较复杂，应先置换主管道，合格后，再分别置换各分支管线。

4）通气置换工作，可通过控制放散管阀门后的压力和管线起点阀门开度，达到控制管内流速的目的。

5）通气置换中，应缓慢开启阀门，使管内压力缓慢提高，以防管内固体杂质滚动，碰撞打出火星。管内各部位流速均应始终小于5m/s。管内通气压力不得超过2kPa；放散管阀门后压力，根据方案计算所确定的压力值，严格控制。

6）置换过程中，放散管设专人看守和操作记录，并站在上风头。当放散燃气量较大时，应在放散口附近划定警戒区，并设警戒人员，区内严禁火种，并禁止闲散人员靠近。

7）放散过程中，密切注意周围环境，附近房屋关闭门窗，必要时暂熄火种。不得使燃气逸入住房或其他房间。

8）不论是用氮气置换空气，还是用燃气置换空气，须在被置换管段末端取气样进行化验分析，当含氧量不大于2%，通气置换为合格；也可用球胆取样，到防火警戒区以外，作点火试验，如果火焰没有内锥，不是蓝焰，而是红黄色火焰，认为试验合格。在不停止放散的情况下，连续三次取样试验合格，才可认定通气置换工作完成。

9）在进行通气置换工作时，须注意采取措施使管线上不留有没有置换的带状管或其他死角。一般可采取事先设置放散用的阀门或堵头予以解决。

3. 燃气管道“反置换”

当对已供气的管道设施需动用明火检修或长期停用时，需停气置换燃气，称为“反置换”或“停车置换”。一般可采用空气吹扫置换燃气，必要时也可采用氮气或蒸汽。停气置换也须制定作业方案，所采用的设备、仪器、管件、材料，置换程序、安全措施等与通气置换大体相同。并应注意如下安全事项。

1）停车后置换前严禁拧动各部位阀门；严禁在燃气管道和设备周围动用明火或吸烟；不得拆卸燃气管道和设备；不得进行电焊、气焊、气割作业。

2）置换燃气前，须将凝水缸、过滤器中残余液体放净，并在阀门法兰处设置盲板，把停气的管线与不停气的部位断开。

3）当用空气吹扫置换，取样做点火试验，点不着后，即可做含氧量分析，当连续三次取样化验分析，其含氧量均不低于20%，则停气置换合格。

4）用空气吹扫置换合格后，也不得盲目地在管道设备上分割和焊接。一般应拆后修理，如需动火作业，应采用蒸汽或氮气吹扫置换合格，在确保作业过程中能连续保持管内介

质的含氧量小于2%的条件下，方可明火作业。并同样需注意消除带状管等处的死角。

三、管网置换时调压站工况调节方法与操作

因为调压站进站和出站部位设有放散阀及测压和取样装置，放散管高出站房屋顶，因此管道通气或停气置换时，在不影响供气的前提下，应借用调压站的放散管进行吹扫置换。这在工业或商业用户的通气过程中，或停气检修时采用较多。

调压站后面的低压管网通气置换时，可借用调压器控制置换管段进气点压力，使置换流速平稳，并控制在规定范围内；调压站前面的管段置换时，也可使用调压器控制放散管入口压力，同样可以使置换管段中气体流速得到控制。其工况调节方法如下：

1）新投产的管线及调压站内工艺管线设备必须试压合格，并用压缩空气吹扫干净，确保管内无杂质和积水。

2）置换前，需对管道进行计算，确定置换管道应控制的置换压力上限。此压力值确保管内气流速度小于5m/s。

3）检查所要置换的管线，确认安全放散管、放散阀、取样口阀门、消防设施等设施齐全，安全消防措施和组织工作落实。

4）置换前调压器或指挥器的调压用弹簧完全放松，处于不受压自由状态。

5）打开管线末端放散管阀门。

6）打开调压器前后的阀门。

7）缓慢启动调压器，使从零压逐步升到所需要的置换压力，升压过程用调节螺栓压紧调节弹簧的方法进行。

8）注意观测压力，每次压力略有升高时，监听管内起始段气流，务使流速不超过规定值（必要时，可在管内置入仪器监测）。

9）其他操作过程和安全注意事项同前。站内操作应符合安全操作规程要求。

第三节　城镇燃气管道日常维护管理

燃气管道在投产后即转入日常维护管理。在用燃气管道由于介质和环境的侵害、操作不当、维护不力，往往会引起管道的管件材料性能恶化、失效甚至发生事故。因此必须加强日常管理，强化控制工艺操作指标，坚持岗位责任制，认真巡回检查，才能保证燃气管道的安全运行。

一、工艺指标控制

1. 操作流量、压力和温度的控制

流量、压力和温度是燃气管道使用中几个主要的工艺控制指标。使用压力和使用温度是管道设计、选材、制造和安装的依据。只有严格按照燃气管道安全操作规程中规定的控制操作压力和操作温度运行，才能保证管道的使用安全。

2. 交变载荷的控制

城镇燃气由于用量不断变化，使输配管网中经常反复出现压力波动，引起管道产生交变应力，造成管材的疲劳、破坏。因此运行中应尽量避免不必要的频繁加压、卸压和过大的温

度波动，力求均衡运行。

3. 腐蚀性介质含量控制

在用燃气管道对腐蚀介质含量及工况应有严格的工艺指标进行监控。腐蚀介质含量的超标，必然对燃气管道产生危害。使用单位应加强日常监控，防止产生腐蚀介质超标。表 8-1 表示了燃气管道运行控制指标及超指标的危害。

表 8-1　燃气管道运行控制指标及超指标的危害

类别	项　目	控 制 范 围	超指标危害
压力指标	最高压力	不超过最大使用工作压力	（1）管道变形、泄漏 （2）管道开裂、爆裂、爆炸
	升降压速度	<0. 5MPa/min	（1）管道连接处密封失效 （2）管道应力增大 （3）加速原有裂纹扩展 （4）管件受损
介质指标	腐蚀介质含量	腐蚀速度 不锈钢：<0. 5mm/年 碳钢：<0. 1mm/年	强度降低会造成穿孔泄漏
	机械杂质含量	（1）不在管道内造成沉淀沉积 （2）不使管道过度磨损	（1）积垢、堵塞管道、增加阻力、降低生产能力 （2）管道磨损、减弱强度
	介质流动性	输送介质畅通	沉积、堵塞管道
	油质含量	不在管道内形成油垢	（1）结垢、高温易形成积炭、爆炸 （2）油中含水或硫化物时加剧腐蚀 （3）油质对橡胶质密封垫产生腐蚀

二、岗位责任制

要求操作人员熟悉本岗位燃气管道的技术特性、系统结构、工艺流程、工艺指标、可能发生的事故和应采取的措施。

操作人员必须经过安全技术和岗位操作法的学习培训，经考试合格后才能上岗独立进行操作。操作人员要掌握“四懂三会”，即懂原理、懂性能、懂结构、懂用途；会使用、会维护保养、会排除故障。

在运行过程中，操作人员应严格控制工艺指标，正确操作，严禁超压、超温运行；加载和卸载的速度不要过快；高温或低温（-20℃以下）条件下工作的管道，加热或冷却应缓慢进行；管道运行时应尽量避免压力和温度的大幅度波动；尽量减少管道的开停次数。

三、巡回检查制度

城镇燃气使用单位应根据城镇燃气工艺流程和管网分布情况，明确职责，制定严格的燃气管道巡回检查制度。制度要明确检查人员、检查时间、检查部门、应检查的项目，操作人员和维修人员均要按照各自的责任和要求定期按巡回检查路线完成每个部位、每个项目的检

查，并作好巡回检查记录。检查中发现的异常情况应及时汇报和处理。

1. 巡回检查的目的

巡回检查是埋地燃气管道维护最常用的手段和方法，即由巡线人员在所管理的燃气埋地管道上沿管道走向进行管线的巡查和维护工作，通过巡线人员的观察或以专用仪器查找有无燃气泄漏、构（建）筑物占压管道、管道移位等异常现象，判别分析管道的运行情况，对发现的异常问题及时处理、及时汇报，以达到维护管道正常运行的目的。

2. 巡回检查的内容

1）在燃气管道设施的安全保护范围内，不应有土壤塌陷、滑坡、下沉、人工取土、堆积垃圾或重物、管道裸露、种植深根植物及搭建建（构）筑物等；

2）管道沿线不应有燃气异味、水面冒泡、树草枯萎和积雪表面有黄斑等异常现象或燃气泄出声响等；有上述现象发生时，应查明原因并及时处理；

3）对穿越跨越处、斜坡等特殊地段的管道，在暴雨、大风或其他恶劣天气过后应及时巡查；

4）在燃气管道安全保护范围内的施工，其施工单位在开工前应向城镇燃气供应单位申请现场安全监护。对有可能影响燃气管线安全运行的施工现场，应加强燃气管线的巡查与现场监护，可设立临时警示标志；施工过程中造成燃气管道损坏、管道悬空等，应及时采取有效的保护措施。

3. 防止外力对管道的破坏

外力对管道及设备破坏的概率取决于以下因素：

（1）可能侵扰的性质

① 挖掘设备；②射击装置等；③机动车的通道；④火车；⑤农场机具；⑥地震作用；⑦围栏或围墙；⑧电力、通信电杆；⑨锚；⑩挖泥机械、钻孔机械等。

（2）使管道易受攻击的因素

① 覆土层的厚度；

② 覆土层的性质（泥土、石块、混凝土、路面等）；

③ 人为障碍（围栏、人防工事、堤坝、沟渠等）；

④ 有无管道标志；

⑤ 管道施工带状况；

⑥ 巡线的频率以及是全线还是部分巡线；

⑦ 对报告有威胁的响应时间。

实践证明，巡线是防止外力破坏管道的有效方法。因此，巡线人员在巡线过程中应特别注意和调查上述因素，提前预防和阻止外力对管道形成的潜在危害。

4. 防止微小损伤对管道造成的后患

对管道的严重损坏不仅局限于具体地撞击管道，仅在有防腐涂层的管道上的划伤就会破坏管道防腐蚀涂层。这种破坏能导致管道加速电化学腐蚀程度，并最终在数年后造成腐蚀穿孔漏气事故。对于大意的检查人员来说，钢质管道的一个微小的凹陷或划痕似乎是不重要的，或者肯定其不值得留意，这种大意恰恰为数年后的管道事故留下了重大隐患。

5. 提高对活跃程度区域的巡线频率

活跃程度区域有以下特征：

（1）人口密度较大的区域　一般来说，人口越密集就意味着地面活动越多，诸如围栏建设、修建花园、打水井、挖地沟或清洁活动、修围墙、挖防空洞、种植深根植物等，很多这类活动都会构成对地下燃气管道的干扰。这些活动对管道的干扰程度可能小到不被干扰者报告。如前所述，这类未报告或未发现的干扰，诸如对管道涂层的损伤，或在管壁上造成的划痕，通常是导致将来管道泄漏事故的起因。

（2）建设工程频率较大的区域　这种正在进行改造或正处于发展阶段的地区需要进行大量的建设工程。这些工程可能包括土质情况调查的钻孔、地基建设、安装地下装置（例如：电话线、供水管、排污管、电力线等），以及大批其他可能造成管道损坏的工程。

（3）采用露天挖掘或定向钻探方式进行的新建项目　这类工程可能构成对现行地下燃气管道的巨大威胁。

管道巡线人员应在上述区域提高巡线频率，并做好以下工作：

1）参与整个工程在施工期间的有关协调工作，了解工程施工范围内管网设施走向、工程施工进度和施工情况；随时与施工建设方保持联系，要求对方到燃气管网管理单位查阅埋地燃气管道埋设情况和燃气管道走向，制定保护方案，确保燃气管道的安全运行。

2）加强对施工区域燃气管网设施的巡查监护工作，一般应做到两天巡查一次，特殊情况一天巡查一次，特别是露天挖掘或定向钻探工程，必须派专人全天候现场监护，确保管网安全运行。

3）发现危及燃气管网安全运行时，应立即与施工方联系，向对方发送隐患整改通知书，并令其停止施工作业，同时向上级部门汇报情况，做好记录备查，配合上级部门处理隐患直至解决。

6. 防止爆破工程施工对管道的损坏

爆破工程也可能造成管道损坏。最主要的危害是钻孔放置炸药。第二种危害是管道受到爆炸引起的地震波冲击。如果管道没有足够的支撑，管道本身将吸收泥土质量的加速能量，这将增加管道所受的应力，从而损坏管道。因此，任何在管道附近进行的爆破工程作业，在实施前都必须制定妥善保护管道的技术措施（例如开挖并行于管道的减震沟，减少炸药量等）。

7. 公众热线系统对管道维护的意义

公众热线系统是一种公共服务。它接受对那些即将进行的挖掘活动的报告，从而可提醒这类活动负责人对地下燃气管道可能的影响的关注。

8. 公众教育和宣传对管道维护的意义

公众教育和宣传旨在降低第三者对管道的破坏起着重要的作用。据统计资料表明，绝大多数第三者破坏都属于无意无知造成的。这种无知不仅指埋地燃气管道的位置不了解，也包括对管道所在地的地面标志的忽视和对城市燃气管道系统自觉维护的意识不强。因此，加强对社区进行管道有关情况教育和宣传，专业管道公司几乎都能肯定地降低第三者破坏的危害性。

有效的公众教育和宣传活动可以通过以下途径进行：

1）向城镇企事业单位邮寄宣传资料；

2）定期与政府规划、城市建设、道路交通等职能部门官员举行相关会议，通报城市燃气管网配置和走向等情况；

3）每年与当地合同承包商和土地开发商举行会议；

4）通过社区团体组织对公众进行维护城市基础设施教育；

5）与管道附近的居民逐户宣传接触；

6）给合同承包商和土地开发商邮寄城市地下管道有关情况的宣传资料；

7）在合同承包商和公用事业单位间做广告宣传。

另外，居住在管道附近的居民是公众教育中的第一道防线。只要使其具有一定的知识，赋予其一定的职能，这一群体由于管道运行与他们自身财产生命安全紧密相关，能起到义务监护的作用，而不需要燃气公司再花时间向他们解释管道的功能和管道是如何与他们息息相关的。

9. 在郊外巡线应注意的情况

1）管道的转角桩、方向桩、燃气标志是否丢失、移位和完好；

2）在距管道安全距离范围以内，是否有正在建设的建筑物或构筑物；

3）管道所经之处，有否垮塌、沉陷、滑坡、危岩、人工取土和倾倒垃圾等异常情况；

4）管道是否被雨水或洪水冲刷裸露；

5）管道的上方或附近是否有人栽种深根植物；

6）管道所经过的绿化地带，是否有异常死亡的绿色植物；

7）管道所穿越的水塘、河流、水田等是否有异常气泡或大量鱼虾的死亡；

8）管道的附近是否存在施工爆破作业或地震勘探活动；

9）管道的附近是否存在大型机械露天挖掘、推土作业；

10）管道的附近是否存在地质钻探作业；

11）管道的附近有否公路、桥梁、沟渠的工程建设；

12）管道的附近有否地下人防工事建设；

13）管道的附近有否其他地下管线的挖沟、穿越、跨越等施工；

14）与管道并行的其他市政管道有否阴极保护系统等。

以上问题凡是肯定的，都要立即写入巡线报告上报，并尽快处理和解决。

10. 在城区和人口密集区巡线时应注意的情况

1）正在新建或翻修的公路和道路；

2）正在修建的围栏或围墙；

3）地质调查取样的定向钻孔；

4）正在开挖的地基建设；

5）其他市政管线的建设（例如：电话线、供水管、排污管、电力线等）；

6）采用露天挖掘的工地；

7）其他市政管沟与燃气管道的穿越、跨越点；

8）检测下水道、电缆沟、地下通道、地下室等是否有燃气渗出；

9）正在开挖的电杆的地坑；

10）管道经过的地面/空气界面（例如：引入管出地面段；调压箱进出地面管段；阀井中裸露管段等）是否存在锈蚀、泄漏情况。

从腐蚀的观点来看，燃气管道的地面/空气界面是有害的。其关键是管道进、出地面的部位。其危害性部分原因是它可能在管道表面聚集水分。由于土壤的含水量的变化、冻结等原因，会造成土壤的移动，这也会损坏管道涂层，使裸露的金属暴露给电解质，从而加速管道的腐蚀和穿孔。

四、违章占压建筑物的处理

地下燃气管道被违章建筑物的占压，直接威胁到安全供气。此类情况在各地均较为普遍存在，因此必须始终把清理或消除对燃气管道的违章建筑作为管道安全维护的一项重要工作内容。

1. 建立清理违章建筑的专门机构

地下燃气管道的管理单位应有专人作违章处理的工作，做到对管道占压情况清楚。对占压管道的违章户逐一下达违章整改通知书，促使违章户限期整改和拆除违章建筑物。对一些老违章用户可采取重复发送违章整改通知书或采用综合执法的形式，敦促其早日整改或拆除。

2. 处理违章建筑物的一般程序

1）首先向当事人出示证件，说明违章事由及可能产生的严重后果，并向当事人或责任方出示违章的有关文件及规定。

2）对违章状况及程度不清或不详的，要尽快通过查竣工图或探管等手段查明情况。确属违章的，要落实违章的单位或个人姓名、联系电话等，并立即向上级领导或安全员汇报此事。

3）发现违章，应立即向违章单位或责任人送达违章整改通知书。若对方拒签或拒收，则应通过邮寄挂号信的方式送达，并保留存根，存档备案。

4）当发现已接违章整改通知者未在限期内拆除或整改违章建筑物，应再发送违章整改通知书，促使其尽早拆除或整改。对严重危及管道安全的老违章户，可依靠当地政府、公安、消防、城管部门的支持和配合，共同联合处理。

5）对较重大的违章事件，必须及时向上级部门做出明确的书面报告，以便引起上级的高度重视，设法尽快消除违章隐患。

五、燃气管道维护保养

维护保养工作是延长燃气管道使用寿命的基础。维护保养的主要内容就是日常的维修保养措施。

1）经常检查燃气管道的防腐措施，避免管道表面不必要的碰撞，保持管道表面完整，从而减少各种电离、化学腐蚀；

2）阀门的操作机构要经常除锈上油，并定期进行操动，保证其开关灵活；

3）安全阀、压力表要经常擦拭，确保其灵活、准确，并按时进行检查和校验；

4）定期检查紧固螺栓完好状况，做到齐全、不锈蚀、螺扣完整，连接可靠；

5）燃气管道因外界因素产生较大振动时，应采取隔断振源、加强支撑等措施。发现摩擦等情况应及时采取措施；

6）静电跨接、接地装置要保持良好完整，及时消除缺陷，防止故障的发生；

7）停用的燃气管道应排除管内燃气，并进行置换，必要时作惰性气体保护，外表面应涂刷油漆，防止环境因素腐蚀；

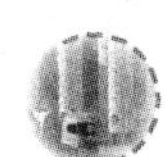

8）禁止将管道及支架作电焊的零线和起重工具的锚点、撬抬重物的支撑点；

9）及时消除跑、冒、滴、漏；

10）管道的底部和弯曲处是系统的薄弱环节，这些地方最易发生腐蚀和磨损，因此必须经常对这些部位进行检查，当发现损坏时，应及时采取修理措施；

11）对高温管道，在开工升温过程中需对管道法兰连接螺栓进行热紧；对低温管道，在降温过程中需进行冷紧。

燃气管道日常检查及保养项目内容见表8-2。

表8-2　燃气管道日常检查及保养项目

检查项目	检查方法	检查内容	问题的危害	保养方法和措施
压力表	目测校验	（1）表面玻璃是否破碎 （2）指示是否灵敏 （3）导压管是否畅通 （4）铅封是否完好	因指示不准确而可能造成超压	定期校验和检修
安全阀	目测	（1）有无异物卡在阀芯和弹簧中间 （2）调整螺栓有无松动 （3）弹簧及其他零件有无破损，是否漏气 （4）铅封是否完好 （5）隔断阀铅封是否完好	（1）漏气 （2）在超压时因安全阀不能起跳造成管道事故	检修或泄压时进行调校
管道支架	目测 耳听 手摸	（1）支架是否松动 （2）管道有无振动 （3）支架是否损坏	管道因磨损和疲劳而断裂 管道应力增大	把紧螺栓或加固
防腐层	目测仪器检测	（1）防腐层是否损伤脱落 （2）补口、补伤是否完好	产生腐蚀	修补防腐层
埋地管道	目测、挖洞、钻眼、检漏仪	有无泄漏	引起环境污染和火灾，影响安全	发现问题，找出漏气地点，进行抢修
螺栓	目测	（1）是否锈蚀 （2）是否松动	（1）造成螺杆、螺扣腐蚀 （2）造成泄漏	涂防锈油 把紧螺栓

第四节　埋地燃气管道的检测

埋地燃气钢质管道检测分为外检测与内检测。外检测即是通过非开挖与开挖相结合的方式对管道性能状况进行的检测，外检测包括管道腐蚀环境调查、腐蚀防护状况检测、管体安全状况检测。内检测即是通过管道智能爬行器对管道性能状况进行的检测。本节主要介绍管道腐蚀防护检测技术（非开挖检测技术）与管体腐蚀状况导波检测技术，内检测技术。

一、埋地燃气管道腐蚀防护检测

为保证城镇燃气管网埋地管道不被腐蚀，采用适当的腐蚀防护措施是必要的。腐蚀防护技术状况的检测主要是围绕防腐层状况。因此，城镇燃气管网日常维护中必须经常对埋地燃气管道进行不开挖防腐绝缘层的检测工作，以便能随时发现问题，进行修复，保证城镇燃气管网的安全运行。

（一）埋地管道防腐绝缘层检测方法

埋地管道防腐绝缘层的不开挖检测方法很多，下面介绍一般常用的几种方法。

1. 交流电流衰减法

交流电流衰减法可用于管道外防腐层总体状况评价与防腐层破损点定位。土壤与环境状况对检测结果有一定的影响。其方法原理为：当在有防腐绝缘层的埋地钢管中输入一个交流电信号在其中传播时，就会和通信线路一样沿线传播，由于管道存在纵向电阻和横向电阻，所传输的信号电流按一定规律衰减，其衰减情况取决于管道防腐层的绝缘状况、信号频率和土壤电阻率。图8-3为检测系统示意图。如果管道防腐绝缘层的电导率是一致的，那么电流衰减率也应是一样的。其表达式为

$$I=I_0\mathrm{e}^{-ax}$$

式中　I——某点管道电流，mA；

I_0——供入点管道电流，mA；

a——电流衰减系数，与管道电特性参数（纵向电阻、横向电导、管道与地间的分布电容、管道的自感）有关；

x——距离，m。

一旦衰减率发生突变，则说明绝缘防腐层导电性能有了变化，衰减率上升表明信号电流的泄漏增加，以此为依据来判断绝缘防腐层的缺陷，可以得到近似的防腐层绝缘性能参数。

检测的现场工作分两步：①用发射机向管道送入信号电流，要用直接法向管道送入电流，将发射机的一端接在管道上，另一端接到远极上。远极与管道的垂直距离最好在20m以上，远极接地桩与地要有良好的接触。接通发射机，在选定的频率上调整输出电压，检查供入电流大小，一般情况下，应将输出电流调节到最大，需使待测管段的终端能有0.1mA的电流。②用接收机沿管道路由测量管道中的电流大小，应选定与发射机相对应的频率值，应确认管道中无相同频率的干扰信号。测量间距根据工作目的和探测对象决定，若要在不长的管段上准确找破损点，在城市中点距离可以为10~20m，必要时加密到5m或更短。当管线路线不确切时，要采用边定位、边量距、边读电流的办法。

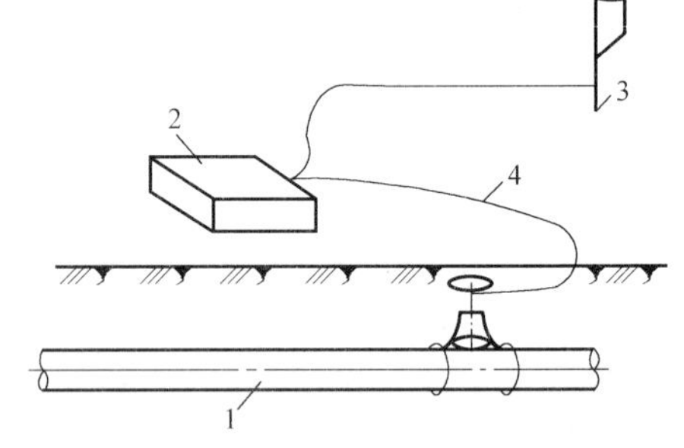

图8-3　电流法检测系统示意图

1—被测管道　2—信号发射机　3—远极点　4—导线

目前，常用的检测频率为937.5Hz（最大输出电流为750mA），4Hz+8Hz+128Hz+640Hz（最大输出电流为3A），检测效率较高。如果具有全球定位系统（GPS）测量系统，则可进行同步比较，并能有效提高检测效率与定位准确性。

2. 变频选频法

变频选频法是完全由国内研究开发的检测技术。与交流电流衰减法一样，根据交流信号的传输理论，当有交流电信号通过埋地钢管传输时，可视为单线—大地回路，这是一个十分复杂的不平衡网络。反映这个网络特性的参数很多，而且往往是变量，管道防腐层绝缘电阻就是其中之一。经过复杂的理论推导，可确定变频信号沿管线—大地回路传输的数学模型。当防腐层材料、结构、管材等参数已知时，通过现场信号频率、衰减量等参数的测量，可计算出传播常数，从而实现防腐层的在线测量。图 8-4 是变频选频法检测示意图。

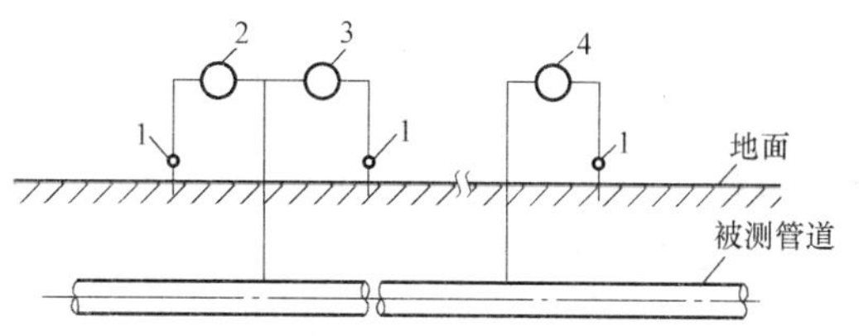

图 8-4　变频选频法检测示意图

1—接地铜棒　2—变频信号源

3—发端选频指示器　4—收端选频指示器

现场测量时所用仪器为管道防腐层绝缘电阻测量仪。该仪器由变频信号源（1 台）及选频指示器（2 台）组成。测量时，在相距 1km 的两个管道测试桩或任意管段长管道的两端，一端接变频信号源及选频指示器，另一端接选频指示器。

测量时在收、发两端设对讲机。接线完成后，开机使信号源及指示器工作，当不知道防腐层绝缘状况时，可试送 1kHz 左右的信号，此时通过对讲机联络，读出收、发两端的指示电频。如果电频差小于 23dB 时，应增高输入信号频率，直至指示电频差稍大于或等于 23dB，记录下此时的频率值及实测电频值。

除上述测量外，还需用四极法测量被测管段的土壤电阻率。将管道半径、壁厚、防腐层厚度、介电常数等参数和上述现场实测的参数通过专用软件进行处理，可计算出所测管段的防腐层绝缘电阻。

这种方法利用长输管线检测桩，可对检测管道防腐层状况进行整体评价，但不能定位管道破损点。当被测管段内有支线时不能使用，因此，使用此法对城镇燃气管道进行防腐层检测受到限制。

变频选频法测量管道防腐层绝缘电阻技术具有如下特点：

1）可以测量埋地长输管道、油田及城镇燃气管网连续管道上任意长度管段的防腐层绝缘电阻；

2）适用于不同管径、不同钢质材料、不同防腐绝缘材料、不同防腐层结构、处于不同环境的埋地管道；

3）测量时只需要在被测管段两端与金属管实现电气连通（可在检测桩、阀门处），不必开挖管道，不影响管道正常工作；

4）所测结果不受被测管段以外的管道长短、有无分支、有无阀门、有无绝缘法兰及管道防腐层质量好坏的影响，但在被测段以内，须管道防腐层无破损点、无分支、测试点对地绝缘、无人为接地；

5）测量方法简单、迅速、准确，实测一段任意长管段的读数时间只需几分钟。

3. 皮尔逊（Pearson）检测法

皮尔逊检测法是早期管道检测中广为应用的一种方法，主要用于确定防腐层破损点位置，是由美国人 Pearson 提出的。这一方法是在管地之间加 1000Hz 的交流信号（当为熔接环氧涂层时，可施加 175Hz 的交流信号），这一交流电流便会在管道防腐层的破损点处流失到大地土壤中，其电流密度随着远离破损点的距离而减小，因而在破损点的上方地表面形成一个交流电压梯度，可由两名操作者相距 3~6m 沿线提取。两名操作者脚穿铁钉鞋，将各自提取的电压信号通过链式电缆送入接收装置，经滤波放大后，由指示电路指示检测结果。其具体方法如图 8-5 所示。

这种检测力法具有较高的检测效率，破损面积是定性地估计的。由于其检测的是交流电流在地表形成的电压梯度，因而不可避免地受到土壤、操作人员与地之间的接触电阻等因素的影响，容易造成漏检和误报。此方法不能对管道防腐层状况进行整体评价。

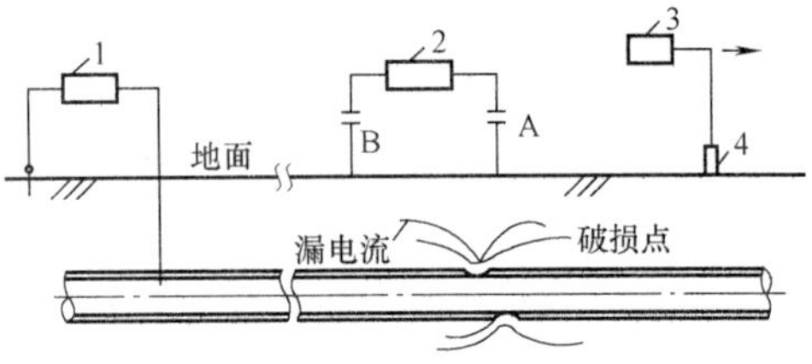

图 8-5　皮尔逊检测法

1—发射机　2—检漏仪　3—定位仪　4—探头

4. 密间隔电位测试（CIPS）法

密间隔电位测试法类似于标准 P/S 电位测试法，但它是以较小的距离（约 2~5m）测取数据。它包括“ON”电位测试和“ON/OFF”电位测试，通过使用先进的同步中断器和便携微处理器连续记录管地的通断电位。检测到的通断电位是两条相邻的曲线，有缺陷时，ON 电位向正向偏移，ON、OFF 电位曲线互相接近，*IR* 压降减少，说明涂层电阻减少，从而可以根据电位差的大小及向正向偏移的程度来判断腐蚀的程度。如针对某一破损点，只需测出该点的 ON、OFF 电位 V_{ON}，V_{OFF}，再测出该点和另两个参考点电位 V_1，V_2，即可计算出防腐层破损的大小，如图 8-6 所示。

设土壤的电阻率为 ρ，因为 $V_1=I_o/(2T\pi)$，$V_2=I_o/(2L\pi)$，其中 $L=\sqrt{T^2+X^2}$，则有 $V_1-V_2=I_o/[(2\pi)(1/T-1/L)]$，又因涂层缺陷对地电阻为 $R=(V_{ON}-V_{OFF})/I$ 及 $R=\rho/(2D)$，其中 D 为破损点的直径；I 为流到该破损点的电流，从而可以计算出该破损点的破损直径为

$$D=\frac{(V_1-V_2)\ (L-T)}{(V_{ON}-V_{OFF})\ TL\pi}$$

式中　D——破损点直径，mm；

V_1、V_2——参考点 1、2 的电位，V；

V_{ON}、V_{OFF}——中断阴极保护电流前、后的电压，V；

T——参考点 1 与管道间距，m；

L——参考点 2 与管道间距，m。

密间隔电位测试法适用于带有阴极保护的埋地管道，是目前最具复杂性的一种检测法。它能够测定防腐层破损面积的大小，并具有较高的检测准确度，同时可以记录被测管道的阴极保护状态。检测过程中，使用计算机进行数据自动采样。CIPS 法也同样受到各种环境因素如杂散电流、土壤电性变化等因素的影响，其检测的进程也取决于地形和防腐层缺陷的程度。

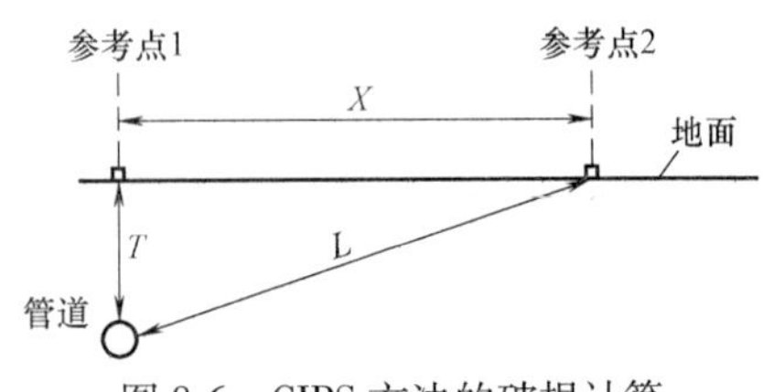

图 8-6　CIPS 方法的破损计算

5. 直流电压梯度（DCVG）法

当直流信号如阴极保护（CP）电流一样输入管道时，通过管道防腐层破损漏点和土壤将形成电压梯度。在接近破损漏点部位，电流密度增大，电压梯度增大。一般电压梯度与漏

点面积成正比增长。这就是直流电压梯度检测法原理。

DCVG法通过使用一个灵敏的高阻毫伏表，测量插入地表的两个饱和 $Cu/CuSO_4$ 半电池电极在地表的电压梯度平衡输出值。如果两个电极相距大于0.5m，其中一个半电池的电压就会比另一个高，进而建立电流方向及两电极之间的电压梯度。

DCVG法采用不对称信号加载到管道上，即将频率 $f=1$Hz，通断占空比为2∶1的方波信号加载到管道已有的CP系统上，或者由管道的CP校正器（T/R）中使用相应的开关装置，进行同样的信号加载。其测量过程如图8-7所示。

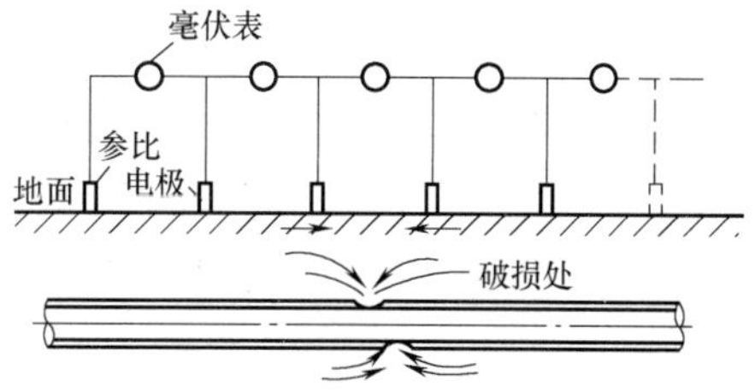

图8-7　直流电压梯度检测法

测量过程中，操作人员沿管道以1~2m间隔，用饱和硫酸铜参比电极平行于管线排列进行测量。当接近防腐层破损点时，可以看到毫伏表开始沿地下的电流方向出现相应变化。当操作员继续前进而远离破损点时，指针将因为电流反向而出现反偏，而且其大小将随着远离而逐渐减小。返回复测，仔细选择电极检测点，可以找到毫伏表指针不偏为零的位置，这就是在漏电正上方的情况，这时破损点即为两个测量电极的中间点；若在一定的距离内毫伏表不出现反偏，则说明被测管道有相邻的漏电存在。

通常，用DCVG法在实际测量中，不仅要沿着管道纵向排列电极，而且要在其垂直方向再测一下，以保证测量工作在管道的正上方进行和确保破损点定位准确。

DCVG技术适用于带有阴极保护的埋地管线，具有较高的定位准确度和测量准确度，且不受周围平行管道的影响，同时可以间接地估算破损面积的大小，但其检测的效果较多地取决于操作者的经验和水平，杂散电流、地表土壤的电阻率等环境因素也能引起一定的测量误差。此方法不能对管道防腐层状况进行整体评价。DCVG法与CIPS法通常是糅合在一起使用。

6. 直流电流电位法

这一方法是美国防腐工程师协会的典型测试方法，已被国内的标准采用，其原理是通过阴极电流测量电流衰减及电位偏移来计算防腐绝缘层的绝缘性能参数。这一方法有三种表达形式：

（1）一般方法　通过向被测管道通以阴极保护电流，使其阴极极化，然后测其电流和电位偏移的差值，根据所测到的基本参数计算出管段的绝缘性能参数。图8-8是这一方法的原理图。

在A点放置一台带有通/断装置的直流电源，向管道送以阴极电流，在B点和C点测其管中流动的电流，两者之差为 ΔI，并在B和C点测其相对远方大地的通断状态下的管/地电位偏移，两者之差为 ΔE，这样就可计算出该段管道中电流损耗为 $\Delta I_B-\Delta I_C$，平均的电位偏移为 $(\Delta E_B+\Delta E_C)/2$。这样就可算出该段管道的漏泄电阻为

$$R=\frac{\Delta E_B+\Delta E_C}{2\ (\Delta I_B-\Delta I_C)}$$

计算出的 R 值和该段管道的表面积之积，就可得到该段管道的绝缘性能参数。

本方法有两点要注意：一是 ΔI 的两值相差必须显著，一般要求的比值至少是2∶1；另

一点是两个 ΔE 值必须相差不多，否则其算术平均值不能贴近真实的平均电位偏移点上，两个 ΔE 的比率不应大于 1.6∶1。如上述两点得不到满足，那么 B、C 两点的间距就需调整（缩短或增长）。

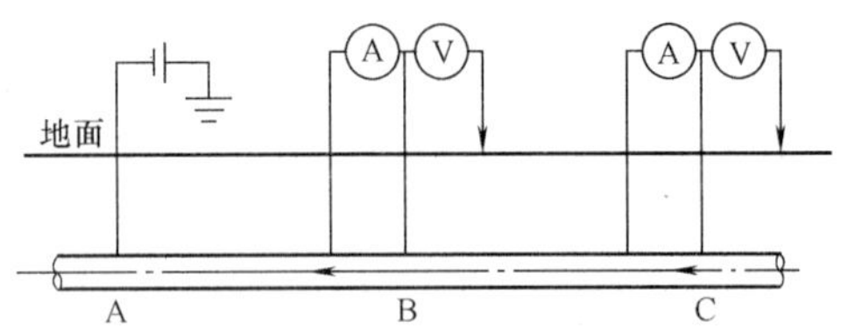

图 8-8　直流电流电位法原理图

这一方法不能测破损点。

（2）衰减常数法　当管段远离端点，它的特性属于电流长线衰减特性，可采用一个简单的程序，求得管道的衰减常数，以此算出管道的绝缘性能参数。在远点给管道施加一个通/断的阴极保护电流，在被测管段的两点测取 P/S 值，注意第一个点要离汇流点足够的远，避开阳极场的影响，另一点是任意远点，但它的读数必须大到可以充分应用的程度。此法不要求测量电流，可以通过下式得到管道的衰减常数：

$$aL=\ln\left(\frac{\Delta E_{A}}{\Delta E_{B}}\right)$$

式中　a——管道衰减常数，$a=\sqrt{R_0/r_0}$，m^{-1}；

L——管段 A、B 点的距离，m；

ΔE——在 A、B 点测得的 P/S 电位差，V；

R_0——管道纵向电阻，$R_0=\rho/\,[\pi\,(D-\delta)\,\delta]$，$\Omega/m$；

r_0——管道横向漏泄电阻，$r_0=\pi D/R_P$，Ω/m；

D——管径，mm；

R_P——管道防腐层绝缘参数，$\Omega\cdot m^2$；

ρ——管材电阻率，$\Omega\cdot mm^2/m$；

δ——管壁厚度，mm。

如果测试中可得到标定的电流，就可用这一方法校准，只要把式中的电位用电流替代便可。

$$aL=\ln\left(\frac{\Delta I_{A}}{\Delta I_{B}}\right)$$

计算方法和前述一样。用管线电流计算比电位受外界影响要小一些，所以这一方法更准确一些。

（3）电流密度法　此法是防腐层绝缘性能参数的最为简单的算法，不过它是一个平均值，它的基本原理是阴极保护的极化电流造成管道的极化电位的偏移，它的表达式为

$$R_P=\frac{V_{on}-V_{off}}{i}$$

式中　R_P——管道防腐层绝缘性能参数（$\Omega\cdot m^2$）；

V_{on}、V_{off}——管道通电/断电时对地电位（V）；

i——保护电流密度（A/m^2）。

此值受土壤电阻率、温度、湿度和透气性影响，有时可凭经验来确定：$R_P=0.3V/i$。

（二）防腐绝缘层检测标准

1. 按防腐层绝缘电阻评价

钢管防腐绝缘层大多选用石油沥青、环氧煤沥青、煤焦油瓷漆、热喷涂、塑料粘胶带、聚乙烯包覆层等绝缘材料制成，防腐层的防腐性能可用防腐层绝缘特性参数 R_g 来反映，R_g 越高，说明防腐层老化小，剥离和损坏小，其防腐层质量就越好。防腐层绝缘特性参数 R_g 是反映防腐层电特性参数，但不是防腐层绝缘电阻，R_g 是防腐层体积电阻率 ρ 与防腐层厚度为 1 的乘积，也是面积为 S 的防腐层与绝缘电阻 R 的乘积。

（1）SY/T 5918—2017《埋地钢质管道外防腐层保湿层修复技术规范》标准对石油沥青防腐层分级　SY/T 5918—1994 根据埋地管道沥青层因修理技术规定中将管道沥青防腐层的老化情况分为五个等级，各等级与防腐层绝缘特性参数 R_g 的关系见表 8-3。

表 8-3　防腐层绝缘特性参数 R_g 与老化状况

级　别	$R_g/\Omega\cdot m^2$	老化状况
一级（优）	>10000	基本无老化
二级（良）	5000~10000	老化轻微，无剥离和损坏
三级（一般）	3000~5000	老化轻微，基本完好，沥青发脆
四级（差）	1000~3000	老化较严重，有剥离和较严重吸水现象
五级（劣）	<1000	老化和剥离严重，轻剥即掉

（2）NACE（国家电子学咨询委员会）标准 TM0102—2002 对防腐层的分级　根据美国 NACE 标准 TM0102—2002《地下管线防腐层导电性能测量》标准规定，防腐蚀层状况分为四级：

一级：大于 $10000\Omega\cdot m^2$；　　三级：$2000\sim500\Omega\cdot m^2$；

二级：$10000\sim2000\Omega\cdot m^2$；　　四级：小于 $500\Omega\cdot m^2$。

2. 按电流衰减率进行评价

当采用电流衰减法进行防腐层检测评价时，如果按照防腐层绝缘电阻值进行分级，需要对相当多的未知参数进行假设，检测结果与真实值会有相当大的差异。

英国 Dynalog Electronics Limited 公司提出了利用电流衰减率进行防腐层状况分级，根据不同的管径，提出了不同的分级参量值。

国家“十五”科技攻关项目《城市埋地燃气管道及工业特殊承压设备安全保障关键技术研究》（2001BA803B03）提出了防腐层按电流衰减率进行分级评价方法及其指标，共分为四级：

一级：大于 0.011dB/m；　　三级：0.015~0.023dB/m；

二级：0.011~0.015dB/m；　　四级：大于 0.023dB/m。

二、管体腐蚀状况导波检测技术

由于城市燃气管道不同于长输管道，要想通过非开挖手段获得管体腐蚀状况信息，采用导波检测技术是重要选择项目之一。

管道低频超声检测系统发射低频测量导向超声波（约几十千赫），测量波沿管壁传播，当管壁壁厚发生变化时，产生回波信号，探头通过检测回波增益的大小确定该位置的壁厚变化，通过技术人员分析与再检验，确定管道金属损失情况。此方法对于“截面损失率>9%”的腐蚀检出率为100%，对于“9%<截面损失率<3%”的腐蚀，视具体情况检出率不等。开挖一点的一次检测长度分别为：±100m（清洁、装满液体和带环氧涂层管道）、±35m（严重腐蚀管道）、±15m（带沥青涂层管道），对于埋地管道一次检测长度会有所缩短。腐蚀部位定位准确度为±100mm。

三、管道内检测

城镇燃气管道内壁产生腐蚀等缺陷时，国外常采用称作清管器的检测仪进行检测。检测仪由自身组成部分的驱动装置或利用管道内流体流动的能量装置带动在管道内边移动边进行检测，可分为有缆型检测装置和无缆型检测装置。采用有缆型检测装置时，通常采用分段封闭式检测，需敷设临时管线，对待测管道进行输送流体置换，并对其清管，然后进行检测。无缆型检测装置则适用于在线检测。在这类检测装置内配置各种检测仪器：

1）照相机或摄像机检测仪。用于管道内涂层及腐蚀状态的检测。前者适用于管径为300mm以上的管道，后者则适用于500～600mm的管道。

2）漏磁法检测仪。利用其内部的磁化装置将管壁局部磁化，产生轴向磁通，用磁敏传感器检测因管壁减薄、磁阻增大而导致管轴方向的漏磁磁通量的变化，以此检测出因腐蚀等原因而造成的管内外壁表面减薄及其他缺陷，适用于管道的内径为100～1200mm。

3）超声波距离法检测仪。其内装有环向配置的超声波探头，在随管内压力流体移动的同时，测量管壁厚度及探头与管内表面距离，从而测出管子壁厚及其变形情况。其特点是可直接检测出管壁厚度变化，可区别出管内缺陷，可检测出焊缝周围的外表缺陷，还能测出管壁上较浅的凹陷。

4）涡流检测仪。利用涡流传感器检测管内表面产生的强涡流，可检测内壁腐蚀。

5）磁化涡流检测仪。可使整个管壁厚度磁化，测出管外壁腐蚀。

6）远场涡流检测仪。典型的远场涡流检测探头有两个与管道同轴的螺线管，其中一个为激励线圈，通以交流电；另一个为离激励线圈2～3倍管径远的检测线圈，当激励线圈通过低频交流信号时，沿管子内部对激励线圈直接耦合的屏蔽效应，使得随着检测线圈距离的增大，其接收的信号急剧衰减。另外，激励线圈附近周向管壁上的涡流场沿径向扩散到管子外部，并沿外壁向前后两个方向传播，在距离2倍管径处磁场再次返回到管内，通过设在远场区的检测线圈接收感应电压和与激励电压的相位差变化，从而检测出管壁的缺陷和厚度。在该检测方法中，激励线圈近场区或过渡区内的直接耦合信号是有害的干扰信号，在予以屏蔽后，可在一倍内径处接收远场信号，可大大缩短探头的长度。该检测装置由振荡器及功率放大器、相位及幅值检测放大器、单片机系统、探头及定位编码器、爬行器或清管式控制器及电源系统组成。远场涡流检测装置的特点有：

① 传感器和管壁不需要接触，不需特殊耦合，受间隙变化及偏心因素影响小，不受深度影响，对管子内外壁的缺损具有同样灵敏度，且可以测出整根管子的壁厚。

② 可适用于碳素钢、铸铁、镍合金、非铁磁金属材料。

③ 适用管径为9～1000mm。

管道内检测装置一般比较庞大、价格昂贵、使用费高且专用性强，例如超声波管道检测装置只能用于一种规格的管道。以直径为720mm的管道为例，其设备长6.6m，重数

吨，价值数百万美元，70km管道检测费用达130万元人民币。新研制的检测仪器，例如远场涡流管道检测装置虽然适用范围扩大了，造价也低得多，但也决非一般检验单位所可能拥有。随着我国经济的发展，无论是长输管道还是城镇燃气管道，由于泄漏事故所造成的人员伤亡、经济损失、环境污染将越来越严重，因此开展管道内检测工作将越来越迫切。

第五节　燃气管道故障处理

在用燃气管道运行中，最易出现的问题是漏气与管道阻塞，因此在燃气管道管理中，应重点抓住管道漏气与管道阻塞两个问题，以及由管道漏气与阻塞引起的故障处理，以保证管道畅通与安全运行。

一、漏气

（一）燃气管道检漏方法

埋地敷设的燃气管网漏气地点在地下，加之燃气会到处流窜，无孔不入，给地下燃气管道的查漏工作带来很多困难。根据上述特点，一般地下燃气管道查漏采取先按燃气气味的浓度，初步确定出一个大致的漏气范围，然后再选用下列一些方法进一步进行查找。具体方法如下：

1. 钻孔查漏

沿着燃气管道的走向，在地面上每隔一定距离（一般2~6m）钻一孔眼，用嗅觉或检漏仪进行检查。发现有漏气时，再加密孔眼，辨别浓度，判断出比较准确的漏气点，然后破土查找。

对于铁路、道路下面的燃气管道，可通过检查井或检漏管检查是否漏气。

2. 挖探坑

在管道位置或接头位置上挖探坑，露出管道或接头，检查是否漏气。探坑的选择应结合影响管道漏气的各种原因分析。探坑挖出后，即使没有找到漏气点，至少可以从坑内燃气味浓淡程度，大致确定出漏气点的方位，从而缩小查找范围。

3. 井室检查

在敷设燃气管道的道路下，可利用沿线下水井、上水阀门井、电缆井、雨水井等井室或其他地下设施的各种护罩或井盖，用嗅觉来判断是否有漏气。

4. 检漏工具

有一种比较简单的检漏工具如图8-9所示。这种工具是利用两个相互连通的橡皮球，将球放入管内后打气加压，两球间就形成一个与两端隔绝的空间。如果这段空间管壁漏气，则空间内压力就下降，通入此空间的小管将变化的压力传递至地面，这样一段段逐渐检查，就可确定漏气位置。这两个球的间距可以根据需要采用各种不同的长度，一般开始检查间隔长些，再逐渐缩短。

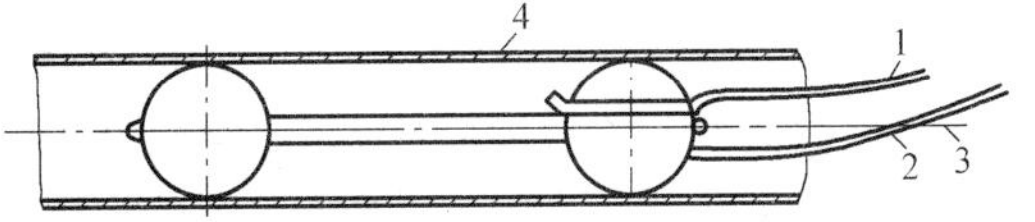

图8-9　检漏工具

1—测压管　2—打气管　3—球轴　4—管道

5. 使用检漏仪器查漏

各种类型的燃气指示器是根据燃气不同的物理化学性质设计制造的。有利用燃气与某种化学试剂接触时使试剂改变颜色的指示器，有利用燃气与空气具有不同扩散性质的扩散指示器，也有利用燃气与空气对于红外线具有不同吸收能力的红外线检漏仪。此外，利用放射性同位素来检测漏气地点的方法也得到了应用。

较常用的为接触燃烧式燃气指示仪，其中最常见的是热触媒指示器，图 8-10 为其电路图。它的工作原理是用铂螺旋丝作为触媒，使燃气在其表面发生氧化作用，氧化时所产生的能量使铂丝温度上升，引起惠斯登电桥四个桥臂之一的铂丝电阻发生变化。这样，电桥各臂电阻值成比例的关系失去平衡，电流计的指针产生偏移，根据不同浓度的燃气指示出不同的电流值。

半导体指示器，是利用金属氧化物如二氧化锡、氧化铁、氧化锌等半导体作为检测元件，在预热到一定温度后，如果与燃气接触，则在半导体表面便产生接触燃烧的生成物，从而使其电阻发生显著的变化，利用上述原理进行检漏。

图 8-11 为半导体指示器的电路。在半导体检测元件中设两个电极，使用时，先以半导体本身的电源 E_2 使半导体元件预热到适当温度，若半导体电阻为 R_1，串联的负荷电阻为 R_2，电源 E_1 使电流通过而构成回路，这样当空气中存在着燃气时，R_1 将发生急剧变化，其电阻值变化大小与空气中燃气的浓度有关。由于电源 E_1 的电压维持定值 V_1，当半导体电阻 R_1 改变时，与负荷电阻 R_2 并联的电压表指示值 V_2 也发生变化，将电压的变化通过浓度指示计显示出来。如果燃气浓度超过某个范围，则报警装置就会发出警报。

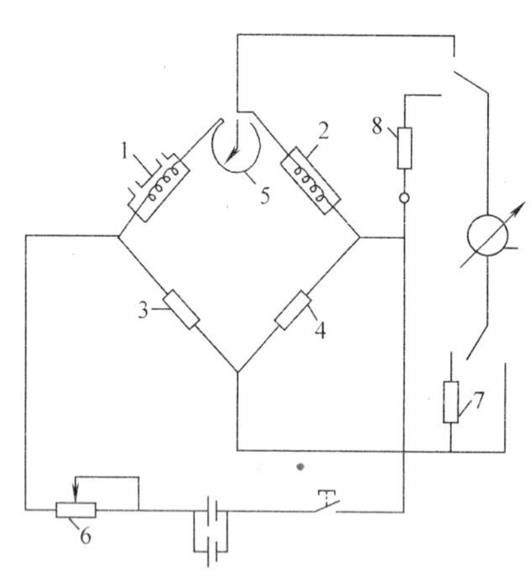

图 8-10　热触媒燃气指示器电路

1—测量箱的电桥臂　2—比较箱的电桥臂

3、4、7、8—电阻　5—零电阻器　6—可变电阻

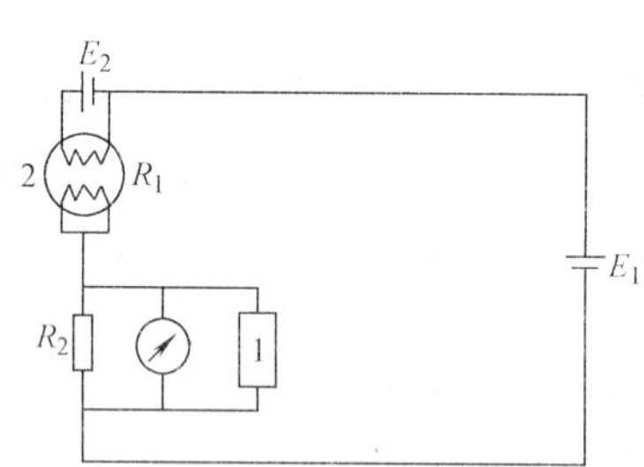

图 8-11　半导体指示器电路

1—报警装置　2—半导体元件

在检漏过程中，除了利用燃气渗漏出后其周围有燃气而产生的变化来检查其渗漏情况与确定渗漏地点外，也可利用燃气泄漏时，会产生一种能被探测到的噪声声波，该声波由泄漏点始沿管道向两个方向传播。利用装在管道上的传感器来接受该声波信号，根据声波到达两个传感器上的时间差便可判断确定泄漏点的位置。

这种检测分析仪表通常由相关器、发射器、传感器、耳机等部分组成。

（1）相关器　包括一个电磁波接收机和一个放大器，用于数据处理和数据显示。

（2）发射器　包括放大器和超高频发射机。除了向相关器发射接收到的泄漏噪声声波信号外，利用测听功能，通过耳机测听传感器接收到的信号，根据实际经验分辨泄漏噪声和环境噪声，以此作出判断。

（3）传感器　用来探测泄漏噪声。

（4）耳机　监听传感器收到的信号。

渗漏检测分析技术要求将输入管道的长度、管道材料和声波传播速度作为相关分析的参数，因此这些数据的准确性直接关系测量结果是否可靠。由泄漏产生的噪声声波是一种特定频率范围的声波，但传感器所监测到的信号往往还包括许多复杂得多的环境噪声，这就需要借助滤波器来进行信号筛选。泄漏点位置的相关分析计算是一种统计方法，它是不断地将两个传感器读取的数据进行比较和相关位移，最终使泄漏噪声得到加强，环境噪声受到抑制，从而确定出泄漏点噪声的位置。

6. 观察植物生长

观察植物生长来检查漏气是一种经济有效的方法，因为经地下管道漏出的燃气扩散到土壤中将引起树木及植物的枝叶变黄和枯干。

7. 利用凝水缸判断漏气

在地下燃气管道最低点设置的凝水缸，一般按照抽水周期有规律地抽水。若发现抽水量突然大幅度增多时，有可能燃气管道产生缝隙，地下水渗入了凝水缸。由此也可以预测到燃气的泄漏。

燃气管道检漏是燃气输配管理的一项经常性工作，所以要使检漏工作制度化，确定巡查检漏的周期。巡查检漏的次数应根据管道的运行压力、管材、埋设年限、土质、地下水位、道路的交通量、特殊构筑物的有无以及以往的漏气记录等全面考虑决定。巡查检漏工作应有专人负责常年坚持。除平时的巡查检漏外，还应在外部检查与全面检验时重点检测。

（二）漏气紧急处理

管道的漏气大多是由于焊口、接头或附属设备松动、破裂、管身腐蚀穿孔、管道开裂或折断等原因引起的。

在燃气管道出现漏气点时，尤其是较高压力燃气管道漏气，此时应迅速关断燃气管道上的阀门，以隔断漏气管段，限制事故扩大，并应立即采取措施对漏气点进行紧急处理。

下面简述不同管材与不同漏气地点所应采取的漏气的紧急处理方法。

1. 承插式接口漏气的处理

铸铁管承插式接口漏气时，应先了解接口填料的类别。如是青铅接口松动的漏气，处理前先把接口处泥土清理干净，然后使用灰钎、手锤捻紧铅口，铅口凹陷时，可加入一些铅条继续捻入口内，直至接口完全不漏为止。如是水泥接口漏气，应将口内水泥部分或全部剔出，在打紧油麻后要将新配好水泥填料捻入接口，并覆盖湿草袋养护。当漏气接口位于道路下边，如原是水泥接口应尽可能改为青铅接口，以改善接口性能。如接口填料是橡胶圈，发生漏气多因接口填料松动，漏气直接接触到橡胶圈，橡胶会吸收苯而膨胀，逐渐丧失密封作用。处理时，应更换为新的橡胶圈，再捻紧铅或水泥填料；机械接口带有压盖的应拧紧螺母，使压盖压紧填料。

2. 铸铁管的砂眼、裂缝的处理

地下燃气铸铁管道上砂眼漏气，可采用局部钻孔堵塞的方法进行处理。

地下燃气铸铁管产生裂纹或折断，可使用夹子套筒处理，如图8-12所示。夹子套筒是一套两个半圆形的管件，当套住管子后，用螺栓连接起来，夹子套筒与管子外壁之间用密封填衬作承插式接口处理。

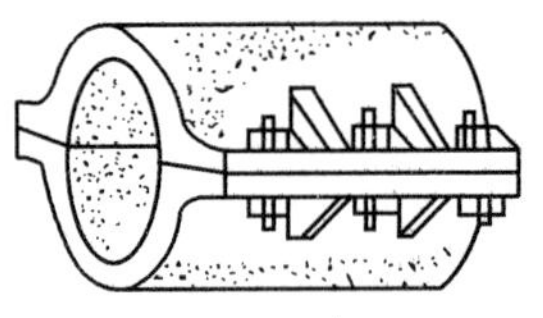

图8-12　夹子套筒

3. 钢管漏气处理

钢管由于腐蚀穿孔、裂缝、折断等原因，漏气发生在管身时，为迅速清除事故，可采用急修管箍，如图8-13所示。在穿透的管壁破坏点上安放由韧性材料如铅片或纤维材料制的垫片，用螺栓将包住管子的管箍（或管夹）与盖板拧紧，使垫片压实。这种箍圈可用在低压燃气管道上。高压钢管可先用急修箍圈作临时处理，然后再焊上补强的钢环。当钢管裂缝较大时，也可采取焊接方式处理。当上述漏气紧急处理后，需上报有关部门，以便安排燃气管道修理。

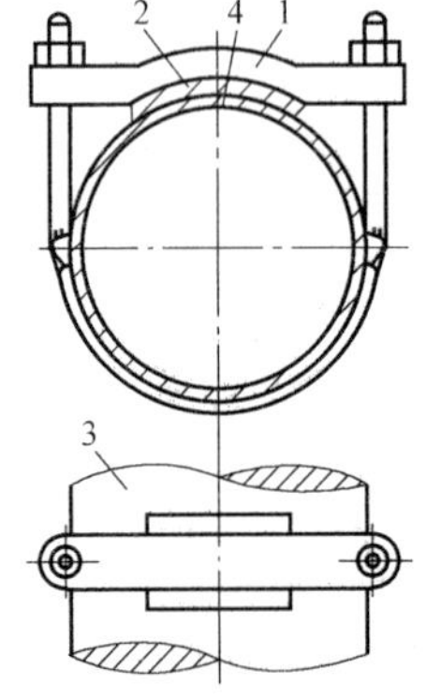

图8-13　急修管箍
1—盖板　2—纤维垫片
3—燃气管道　4—破坏点

二、管道阻塞及其消除

（一）积水

燃气中往往含有水蒸气，温度降低或压力升高时，都会使其中的水蒸气凝结成水而流入凝水缸或管道最低处，如果凝结水达到一定数量，而不及时抽除，就会阻塞管道。

为了防止积水堵塞，必须定期排除凝水缸中的凝结水。每个凝水缸应建立位置卡片和抽水记录，将抽水日期和抽水量记录下来，作为确定抽水周期的重要依据，并且还可尽早发现地下水渗入等异常情况。

一般中、高压管道中凝结水较多，低压管道中凝结水量较少。同时，有时由高压、中压管道或储气罐给低压管网供气时，低压管道内也有轻油、焦油等与凝结水一起凝结下来。应注意这种凝结水的排放会造成污染，同时，如流散在道路上或流入排水系统，则散发出强烈的臭味，容易误认为漏气，如排入灌溉水渠，则损害农作物。所以这种凝结水必须用槽车运至水处理厂排放处理。

凝水缸内如有铁屑、焦油等沉积物，会影响它的出水功能，应检查清除。

（二）袋水

由于各种原因引起燃气管道发生不均匀沉降，冷凝水就会积存在管道下沉的部分，形成袋水。

寻找袋水的方法是先在燃气管道上钻孔，然后将橡胶球胆塞于钻孔的左侧，充气后，听钻孔左侧的管道是否有水波动的声音。如无水声，再将橡胶球胆塞在钻孔的右侧，听钻孔右侧的管道是否有水波动的声音。如有水声，可根据水声的远近，再钻一孔，反复试听，直到找出袋水的地点。找出后，或者校正管道坡度，或者增设凝水缸，以消除袋水。

（三）积萘

人工燃气中常含有一定量的萘蒸气，温度降低时就会凝成固体，附着在管道内壁使其流

动断面减小或堵塞。在寒冷季节，萘常积聚在出厂 1~2km 的管道、管道弯曲部分或地下管道接出地面的分支管处。

要防止和消除积萘，首先要严格控制出厂燃气中萘的含量，符合质量标准的规定，可以从根本上解决管道上积萘的问题。此外，还要定期清洗管道。可用喷雾法将加热的石油、挥发油或粗制混合二甲苯等喷入管内，使萘溶解流入凝水缸，再由凝水缸排出。萘能被 70℃ 的温水溶解，如果在清洗管段的两端予以隔断，灌入热水或水蒸气也可将萘除掉，但这种方法会使管道热胀冷缩，容易使接头松动。因此清洗之后，应作管道气密性试验（在使用二甲苯时，应注意人身安全和对周围环境造成的污染）。

低压干管的积萘一般都是局部的，可以用铁丝接上刷子进行清扫，或将阻塞部分的管段挖出后，用比较简单的方法予以清扫。一般采用真空泵将萘吸出的办法清扫用户支管。

（四）其他杂质

管道内除了水和萘以外，其他杂质的积聚也可能引起阻塞事故。杂质的主要成分是铁锈屑，但常与焦油、尘土等混合积存在管道内。一般在燃气厂附近的输气管道内杂质主要是焦油，而在管道末端附近则以铁锈屑为主。无内壁涂层或内壁涂层处理不好的钢管，其腐蚀情况比铸铁管严重得多，产生的铁锈屑也更多，更容易造成管道阻塞。

高压和中压管道内的燃气流速大，且离气源厂或储配站越远燃气越干燥，铁锈屑和灰尘能带出很远，易积存在弯头、阀门、凝水缸、调压设备处，影响管道正常输气。为保证调压设备正常工作，还需在其前设过滤器。对于低压管道内的铁锈屑等杂质，不但使管道有效流通面积减小，还常在分支管处造成堵塞。

清除杂质的办法是对管道进行分段清洗，一般按 50m 左右作为一个清洗管段。可用人力摇动绞车拉动特别刮刀及钢丝刷，沿管道内壁将铁锈屑刮松并刷净。有时铁屑过多，且牢固粘附在管壁上，除去很困难，则可采用高压水专业清洗，或拆卸清洗。管道转弯部分、阀门和凝水缸如有阻塞也可将其拆下清洗。

第六节 燃气管道档案管理

整理好燃气管道的技术资料及做好档案的管理工作，可为管好、用好燃气管道奠定稳固的基础。在燃气管道管理的各项工作中，做好技术档案资料管理工作具有十分重要的意义。建立一套完整无误的管理档案体系，可以掌握燃气管道设计、制造、维修、检验、使用过程中遗留的质量问题。依靠完整准确的档案资料，可制定出合理科学的检验计划，有针对性地进行缺陷检验，以确定管道使用条件和期限，进一步加强燃气管道的全过程管理。可以说，档案资料的完善与否是衡量燃气管道管理工作水平高低的重要尺度之一。

燃气管道基础档案资料管理工作应高标准、严要求，并持之以恒、常抓不懈。主管部门和企业对档案的形式、规格、内容应提出原则要求，使用部门必须按统一标准具体执行。

燃气管道技术档案主要包括原始技术资料和使用情况两部分，构成了燃气管道从设计、制造、安装、使用、检验和修理改造直至报废的全过程的全部资料信息。

一、原始技术资料

原始技术资料是指燃气管道在设计、制造和安装过程中的基本信息，它由设计、制造和施工安装单位提供，一般包括：

1）燃气管道的设计文件、图样、设计计算书、系统总图、有关强度计算和某些特殊要求（如局部应力计算等）；

2）材料的化学成分、力学性能的试验数据，管道、设备生产、制造情况资料，施工安装情况，工程竣工图样，焊接接头试验、焊缝无损探伤结果、焊缝返修记录，强度试验、气密性试验情况和其他原始记录；

3）管道系统的操作工艺条件，如工作压力、温度及它们的波动范围，燃气介质及其特性（如是否有腐蚀性），管道敷设环境状况等；

4）安全装置的技术资料及其相应的技术文件、系统安装竣工及验收的技术条件及资料等。

二、运行情况记录

1）燃气管道实际运行情况，运行中主要工艺参数记载，管道历次检验、修理、改造和变更等情况。一般包括：

① 管道投用日期，如使用期间多次停用，则应记录停用次数和重新启动的起止日期；

② 操作条件及工艺参数，包括管道操作压力和温度，波动幅度和频次，间歇式运行时，则应注明其升压、降压操作的周期，使用条件发生变化时，应记录参数变更的大小以及日期；

③ 燃气介质的特性及其对管道材料的作用和其他外界环境因素的影响；

④ 每次外部和全面检验的日期、检验项目、检验方法和结果评定，检验中发现的缺陷情况和处理意见，返修的工艺记录，安全装置和仪表定期校验、修理、调试及更换记录；

⑤ 管道历次检修方案、施工记录、施工质量检验、竣工验收资料，管道停用期间保养措施和实施情况，技术改造情况；

⑥ 运行中隐患、故障、事故及其他异常情况的发生、处理和结果的详细记录；

⑦ 燃气输配系统中储存、加压、调压设备运行状况的全部资料与运行记录。

管道及设备的使用情况由各级管理人员、操作人员和检修、检验人员按各自职责范围认真、及时、准确、真实地记录。

2）因历史原因造成管道、设备资料短缺、遗失或内容不详，应通过定期检验，至少应补充所缺的必要资料，如：管道材料的分析报告；测定壁厚及焊缝的质量基本状况；压力试验记录；自行设计、制造的燃气管道应有必要的强度计算书；管道的安全状况评定及设备的技术条件与产品说明书等。

三、管道档案

重要燃气管道必须做到每一条管道都建立档案。典型管道档案的目录如下：

1）燃气管道使用登记证；

2）管道登记表，见表8-4；

3）有关设计资料；

4）制造安装竣工文件、竣工图样、竣工验收主要技术资料；

5）管道平面图、接口（焊接）位置及编号；

表 8-4 燃气管道登记表

<table>
<tr><td>使用单位</td><td colspan="3"></td><td>安装日期</td><td colspan="2">年 月 日</td></tr>
<tr><td>管道名称</td><td colspan="3"></td><td>投用日期</td><td colspan="2">年 月 日</td></tr>
<tr><td>登记证号</td><td colspan="3"></td><td>登记日期</td><td colspan="2">年 月 日</td></tr>
<tr><td>管道编号</td><td colspan="2"></td><td>类别</td><td></td><td>焊口数量</td><td></td></tr>
<tr><td rowspan="2">规格（外径×壁厚×长度）/mm</td><td colspan="3"></td><td></td><td colspan="2"></td></tr>
<tr><td colspan="3"></td><td></td><td colspan="2"></td></tr>
<tr><td>起止点</td><td colspan="6"></td></tr>
<tr><td>设计单位</td><td colspan="3"></td><td>安装单位</td><td colspan="2"></td></tr>
<tr><td rowspan="2">设计条件</td><td>压力</td><td colspan="2">MPa</td><td rowspan="2">操作条件</td><td>压力</td><td>MPa</td></tr>
<tr><td>温度</td><td colspan="2">℃</td><td>温度</td><td>℃</td></tr>
<tr><td>管道材料</td><td colspan="3"></td><td>介质及腐蚀因素</td><td colspan="2"></td></tr>
<tr><td>埋地或架空</td><td colspan="3"></td><td>防腐保护措施</td><td colspan="2"></td></tr>
<tr><td colspan="3">防腐外护层</td><td>主材料</td><td></td><td>厚度</td><td>mm</td></tr>
</table>

6）管道阀门及主要管件明细表，见表 8-5；

表 8-5 燃气管道阀门和主要管件明细表

序 号	名 称	规 格	材 质	单 位	数 量	备 注

7）管道运行记录、生产周期、每岗期运行起止时间、累计运行时间、主要工艺参数；

8）管道检查记录、检验报告；

9）管道修理与改造方案、批准文件、图样、材料与管件合格证书、施工记录、施工质量检验记录及竣工技术文件和资料；

10）管道状态监测记录，如腐蚀数据记录、振动摩擦、磨损情况等；

11）安全附件校验、修理和更换记录；

12）管道变更记录，见表 8-6；

13）管道隐患缺陷记录，见表 8-7；

14）管道事故记录与事故分析，见表 8-8；

15）其他技术资料及各类记录；

16）燃气输配系统储存、加压、调压设备的全部资料。

除各类管道的技术档案以外，管道管理还应收集和整理其他有关技术资料，包括各类手册、图册、标准、规范、规程、制度、重大检修方案、技术总结、下发的各种文件、各类报表及其他各类记录。

表 8-6　燃气管道变更记录

使用单位		管道名称	
介质		管道类别	
变更日期	年　　月　　日	变更原因	
变更主要内容：			
设计：	施工：	管理：	设备科（处）：

表 8-7　燃气管道隐患缺陷记录

使用单位		管道名称	
介质		管道类别	
发现日期	年　　月　　日	处理日期	年　　月　　日
缺陷内容：			
缺陷产生主要内容：			
采取的措施及缺陷消除情况：			
责任人：		主管领导：	

表 8-8　燃气管道事故记录

<table>
<tr><td colspan="2">使用单位</td><td colspan="2"></td><td>管道名称</td><td colspan="2"></td></tr>
<tr><td colspan="2">管道规格</td><td colspan="2">mm</td><td>管道类别</td><td colspan="2"></td></tr>
<tr><td colspan="2">管道材料</td><td colspan="2"></td><td>介　　质</td><td colspan="2"></td></tr>
<tr><td colspan="2" rowspan="2">设计</td><td>压力</td><td>MPa</td><td rowspan="2">操　　作</td><td>压力</td><td>MPa</td></tr>
<tr><td>温度</td><td>℃</td><td>温度</td><td>℃</td></tr>
<tr><td colspan="2">事故发生时间</td><td colspan="2">年　　月　　日</td><td>恢复使用日期</td><td colspan="2">年　　月　　日</td></tr>
<tr><td colspan="2">事故性质</td><td colspan="2"></td><td>事故发生部位</td><td colspan="2"></td></tr>
<tr><td>事故主要原因</td><td colspan="6"></td></tr>
</table>

（续）

管道损坏程度	
修复情况	
防范措施	
设备员：	设备主任：

第七节　燃气管道计算机管理

计算机作为信息处理的有力工具，在企业管理领域已日益显示出重要的作用。燃气管道面广量大、资料信息繁杂，长期以来一直是管理工作的难点和薄弱环节。建立管道的计算机管理系统的目的就是要对城镇大量的燃气管道原始运行、检验、检修的信息进行采集、录入并加工处理，提供管理所需的各种信息查询，发挥管道管理功能。

燃气管道计算机管理系统应设有档案资料、定点测厚、焊缝无损检验、数据分析、腐蚀计算、维护检修、管道寿命预测及统计报表等全过程管理内容。利用计算机储存、检索、查询快捷的特点，对燃气管道数据进行综合和分析，从静态到动态为全面综合管理提供依据。

首先，要建立燃气管道基本参数和综合性能表，见表8-9。表的栏目可按实际需要增减。使用中将管道的参数资料逐次输入计算机，建立完整的燃气管道基本参数和综合性能数据库。表中的栏目编号可供在对各栏目检索和查询时作编码用。

表8-9　燃气管道基本参数和综合性能

序号	管道编号/图号	规格/mm	长度/m	材料	安装日期	投用日期	操作条件			接口数	连接材料	防腐措施	管道制造厂	力学性能化学成分检查单编号	结论	无损探伤检验单号	评级	主要附件名称	件数	安全附件	备注
							压力/MPa	温度/℃	介质												
1	2	3	4	5	6	7	8	9	10	11	12	13	14	15	16	17	18	19	20	21	22
⋮	⋮																				

根据燃气管道的定期检验要求，在上述数据库的基础上，进一步输入燃气管道的外部检验评定、定点测厚记录，全面检验、评定燃气管道优劣程度及检修要求等技术状况数据见表 8-10。这些数据来自现场的测试记录，具有信息处理和分析的特点，可根据燃气管道维护检修规程、实际使用的经验和检维修记载，确定燃气管道的综合评定得分计算的数学模型，利用外部检验的定性结论、定点测厚和全面检验等数据，确定受检燃气管道的综合技术状况得分。总之，对于燃气管道的各项数据应尽可能地收集汇总，整理后输入计算机，目的不是制订几个表格，而是建立数据文件，用计算机进行数据处理，按需要的格式输出各种供用户决策的信息。

表 8-10　燃气管道技术状况表

序号	管道编号	管道名称	受验管段	外部检验				定点测厚			全面检验				综合评定得分	检修记录	备注
				优	良	可	差	原始/mm	实测/mm	判断	探伤记录	焊缝抽查	检验日期	检验周期			
1	2	3	4	5	6	7	8	9	10	11	12	13	14	15	16	17	18
⋮	⋮																

燃气管道计算机管理系统结构如图 8-14 所示。

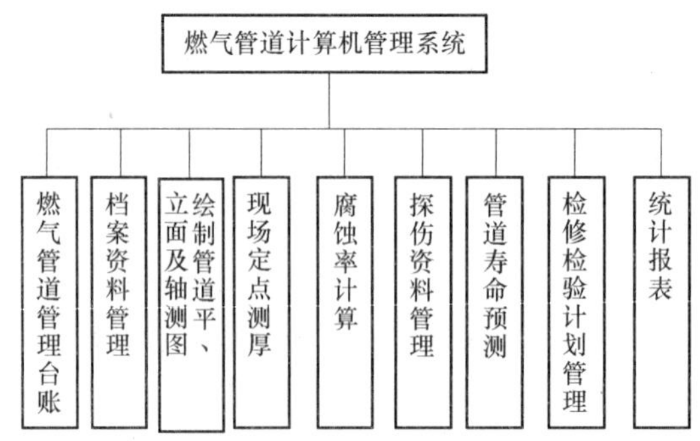

图 8-14　燃气管道计算机管理系统

燃气管道计算机管理系统有以下几个特点：

1. 系统性强

系统由现场定点测厚、焊缝无损检测、智能型超声波测厚仪采集现场数据及计算机管理软件组成，构成一个监测腐蚀减薄状况、检查焊缝质量的完整的监测、分析、管理系统，实现管道全过程管理。

2. 功能性强

系统具有数据查询、检查、统计、增添或删改数据库记录，建目录卡片，绘平、立面及轴测图等功能，各功能均有若干必要条件供选择，可随意选择所需项目进行自由组合，即可得到预期的查询、统计、报表、目录卡片等结果。系统可编制管道汇总表、管道检验一览表、管道检验完成状况一览表及下一检修周期管道更换计划表。

3. 适应性强

系统从设备管理实际出发，强化管道资料信息的整理、存档、分析、统计和咨询工作，

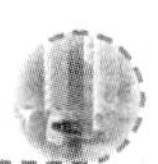

改变过去管道管理中混乱无序的状况，提高工作效率，避免人工管理的疏忽和遗漏，使管道管理更准确和科学。

4. 操作性强

系统使用带微机的现场检测仪器，完善了从数据采集到管理的全过程。智能性超声波测厚仪，可结合现场定点测厚采集数据，实现对管道腐蚀情况进行全过程微机处理，系统有内存单元和通信接口，可与计算机交换信息。

测厚前，根据预先建立的测厚方案，将测厚点的图号、序号和原测厚值从计算机输入测厚仪内存，并可通过绘图仪绘出管线图供现场测厚使用。测厚时可将新老测厚值进行简化比较、确认并将新值存入内存。测厚后，通过接口将信息全部送入计算机，计算机即根据输入数据逐项进行核算，计算腐蚀率，按加权平均方法预测下周期剩余壁厚，以判断腐蚀趋势和使用周期。由于从方案编制、数据采集到归档核算实现了全过程的计算机管理，从而可避免检验工作的盲目性和可能产生的差错。

5. 经济性强

采用该系统后，可避免因主观判断失误而造成不必要的浪费，节约了检验、维修费用，缩短检验和检修时间。同时也可避免因管道与管件更换不及时酿成的失效和事故的重大损失。

必须强调的一点是，要使计算机参与管道管理，必须具备几个必要的条件。

首先，企业必须有一个比较规范、标准和制度化的管理模式和工作程序，要按科学的方法进行管理，部门与部门、人员与人员、工序与工序之间的关系都要按标准来处理。其次，必须使资料系统化、档案化，原始数据需准确无误且反映实际状况，避免一切人为因素的干扰和影响，尽可能用现代化手段来采集现场数据。三是管道计算机管理是一项庞大的系统工程，每个管理阶段都可能会有大量的数据需要收集、整理和录入。一次检修工程就可能会有成千上万个数据需要充实和更新。在某种意义上来说，系统维护的工作量远大于系统的建立。许多计算机设备管理系统建完之后，发挥不了作用，就是因为上述诸项原因。而一旦管理工作走上正轨，管理体系正常地发挥效能，管道的管理必将从传统管理手段向现代化管理手段实现一个飞跃。

第九章

燃气管道的维护

第一节　燃气管道的技术改造

对已经投入运行的燃气管道，根据运行管理中的问题，应当有计划地对燃气管道进行技术改造，以便管道的运行更能适应已经变化了的运行条件，或对由于长期运行所暴露出的技术缺陷予以弥补或纠正。

燃气管道的技术改造一般指以下几个方面的技术变动。

（1）对有技术缺陷的管道予以更新，由于使用年限较长所暴露的问题

1）防腐层破坏；

2）电化学腐蚀造成的漏气；

3）由于腐蚀造成的管壁变薄；

4）地基沉陷造成管道的局部应力；

5）焊缝方面的缺陷。

（2）管径需变化　由于负荷增长较快，原有管径小不能满足供气要求，须将原有的小管径更换为管径更大的燃气管道，由大管径变为小管径的情况较为少见。

（3）管道压力发生变化　原有燃气管道不能满足升压要求，须将原有管道拆除，敷设能承受更高压力的燃气管道。

（4）管道输送介质发生变化　例如原来人工煤气管道压力较低，经置换成天然气输送压力升高。

（5）燃气管道的防腐系统变化或控制系统变化须调整管道等因素。

（6）管道设施的技术改造，例如更换阀门。

（7）与其他设施相关的技术改造，例如：过河、过铁路、过公路等局部管道须更换等。

对于技术改造的项目，一般应于年初提出项目内容、必要性、工程量、所需材料设备及预算，制定技术改造方案，经燃气主管部门及总工程师批准后方可实施。

第二节　燃气管道的大修理

一般的小修及维护管理在日常工作中即可解决，这里指的是燃气管道的大修。经过日常运行管道检查发现问题，须进行大修理的项目，主要有：

1）设计及施工中有问题的管道，例如：法兰螺栓孔位置未对正，密封垫片老化、阀门密封材料需更换等。

2）投产后发现由于基础处理不好，或有地基扰动造成局部应力等问题，应当加固处

理的。

3）有电化腐蚀问题的。

4）受其他市政、建筑施工影响造成的局部管道损坏或绝缘层局部破坏的。

5）对于需修理的管道，检验单位应提出修理部位及要求，修理工作应在对检验结果及缺陷情况作出分析的基础上进行。修理或改造的技术方案需征求使用单位及检查单位的同意，重大修理改造应由质量技术监督行政部门进行安全检查。

对于缺陷严重、修理工作困难或修理后难以保证安全使用的管道应予以报废或限期更换。

第三节　燃气管道的配合工程

由于其他工程的影响，燃气管道需要改变管线走向的称为燃气管道的配合工程。这项工程不是以燃气管道本身为主体，而是以其他工程为主体的。广义上说也是管道的维护工程。

在建筑工程中，预定的建筑位置，正好有管道通过。为了满足安全距离的要求，必须改管。避开即将施工的建筑物。在其他工程中也有类似的情况，例如：铁路、公路的建设；河道的加宽、改道疏浚；市政管道的建设：热力、电信、电力、上下水等，在城市中每项建设工程都牵涉到燃气管道，所以配合工程是经常的，它的频率远远大于燃气管道的技术改造和大修，而且此类工程项目是不能列入年度计划的，临时情况多，时间要求紧，因此，我们必须给予重视。

在其他工程中，有的并不要求燃气管道的改线，但是其他工程施工位置临近燃气管道，我们也必须加强巡视，防止管道的损坏，发现损坏立即组织抢修。

第四节　燃气管道的检修

燃气管道的检修可分为计划检修和非计划检修两类。

（1）计划检修　列入年度计划中，分为大修、中修和小修。

（2）非计划检修　管道意外发生漏气，一种是自然腐蚀，另一种是其他工程造成的机械损伤导致漏气。无论哪种情况必须立即组织现场抢修。这类事故性抢修，不可能列于年度计划中，所以平时必须准备应急方案，启动应急机制，这种方案是适应一年 365 天，一天 24 小时的，无论何时出现问题必须马上处理。

下面介绍计划大修的实施。

一、制定大修计划

燃气管道是有使用期的，从固定资产管理上讲有折旧年限的，对管道平时检查、鉴定其技术状况，可以确定大体哪一年需要检修或更新原有管道，这个时间有可能少于或大于折旧年限的时间，以管道技术状况来决定大修，在确定管道必须大修后，应按规定向上级主管部门提出申请，并提出预算，待批准后列入年度计划，并相应拨款后，方可进入实施阶段。

二、大修前的准备

1. 制定大修方案

当我们确定某条管道要检修时，要做出详细周密的大修方案，并且要经过会议讨论，上报技术主管部门批准方可实施。管道检修必须要有严密的技术措施。检修现场要设置检修平面布置图、施工统筹网络图、施工进度表和施工技术方案书，并制定周全的安全措施。工程质量要精益求精，认真执行相应的管道检修规程、规范和质量验收标准。

2. 制定临时供气方案

对于某段管道大修会影响哪些用户的供气要调查清楚，并制定临时供气措施。

（1）停气时间较长的管线　要确定由哪条管道替代供气，例如：环状管网。如果是枝状管道可敷设临时供气管道，待抢修完毕，正式管道供气后再拆除。

（2）停气时间较短的管线　例如：从晚上九点到次日凌晨五点就可完成的任务。可以通知用户停气时间，按时恢复供气即可；有的需要白天作业的，如：从上午八点到下午四点的检修，事先通知用户，影响午餐，请用户做好准备。这里特别注意有无工业用户，应采取特别措施保持工业炉窑的温度。

三、管道大修前的停气、吹扫

1）管道系统置换，管道系统停气后，首先把管道内的燃气放散掉降压至大气压，用空气进行置换及吹扫。必要时可用惰性气体进行置换，清除天然气残留。

2）用盲板将待修管道与正常工作管道及设备隔开。

3）气体的取样分析，吹扫完毕后，应在管道系统的末端以及各个死角部位取样分析，切实做到放空、扫净。

四、完成计划检修的项目

检修方案中规定了要检修的项目内容，这些项目要逐一按质按量地完成，不可遗漏。

五、质量安全检查

在燃气管道通气前必须进行仔细的质量、安全检查，因为在管道通气后是无法补救的。检查内容包括以下几个方面：

1. 管道的技术状态

管道是否已按工艺要求与其他设备、有关配管相连，检修用的临时盲板是否已拆除，各路阀门是否按要求处于相应启、闭状态，法兰垫片是否齐全，连接螺栓是否均匀上紧，并且经过管道的严密性试验。使管道及附属设备处于最良好的技术状态。

2. 检修现场

应拆除检修时的一切临时设施，做到检修现场“场光地净，工完料尽”，没有任何杂物和垃圾。

六、检修的验收

管道检修项目必须经过检查和专业检验。凡不符合要求者，应进一步检修，直至符合要

求。检修完毕应参照管道安装竣工资料的内容要求，填写验收资料。

七、检修记录存档

燃气管道检修完毕后，应填写检修记录。检修记录的内容应包括：

1）检修的内容，附有关检修管道图样；

2）检修时间；

3）本次修理中发现的原计划之外的问题及处理情况；

4）管材及主要管件、附件更换的情况，包括名称、数量、材料及损坏情况；

5）检修前后的检查、测量、理化检测等资料；

6）检修所用钢材、焊条、管件和其他附件的质量证明书、材质化验单、合格证、复验报告等；

7）隐蔽工程报告。

八、检修工程的组织

1. 组织机构

根据方案的要求及工作量的大小，成立临时指挥机构，负责检修工程的实施。在较大的检修工程中，要成立指挥部，检修工程的组织系统如图 9-1 所示。

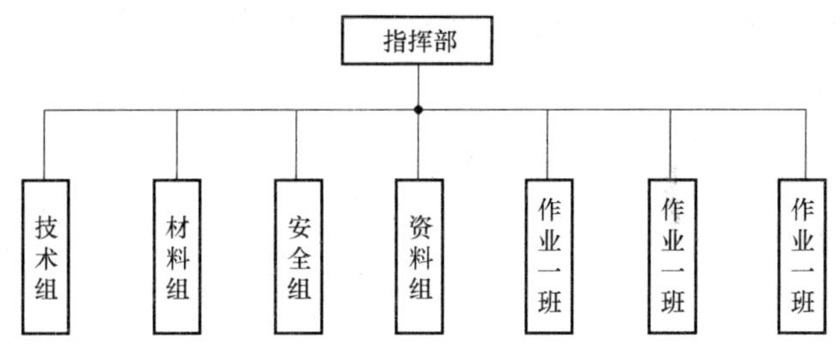

图 9-1　检修工程的组织系统图

各个部门各负其责，各个作业班分工明确，共同完成检修任务。

2. 方案阶段

检修方案应列入年度计划，方案制定完成后，要经有关部门或相关人员论证并获得批准，实施前要进行方案交底，检修方案阶段示意图如图 9-2 所示。

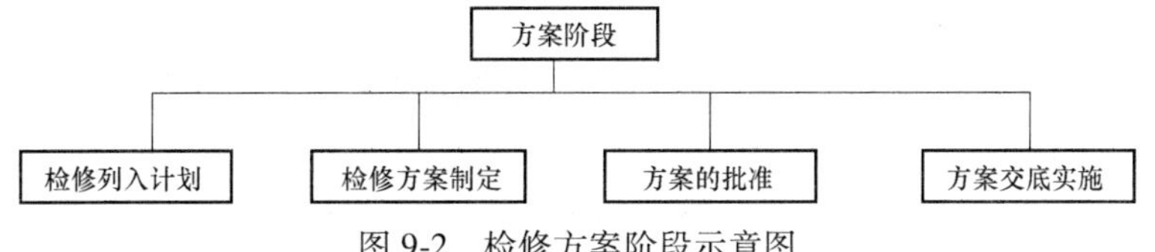

图 9-2　检修方案阶段示意图

3. 现场组织

按照检修方案的要求，管道停工检修前，要认真做好工程任务、质量标准、设计图样、器材供应和施工安全措施交底工作，检修实施阶段工作示意如图 9-3 所示。

九、文明施工和安全管理

1）检修工程必须文明施工，现场道路平整，消防通道顺畅，原材料、工具分规格码放

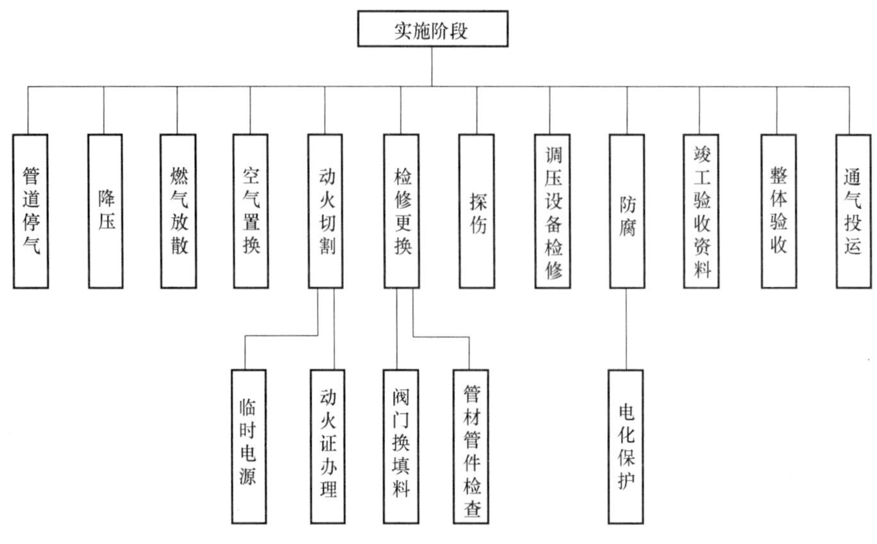

图 9-3　检修实施阶段工作示意图

整齐，现场有安全标志。

2）管道检修时要清除管道内污物、水垢等。

3）严格执行现场动火制度，没有动火批准手续不准动火作业。动火现场的可燃物必须清除，管道与邻近的易燃、易爆系统在动火前须切断，用盲板隔开并经置换分析确认合格。动火地点应配备有关灭火器材，动火完毕后应熄灭余火，切断电源。

4）严格执行现场动土制度，没有动土批准手续不准开挖土方，以免伤及地下其他隐患工程，酿成故障和事故。动土手续必须由规划、设计、管理、电气、电信、动力和给排水等部门审核签发。

5）进入现场人员必须佩戴安全帽，从事高空作业人员必须佩戴使用安全带，架空管道有关通道应有相应护板、护栏等可靠防护设施。

6）射线探伤作业人员应穿戴好符合标准的防护用品，作业场所严禁吸烟和其他火种，并设置警戒线，有明显标志，有专人监护。

7）在紧急情况下进行燃气管道抢修时，应佩戴防毒面具进行作业，在地沟、管沟、室内、开挖的土方、窨井内作业需使用长管式防毒面具。

第五节　燃气管道的带气作业

在已通有燃气的管道上进行作业即带气作业。

一、需要带气作业的场合

（1）接线　新的管道敷设好以后，要和已经带气运行的管道连接。

（2）检修　包括紧急的检修即抢修，如管道腐蚀漏气或遭到其他施工的机械损伤需要紧急修理又不能停气时的作业。在计划检修的管道上带气切断、修漏，检修后再与原管道连接上。

（3）改线　受其他工程的影响已通气的管道需改变位置。当新的管道敷设好以后，把旧管切掉再与新管接通的作业。

二、带气作业的优点

1）不需要管道停气，不影响用户的正常使用。

2）节省作业的时间，不放空、不吹扫、不置换，减去很多工序，节约了人力，节省作业资金，充分实现了多快好省。

3）避免大量放散，节约燃气也不污染空气。

4）只要能安全地带气作业也减少了许多安全隐患，比如：放散燃气时对周围的影响，管道吹扫、置换的安全风险等。

三、带气作业方案的制定

预先制定周密、合理、完善的带气作业方案，是完成好作业的关键，也是第一步的工作。

1）充分调查研究、查阅有关图样资料，要了解管道上下游的情况，气来自何方向哪里供气，这次作业要切哪里接上哪里，现场情况，如管道的压力级制等，要了解得清清楚楚，不得含糊。要了解新建和原有燃气管道的技术状况，包括管道敷设方式、管材、管径、管长以及阀门、凝水缸、用户引入管的位置等。

2）在需要降压的作业时，要做好用户工作，要调查清楚，影响哪些用户？影响多少时间？要把所有用户通知到，尤其要注意工业用户的工作。

3）放散管的管径、位置和数量。

4）带气作业的程序方法。

5）需用的工具、器材、设备、防护用品等。

6）作业组织、人员分工、各人的岗位、作业时间和作业地点。

7）作业现场及周围环境情况。

8）现场通信手段。

9）安全操作技术、安全保卫和事故紧急抢救措施。

四、降压带气作业

1. 作业的准备工作

1）在新管和旧管的连接处开挖工作坑，工作坑的大小应满足操作要求，一般管道与坑壁净距不小于1m，与坑底净距不得小于0.6m；

2）预制管件：新旧管的连接有多种方法：三通接法、弯头接法、直管接法。按接法的要求，预制管件。

3）在预定位置设置放散管。

4）确定压力观测点，设置压力表。

5）临时电源接通。

6）指挥部、各接线作业坑、调压站、压力观测点和放散点之间的通信联系，电话保持畅通。

7）建立现场临时指挥部，确定各作业点的负责人、任务明确、分工合理、齐心协力、完成作业。

8）备好各种材料设备，包括：管材、阀门填料、焊机、焊条、水泵、照明设备、通信器材、安全设备、灭火器材和检漏仪器等。

2. 降压作业

1）关闭来气、去气端的阀门并加盲板。

2）把作业管段中的燃气排放达到预定压力，一般不低于500Pa。排放燃气方法是尽量使用调压器将管内有压燃气供出去，不足部分用放散管放空调节。

3）当压力降好后，各点作业人员应注意观测，在作业过程中保持此压力直至作业完成。

3. 带气作业

1）在原有燃气管道上开天窗：即用汽割，边割边有火焰燃烧，边用粘土泥（高岭土）涂抹切口处灭火。

2）待全部切割完毕，火全部扑灭后用冷水降温。

3）戴好防毒面具瞬间打开天窗盖，冒着燃气气体的溢出将球胆塞入来气端或双侧塞入球胆，迅速向球胆内充入压缩空气直至球胆完全阻塞燃气为止。在球胆处用砖筑“墙”防止球胆移位。

4）在确认无残留燃气时方可动火作业，焊接预制好的接头、把新管焊接好。

5）拆除“墙”，取出球胆，还盖好原天窗。缝隙用粘土泥抹严，用铅丝捆好。

6）燃气冲入新管道，将新管道内的空气排尽，从新接管道末端放散管取气样做点火试验，燃烧正常；或取气样用气体分析仪进行分析，燃气中含氧量不超过1%，即可认为充气合格。

7）焊上天窗。

8）将燃气压力恢复到正常工作压力，用肥皂水检查所有新焊的焊口或接头，如无漏气现象，即可认为合格。

9）完成接线部位的防腐层，回填工作坑，恢复路面。

4. 接线方法

（1）三通接线法　当新建管道位于原有带气管道一侧时可采用三通接线法。三通接线法有两种不同方式，它们是套管三通法和天窗三通法。

1）套管三通。如图9-4所示，操作步骤如下：

① 新建燃气管道上的管堵割掉，套上活动钢套管，套管直径比新建管道大50mm。

② 原有燃气管道上焊接一短管，短管的直径比套管大50mm。

③ 在短管内的原燃气管道上带气切割一圆孔，一边切割一边用粘土泥堵住割缝，以避免大量燃气泄漏。

④ 切割完毕，关闭割炬并熄灭作业现场任何火源，照明采用防爆手电筒。

⑤ 用铜锤和螺钉旋具将割片取下，迅速将钢套管插入短管内，用石棉绳或油麻填入套管与短套，套管与新建管道之间的缝隙，打口严实。

⑥ 待新建燃气管道充气合格后，将套管与短管、套管与新建管道之间的接口收口焊接。

2）天窗三通。如图 9-5 所示，操作步骤如下：

① 割掉新建管道上的管堵。

② 将开有天窗的短管焊接在新建管道和原有管道上，形成三通连接。

③ 用墙堵及粘土泥将短管与新管隔断。

④ 在天窗内的原有燃气管道上带气切割一圆孔，一边切割一边用粘土泥堵住割缝，割片暂不取下。

⑤ 用压缩空气将切割时泄入短管及工作坑内的燃气吹尽。

⑥ 拆除墙堵。

⑦ 将割片取下。

⑧ 迅速将天窗盖板盖上，缝隙暂时用粘土泥封严。

⑨ 待新建管道充气合格后，将天窗盖板焊好。

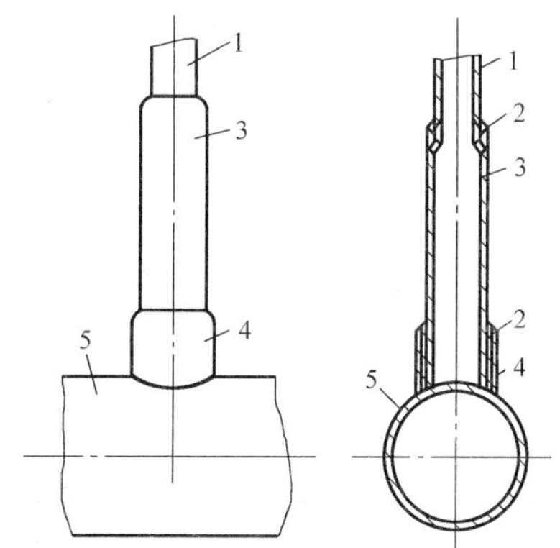

图 9-4　套管三通接头

1—新建管道　2—石棉绳

3—活动钢套管　4—短管　5—原有燃气管道

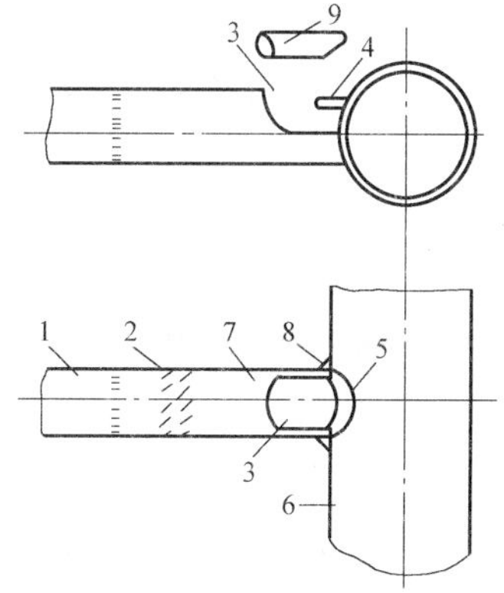

图 9-5　天窗三通接头

1—新建管道　2—墙堵　3—天窗　4—取下切割管壁的割片　5—切割管壁　6—原有燃气管道　7—短管　8—焊缝　9—天窗盖板

（2）对接接线法　当新建管道的中心线与原有管道的中心线位于同一直线时，采用对接接头。对接接线又分为套管对接接线和短管对接接线。当燃气管道的管径较小时，用套管对接接线；当管径较大时，若采用套管对接接线，移动套管和填塞石棉绳都比较困难，而且需要较长的操作时间，则可采用短管对接接头。

1）套管对接接头。如图 9-6 所示，其操作步骤如下：

① 割掉新建燃气管道的管堵。

② 在新建燃气管道上套上一段套管。

③ 带气切割原燃气管道的管堵，边切割边用粘土泥封好切缝。

④ 接近切割完时，将套管移向原燃气管道。

⑤ 将管堵取下，立即使套管套在两待接管道上，并迅速在套管与燃气管道之间的缝隙内用石棉绳或油麻填实，并打好接口。

⑥ 待新建燃气管道充气合格后，将套管两端收口

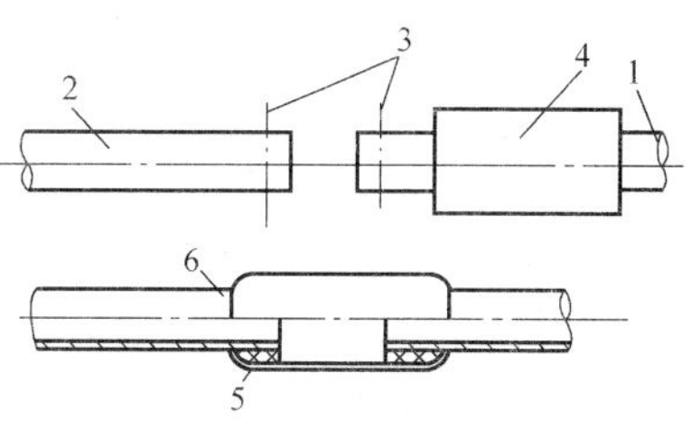

图 9-6　套管对接接头

1—新建管道　2—原有管道　3—切割线

4—套管　5—石棉绳　6—焊缝

焊接好。

2）短管对接接头。如图 9-7 所示，其操作步骤如下：

① 在原有管道上开一天窗。开天窗时，天窗洞口不宜太长，以长轴约为 200mm 的椭圆形为好。天窗与管道末端的距离不宜太大或太小，1m 左右即可，距离太大时，末端容积大，积存的燃气不易吹尽，距离太小时，在焊接短管过程中，容易使墙堵和粘土泥过快烤干而漏气。

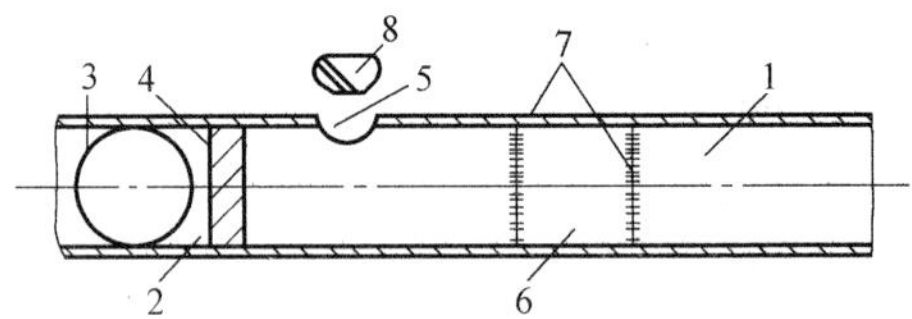

图 9-7　短管对接接头
1—新建管道　2—原有管道　3—球胆　4—堵墙　5—天窗　6—短管　7—焊缝　8—天窗盖板

② 从天窗口将橡胶球胆放进管道内，球胆内充压缩空气将燃气隔断。

③ 在球胆后砌筑墙堵，以防止球胆移动，并用粘土泥封住墙堵的缝隙。

④ 将管道末端和工作坑内的燃气用空气吹尽。

⑤ 割掉新建管道的管堵。

⑥ 将预制好的连接短管两端与新建管道和原有管道焊接好，焊接时要严防燃气从墙堵漏出。

⑦ 拆除墙堵。

⑧ 取出球胆。

⑨ 盖上天窗盖板，盖板缝隙暂时用粘土泥封严。

⑩ 待新建管道充气合格后，将天窗盖板焊好。

（3）铸铁三通接头　铸铁三通接头，就是将原有铸铁燃气管道切下一段，换上铸铁三通，如图 9-8 所示。其操作步骤如下：

① 在原燃气管道上准备接三通的管段两端，各打一个带丝扣的孔洞。

② 从每个孔里塞进一个橡胶球胆，向球胆里充空气将燃气隔断。

③ 用空气将泄漏到工作坑内的燃气吹尽。

④ 将原有燃气管道切下一截管段。

⑤ 将管道端部及工作坑内的燃气用空气吹尽。

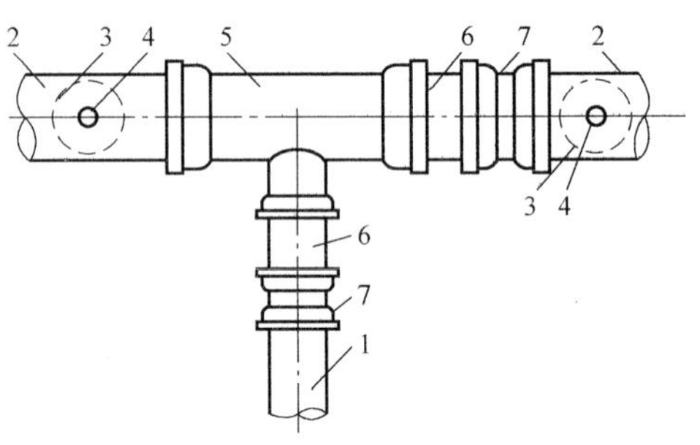

图 9-8　铸铁三通接头
1—新建管道　2—原有管道　3—球胆　4—孔洞　5—铸铁三通　6—短管　7—套管

⑥ 去掉新建管道的管堵。

⑦ 在原有管道上接上铸铁三通、短管和套管。

⑧ 在三通分支管处接上短管和套管，与新建管道连接。

⑨ 将所有承插口和接头打口。

⑩ 取出球胆。

⑪ 用丝堵把孔堵严。

⑫ 待新建管道内充气合格即可。

（4）铸铁管加钢三通接头　如图 9-9 所示，其操作步骤如下：

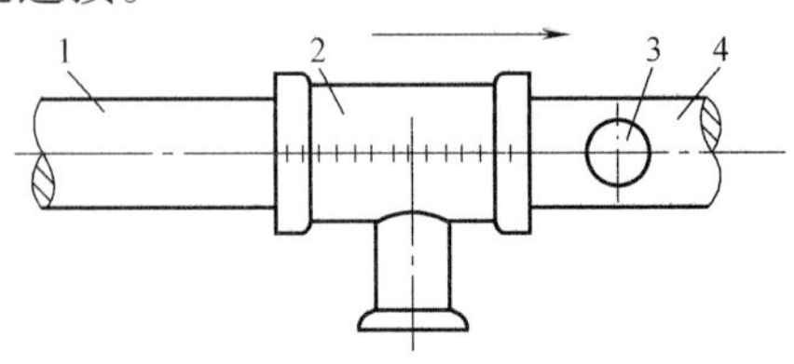

图 9-9　铸铁管加钢三通接头
1—原有管道　2—钢三通　3—圆孔　4—新管道

① 去掉新建管道的管堵。

② 先将钢三通分成两半，套在原有燃气管道上再焊成整体三通。

③ 在原有燃气管道上开接管的圆孔。

④ 立即把钢三通移向圆孔，使三通的分支管对准圆孔，并与新建管道对接好。

⑤ 将所有的承插口和接头打口。

⑥ 待新建管道充气合格即可。

用钢三通的接头形式，是否需要在原有燃气管道的两侧用球胆隔断燃气，可视管道内燃气压力、管径大小、开孔大小、操作时间和操作人员的技术熟练程度而定。

（5）卡箍接头　又称鞍式接头，即利用卡箍代替钢三通，其做法与钢三通接头相似。

五、不降压的带气作业

不降压法带气接线，用于高压和中压燃气管道的带气接线。它所用的专用设备为气钻机，故这种带气接线法又称为气钻法，如图 9-10 所示。

1. 气钻机简介

气钻机由防爆电动机、减速箱、传动齿轮箱、钻座和钻杆等部分组成，其主要技术性能如下：

1）防爆电动机。电机输出功率为 3kW，转速为 1430r/min。

2）减速箱。涡轮蜗杆单级变速，转速比为 1∶16.3，转速为 87r/min。

3）传动齿轮箱。上部装有万向套筒连接传动轴，传动轴可伸长 1000mm，允许偏斜角度为 30°，箱体内装有传动齿轮和从动齿轮，从动齿轮与钻杆采用花键配合。

4）钻座。为铸铁密封箱体，由支柱、框架和顶尖等部分组成。

5）钻杆。直径为 75mm，长 1500mm（包括套筒钻），上端有 270mm 长的六槽花键与传动齿轮箱体内的从动齿轮配合，下端配有 D25mm 的定心麻花钻及 D180mm 的套筒钻。

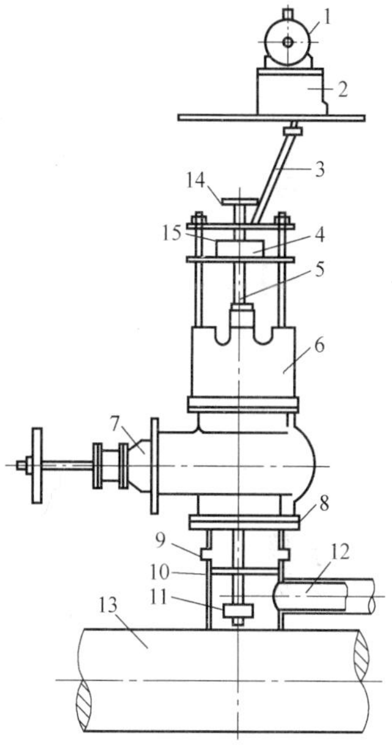

图 9-10　气钻法带气接线示意图
1—防爆电动机　2—减速箱　3—万向传动轴　4—传动齿轮箱　5—钻杆　6—钻座　7—阀门　8—法兰　9—管箍配丝堵　10—压环　11—钻头　12—新建燃气管道　13—原有燃气管道　14—手轮　15—顶尖

2. 操作步骤

1）预制一个钢三通，它的内径要略大于预定开孔的直径（若原有管道为铸铁管，还应再预制一段钢套管，先将钢套管分成两半，套在原有燃气管道上再焊好，套管两端打口严实）。

2）在三通的顶端焊一个法兰。

3）在法兰下 40mm 左右的管壁上，周围开孔焊上 D25～D32mm 的管箍 4 个，并加丝堵。

4）在法兰以下 110mm 左右的内壁，焊上带水线的压环，压环的内径应大于套筒钻的直径。

5）按照压环的外径，预制一块带相应水线的钢板盖堵。

6）去掉新建管道的管堵。

7）将三通垂直焊接在原有管道上，并将三通的分支管与新建管道连接好。

8）将阀门置于开启状态，在法兰上安装阀门及钻座。安装钻座时，应先把钻杆放入三通内，然后组装钻座。

9）在工作坑上安装好电动机支架，连接万向传动轴，电动机与钻座位置的斜度不得超过30°。

10）气钻机组安装完毕后，开动钻机，经传动齿轮箱带动钻杆旋转。用手轮转动顶尖，使它压紧钻杆。位于刀筒中心的麻花钻首先钻孔，以固定套筒钻的位置，刀筒也随之吃刀。压紧顶尖使刀筒吃刀渐深，直到在管壁上钻孔完成。

11）钻孔完毕，将钻头提到钻座的密封箱内，立即关闭阀门。

12）卸开钻座，去掉钻头，换上带有活动连接部件的钢板盖堵，盖堵上粘以石棉垫圈，然后装好钻座。

13）开启阀门，将钢板盖堵放在压环上，压紧顶尖，使盖堵与压环紧紧地压合。

14）待新建管道充气合格后，卸下管箍上的丝堵，用压缩空气吹扫阀门与盖堵之间以及工作坑内的燃气。

15）从管箍中伸进焊条，将盖堵牢固点焊在三通管的内壁。

16）拆除阀门及钻座等部件。

17）将盖堵焊好。

18）切除盖堵以上的法兰和管箍等多余部分。

19）将所有焊缝及接口进行严格检查。

20）完成防腐层。

六、聚乙烯塑料管的带气接线方法

当新管与主管电热熔完成后，将螺旋刀向下旋转，待主管管壁开孔后，再将刀片向上退出，主管与分支管接通，再将上盖旋紧即可。

七、安全技术要求

1）带气接线作业是一项具有危险性的工作，必须有明确的负责人，现场只准负责人下达操作命令，其他任何人无权指挥操作人员。

2）凡参加作业人员，应穿戴防静电或耐火的工作服等劳动保护用品，严禁穿带钉子的鞋。不得携带火柴、打火机、易燃易爆物品。

3）工作坑要牢固、宽敞、便于操作、通风良好。

4）现场要有可靠的通信设备、交通车辆、消防器材以及事故急救措施。

5）要有专人负责调压、放散等工作，放散管周围应做好禁火和警戒工作。

6）带气切割、焊接、塞进球胆、砌筑墙堵、取出球胆等作业，操作人员必须戴防毒面具，防毒面具应配备较长的软管，吸气口应在上风向能吸到新鲜空气的地方。

7）降压作业时，燃气压力应控制在500~600Pa范围内。当燃气管道内造成负压时，必须重新充以燃气，直到取样分析合格，否则严禁动火作业。

8）带气接线操作区 10m 以内不准有易燃物品和火源，乙炔桶和氧气瓶等应放在操作区 10m 以外，夜间作业应采用防爆照明设备。

9）带气敲打金属时应使用铜制工具，若用铁制工具，必须在敲打面上涂抹黄油，以避免产生火花。

10）接线焊口和接头的质量必须严格要求。在燃气的工作压力下用肥皂水检漏。严禁用明火进行检查。

11）作业负责人，应根据现场操作人员接触燃气的情况，安排操作人员休息、轮流作业，其连续带气作业时间不得太长，一般不应超过 20min。

八、带气作业的专用设备

1. 管道隔离球

（1）管道隔离球　俗称球胆，因为最早就是用篮球的内胆制作的，不过是将内胆上引出一条较长的橡胶管，以便充气和排气使用。后来，在使用过程中发现用单层橡胶制作的球胆容易被天窗的毛刺划破，就加一层纺织品的“球衣”。随着橡胶工艺的发展，现在用的球胆以尼龙布为基布，外涂橡胶内衬丙烯塑料薄膜。接缝由球形隔离球的皿拼改单缝对接。由于材料的材质坚韧、厚度较薄、柔软结实，接缝处平滑无凸缝，提高了隔离球的可靠性。

（2）隔离球的种类

① 球形隔离球：球形隔离球采用厚度为 1mm 的 4 胶片粘合而成，其形状、结构及制造方法与老式的足球内胆相似。它主要用于 D75mm 以上的管道。常用的规格有 D75mm、D100mm、D150mm、D200mm、D250mm、D300mm、D400mm、D500mm、D700mm 和 D1000mm 等。

② 椭圆形隔离球：又称耐压型隔离球，由橡胶球加了尼龙基布制作而成，形状加大了与管道内壁的接触面，管内压力不足以克服其摩擦力，使隔离球更加稳定，不易移动。图 9-11 所示为椭圆形隔离球。

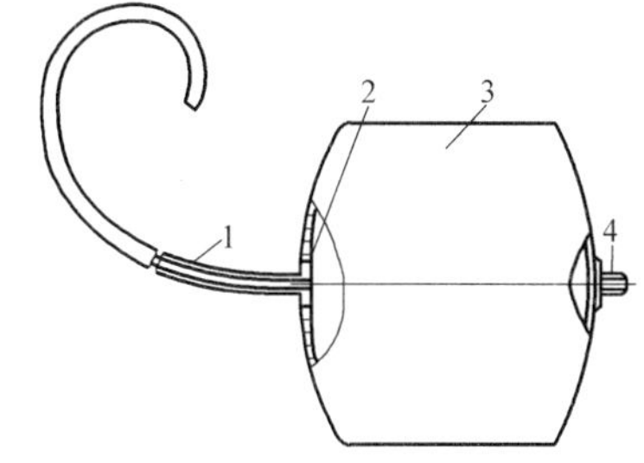

图 9-11　椭圆形隔离球

1—皮管　2—封垫　3—隔离球　4—挂钩

（3）操作　钢管是从天窗，铸铁管是从打孔处塞入卷成小卷的球胆，将它放入预定位置，拉住胶管向胆内充入空气，当胆内充满气体膨胀成形后，阻隔了气体，关闭胶管上的阀门，使球内保持充气压力，检查球是否与管道内壁贴紧、密封、不漏气。作业完毕打开阀门放出空气，通过挤压使球内空气全部排出。把缩小了的球胆从管内取出，进入下一步工序。

（4）注意事项

① 安装隔离球的开孔，必须距动焊处保持适当距离，一般为 1m 以上，不能太近，以免焊接时隔离球受热损坏。

② 隔离球一定要将气充足，方能产生足够的摩擦力，承受一定的推力，起到良好的密封和隔离作用。

③ 隔离球的充气管要伸出作业管道外，固定牢靠，以防漏气或隔离球受到较大推力而移位。要防止充气管缩入管道内从而导致隔离球难以取出的情况。

2. 隔离面罩和空气呼吸器

在燃气管道带气作业过程中，由于燃气中含有有毒成分，为了防止中毒，保障操作人员的生命安全，带气作业时操作人员必须戴隔离面罩或空气呼吸器等防毒面具，使操作人员在带气作业时能呼吸到新鲜空气。

（1）隔离面罩　隔离面罩是由面罩及呼吸软管组成，使用时将面罩套在头部，将呼吸管延长至操作场地的上风口，使操作人员与燃气阻隔。隔离面罩是由橡胶制成的，戴用时间过久便会造成呼吸不畅、憋气，观察玻璃片常常由于呼吸时的水汽而模糊不清，由于不同操作人员换用，要经常用酒精棉擦拭，保持清洁。为了不使呼吸造成困难，呼吸软管的长度不宜过长，一般使用吸引软胶管长度不应大于10m，使用光滑软管长度不应大于16~18m。软管末端应固定在上风向，并距离地面一定高度，以防止灰尘吸入。

（2）空气呼吸器　空气呼吸器由呼吸罩、压缩空气瓶、压力调节器和软管等组成，如图9-12所示。

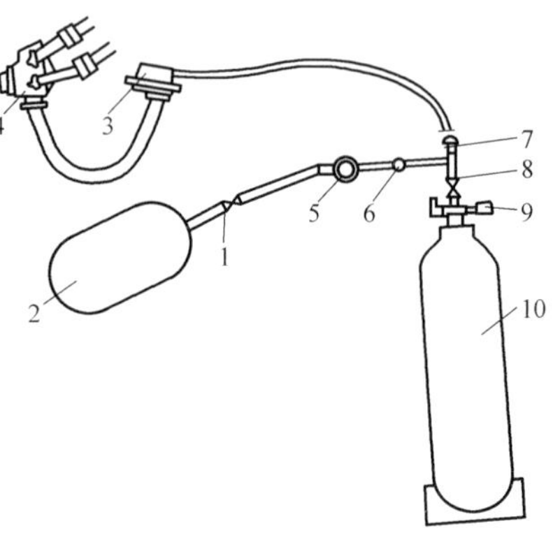

图9-12　空气呼吸器

1—阀门　2—隔离球　3—二级减压阀
4—面罩　5—调节器　6—开关
7—接头　8—阀门　9—一级减压阀
10—压缩空气瓶

呼吸罩将口、鼻部位密封隔离，呼吸所需空气由软管连接压缩空气瓶供应。

空气呼吸器使用方便、舒适。空气瓶一次充气可连续使用2h以上，其容积为12L，充气压力为19.6MPa，瓶重约12kg。钢瓶上装有压力调节器，一级调节器使空气压力由14.7~19.6MPa降为0.686MPa，二级调节器连接吸引软胶及面罩，将空气压力调至人体呼吸所需的压力。使用时，由于人吸气产生负压，二级调节器自动打开，空气流进，在呼气时则自动关闭。

使用空气呼吸器时，应有专人监管，注意钢瓶内的空气压力是否正常，检查各部位是否漏气，呼吸罩位置是否正确。使用完毕后应做好卫生消毒工作。

第六节　燃气管道带压堵漏

运行中的燃气管道有时会出现意想不到的损坏、漏气事故。在这种情况下不可以降压或停气，因为后边带有很多用户，临时马上停气是不现实的。只要不是特大事故，大量漏气，不可以采用降压、停气措施。

带压堵漏主要用于工业装置和系统、长输管道上，可以在保持生产、运行连续进行的情况下把泄露部位密封止漏，避免停气损失。带压堵漏操作简便、安全、迅速、经济。带压堵漏主要有夹具堵漏法与焊接堵漏法两种。对于一般的自然腐蚀或小的外力损坏，一般采用以下带气堵漏办法。

一、防漏夹

1）各种不同管径的防漏夹，是经常储备的抢修设备。防漏夹用钢板制作，两半合在一起内径略大于钢管外径，用时两端用螺栓夹紧。在小的漏气情况下可用耐燃气的专用橡胶

板，夹在钢管和防漏夹之间通过螺栓压紧阻塞漏气。此法可作为临时措施。待管道大修时，拆除防漏夹换一段新的管道，图 9-13 为带压堵漏示意过程图。

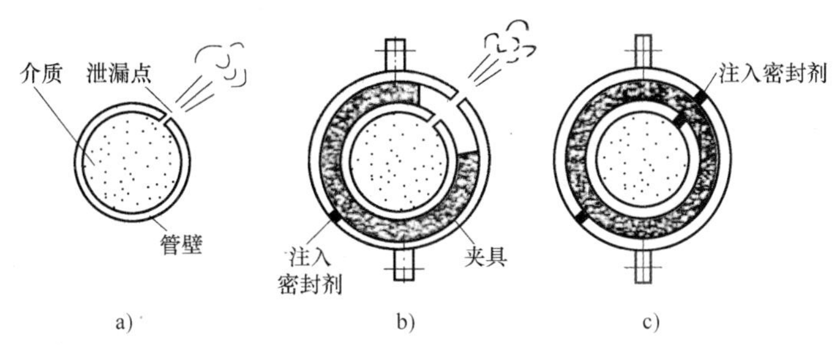

图 9-13 带压堵漏过程示意

a）管道泄漏 b）装夹具和注入密封剂 c）消除泄漏

2）注入密封剂的防漏夹，由不同的橡胶制剂制成，用高压注射入泄漏点后迅速固化而进行堵漏。不同的压力、温度和介质应选用不同种类的密封剂。密封剂对被堵介质必须具有足够的耐溶胀、耐腐蚀、耐温度、抗水溶和不透气性以及良好的流动性和高低温固化的适应性。

注射枪用来将密封剂注射入密封夹具的内部空间。高压泵的作用是产生高压油，推动注射枪的活塞，使密封剂射入密封空腔，以达到堵漏目的。注射枪的注射压力和速度必须仔细控制，以防止局部超压并保证密封剂的均匀分布。

夹具的设计制作取决于泄漏处的尺寸和形状。原则是为使在泄漏处保持适当的空间以便注入足以将漏点密封的密封剂剂量。夹具一般用钢板制造，除包容密封剂外，还须承受泄漏介质和注射密封剂的压力。

带压堵漏工作既然是一项不停气状态下的设备维修技术，在作业过程中必须遵循严格的安全操作规程，其操作人员必须经过系统的专门培训，密封夹具的设计人员除培训外还须经有关主管部门进行资格认证，并依照受压元件设计有关规定严格控制，以起到安全保证作用。

下列情况不能采用这种带压堵漏作业：

1）毒性极大的燃气泄漏，不能进行这种作业，必须考虑操作人员的安全问题；

2）不允许对管道、设备等受压元器件壁因裂纹而产生的泄漏点进行带压堵漏，因为消除泄漏并不能保证裂纹的扩展；

3）管道腐蚀、冲刷减薄状况不清的泄漏点，如果仅按表面泄漏状况来处理，则可能出现此堵彼又漏的状况，并且容易把泄漏部位管壁压瘪，造成加剧泄漏的事故。如管壁厚度减到计算值以下时，堵漏可作为短期运行的临时应急措施处理，但必须采取保证安全的其他措施；

4）泄漏点泄漏特别严重，带压堵漏非常困难，特别在压力高、介质易燃易爆或腐蚀、毒性都比较大的情况；

5）堵漏现场安全措施不符合企业或常规安全规定。

应用带压堵漏技术的单位必须严格带压堵漏的管理。带压堵漏工作必须有组织有领导地进行，应配备必要的检测仪器及完善的堵漏设备和工具，必须设技术负责人，负责组织堵漏技术的现场操作、夹具设计及安全措施的制定工作。专业技术人员和施工操作人员要到泄漏现场详细调查和勘测，提出具体施工方案，制订有效的操作要求和防护措施，报主管部门审批后，才能进行施工。在施工中运营主管单位安全部门应派人进行现场监督。

二、焊接堵漏

1. 带压焊接堵漏的常用方法

(1) 短管引压焊接堵漏　泄漏缺陷中较多一类情况是管道的压力表、其他出管根部断裂或焊缝出现的砂眼、裂缝所造成的泄漏，这种泄漏状态往往表现为介质向外直喷，垂直方向喷射压力较大而水平方向相应较小。根据这个特点，可在原来的断管外加焊一段直径稍大的短管，再在焊接好的短管上装上阀门，以达到切断泄漏的目的。短管上应事先焊好以断管的根部连接主管道外径为贴合面的马鞍形加强圈，以使焊接引压管更为可靠和容易。阀门以闸板阀为最理想，便于更好引压。这种方法处理时间短、操作简单，可适用于中、高压管道的泄漏故障。

(2) 螺母焊接堵漏　对一些压力较低、泄漏点较小的管道因点腐蚀造成泄漏的部位，可采用螺母焊接堵漏的方法，即在管道表面漏点处焊上规格合适的螺母，然后拧上螺栓，最后再焊死，达到堵漏的目的。这种方法用料简单、影响面小，且无其他车工、管工、钳工交叉作业。

(3) 挤压焊接堵漏　由于城镇燃气具有易燃、易爆的特点，现场不能动焊，如果泄漏量不大，内部介质压力不高，泄漏处管道又具有一定壁厚的情况，用挤压堵漏的方法。用铜质防爆榔头、凿子，将漏点周围金属材料锤钉，挤进漏缝，用冲击力使管材金属塑性变形，再辅以粘接、堆焊，以达到堵漏的目的。这种方法较为实用。

(4) 直接焊接堵漏　对于有些泄漏量不大，压力较低，管道有一定的金属厚度或位置又不容许加辅助手段的泄漏点，可采用直接焊接的方法，它主要是通过与挤压法交替使用，边堆焊、边挤压，逐渐缩小漏点，最终达到堵漏的目的。

2. 带压焊接堵漏的针对性技术措施

带压焊接堵漏在操作时应考虑具体的技术和环境条件，考虑现场的压力、温度、燃气介质和管材因素，采取相应的有针对性的技术措施：

1) 焊接管材、板材的材料与原有管道的材料相匹配，焊接材料与原有管材相对应。

2) 在焊接堵漏时，考虑到泄漏介质在焊接过程中对焊条的敏感作用，打底焊条可采用易操作、焊接性能较好的材料，而中间层及盖面焊条则必须按规范要求选用。

3) 在直接焊接过程中，可加大焊接电流，使得电弧喷和作用大于介质泄漏压力，再辅之以挤压，逐层焊接收口，以达到消除泄漏。

3. 注意事项

城镇燃气管道的泄漏将会造成在漏气处形成易燃、易爆、有毒的空间环境，稍有不慎，便会导致人身伤亡和财产损失事故的发生，为此，必须在施工前制定周密的实施方案，包括可靠的安全措施，在施工中认真地加以执行。除此以外，以下几个方面的问题，尤其应该引起注意和考虑：

1) 在日常运行管理中，对管道的薄弱环节要检查管道壁厚，在处理管道泄漏之前，要事先进行测厚，掌握泄漏点附近管壁的厚度，以确保作业过程中的安全。

2) 在高中压管道堵漏焊接时，应采用小电流，而且电流的方向应偏向新增短管的加强版，避免在泄漏管的管壁产生过大的熔深。

3）高温运行的管道补焊时其熔深必然会增加，需要进一步控制焊接电流，一般可比常温低10%左右。

带压焊接堵漏的方法只能是一种临时性的应急措施，许多泄漏故障还须通过其他手段或者必要的停气检修来处理，而且即使采取了带压焊接堵漏，在系统或装置大修或停气检修时，应将堵漏部分用新管加以更新，以确保下一个检修周期的安全运行。

第七节　燃气管道修理改造的检验

按照《压力管道安全管理与监察规定》的要求，对压力管道进行重大改造时，其技术与管理要求与新建压力管建的要求一致。就是说，燃气管道重大修理改造后，其检查与新建管道一样，需进行施工安装验收和管道安装质量监督检验。为保证燃气管道改造修理工程项目的质量，在检查时应重点保证与做到下列几点。

一、单位资质、人员资格

燃气管道的设计单位应取得压力管道监察行政部门颁发的设计资格证，施工安装单位应有压力管道监察部门颁发的压力管道安装许可证。从事燃气管道焊接的焊工和无损检测人员，必须持有质量技术监督行政部门颁发的特种作业人员资格证书。

二、管道、管道附件、阀门检验验收

生产管道、管道附件、阀门的单位应有压力管道元件制造单位安全注册证书及制造许可证。管道、管件、阀门应有制造厂的合格证书，应符合有关技术标准，缺项应补充检验。在使用前进行外观检查，要求表面无裂纹、缩孔、夹渣、折叠和重皮等缺陷；不超过壁厚负偏差的锈蚀或凹陷；螺纹密封面良好。阀门应进行强度和严密性试验，强度试验压力为公称压力的1.3~1.5倍，气密性试验压力为公称压力的1.25倍。安全阀在安装前应按设计规定调试，并有持证单位签发的调试报告。

三、焊接检验

燃气管道焊后必须对焊缝进行外观检查，并将渣皮、飞溅物清理干净。焊缝表面不允许有表面裂纹、表面气孔、表面夹渣和熔合性飞溅。咬边、表面凹陷、接头坡口错位应在合格范围内。焊缝外观检验合格后，还需进行射线透照、超声波等无损检测，符合检测要求与抽检数量。

四、燃气管道系统试验要求

压力管道修理改造安装完毕后，应按设计规定对压力管道系统进行强度、气密性试验。

第八节　燃气管道漏气的防范措施

燃气管道漏了气再抢修是消极措施，我们应当把工作放在预防措施上，避免漏气事故的发生，要防患于未然。

一、加强运行管理

1）按要求定期对管道巡视。

2）管道附近有施工时要密切注意，防止对管道的破坏。

3）对地基软，有沉降的地面要多检查，必要时事先采取加固措施。

二、注意管道上的薄弱部位

1）在压力表安装时应采用厚壁钢管先与母管焊在一起，管上加装阀门，阀门以上再连接压力表，防止表管漏气，事先预防比漏气再修好。

2）干管和支管相接的三通处，往往干管口径大、管壁厚，而支管管径小、管壁薄。因此，干管没坏支管坏了三通处较易漏气，在连接支管三通时应采用管壁较厚的连接管道，长度不少于2m。当薄壁钢管有漏气时，可在连接管上开天窗或用气钻开口再连接，不会影响干管的正常输气。

3）在整条管线上调长器是较易漏气的部位，调长器管壁较薄，如厚了就不起调长作用了，为了解决这一问题，现在一般都用不锈钢材质的调长器，这是很有必要的。

第十章

燃气管道的抢修

第一节　抢修应急救援预案

城镇燃气设施抢修应制订应急预案，并应根据具体情况对应急预案及时进行调整和修订。应急预案应报有关部门备案，并定期进行演习，每年不得少于1次。

一、制定应急救援预案的必要性

由于燃气具有易燃、易爆、有毒和压力高的特点，在生产、输配、供应以及使用过程中极有可能发生泄漏和引发爆炸事故，且影响和危害性极大。实践经验证明，制定事故应急救援预案是控制事故扩大、降低损失的最有效的方法之一。据有关统计表明，有效的应急预案系统可将事故损失降低到无应急预案的6%。因此，结合企业的具体情况，实事求是地对企业存在的危险因素进行辨识、分析和评估，科学、系统地制定适合燃气企业自身的应急预案，才可以保证在紧急事故发生时有针对性地实施救援；才能保证应急救援队伍能够按照事先制定的程序，有条不紊地进行现场协同抢救；同时还可以根据事故应急预案，假想发生事故，进行演练；并逐步修订完善事故应急预案。

1）编制危险化学品应急救援预案是法律法规的要求，《中华人民共和国安全生产法》第十七条规定生产经营单位的主要负责人对本单位安全生产工作负有“组织制定并实施本单位的生产安全事故应急救援预案”职责。

《危险化学品安全管理条例》第三十五条规定“危险化学品单位应当制定本单位事故应急救援预案，配备应急救援人员和必要的应急救援器材、设备，并定期组织演练”。

2）制定危险化学品应急救援预案是企业提高风险防范意识，防止和减轻重、特大事故发生的重要措施。

应急救援预案是安全管理的重要内容。它除了在事故中的指导作用外，还可以在编制和演练的过程中发现事故预防方面的不足，以便及时、有针对性地采取响应的预防对策，从而真正达到安全科学管理和预防事故发生的目的。

二、应急救援的基本任务

1）抢救受害人员是首要任务。接到事故报警后，应立即组织营救受害人员，组织撤离或者采取其他措施保护危害区域内的其他人员。

2）迅速控制危险源，并进行监测，是重要任务。及时有效地控制气源，防止事故继续扩大，才能及时有效地进行救援。在控制气源的同时，对事故造成的危害进行分析、检测、监测，确定事故的危害区域、危害性质及危害程度。特别是对于发生在城市或人口稠密地区的燃气泄漏事故，应尽快组织抢险队与技术人员一起及时控制事故继续扩展。

3）做好现场处理，消除危害后果。针对事故对燃气设施及周围造成的实际危害和可能的危害，迅速采取警戒、封闭等措施。

4）查清事故原因，评估危害程度。事故发生后应及时调查事故发生的原因和事故性质，评估出事故的危害范围和危险程度。

三、编制应急预案的基本要素与步骤

应急预案的编制可参考“危险化学品事故应急救援预案编制导则”（单位版）。应急救援预案是指根据预测危险源、危险目标可能发生事故类别、危害程度，而制定的事故应急救援方案。制定应急救援方案要充分考虑现有物质、人员及危险源的具体条件，以便及时、有效地统筹指导事故应急救援行动。

通常企业编制事故应急预案可遵循以下步骤：

1. 成立预案编制小组

预案编制工作是一项涉及面广、专业性强的工作，是一项非常复杂的系统工程，需要安全、工程技术、组织管理、医疗急救等各方面的知识，要求编制人员要由各方面的专业人员或专家组成，熟悉所负责的各项内容。企业管理层应有人担任预案编制小组的负责人，确定预案编制小组的成员，小组成员应是预案制定和实施过程起重要作用或是可能在紧急事件中受影响的人员。成员应来自企业管理、安全、生产操作、保卫、设备、卫生、环境、抢修、物资等应急救援相关部门。此外，小组成员也可包括来自地方政府应急救援机构的代表（例如消防、公安、医疗、交通和政府管理机构等），这样可消除企业应急预案与地方应急预案的不一致性，也可明确当事故影响到企业外部时涉及的单位和职责。

2. 收集资料并进行初始评估

在编制预案前，需进行全面、详细地资料收集、整理。企业需要收集、调查的资料主要包括：

1）燃气设施周围环境条件：地质、地形、周围环境、气象条件（风向、气温）、交通条件；

2）燃气管网、场站布局和用户分布；

3）生产设备状况等。

3. 危险辨识与风险评价

编制应急预案首先要了解在城镇燃气供应中所有潜在的危险因素，其发生事故可能性有多大，可能造成的最大事故后果如何，这项工作就是危险辨识与风险评价。目前，用于生产过程或设施的危险辨识与风险评价方法已达到几十种。常用的危险辨识与风险评价有：故障类型与影响分析（FMEA）、危险性与可操作性研究（HAZOP）、事故分析树（FTA）、事件分析树（ETA）等。企业可以根据各自的实际情况、事故类型，选用合适的危险辨识与风险评价方法。

在应急预案编制过程中，危险辨识与风险评价应包括如下内容：

1）气源的种类、压力级别及特性；

2）场站种类及分布；

3）气体运输路线分布；

4）可能发生事故的类型、性质；

5）可能造成的事故后果；

6）事故可能影响区域。

4. 应急资源与能力评估

依据危险辨识与风险评价的结果，对已有的应急资源和应急能力进行评估，明确应急救援的需求和不足。应急资源包括应急人员、应急设施（备）、装备和物资等；应急能力包括人员的技术、经验和接受的培训等。制订应急预案时应当在评价与潜在危险相适应的应急资源和能力的基础上，选择最现实、最有效的应急策略。

应急资源、与能力评估应包括如下内容：

1）企业内部应急力量的组成、各自的应急能力及分布情况；

2）各种重要应急设施（备）、物资的准备、布置情况；

3）当地政府救援机构或相邻企业可用的应急资源。

5. 应急预案的编写

应急预案的编制必须基于危险辨识与风险评价的结果、应急资源的需求和现状以及有关法律法规要求。此外，应按事故的分类、分级制定预案内，上一级预案的编制应以下一级预案为基础，应明确与其他相关应急预案的协调和一致性。

预案编制小组在编制应急预案时应考虑：

（1）合理组织　应合理地组织预案的章节，以便每个不同的使用者能快速地找到各自所需的信息，避免从一堆不相关的信息中去查找。

（2）连续性　保证应急预案每个章节及其组成部分在内容上相互衔接，避免出现明显的位置不当。

（3）一致性　保证应急预案的每个部分都采用相似的逻辑结构来组织内容。

（4）兼容性　应急预案的格式应尽量采取范例的格式，以便各级应急预案能更好地协调和对应。

应急预案编制工作流程如图 10-1 所示。

6. 应急预案的评审与发布

为了确保应急预案的科学性、合理性以及与实际情况的符合性，预案编制单位或管理部门应依据国家有关应急的方针、政策、法律、法规、规章、标准和其他有关应急预案编制的指南性文件与评审检查表，组织开展应急预案评审工作。

应急预案评审通过后，应由企业最高管理者签署发布，并报送备案。

四、应急预案的实施

应急预案签署发布后，应做好以下工作：

1）企业应广泛宣传应急预案，使全体员工了解应急预案中的有关内容。

2）积极组织应急预案培训工作，使各类应急人员掌握、熟悉或了解应急预案中与其承担职责和任务相关的工作程序、标准内容。

3）企业应急管理部门应根据应急预案的需求，定期检查落实本企业应急人员、设施、设备、物资的准备状况，识别额外的应急资源、需求，保持所有应急资源的可用状态。

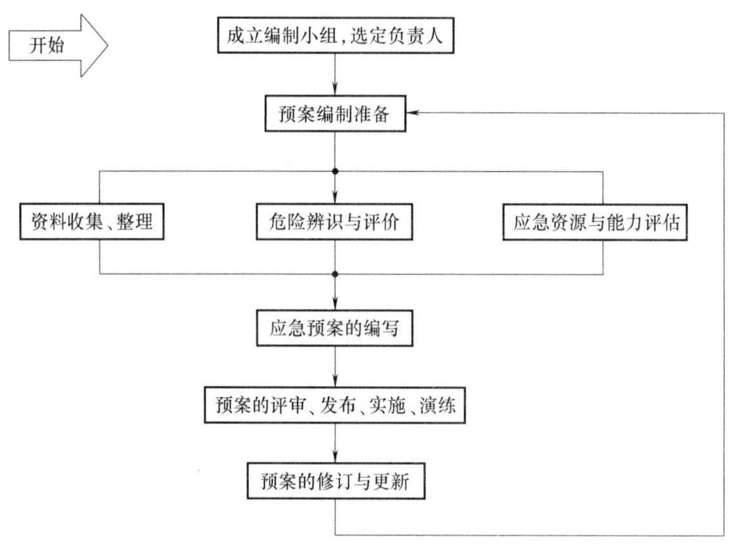

图10-1　应急预案编制工作流程

五、应急预案的演练

为保证事故发生时，可迅速组织抢修和控制事故发展，应急预案应定期进行演练。通过演练可发现应急预案存在的问题和不足，提高应急人员的实际救援能力，使每一应急人员都熟知自己的职责、工作内容、周围环境，在事故发生时，能够熟练按照预定的程序和方法进行救援行动。通过演练应重点检验应急过程中组织指挥和协同配合能力，发现应急准备工作的不足，及时改正，以提高应急救援的实战水平。

应急演练必须遵守相关法律、法规、标准和应急预案的规定，结合企业可能发生的危险源特点、潜在事故类型、可能发生事故的地点和气象条件及应急准备工作的实际情况，突出重点，制定演练计划，确定演练目标、范围和频次、演练组织和演练类型，设计演练情景，开展演练准备，组织控制人员和评价人员培训，编写演练总结报告等。

六、预案的修订与更新

企业应适时修订和更新应急预案。当发生以下情况时，应进行预案的修订工作：

1）危险源和危险目标发生变化。

2）预案演练过程中发现问题。

3）组织机构和人员发生变化。

4）救援技术的改进。

七、参考资料、文件

《危险化学品事故应急救援预案编制导则》（单位版）

《中华人民共和国安全生产法》（中华人民共和国主席令第70号）

《中华人民共和国消防法》（中华人民共和国主席令第83号）

《危险化学品安全管理条例》（国务院令第344号）

《特种设备安全监察条例》（国务院令第 373 号）
《重大危险源辨识》GB 18218—2018
《建筑设计防火规范》GB 50016—2014
《石油化工企业设计防火规范》GB 50160—2008
《常用化学危险品贮存通则》GB 15603—1995
《原油和天然气工程设计防火规范》GB 50183—2015

八、名词解释

（1）危险化学品　指属于爆炸品、压缩气体和液化气体、易燃液体、易燃固体、自燃物品和遇湿易燃物品、氧化剂和有机过氧化物、有毒品和腐蚀品的化学品。

（2）危险化学品事故　指由一种或数种危险化学品或其能量意外释放造成的人身伤亡、财产损失或环境污染事故。

（3）应急救援　指在发生事故时，采取的消除、减少事故危害和防止事故恶化，最大限度降低事故损失的措施。

（4）重大危险源　国家标准《重大危险源辨识》GB 18218—2018 中将重大危险源定义为：长期地或临时地生产、搬运、使用或者储存危险物品，且危险物品的数量等于或者超过临界量的单元（包括场所和设施）。

（5）危险目标　指因危险性质、数量可能引起事故的危险化学品所在场所或设施。

重大危险源与危险目标既有区别，又互相联系。依据《重大危险源辨识》GB 18218—2018，当危险品的数量等于或者超过临界量的单元，（包括场所和设施）时便构成重大危险源辨识，属于危险目标；如果危险物品的数量达不到临界量，但由于其处在环境敏感区域（如居民区、繁华人员密集地区、交通枢纽区等），事故发生后可能造成较大的社会影响时，这样的单元（包括场所和设施）也属于危险目标。重大危险源是突出的目标，也是应优先编制事故应急预案的对象之一。

（6）预案　指根据预测危险源、危险目标可能发生事故的类别、危害程度，而制定的事故应急救援方案。要充分考虑现有物质、人员及危险源的具体条件，能及时、有效地统筹指导事故应急救援行动。

（7）分类　指对因危险化学品种类不同或用一种危险化学品引起事故的方式不同发生危险化学品事故而划分的类别。

（8）分级　指对同一类别危险化学品事故危害程度划分的级别。

九、报警、通信联络方式

1. 报警

报警是实施应急救援的第一步。企业应建立 24h 有效的报警制度和系统，任何员工都应及时报警，以利于尽早地预警可能出现的异常情况。如果有充分的事前准备，任何企业员工或操作人员都会知道在这种情况下首先应采取什么行动（例如拨打企业应急电话）。报警之后，应急行动会按预案实施，热线操作人员将通知应急救援指挥机构，以确定应急级别并根据应急行动级别启动相应的应急预案。

报警的首要任务是让企业内人员知道发生紧急情况。报警有两个目的：动员应急人员并提醒其他无关人员采取防护行动。

2. 通知外部机构

通报应该包括以下信息：

1）已发生事故或泄漏的企业名称和地址；

2）通报人的姓名和电话号码；

3）危险源名称及危险特性；

4）泄漏时间或预期持续时间；

5）实际泄漏量或估算泄漏量，是否会产生企业外影响；

6）人员受伤情况；

7）泄漏事故应该采取什么预防措施；

8）为获取其他信息，需联系人的姓名和电话号码；

9）气象条件，包括风向、风速和预期企业外效应；

10）应急行动级别。

3. 建立和保持与外部组织的通信联络

建立 24h 有效的外部通信联络方式。一旦应急预案启动，企业应急总指挥应该在应急指挥中心进行应急指挥与协调，与外部机构保持联络，现场操作负责人直接与应急中心联系。

4. 向公众通报应急情况

在事故影响到社区居民的情况下，无论采取什么行动，必须让社区居民和公众及时得到应急通知。信息内容应尽可能简明，告知公众该如何采取行动。如果决定疏散，应该通知居民避难所位置和疏散路线。这一切如果没有有效的通信程序，是几乎不可能实现的。公众防护行动的决定权一般由当地政府主管部门掌握。

5. 向媒体通报应急信息

在紧急情况下，媒体很可能获悉事故消息，报纸、电视和电台的记者会到事故现场甚至企业采集有关新闻消息。应确保若非允许不得入内，尤其是无关人员，不能进入应急指挥中心或应急救援现场，以避免影响应急行动。要防止媒体错误报道信息，因此，应急组织中要有专门负责处理公共信息的部门。

企业应配合政府相关部门举办新闻发布会，提供准确信息，避免错误报道。当没有进一步信息时，应该让人们知道事态正在调查之中，将在下次新闻发布会通知媒体。

第二节　埋地燃气管道的抢修

这里，抢修是指燃气埋地管道发生爆裂、堵塞或大面积泄漏等事故时被迫全部或部分停气进行的紧急抢修工程。抢修的特点是没有事先计划，必须针对发生的情况，采取及时、快速、安全、有效的措施，力求在最短的时间内完成。抢修应由经过专门训练，配备成套专用设备的专业队伍施行。为保证城市燃气管网的抢修维护的实施，必须要考虑的基本要素是：

一、成立队伍、建立制度、配齐设备

燃气公司应成立专门的抢修队伍，并制定和完善抢修的规章制度及责任制，为确保抢修

工作安全、有序地实现，应做好以下工作：

1）抓好抢修工作的基础管理，制定出各种抢修方案和应急抢险救援预案，保证在抢修现场及时、快速地排除事故和隐患。

2）要加强抢修队伍的自身建设，提高抢修队伍的整体水平。如平时可搞些小型的拆、迁、改工程以锻炼抢修队伍。

3）抢修人员应经过专门培训，除掌握自身的专业知识外，还应掌握燃气的灭火技术、燃气的防爆技术，以及简易的人身救护技术等。

4）要加强抢修队伍的硬件建设，配备成套的抢修专用设备、通信设备、必要的探管及检漏仪器，燃气专用抢险车配置的装备参见表 10-1。

5）参加定期的《重特大安全事故应急抢险救援预案》的演习。

表 10-1　燃气专用抢险车配置表

类别	序号	设备名称	规格型号	单位	数量	用　途	备　注
车体	1	二类底盘	NKR55LLGWACJY	辆	1	运载车辆	用于箱体，建议安装倒车雷达
	2	车厢及附件		套	1		
	3	倒车雷达		台	1		
供电系统	4	发电机	20kW	台	1	提供电力	根据实际运行建议将30kW 发电机改成 20kW，电缆卷盘由 50m 增加到 100m
	5	取力器		套	1	提供发电机动力	
	6	自动油门控制系统		套	1	控制功率输出	
	7	配电系统	380V、220V 输出，市电接入	套	1	电器操作	
	8	电缆卷盘	380V、220V/100m	套	1	远距离供电	
照明系统	9	箱内照明	12V 荧光灯	只	4	车内照明	车须安装车厢外照明灯四盏
	10	箱外照明		只	4		
	11	防爆充电电筒	海洋王 JW7200	套	2	个人照明	
	12	移动防爆灯	海洋王 FW6100GF	套	2	大面积照明	
	13	移动升降照明灯	SFW6110B	套	1	升降式全方位泛光灯	
抢险设备	14	钢铲、十字镐	军用	套	2	开挖使用	
	15	电镐	BOSCHGSH27	套	1	破碎	
	16	空压机	巨霸 AU2550	台	1	提供空气动力	
	17	逆变等离子切割机	富力 LG8OE	台	1	用于管道切割	
	18	发电电焊机	WS/AXQI200	台	1	焊接	
	19	逆变直流焊机	富力 ZX7-250C	台	1	焊接	
	20	角磨机	BOSCHSWS14-150C	台	1	打磨	

（续）

类别	序号	设备名称	规格型号	单位	数量	用途	备注
安全防护器具	21	防爆轴流风机	400MM	台	1	有毒气体置换	
	22	安全帽		个	6	劳动保护	
	23	防火保护服		套	6	劳动保护	
	24	手套		套	6	劳动保护	
	25	防毒面具	3M	套	6	劳动保护	
	26	石棉被		床	3	防火	
	27	干粉灭火机	MFZL14	个	4	防火	
警示设备	28	警示隔离柱		个	5	现场用	
	29	三角警示牌		个	1	现场警示	
	30	三角枕木		块	4	停车用	
	31	警示背心		套	6	现成警示	
	32	高功率电子报警器	星际 LTF2000/100W	套	1	声光警示	
其他	33	工作梯	5M 铝合金折叠梯	件	1	登高	手动葫芦建议改成 2T、潜水排污泵采用流量 750L
	34	液压千斤顶	4T	个	1	起重	
	35	起重三脚架	2M	套	1	起重	
	36	手动葫芦	2T	个	1	起重	
	37	潜水排污泵	流量 750	台	1	排水	
	38	冲击电钻	BOSCHGSB 20-2	套	1	钻孔	
	39	活动扳手	30CM	把	1	维修工具	
	40	管钳	60CM	把	1	维修工具	
	41	组合工具	125 件	套	1	维修工具	
	42	杂物箱		个	4	存放物品	
	43	氧气乙炔管盘		个	1	存放气管	

二、确定抢修工程的“轻、重、缓、急”等级原则

在生活中，重要的事很少是紧急的，而紧急的事又很少是重要的。不幸的是，许多人由于急于处理那些紧急的事，而忽略了生活中更为重要的却不那么紧急的事。

同样，在城市燃气管网的抢险维护工作中，抢修队伍也会遇到类似上述的情况。例如，在全国大中城市年关时节烟花爆竹开禁后，一个公司的抢修值班室可能在短时间内会接到几个不同地方报来的抢修电话。例如第一处反映当地有很浓的天然气味，很可能要发生燃烧或爆炸事故；第二处急迫地反映家里的燃气灶不但点不着火，还冒出水来，第三处可能轻描淡写地反映，附近电缆沟冒出大量天然气味；又有的反映……。在这种情况下，抢修队应先去哪一处呢？若按先报先去的原则到达第一处，很可能只是调压箱旁的安全水封因缺水在放散天然气，只需加水到位就算修复；若按谁反映得急迫就先去第二处，很可能是某用户误接燃气热水器使自来水堵塞了低压管道，抢修队就得花大量时间去查明原因，停气排水。然而

第三处漏入电缆沟的燃气有可能已达到爆炸极限，随时可能遇火爆炸。如果按这种不分“轻、重、缓、急”的方法派出抢修队伍，很可能延误战机，造成重大损失，另一方面也会使抢修人员处于连续工作的疲劳状态，给整个抢修工作带来无序和混乱局面。

为了防止上述情况发生，抢修队伍应根据所管理的区域燃气泄漏的潜在危险性，重特大事故的预测等预先制定抢修的“轻、重、缓、急”等级。另外，为防止几起地方同时发生重大泄漏事件，抢修队伍还应预留抢修第二梯队。当发生重特大燃气事故，必须启动《重特大安全事故应急抢险救援预案》进行抢险救灾。

燃气泄漏事故按“轻、重、缓、急”可定义为：

“轻”是指燃气泄漏轻微，影响面积不大的事故。如低压庭院管道微漏，燃气引入管漏气，这些漏气可用粘土、肥皂、胶带、管箍等临时堵漏，待错过晚间或用气高峰后，出动抢险队正式修复。

“重”是指重特大燃气事故。如大口径高压燃气管道被施工机械挖裂，高压燃气大量喷出；过江管道突然断裂，引起大面积停气等。

“缓”是指燃气泄漏点虽也发现，但因故不能立即停气修复的事故。如阀门阀杆盘根、法兰盘垫圈漏气等，这些情况可在作好安全措施基础上，选择适当时机停气修复。

“急”是指燃气管网发生危及安全的泄漏以及引起中毒、火灾、爆炸等的紧急事故。例如，燃气泄漏到电缆沟的爆炸；燃气泄漏引起的居民楼火灾；燃气泄漏引起人员中毒或窒息等事故。

制定“轻、重、缓、急”等级的依据可参照以下原则：

1）供气区域漏气存在的潜在危险；

2）供气区域管径的大小；

3）供气区域管道压力的大小；

4）供气管道及用气户的性质；

5）供气区域的人口密度；

6）供气区域的交通状况；

7）供气设施的重要性质（如贮配站、配气站、过江管线、过桥管线、主干管控制阀门等）。

制定“轻、重、缓、急”抢修等级，主要体现在抢修的优先原则、抢修的效率原则和抢修的灵活性原则。

抢修优先原则是指在同时接到几起燃气泄漏事故报告时，重大的、紧急的优先出动。

抢修效率原则是指对泄漏情况不明或漏点暂时未挖到的，抢修队伍暂不出动，在挖到漏点或查明原因后再出动。

抢修灵活性原则体现在，对用气高峰时低压管或引入管漏气，进行临时堵漏等，并派专人现场监护，等机会成熟时，再出动抢修队伍正式修复。

三、抢修作业现场规定

1）根据燃气泄漏程度确定警戒区，进入警戒区的抢修人员应按规定着装，设立警示标志和防护装置；在警戒区内严禁明火，管制交通，严禁无关人员入内。

2）当燃气发生泄漏时应立即控制气源，再实施抢修。

3）当泄漏的燃气未发生燃烧时，应消除现场火种，防止发生火灾、爆炸事故；在调压箱、柜处切断气源，抢修时，应在调压箱、柜上悬挂“正在抢修严禁通气”的警示牌。

4）要做好紧急情况的人员疏散工作和及时救护伤员工作。

5）在警戒区内不得使用非防爆型机电设备及仪器、仪表、手机、传呼机，严禁使用能产生火花的铁器等工具进行敲击。

6）应严格按规范进行现场施工作业，施工作业时应有专人监护，严禁单独作业。

7）供气管道和设备修复后，应作全面检查，防止燃气窜入通信电缆沟、电力电缆沟、排水管道、窨井、烟道等不易察觉的场所。

8）供气管道、设备抢修完毕，应按规定进行现场清理、检查，确认不存在安全隐患，并有效置换后方可恢复供气，通气后30min抢修人员方可撤离现场；重大的抢修施工现场2天内应安排进行复查，抢险完毕，应按规定填写抢险登记表；严禁夜间施工停气后恢复供气。

9）当事故隐患未消除时不得撤离现场，应采取安全措施，直至查清事故原因并消除安全隐患为止。

10）抢修完毕，现场负责人应把抢修情况及时向所属调度值班员和单位领导报告。基层调度部门应向本公司燃气调度中心汇报，重大事故按预案规定办理。

第三节　抢修现场安全管理要求

抢修作业施工现场管理可包括作业进度管理、劳动力管理、物资工具管理、质量管理、安全管理、设备管理等项内容。其中安全管理是关注的重点，在抢修现场应特别注意下列问题：

1）警戒区的设定一般根据泄漏燃气的种类、压力、泄漏程度、风向及环境等因素确定。同时应随时监测燃气浓度变化、一氧化碳含量变化、压力变化。

警戒区设置一般可以布置警戒绳、隔离墩、警示灯、告示牌等。在警戒区内应严格禁止火种、管制交通，不允许机动车通行，严格禁止无关人员进入。

2）在警戒区内作业的安全防护。进入抢修作业区的人员应按规定穿防静电服、带防护用具，包括衬衣、裤均应是防静电的。而且不应在作业区内穿、脱防护用具（包括防护面罩及防静电服、鞋），以免在穿、脱防护用具时产生火花，作业现场操作人员还应互相监督。

为什么不能在作业区内穿、脱和摘戴防护用具（包括防护面罩及防静电服、鞋）？

根据《防止静电、闪电和杂散电力引燃的措施附录A静电的基本概念》SY/T 6319—2016的解释。

在干燥的环境中，人体的静电充电就变得明显。因为人体是一个相当好的导体，并且可以保持电荷，人体与地之间的火花就可能具有引燃所需的足够能量。人体高电压的产生总是伴随着不同材料的物理分离。脱去外衣（外衣与剩下的衣服和人体之间的电荷分离）和在地毯上行走（地毯与鞋之间导致人体充电的电荷分离）就是典型的事例。服装不大可能产生高电压，除非在脱衣过程中。在潜在的可燃氛围中不允许脱衣。因为已经有脱掉外衣时引起燃烧的先例。

3）在警戒区内燃气浓度未降至安全范围时，如使用非防爆型的机电设备及仪器、仪表等有可能引起爆炸、着火事故；因此，特别指出如需要在警戒区内使用电器设备、仪器仪表等用具时，一定应保证混合气浓度在安全范围之内。

4）燃气泄漏后，有可能窜入地下建（构）筑物等不易察觉的地方，因此事故抢修完成后，应在事故所涉及的范围内做全面检查，避免留下隐患。如果有燃气泄漏点且又一时没有找到漏点时，作为接报检查，抢修人员一定不得撤离现场，应扩大寻找范围，直至找到根源，处理之后才可撤离现场，特别提醒注意。

第四节　抢修现场燃气中毒、爆燃事故的防范处理

城镇燃气是易燃、易爆气体，有的还含有毒有害成分，如焦炉煤气、重油催化裂解气等含有大量一氧化碳，人吸入后就会中毒；有的燃气虽然无毒性，如天然气、液化石油气，但人吸多了，会造成呼吸困难，甚至窒息。在管道抢险维护工作中，难免遇到燃气泄漏情况，泄漏的燃气在遇明火或静电火花时就易燃易爆。因此，我们必须掌握必要的防毒、防窒息、防燃爆的安全技术，以避免不必要的人员伤亡事故发生。

一、燃气泄漏现场的安全事故处置方法

1）抢修人员进入泄漏现场后，应立即控制气源，驱散积聚燃气。严禁启用非防爆型电器（如电灯、电话、排风扇、对讲机、电子照相机等），在室内应开启门窗加强自然通风。地下燃气管泄漏时，可挖坑或钻孔，散发聚积在地下的燃气，必要时可采用防爆风机强制排风。

2）地下室和地下燃气设备泄漏时，抢修人员进入前，应遵守下列规定：

① 打开门、窗通风或用防爆风机强制通风，排除积存混合气体；

② 检测泄漏燃气浓度，在确认其浓度在爆炸下限的20%以下及混合气体中一氧化碳浓度小于0.05%时，方可进入。

3）当泄漏燃气渗入地下管沟（如电力管沟、通信管沟、下水道等）时，首先应揭开数块（个）沟盖板或井盖，散发聚积在里面的燃气，并禁止四周烟火，严禁接打手机，尽快疏散无关人员。

4）在燃气泄漏现场探管时，严禁进行直接法或充电法作业。

二、燃气火灾与爆炸现场的安全处置方法

1）发生燃气火灾、爆炸等事故，危及燃气管道和设备的安全时，抢修人员应会同消防部门共同抢险；

2）燃气火灾的抢险，应采取切断气源或降低压力等方法控制火势，并应防止燃气管内产生负压；

3）火势得到控制后，应迅速扑灭火焰，加强现场通风，再对泄漏点、段进行抢修；

4）燃气管道及设备发生爆炸后，抢修人员应迅速控制气源，防止次生灾害，保护事故现场。

三、深阀井内作业出现人员窒息的简易救护方法

1）立刻将窒息者抬到新鲜空气处；

2）对窒息者进行人工呼吸救护；

3）同时拨打 120 急救电话求救；

4）向上级领导汇报情况。

四、对一氧化碳中毒者的简易救护方法

发现有人因一氧化碳（可能是人工煤气泄漏或是使用燃气热水器不当）中毒时，应立即打开门窗通风换气，迅速切断气源，将中毒者抬到空气流通的地方，一方面尽快拨打 120 急救电话求救，同时对中毒者按以下方法进行简单有效的救护：

1）解开中毒者衣扣、腰带，清除其口内异物及假牙；

2）将中毒者平放使之仰卧、垫高其颈部、使其头向后仰、以免喉部受到阻塞；

3）抢救者用双手有规律地压迫中毒者的胸部，或者捏住中毒者鼻孔，以每分钟 16 次的速率向中毒者吹气，进行口对口的人工呼吸；

4）条件具备时、可向中毒者输氧气或使用呼吸兴奋剂、升血压药物等；

5）可用新针疗法针刺中毒者的人中、百会、合谷等穴位。

第十一章

在用燃气管道的检验

第一节　在用燃气管道检验的种类

根据《压力管道安全管理与监察规定》，在用压力管道在不同的阶段应分别由运行管理单位和有资格的检验单位定期进行一般性检查（称外部检查）与全面检查。

在用燃气管道的一般性检查，是运行管理工作的重要组成部分，一般可以由运行管理单位自行检验，但检验人员应经质量技术监督部门考核认可。一般性检验周期为一年一次，新建投运的第一次检验应在一年之内。

在用燃气管道的全面检验是指按一定周期由运行管理单位委托有资格的检验单位对在用燃气管道系统（包括门站、储配站、调压站、汽化站、混气站与各级压力管网等）进行系统、综合、全面的安全检验。周期的长短取决于燃气管网系统的安全状况，一般为3~6年。

安全状况取决于燃气管道的腐蚀情况、腐蚀防护系统、介质、运行时间、管道缺陷及出现事故情况等。

检验周期可参照下列情况确定。

压力容器的检验周期可具体参照TSGR7001—2013《压力容器定期检验规则》执行。

站场工艺管线可参照国质检锅［2003］108号《在用工业管道定期检查规程》(试行)。

（1）在用燃气管网系统经全面检验后能同时满足下面条件时，其检验周期可为6年。

1）使用单位的组织机构完备，制度建全，并应用计算机严格按照压力管道各项规程进行管理；

2）燃气管网系统设计合理，施工质量优良，有关技术文件、图样齐备，资料管理有序；

3）燃气管网系统运行状态良好，有完整的运行记录，运行指标控制良好，坚持巡检制度与定期检查制度。燃气管网系统的维护保养到位，系统中的设备运行完好；

4）坚持一年一次燃气管网系统的外部检查（一般性检验）并能及时处理检查中发现的问题；

5）从燃气管网投运开始或上一次全面检查至本次全面检验时为止，在运行中未发生爆炸、火灾、中毒、人员伤亡等重大事故。整个燃气管网系统平均每年出现的漏气、管道阻塞等一般性事故不大于3次。且全面检验的前一年一般性事故不超过6次；

6）在全面检验过程中经检查城镇燃气管道防腐与绝缘层完好，介质对管道腐蚀速率低于0.1mm/a。

（2）当使用单位在全面检验后的第六年一般性检验时，城镇燃气管网系统的运行状况仍十分良好，则可申请延长全面检验周期，但需质量技术监督部门授权有资质的检验单位审查批准。检验周期延长时间最多不得超过3年。

(3) 城镇运行燃气管网系统中门站、储配站、调压站与各级管网的管道，经全面检验后属于下面情况之一时，其全面检查周期一般不大于3年。

1) 城镇燃气管网系统中在全面检验周期内，特别在最后一年时曾经出现过火灾、爆炸、中毒、人员伤亡等重大安全事故或出现漏气、管道阻塞等一般性事故6次以上；

2) 管道腐蚀现象与防腐层破坏较普遍，介质对管道腐蚀速率大于0.2mm/a；

3) 城镇燃气管网系统已运行15年以上，经全面检查与技术鉴定确认该系统已不能按正常检验周期使用运行的管道；

4) 经过修理和改造后的管道；

5) 新建投产的燃气管网系统第一次全面检验应在投产后3年内进行。

(4) 燃气管网系统在出现下列情况之一时，应进行全面检验。

1) 当城镇燃气管网系统出现严重火灾、爆炸、中毒、人员伤亡等重大恶性安全事故后；

2) 当出现地震、火灾、水灾等重大自然灾害并危及城镇燃气管网系统正常运行的情况下，进行修复后；

3) 城镇燃气管网系统的站、场与管道在停止运行半年以上并将重新恢复生产时；

4) 埋地压力管道输送介质种类发生改变时，应进行全面检验。

第二节　在用燃气管道的外部检查

燃气管道的异常情况是逐渐形成和发展的，为了保证燃气管道的安全运行，燃气管道管理与使用部门还应在加强日常维护保养和巡回检查的基础上，定期、系统地对燃气管道系统进行外部检查，并对检查中发现的安全问题立即处理，暂时不能处理的也应有计划有步骤逐步解决。做到早期觉察早期处理，以防止事故的发生。

燃气管道系统的外部检查应按质量技术监督部门颁布的有关检验规则及有关规定进行。

燃气管网系统外部检查可由燃气管理与使用部门负责主持并由质量技术监督部门监督进行，也可由有资质的检验单位进行，检验人员应由质量技术监督部门考核认可的专业人员担任。

外部检查的主要内容为

(1) 管道外观检查。管道有无裂纹、腐蚀、变形。

(2) 外观检查的重点部位主要包括：

1) 工艺流程中重要部位及与重要设备连接的部分，如门站、储备站、调压站进出口处的管道；

2) 压缩机、调压器等进出口连接管道；

3) 施工安装条件差的管段，如：施工中水位较高的地段、软地基地段等；

4) 负荷变化频繁的管段；

5) 在施工、运行中掌握的比较薄弱并存在安全隐患的管段部位。

(3) 地面敷设燃气管道的泄漏检查。主要检查管件、焊缝、阀门、调长器连接法兰垫有无泄漏。

（4）管道管件安全附件检查。其中包括：调压装置所属附件的检查，检查其工作性能是否完好。

（5）管道的防腐检查。检查跨越段、入土端与出土端、露管段、阀室前后的管道的绝热层与外防腐层是否完好；对设有外加电源阴极保护的管段与采用牺牲阳极保护的管道检测是否运行正常，并判断保护装置是否正常工作。

（6）电绝缘性能测试。绝缘法兰及跨越支架绝缘性能测试电阻值应小于 0.03Ω；各种接地电阻是否符合规范要求；管道系统对地电阻不得大于 100Ω。

（7）管道支架和基础有无变形，倾斜、下沉等。

（8）燃气成分测定，对燃气管道内腐蚀进行分析。

外部检查进行完毕后应根据有关检验规程要求，填写在用燃气管道一般性检验原始资料审查报告表等，并应对检查结果进行分析评估，对出现异常的燃气管道应采取措施，使其恢复正常，并应作好在用燃气管道外部检查结论报告，检查结论分为允许运行、监督运行、停止运行。

1）允许运行：检查结果未发现问题，不存在安全运行的不利因素；

2）监督运行：检验发现缺陷，但经采取措施后能保证在检验期内安全运行；

3）停止运行：检验后发现缺陷，采取措施后仍影响安全运行，应停止运行进一步检查。

第三节　在用燃气管道的全面检查

一、全面检验的准备工作

1. 检查资料

检查资料应包括设计、制造、施工、运行、检验、修理、改造等压力管道管理全过程的所有资料。

（1）设计、制造、施工资料　包括燃气管网系统设计文件与图样（项目可行性研究、初步设计与施工图设计）；管道、设备的产品质量证书及有关资料；施工安装、工程验收资料、竣工图样；燃气管道施工安装安全质量监督检验报告等。

（2）燃气管网系统运行资料　包括燃气管道登记表、燃气管道基本参数、技术状况、管道变更、隐患缺陷、事故及管道防腐情况的有关资料，日常维护管理、巡检等有关记录，一般性检验的检查记录和检验报告。

（3）管道与站、场修理与技术改造资料　包括修理与改造方案，施工文件与图样，施工安装安全质量监督检验报告。

（4）检验资料　包括历次自检、一般检验与全面检验的全部资料。

（5）管道与站、场周围环境调查　包括管道埋设深度、埋设处土壤分析报告、输送介质状况及管道与站、场和周边地面地下建构筑物、其他管线的有关资料。

2. 制定全面检验方案

全面检验是保证燃气管网系统安全运行的重要环节。因此，作好全面检验的方案十分重要。

（1）针对燃气管网系统的燃气管道压力级别及站、场性质确定全面检查方案。

（2）设计、制作与施工安装的情况是确定运行燃气管道全面检验的重要依据，凡燃气管网系统设计、制作与施工安装过程中存在的问题，应作为全面检验的重点。

（3）燃气输配系统的运行状况是燃气管网系统的设计、制作、施工安装质量的综合体现。设计、制作与施工安装中的问题在运行中逐步暴露出来，因此，系统运行状况应是制定燃气管网系统全面检验方案的重要依据。

（4）在制定燃气管网系统全面检验方案时应严格遵循质量技术监督部门颁发的有关在用压力管道检验规程的要求。

（5）在制定全面检验方案时应在易出现安全事故的问题与地点重点检查。重点检查内容应包括工艺流程关键部位、设备与管道连接处、应力集中的管段与管件、管道接口连接与焊缝处、应力交变频繁多的设备与管段、土壤腐蚀严重的管段、在设计、制作与施工中存在缺陷处、管道、管件材质有缺陷处、管道运行中暴露出现的遗留问题、进行处理过的裂纹及其他可疑部位等。

（6）全面检验中发现的问题，能及时处理的可现场立即解决，凡不能立即处理的问题，应在全面检验结论报告中提出方案。

（7）全面检验是一项较复杂的工作，除需要很好的组织安排外，还需要精良仪器设备，并需在不停气的情况下开展检验活动，将耗费较多的人力、物力、财力，因此燃气管网系统全面检验工作在保证符合相关规定要求的前提下，应尽可能地节约经费开支，以降低燃气企业的运行成本。

（8）充分利用计算机管理中提出的有关资料，作为本次全面检验依据，并同时将本次全面检验的所有情况、全部数据详细记录并存储于计算机中，作为今后运行管理与检验的原始资料。根据全面检查方案确定依据与原则，制定全面检验方案。一般包括：

1）确定全面检查的内容，特别是重点检查项目；

2）制定检查方法；

3）编制日程安排；

4）与有关单位（包括使用单位）的协助安排；

5）提出全面检验的结论报告与问题处理意见。

二、全面检验项目

（1）城镇燃气管网系统（包括门站、储配站、分配站、加压站、调压站、阀门、各级压力管网）的外观检查。主要检查燃气管网系统中燃气储存、加压、调压、计量等主要设备工作状态，各种运行参数是否正常，燃气管道有无裂缝、腐蚀变形等，并要重点检验工艺重点部位、条件恶劣部位、存在安全隐患部位的管道运行状态。

（2）检查门站、储配站中的设备、管道及阀门运行状况，重点检查储气设备与加压设备在运行中有无漏气等不安全因素，必要时可对停机备用的加压设备拆卸检查，不同类型机组应分别按照其结构特点进行检查。对于低压储气罐重点检查罐体有无漏气。湿式罐钟罩与塔节连接水封是否安全工作，罐体上升下降的最高最低点限位是否准确，有无抽瘪、冒顶的可能。干式罐活塞与罐壁密封处有无漏气现象。

在门站、储配站的检查中还要注意站内安全放散系统是否正常工作。对于高压储罐必须

检查安全阀起跳压力是否正常，以避免储罐在超压下工作引起安全事故。

（3）检查各个高、中调压站，部分中低区域调压站，抽查少量的箱式调压装置，调压站中重点检查是否有漏气现象，调压器的弹簧与薄膜等传动装置是否正常工作，有无出口压力超高现象，调压站的安全放散系统是否能正常工作，越站进出口阀门是否开关灵活。

（4）利用燃气检漏仪对城镇燃气各级压力管道沿线及阀门井、套管检查管、凝水缸等处进行漏气检查。必要时应检查燃气管线临近各种市政设施的检查井等是否有燃气泄漏。

（5）燃气管网系统中管道穿越铁路、高速公路、主干道及河流时管道系统结构一般比较复杂，在全面检查中应作为重点检查对象。主要检查穿越两端的阀门井、补偿器与检查管是否正常工作。管道的基础、护坡是否沉降、塌陷。

（6）根据城镇燃气各级压力管网的设计、制作、施工安装与运行管理资料的分析，结合现场调查，确定埋地钢管腐蚀防护系统非开挖检测的重点管段位置。

腐蚀防护系统非开挖检测的目的是确定管段的腐蚀防护系统是否有效，一般包括管道防腐层参数、防腐绝缘层破坏点及外加电源阴极保护的效果。一般可采用以下几种方法：

1）交流电源衰减法可完成以下任务：

① 确定管道防腐层的特性参数 R_g。这一参数表示了防腐层材质的防腐性能，当防腐材料材质老化、退化、变坏时，其 R_g 将下降；

② 确定防腐绝缘层破损处；

③ 找出外加电源阴极保护不能正常运转的原因；

④ 准确定位管道的走向与深度。

2）直流电压梯度测量法——DCVG 与近间距管对地电位测量法——CIPS 在有外加电源阴极保护系统中利用 DCVG 与 CIPS 法可以完成如下任务：

① 利用 CIPS 法确定阴极保护站保护效果，并确定管道保护较差的范围；

② 在上述基础上再用 DCVG 法确定防腐绝缘层的破损点。

3）变频选频法，利用变频选频法可测防腐层绝缘电阻等参数，确定管段的防腐绝缘层的保护效果，但不能确定其破损点。

4）在被测管道通以阴极保护电流时，可采用直流电源——电位法测得管道防腐绝缘层的绝缘性能参数。

5）利用人体电容法（Pearson 法）测定管道绝缘防腐层的破损点。

（7）埋地钢管的外加电源阴极保护、牺牲阳极及交直流排流效果的检测与评定，应根据在用压力管道的有关检验规定进行。

（8）根据资料分析与燃气管线检漏和腐蚀防腐系统的非开挖检测结果，确定全面检验需开挖的管段位置、数量与目的。

开挖后的燃气管道主要进行以下检验内容：

1）管道的外观检查，包括防腐绝缘层情况、腐蚀情况、连接情况、漏气点位置、漏气原因分析等。

2）管道防腐绝缘层检查，包括防腐绝缘层情况、厚度、粘结力及耐电压试验等内容的检测。可利用防腐绝缘层测厚仪、电火花检漏仪器设备。

3）管道壁厚与土壤腐蚀性能检查，包括管道剩余壁厚的测定、计算管道的腐蚀速率，并通过土壤腐蚀性能及电阻率的测定，校核计算管道可继续使用年限。

4）管体腐蚀状况与缺陷的无损检测。

5）管道连接部位的检查，包括铸铁管接口、塑料管连接部位与焊缝连接的检查，重点检查干支线连接位置，应力集中的三通、弯头、变坡管位置、钢塑转换接头位置。当发现钢管腐蚀开裂及存在缺陷的焊缝和可疑部位均应进行无损探伤。可采取X射线检测，也可结合超声波检测方法进行，以确定焊缝的缺陷类型与程度。

（9）当城镇燃气管网系统已接近使用年限，在进行全面检验时应根据情况综合分析，可对管道进行理化分析。理化分析内容包括化学成分、机械性能、硬度检测、夏比低温冲击性能、金相试验等。

（10）当城镇燃气管道普遍腐蚀减薄超过名义厚度10%、燃气介质改变和运行操作参数调整变化时，可进行强度校核与应力分析。也可进行强度试验。

（11）安全附件的检验是全面检验的重要内容。安全附件检验主要包括压力表、安全阀及紧急切断装置是否能正常工作，压力表的精度是否合格。检验周期与要求应根据在用压力管道检验规程进行。

（12）必要时应对燃气管道的内壁腐蚀进行检测。

（13）对流量计量仪表重点检查，是否按照校验周期定期进行校核。流量计的检验不仅包括外观及是否漏气，还应检验其准确性。

三、全面检验记录

城镇燃气管道全面检验后应如实记录检测的全过程情况，并应按照压力管道全面检验规定，认真填好下列表格，作为检验记录。

1）在用燃气管道全面检验结论报告；

2）在用燃气管道原始资料审查报告；

3）在用燃气管道外防腐检测记录表；

4）在用燃气管道内部检查记录表；

5）在用燃气管道壁厚检测记录表；

6）在用燃气管道焊缝、承插口检测报告；

7）在用燃气管道均匀腐蚀检测数据记录表；

8）在用燃气管道压力试验记录；

9）在用燃气管道敷设土壤环境调查表；

10）在用燃气管道理化检验报告；

11）在用燃气管道安全附件检验报告；

12）在用燃气管道综合评价报告；

13）在用流量表检验报告；

14）在用压力表及压力自动记录仪表检验报告。

第四节　燃气管道安全状况的分级标准

根据质量技术监督部门颁发的有关压力管道定期检验规则的要求对燃气管道在全面检验基础上对其安全状况进行评定，并根据评定结果做出处理。

《压力管道使用登记管理规则》中明确指出，压力管道的安全状况划分为四个等级，各级的标准如下：

1 级：压力管道设计、安装资料齐全；设计、制造、安装质量符合有关法规和标准要求；在设计条件下能安全使用的压力管道。

2 级：压力管道设计、安装资料不全；但设计、制造、安装质量基本符合有关法规和标准要求的下述压力管道：

（1）新建、扩散的压力管道存在某些不危及安全但难以纠正的缺陷，且取得设计、使用单位同意，经检验单位监督检验，出具证书，在设计条件下能安全使用。

（2）在用压力管道：材质、强度、结构基本符合有关法规与标准要求，存在某些不符合有关规范和标准的问题或缺陷，经检验单位检验，检验结论为 3~6 年的检验周期内和规定的使用条件下能安全使用。

3 级：在用压力管道材质与介质不相容，设计、安装、使用不符合有关法规和标准要求；存在严重缺陷；但使用单位采取有效措施，经检验单位检验，可在 1~3 年检验周期内和限定的条件下使用的压力管道。

4 级：缺陷严重，难于或无法修复的压力管道；无修复价值或修复后仍难于保证安全使用的压力管道；检验报告结论为报废的压力管道。

城镇燃气管道统一按上述标准来评定其安全状况等级。

第五节　燃气管道缺陷与安全状况评定

管道缺陷与安全状况之间的关系主要从管材、焊接、管道连接、裂纹、腐蚀等方面进行评定。

一、管材、管道结构、材质变化与管道安全状况的评定

（1）如燃气管道管材与设计要求不符时，应经过严格的检验，判断其安全状况等级。如果材质清楚，其强度等性能校核合格，证明所用管材的各项性能指标与质量优于原设计管材水平，在使用中未发生安全问题，经检验可以满足设计的要求，则可以按检验情况确定安全等级。否则应定为 4 级即判废停止使用。

（2）由于在用管道使用环境和压力、温度输送介质等参数变化时，则应在检验时按照实际使用条件评定管道安全状况等级，如不符合安全要求时应判停止使用。

（3）在用管道在进行理化检验时，发现材料劣化、损伤，如化学成分改变（脱碳、增碳等）、强度降低（氢腐蚀等）、塑性及韧性降低（湿硫化氢介质中的氢脆等）、金相组织改变（珠光体球化或石墨化、晶间腐蚀等）及应力腐蚀与腐蚀损伤，应根据其劣化、损伤程度进行安全状态等级评定，凡各种原因出现裂纹的管道应确定为 4 级判废。

二、管道焊接质量与安全状况的评定

管道焊接质量直接影响管道安全状况等级的评定。在焊缝中存在表面与内部的缺陷，均要降低其管道安全状况等级。

管道焊缝的内部缺陷可按其缺陷是圆形缺陷与非圆形缺陷分别加以评定，而焊缝的表面

缺陷应根据咬边、错边等情况评定其安全状况等级，具体等级标准可按《在用压力管道检验规程》确定，缺陷范围较大进行修复后管道若仍不能保证安全使用则其安全状况应为 4 级判废。

三、铸铁管接口质量与管道安全状况评定

铸铁管接口可根据其连接质量来进行评定安全状况等级，铸铁管的连接质量主要检查连接接口质量、填料的质量。凡接口漏气均应修复，经修复仍漏气者应停止使用。

在燃气变换时（如由湿燃气变为干燃气、人工燃气转换为天然气），应密切监视在用燃气管道是否漏气，一般应根据新、旧燃气的组成重新更换胶圈与填料，否则将出现接口漏气现象，造成不安全因素。

四、管道腐蚀与安全状况评定

管道在大气环境和埋地条件下，尽管进行了防腐处理，但由于多种因素可能出现腐蚀现象。管道的腐蚀将影响管道安全状况。

当燃气管道产生腐蚀后，在进行检验时，应对腐蚀减薄后的强度进行校核，并对局部腐蚀沿纵向腐蚀最大长度进行计算，检查实际管道的腐蚀长度是否在最大长度允许范围内，以确定燃气管道的安全状况等级。

1. 燃气管道腐蚀减薄后强度校核公式

$$\sigma=\frac{P[D-(\delta-C)]}{2(\delta-C)E_a}\leqslant[\sigma] \tag{11-1}$$

式中　P——最高工作压力，MPa；装有安全阀的管道，P 不得大于其开启压力；

D——管道外径，mm；

δ——壁厚实测最小值，mm；

E_a——质量系数，无缝钢管为 1，直缝或螺旋焊接钢管为 0.6，铸铁管为 0.8；

C——预期使用周期的两倍腐蚀深度，mm；

σ——管材的工作应力，MPa；

$[\sigma]$——管材的许用应力，MPa。

当满足式（11-1）时，燃气管道仍能安全工作。

2. 局部腐蚀管道最大容许纵向腐蚀长度计算

当连成一片的腐蚀区域，其最大深度大于管道壁厚的 10%，但小于 80%时，在管子纵轴向的延伸距离不应超过下式计算结果：

$$L=1.12B\sqrt{D\delta} \tag{11-2}$$

式中 B 值可由图 11-1 曲线确定，也可由式（11-3）求出。B 值的数值不得超过 4，当 d/δ 为 10%~17.5%之间时，则 $B=4$。

$$B=\sqrt{\left(\frac{d/\delta_n}{1.1d/\delta_n-0.15}\right)^2-1} \tag{11-3}$$

式中　d——实测的腐蚀区域最大深度，mm；

L——腐蚀区域的最大容许纵向长度，mm，与图 11-2 中的 L_M 共线；

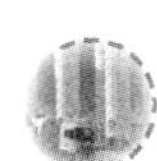

D——管子的公称外径，mm；

δ_n——管子的公称壁厚，mm，附加壁厚不计在内。

本方法引自《ASME B31G》，即《ASME 压力管道规范 B31 的补充》，它适用于评定外形平滑、低应力集中的管道本体上的局部腐蚀缺陷，不宜用于评定被腐蚀的焊缝（环向或纵向）及其热影响区、机械损害引起的缺陷（如凹陷和沟槽）以及在管子制造过程中产生的缺陷（如裂纹、褶皱、疤痕、夹层等）。当管道承受第二有效应力（如弯曲应力），尤其是腐蚀有较大的横向成分时，本方法不宜作为唯一准则。另外，本方法也不能预测泄漏和破裂事故。

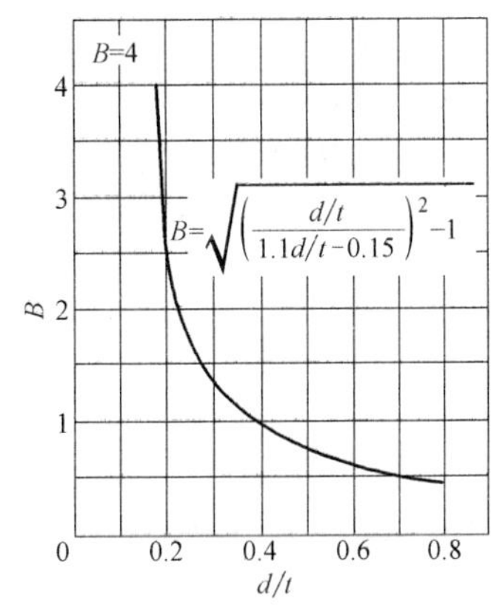

图 11-1 确定 B 值的曲线

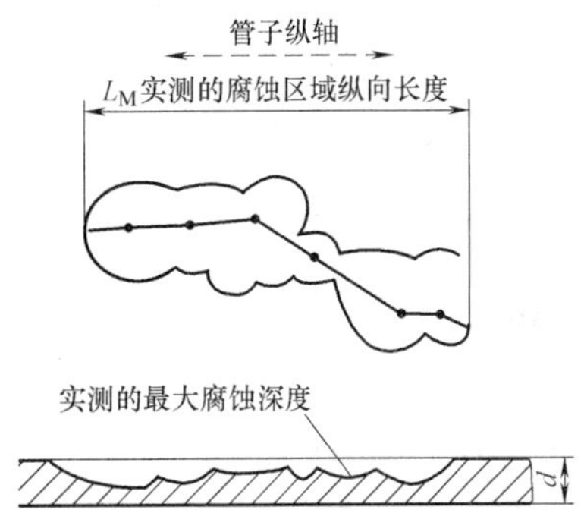

图 11-2 用于分析的腐蚀参数

五、管道阀门、支座与安全状况评定

管道阀门、支座等是管道的重要组成部分，因此，它们是否完好直接影响管道的安全状况，在进行检验时，必须重视管道阀门、支座等的检查。

（1）阀门是否存在裂纹与腐蚀，开启关闭是否灵活，填料是否完好，法兰垫有无损坏漏气，有无内漏现象，均影响管道安全状况等级。当发现阀门缺陷时，应进行修复。修复后仍然有漏气现象，则应确定为 4 级判废。

（2）管道支座是否正常工作，有可能改变管道的受力状态，直接影响管道工作的安全，因此，在检验时应注意管道支座是否锈蚀，有无脱离管道腐蚀损坏等现象，如发现问题应立即修复，当修复后仍不能保证管道安全工作时，则应判废更换。

第六节 管道缺陷的处理

在检查与检验过程中对运行管道出现的缺陷与问题，应及时处理，以免造成管道破坏而发生事故。

一、缺陷处理方法

针对检查中管道出现的缺陷大小、性质，采取不同的处理方法。

1. 现场就地修复

对于发现的管道缺陷只需针对具体情况，采取一定措施即可修复的管道就可现场就地采用打磨、焊接、更换填料或小的零部件等方式消除缺陷。

2. 局部改造与更换

对于检查中发现的缺陷是在一个较大的管段范围内的问题，则可以采取对某些局部管段进行改造直至局部更换，以达到管道安全运行的目的。

3. 全部更换与改造

对于检查中发现的带有全面性的问题，如气质改变（人工燃气转换为天然气）、参数改变（压力提高）等原因，原有管材与连接方式（包括铸铁管、胶圈、填料）不适应要求时则应对原有燃气管网进行改造或全部更换原有管道或管件。

4. 安全评估

当在检查中对于管道缺陷较多、牵涉面广，需进行仔细分析时，则应由质量技术监察部门确认的评审单位进行安全评估，以确定缺陷的处理方案，管道能否继续使用。

二、缺陷的处理步骤

1. 制定缺陷修复方案

在对缺陷进行修复时，首先应制定修复方案。其内容应包括：

1）缺陷的性质、具体的部位、大小尺寸；

2）缺陷修复的方法；

3）各种缺陷修复遵循的法则与规则；

4）缺陷修复后的预期效果；

5）安全措施。

2. 缺陷的修复

根据管道缺陷修复方案对所有缺陷进行修复。

三、修复后检验

管道缺陷修复后应与新建燃气管道系统一样，根据有关规范标准要求进行检验验收。

第十二章 门站、储配站安全运行

第一节 门站、储配站的作用和组成

一、门站、储配站的作用和组成

天然气门站是长输管线终点配气站，也是城市天然气的接收站。门站的作用是接受天然气长输管道来气，并根据需要进行净化、调压、计量和加臭后，向城镇燃气输配管网或储配站输送天然气。

储配站的主要作用是：接受由气源厂或门站供应的燃气，并根据需要进行净化、储存、加压，调压、计量和加臭后向城镇燃气输配系统输送燃气，通常门站和储配站建设在一起，可以节约投资、节省占地，便于运行管理。

门站、储配站一般由储气罐、加压机房、调压计量间、加臭间、变电室、配电室、控制室、水泵房、消防水池、锅炉房、工具库、油料库、储藏室以及生产和生活辅助设施等组成。其中储气罐、加压机房又是重点中的重点，更需格外加以关注。

二、储气罐

燃气储气罐可按储存压力和结构形式分类，其分类见表12-1。储气罐类型的选择，应根据城镇输配系统的要求确定。大型天然气储存基地，也可选用液化天然气储罐或地层储气库。

表12-1 储气罐分类

按储存压力分类	按密封方式分类	按结构形式分类
低压储气罐	湿式	直立式、螺旋式
	干式	曼型、可隆型、威金斯型
高压储气罐	圆柱形（立式或卧式）	
	球形	

1. 低压湿式储气罐

湿式储气罐又称水槽式储气罐，属于低压储气罐，主要由水槽、塔节和钟罩组成。储气罐随燃气进出而升降。按升降方式不同，可分为直立式和螺旋式两种。

直立式低压湿式储气罐由水槽、钟罩、塔节、水封、顶架、导轨立柱、导轮、配重及防真空装置等组成。

螺旋式低压湿式储气罐设有导轨立柱，罐体靠安装在侧板上的导轨与安装在平台上的导轮相对滑动产生缓慢旋转而上升或下降。

螺旋式低压湿式储气罐和直立式低压湿式储气罐相比较，前者可节约钢材15%~30%，但不能承受强烈风压，故在风速太大的地区不宜采用。螺旋式低压湿式储气罐结构如图12-1所示。

2. 低压干式储气罐

低压干式储气罐是一种压力基本稳定的低压储气设备。它是在低压湿式储气罐的基础上发展起来的。

低压干式储气罐的外形有多角形和圆柱形两种。罐筒由钢板焊接或铆接而成，筒内装有一个可以移动的活塞，其直径和罐筒内径相等。为了使活塞上下移动稳定，设有导架装置。

进气时，活塞上升；用气时，活塞下降，借助活塞本身的重量把燃气压出。由于造成燃气压力的设备是活塞，故输出气体的压力基本稳定。

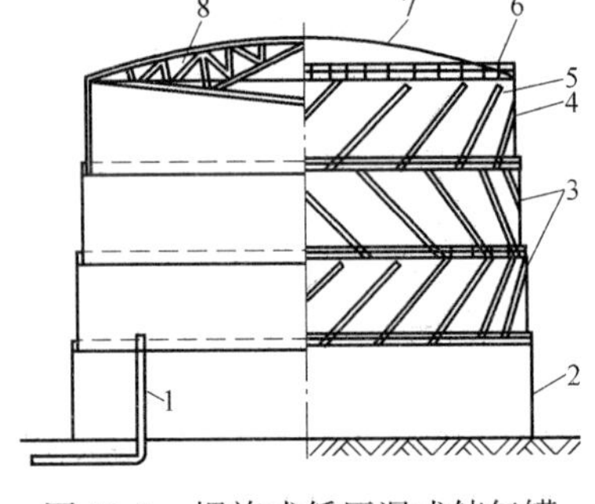

图12-1 螺旋式低压湿式储气罐
1—进气管 2—水槽 3—塔节 4—钟罩 5—导轨 6—平台 7—顶板 8—顶架

干式储气罐一般按采用密封方式分为三种类型：①采用稀油密封的曼型低压干式储气罐，如图12-2所示；②润滑脂（干油）密封的克隆型低压干式储气罐如图12-3所示；③采用橡胶夹布帘密封机构的威金斯型干式储气罐。

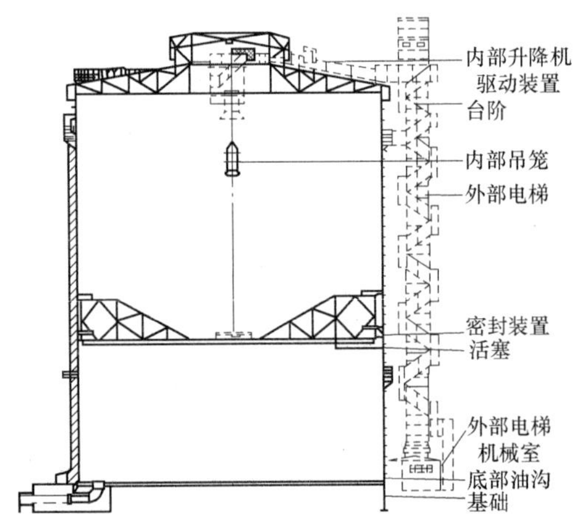

图12-2 曼型低压干式储气罐

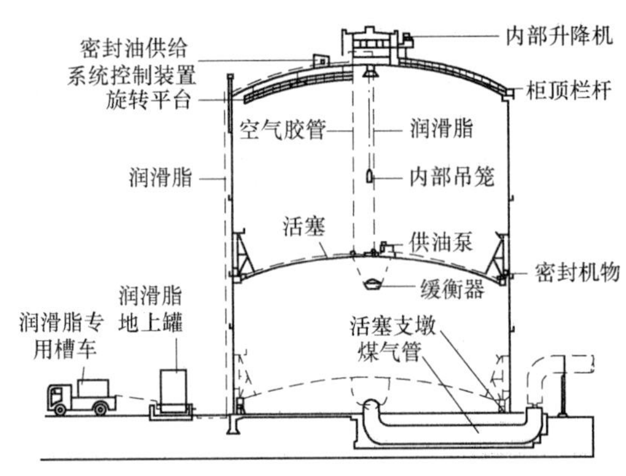

图12-3 克隆型低压干式储气罐

干式储气罐与湿式储气罐比较具有下列优点：①在容积较大时，金属消耗和投资少；②作用于土壤上的压力较小、占地面积也较小；③不采用水封密封故冬季不用保温，经营管理费用少；④运行压力基本不变化，比湿式罐运行压力稳定；⑤在相同大气温度下，罐内气体湿度变化较小；⑥有可能在不停止罐工作条件下增加储气容积。

干式储气罐存在以下缺点：①储存湿燃气时，冬季在罐壁上水蒸气凝结容易结冰，影响活塞上下移动；②活塞与罐壁之间密封不可能绝对严密，故活塞顶部空间容易存在易爆炸的混合气体；③加工和安装要求和准确度大大超过湿式储气罐，施工较复杂。

3. 高压储罐

湿式与干式罐均为低压储气罐，储存压力为1060~8500Pa。当燃气以较高压力送入城镇时，采用低压储存从技术、经济角度看均不合理，应采用高压储存的方式，则需高压储罐。

高压储气罐中燃气的储存原理与低压储气罐不同，其几何容积固定不变，靠改变其燃气的压力来储存燃气，故称定容储罐。由于定容储罐没有活动部分，因此，结构比较简单。

定容储罐可以储存气态燃气，也可储存液态燃气。根据储存的介质不同，储罐设有不同的附件，但所有燃气储罐均设有进出口管、安全阀、压力表、人孔、梯子和平台等。

燃气高压储罐属于压力容器，因此应按压力容器的有关规定、规范进行设计、制作与运行管理。

高压燃气储罐按其形状可分为圆筒形和球形两种。

圆筒形罐是由钢板制成的圆筒体和两端封头构成的容器。封头可为半球形、椭圆形或蝶形。圆筒形罐根据安装情况可分为立式和卧式两种。立式圆筒形罐的运行管理不方便，一般采用卧式储罐。由于圆筒形储罐的容积较小，占地面积大，一般常用于中小型的液化石油气储配站中。

城镇燃气中的高压储罐一般采用球形罐，其由球壳、球罐支撑件、进出气管与球罐附件组成。球壳是由分瓣压制的钢板拼焊组装而成。球壳的瓣片一般为足球分瓣法、橘瓣分瓣法与足球、橘瓣混合分瓣法三种方式。根据《球形储罐基本参数》中规定，球壳分为二带、五带、七带。分别为南、北极板，南、北寒带，南、北温带与赤道带。球形罐的支撑件一般采用赤道正切式支柱、拉杆支撑体系，以便把水平方向的外力传至基础上。

设计时应考虑罐体自重、风压、地震力及试压的充水重量。并应有足够的安全系数。

燃气的进出气管一般安装在罐体的下部，但为了使燃气在罐体内混合良好，有时也将进气管延长至罐顶附近。为了防止罐内冷凝水及尘土进入出气管内，进、出气管应高出罐底。

罐内的冷凝水等污物，在储罐的最下部，应安装排污管。在罐的顶部必须设置安全阀。储罐除安装就地指示压力表外，还要安装远传指示控制仪表。此外，根据需要可设置温度计。储罐必须设防雷静电接地装置。储罐上的人孔应设在维修管理及制作储罐均较方便的位置，一般在罐顶及罐底各设置一个人孔。燃气球形储罐的结构如图 12-4 所示。

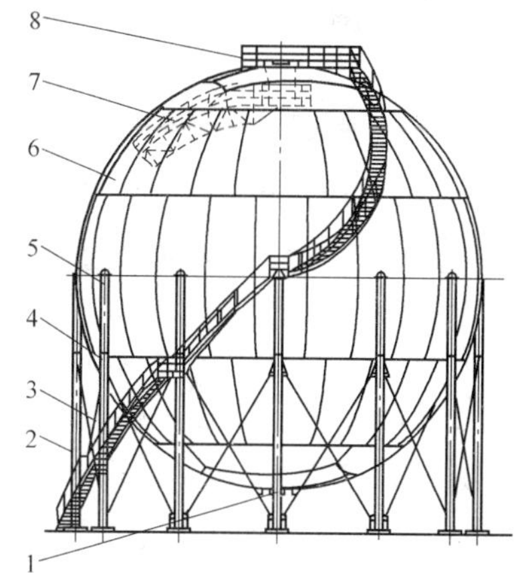

图 12-4　燃气球形储罐的结构

1—人孔　2—下部支柱　3—拉杆　4—耳板、翼板　5—上部支柱　6—球壳板　7—内部转梯　8—外部梯子平台

三、燃气压缩机

低压储配站内一般需设置加压机房，以满足城镇燃气对燃气压力的需要。加压机房内的核心设备是压缩机。

压缩机的选型应根据城镇燃气输配系统的负荷及压力来确定，并考虑将来发展。如果加压机房的容量较大，宜选用排气量较大的压缩机。压缩机组过多会增加建筑面积与维修费用。当负荷波动较大，最低小时的排气量应小于单机的排气量，可以选用排气量大小不同的机组。

城镇燃气输配系统中目前常用活塞式压缩机与罗茨式鼓风机，使用离心式压缩机较少。

1. 活塞式压缩机

活塞式压缩机使用十分广泛，一般压力超过 0.07MPa 的情况下几乎都选用它。这种压缩机的吸气量随着活塞直径的增大而增加。但从制造、管理及操作角度来看，吸气量 $250m^3/min$ 是最大的极限。另外，其压力越大，压缩时引起的升温及功率消耗越大，所以，高压排气的活塞式压缩机，多半为带有中间冷却器的多级压缩形式。

活塞式压缩机的工作原理：是气体依靠在气缸内做往复运动的活塞进行加压。图 12-5 是单级单作用活塞式气体压缩机示意图。

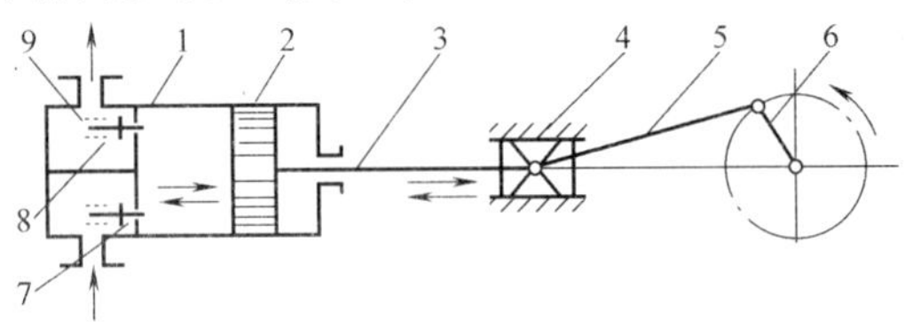

图 12-5　单级单作用活塞式气体压缩机示意图
1—气缸　2—活塞　3—活塞杆　4—十字头　5—连杆　6—曲柄　7—吸气阀　8—排气阀　9—弹簧

当活塞 2 向右移动，气缸 1 中活塞左端的压力略低于低压燃气管道内的压力 P_1 时，吸气阀 7 被打开，燃气在 P_1 的作用下进入气缸 1 内，这个过程称为吸气过程；当活塞返行时，吸入的燃气在气缸内被活塞压缩，这个过程称为压缩过程；当气缸内燃气压力被压缩到略高于高压燃气管道内压力 P_2 后，排气阀 8 即被打开，被压缩的燃气排入高压燃气管道内，这个过程称为排气过程。至此，压缩机完成了一个工作循环。活塞再继续运动，则上述工作循环在原动机的驱动下将周而复始地进行，连续不断地压缩燃气。

活塞式压缩机可按排气压力的高低、排气量的大小及消耗功率的多少进行分类，但一般是按结构形式分类。

1）立式压缩机气缸中心线和地面垂直。由于活塞环的工作表面不承受活塞的重量，因此气缸和活塞的磨损较小，能延长机器的寿命。机身形状简单、重量轻、基础小、占地少。其主要缺点是稳定性差，尤其大型立式压缩机，其安装、维修和操作都比较困难。

2）卧式压缩机的气缸中心线和地面平行，分单列卧式和双列卧式。由于整个机器都处于操作者的视线范围内，维护管理方便，安全、拆卸较易。主要缺点是惯性力不能平衡，转速受限制，导致压缩机、原动机和基础的尺寸及重量较大，占地面积也大。

3）角式压缩机的各气缸中心线彼此成一定的角度，结构紧凑，动力平衡性较好。根据各气缸的相互位置的不同，又把它分为 L 形、V 形、W 形和扇形等，如图 12-6 所示。

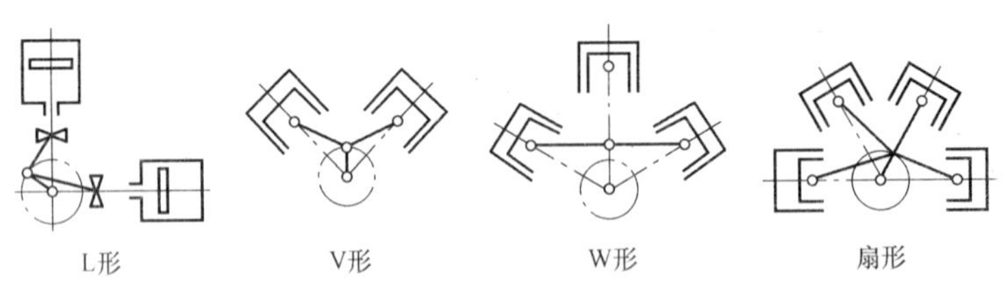

图 12-6　角式压缩机结构示意图

4）对置型。它是卧式压缩机的发展，气缸分布在曲轴的两侧，其结构如图 12-7 所示。这种压缩机除具有卧式压缩机的优点外，还由于活塞作对称运动，使其惯性力平衡，从而可提高转速，因此其机型、重量都减少。

2. 罗茨式压缩机

罗茨式压缩机是回转式压缩机的一种。其特点是在最高设计压力范围内，管网阻力变化时流量变化很小，工作适应性强，故在流量要求稳定而压力波动幅度较大的工作场合可自行调节。它的结构简单，主机由机壳、主动和从动转子所组成，如图 12-8 所示。

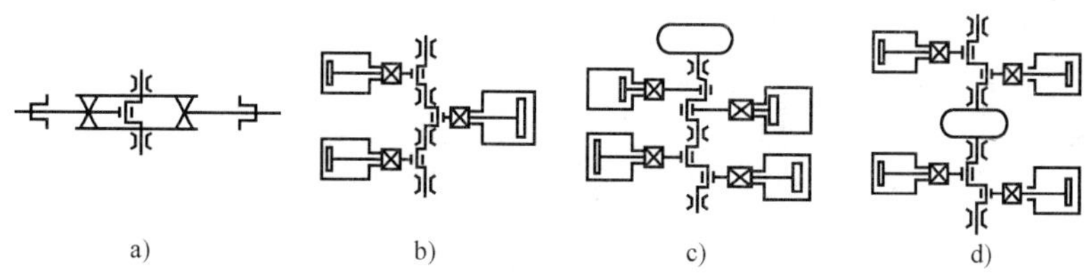

图 12-7　对置型压缩机结构示意图

a）非平衡式　b）非对称平衡式　c）平衡式　d）对称平衡式

在椭圆形机壳内，有两个由高强度铸铁制成的二叶渐开线叶形转子，它们分别装在两个互相平行的主、从动轴上，并用滚动轴承作二支点支承，轴端装配了两个大小及式样完全相同的齿轮配合传动。当原动机带动两齿轮作相反的旋转时，则两个转子也作相反方向的转动。两转子相互之间、转子与机壳之间具有一定的间隙而不直接接触，使转子能自由地运转，而又不引起气体过多地泄漏。如图中所示，左边转子作逆时针旋转，则右边的转子作顺时针方向旋转，气体由上边吸入，从下部排出。利用下面压力较高的气体抵消了一部分转子与轴的重量，使轴承承受的压力减少，因而减少磨损。

图 12-8　罗茨式压缩机工作原理图

1—机壳　2—转子　3—压缩室

罗茨式压缩机根据两转子中心线的相对位置，分为两种形式：

（1）立式。即两转子中心线在垂直于地面的平面内，进、出气口分别在机壳两侧。一般转子直径在 50cm 以下者均为立式。

（2）卧式。即两转子中心线在平行于地面的平面内，进气口在机壳的顶部，出气口在机壳下部一侧。转子直径在 50cm 以上者均为卧式。

3. 离心式压缩机

离心式压缩机的工作原理及结构如图 12-9 所示。当原动机传动轴带动叶轮旋转时，气体被吸入并以很高的速度被离心力甩出叶轮而进入扩压器中。由于扩压器的形状，使气流部分流动动能转变为压力能，速度随之降低而压力提高。这一过程相当于完成一级压缩。当气流接着通过弯道和回流器经第二道叶轮的离心力作用后，其压力进一步提高，又完成第二级压缩。这样，依次逐级压缩，一直达到额定压力。提高压力所需的动力大致与吸入气体的密度成正比。当输送空气时，每一级的压力比 P_2/P_1 最大值为 1.2，同轴上安装的叶轮最多不超过 12 级。由于材料极限强度的限制，普通碳素钢叶轮叶顶周速为 200~300m/s；高强度钢叶轮叶顶周速则为 300~450m/s。

离心式压缩机的优点是：排气量大、连续而平衡；机器外形小，占地少；设备轻、易损件少，维修费用低；机壳内不需要润滑；排出气体不被污染；转速高，可直接和电动机或汽轮机连接，故传动效率高；排气侧完全关闭时；升压有限，可不设安全阀。其缺点是高速旋转的叶轮表面与气体磨损较大，气体流经扩压器、弯道和回流器的局部阻力也较大，因此效率比活塞式压缩机低，对压力的适应范围较窄，有喘振现象。

离心式压缩机的分类：

1）按叶轮数目可分单级和多级压缩机；

2）按进气方式可分单吸入和双吸入；

3）按叶轮装在轴上的形式可分为悬臂结构和双支撑结构；

4）按叶片出口角β（见图12-10）可分：$\beta>90°$为前向叶轮；$\beta=90°$为径向叶轮；$\beta<90°$为后向叶轮。

叶轮的叶片出口角β越小，其效率越高，稳定工作范围越大，但每级的压力比就减小。对于压缩一般气体的固定式压缩机，提高它的效率是主要的，通常采用后向叶轮形式，并且越到后面几级的叶轮，其叶片出口角越小。

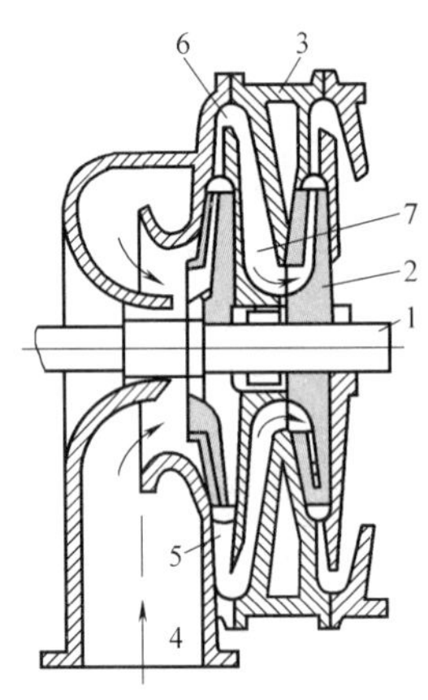

图12-9　离心式压缩机工作原理图

1—传动轴　2—叶轮　3—机壳　4—气体入口

5—扩压器　6—弯道　7—回流器

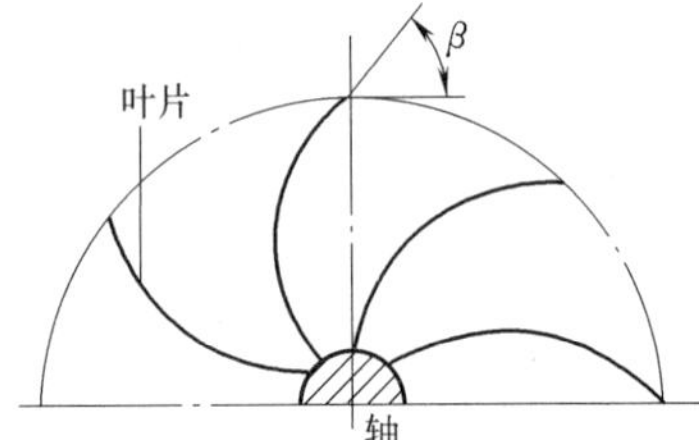

图12-10　叶轮的叶片出口角β

除上述活塞式、罗茨式与离心式压缩机外，还有滑片式压缩机、螺杆式压缩机等均可供城镇燃气系统中各种不同需要的选择。

第二节　门站和储配站试验验收

一、燃气储存设备验收

（一）湿式储气罐验收

湿式储气罐的验收包括：基础验收、水槽注水试验、升降试验、气密性试验。

1. 湿式储气罐基础验收

湿式储气罐基础的验收内容包括：基础底板直径、坡度和标高、防水层和干铺黄砂层。以上各项应符合以下要求：

1）环梁基础的内径偏差小于±25mm，环梁基础的宽度偏差小于±25mm。

2）环梁基础的标高偏差不超过±10mm。

3）环梁基础表面用水泥砂浆找平后，其表面水平偏差在±5mm以内。

4）基础底板坡度应符合设计要求。

5）圆形底板中心拱起高度不得大于水槽直径的1.5%。

6）阀门井标高的偏差在±10mm以内，其他尺寸的偏差应在±20mm以内。

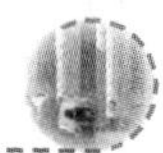

7）底板防水层平滑均匀，无裂纹、无皱褶，所有防水材料标号和配比符合设计规定。

8）干铺黄砂层厚度符合设计要求，并要求干燥、密实；无有机杂质，黄砂粒度不大于4mm。

9）基础周围排水通畅，砂层必须有防潮措施。

2. 水槽注水试验

钢水槽注水试验检查的主要项目是：焊缝质量、水槽倾斜度、基础沉陷程度。

注水前，沿水槽侧壁周围设8个对称测点，用以观测水槽沉降情况。

注水过程中应严格控制分级注水，以逐渐增加水槽负荷。

1）充水分十二次，若地基土质较好，可减少次数。

2）第一次至第四次的加水量，每次为水槽高度的1/8。第五次至第十二次的加水量，每次为水槽高度的1/16。

3）每次充水时间不得小于8h，两次充水的时间间隔为16h。

4）每次充水后应观测焊缝质量和沉降量，如在24h内的沉降量大于5mm，应放慢充水速度或暂停充水。在以后24h内，沉降量减少到小于5mm时，可继续充水。

5）水槽全部充满水后静置数日，每天观测记录两次沉降量，如在规定的静置天数内，每24h沉降量小于5mm，则到静置限期时即可开始放水，放水也应分级，其程序与充水程序相反。

6）水槽倾斜度以小于或等于水槽直径的3/1000为合格。否则，应采用高压泵向底板下面充灌干砂，将水槽调平，再重新充水试验。

7）所有焊缝不得有渗水、漏水现象。

3. 升降试验

升降试验的主要检查项目是：各塔体的升降平稳性、导轨和导轮的运转正确性和可靠性罐整体气密性。试升和试降过程均应检查这三项内容。

1）试升。

① 试验介质为空气、用鼓风机吹入空气，使各级塔节逐级缓慢上升。

② 上升试验速度为0.9m/min，或不低于运行时设计上升速度。

③ 上升过程中导轨与导轮之间接触良好、运转平稳顺当为合格。

④ 各级塔节上升时，罐顶U型压力计计测的罐内的气体压力与计算压力相符为合格。

各级塔节上升时的塔内气体计算压力以施工实际用料的重量为依据，按下式计算

$$P=1000\,\frac{W}{A}$$

式中　P——罐内气体计算压力，Pa；

W——已升起的塔体实际施工材料质量，包括挂圈内的水封水质量，kg；

A——已升起的塔节截面积，cm^2。

2）试降。

① 所有塔节全部升到规定高度后，逐渐开启放散管阀门，使塔节逐级缓慢下降，下降速度以0.9m/min或等于实际运行设计下降速度为试验速度。

② 下降时的导轨与导轮的接触要求与试升时相同。

③ 各级塔节下降过程中，罐内气体压力应与计算压力相符。

升降试验连续进行三次并符合以上要求，则升降试验合格。

4. 罐体气密性试验

罐升降试验合格后，应重新鼓入空气，关闭出口阀门和罐顶放散阀门，并全部关闭进口阀门（进出口阀门和放散阀门安装前应进行气密性试验，并经试验合格），使罐体稳定在稍低于升起最高高度的位置，开始进行气密性试验。

1）充满气量为全部容积储气量的 90%（0℃，101325Pa 时标准容积）。

2）从充满气量的时刻起，静置 7 天，记录静置开始和结束时刻的大气压、气体容积、气体温度和罐内气体压力。

折算标准容积的计算

$$V=V_t\frac{273\times(B+P-P_w)}{760\times(273+t)}$$

式中　V——标准容积，m^3；

V_t——计测时储罐内空气体积，m^3；

B——储气罐 1/2 升起的全高高度处计测时的大气压，Pa；

P——计测时时罐内压力，Pa；

P_w——计测时罐内空气饱和水蒸气分压，Pa；

t——计测时的罐内空气温度，0℃。

3）静置 7 天后的结束时刻测定并折算成标准状态的容积，如果等于或大于初始时刻充入气量的标准体积的 98%，亦即泄漏量不超过 2%，则气密性为合格。

采用涂肥皂水直接试验严密性，方法简单，可作为以上试验的辅助手段。

（二）曼型干式储气罐验收

曼型干式储气罐的验收包括：基础、罐体钢结构、密封机构、试升降与气密性试验。

1. 基础验收

1）柱基中线与轴线切向、径向不应有过大偏差；

2）保证轴向环梁外缘径向尺寸；

3）基础宽度应按图样尺寸；

4）基础顶部与活塞承托处标高要保证，并应平整；

5）柱脚锚固横梁，底板标志预埋板、活塞承托处预埋螺栓的位置均应在允许偏差内。

2. 罐体钢结构验收

罐体钢结构包括底板、基柱、活塞、壁板和顶架等。

1）底板应平整，不应出现局部凹凸面；

2）基柱应保证柱间距、垂直度、顶部标高的尺寸要求；

3）活塞要保证中心环尺寸。活塞桁架中心线要保证在精度要求范围内。导辊与导辊座应安装精确，活塞油槽尺寸应保证；

4）侧壁板连接处应平顺；

5）顶架中心环标高的允许值为±30mm。

3. 密封机构

1）滑板应与壁板贴紧。

2）滑板端头与滑轨板接合处应保证严密，间隙应在准确度范围内。

4. 总调试（试升降）

1）活塞运行无异常声响。

2）升降中导辊位置应与滑轨面接触。

3）各仓油位高度一致无显著差异。

4）升降中压力波动±300Pa。

5）活塞倾斜度晴天时2‰D，阴天时1‰D。

6）调试后油泵平均每小时开启2~3次为宜，每次开泵时间为5~10min。

5. 气密性试验

与湿式罐基本相同。

（三）球形储气罐验收

燃气球形储罐的验收主要包括：球壳及与其连接的受压零部件、球罐开孔的承压封头、平盖及其紧固件、球罐接管与外管道法兰连接的第一个法兰密封面。球罐的制造、检验与验收应符合GB 12337—2014《钢制球形储罐》和GB 50094—2010《球形储罐施工与验收规范》的要求。

1. 基础验收

1）基础中心圆直径应在允许偏差内。

2）各支柱基础及其地脚螺栓均应准确。

3）基础标高应在规定的允许偏差内。

4）单个支柱基础上表面水平度应符合要求。

2. 零部件检查与安装验收

1）球罐的球壳板、人孔、接管、法兰、补强件、支柱及拉杆等零部件均应有出厂证明书。

2）球壳的结构应符合设计图样要求，每块球壳板不得拼接。球壳板不得有裂纹、气泡、结疤、折叠和夹渣等缺陷。球壳板厚度应进行抽查，球壳板的几何尺寸、坡口等均应严格符合图样与规范要求。

3）球壳板组建错边量不应大于球壳板名义厚度的1/4，且不得大于3mm。

4）支柱、拉杆安装应符合规范中的规定，支柱安装应找正，保证垂直度，拉杆应对称均匀拧紧。

5）人孔及接管等受压元件安装应保证准确度。

3. 焊接与焊缝检查

1）球罐焊接前应进行焊接工艺评定。

2）正确选择焊接材料并应妥善保管。

3）焊接前应检查坡口，并在坡口表面和两侧至少20mm范围内清除铁锈、水分、油污等。

4）球罐在制造、运输和施工中所产生的各种缺陷应进行修补。

5）焊缝应进行外观检查，应重点检查有无裂纹、气孔、咬边、夹渣、凹坑和未焊满等缺陷，以及焊缝高度、坡口宽度等尺寸是否符合要求。

6）球罐对接焊缝必须100%射线检测，并应用超声检测复验，其长度为焊缝全长的25%。Ⅱ级为合格。

4. 热处理

1）球罐全部焊缝及与球罐相焊的其他焊缝焊前须进行预热，焊后进行后热处理。

2）应根据球罐名义厚度与材质确定球罐是否进行焊后整体热处理。在确定整体热处理后应做好热处理前的准备，并确定热处理工艺，热处理温度应符合设计要求。

3）热处理后不得再行施焊。

5. 压力试验与气密性试验

1）压力试验一般采用气压试验，试验压力为1.15倍设计压力。

2）气密性试验压力为设计压力。

（四）储气罐置换

储气罐在启用前必须进行置换。置换方法分为以燃气直接置换和用惰性气体间接置换两大类。以燃气直接置换时，混合气体必将经过从达到爆炸下限到超越爆炸上限的过程。在这一过程中，由于混合气体处于爆炸范围之内，因而存在着发生爆炸的危险；此外，以燃气直接置换必将向大气中放散大量燃气，会对周围环境造成严重污染。而采用间接置换不会产生爆炸和污染，是安全可靠的方法。

1. 惰性气体选用

1）瓶装氮气；

2）瓶装二氧化碳；

3）惰性气体发生器产生的烟气；

4）水煤气制气装置产生的吹风气。

在确定选用惰性气体时，应掌握因地制宜和就地取材的原则。如果同时具备两种以上的惰性气体来源，则应通过技术经济比较确定。还要注意到密度大的惰性气体适于置换密度较小的燃气，密度较小的惰性气体适于置换密度较大的燃气这一原理。当采用水煤气制气装置产生的吹风气时，吹风气应单独制取，并与水煤气正常生产所用的管道及设备分开。如有可能利用惰性气体发生装置产生的烟气，置换的费用会显著降低。

2. 确定安全经济的惰性气体置换浓度

当惰性气体的种类和燃气的成分确定后，即可用实测或计算的方法求出燃气、空气、惰性气体混合气的不同爆炸范围。

实际应用的惰性气体置换浓度应略高于上述实测或计算值。但惰性气体置换浓度过高则不经济。

3. 置换注意事项

1）置换所用的气体密度大于被置换气体时，进气口应设在罐的底部。反之，应设在上部。

2）进气速度不宜过大，完全置换方式进气速度不应超过1m/s；完全混合（稀释）方式，置换开始阶段进气速度不超过1m/s。当气体送入量达到置换空间的一半后，进气速度提高到5m/s左右。

3）在置换过程中，罐内始终保持正压。内压降低时，关闭放散管上的阀门，继续充入置换气体，直到内压恢复。在输入燃气以前，为防止因内压下降吸入空气或损坏罐体，应采用输入惰性气体的办法维持一定压力（维持正压的数值可根据当地气温变化情况进行计算并留有余地）。

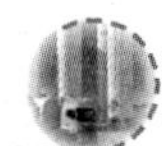

4）应备有足够数量的惰性气体或保证能连续产生惰性气体。各种仪器、仪表需经过校验。

5）置换时应有安全防范措施，确保工作人员和周围环境的安全。

4. 湿式储气罐投入使用前的置换要点

1）将出气管水封灌满水。

2）把惰性气体输气管与罐的进气管连接上。

3）关闭罐顶放散阀，送入惰性气体，通过调节放散阀使钟罩内压力上升至1500Pa。保持罐内为正压。

4）从罐顶放散管取样分析，当确认氧含量达到要求值后，关闭放散阀。继续充入惰性气体，使钟罩升高2m，然后将进气管水封灌满水。

5）排除出气管水封中的水，置换出气管内的空气。置换完成的同时，再次将出气管水封灌满水。

6）用惰性气体置换各塔节水封环内的空气。

7）取出进出气管阀门处的盲板。并预先在阀门附近设空气放散口，排除水封中的水，用罐内惰性气体对阀门以内的进出气管中的空气进行置换。

8）调节罐顶放散阀，使罐内压力下降至1500Pa，撤掉惰性气体连接管。

9）开启进气阀，送入燃气，在罐顶放散管取样分析。达到外供燃气含量要求时，关闭放散阀。

10）将罐升至最高位置，静置一段时间再开始正式投入使用。

对于高压储气罐，一般其单罐几何容积比湿式罐小得多，置换介质可根据具体情况选用氮气、水蒸气或水置换方法、步骤及合格标准与低压储气罐基本相同。

二、燃气加压机房验收

（一）加压机房设备一般检查

1）压缩机及附属设备应有产品合格证书，并应有注明产品规格、性能、生产厂名、生产日期的产品铭牌。

2）压缩机房燃气工艺流程应符合设计要求。

3）压缩机的润滑系统和设备是否满足工艺要求。

4）压缩机冷却系统和设备是否满足工艺要求。

5）压缩机房各管道系统是否完整，有无错安与漏接。

6）压缩机房起重设备是否能满足设备维修需要。

（二）压缩机试运转

1. 压缩机试车前的准备工作

1）电动机与起动设备、配电开关柜应单独调整试验好。

2）检查压缩机各部件连接、地脚螺栓与联轴器等情况，如不符合要求，应立即调整和修整。

3）检查压缩机关键部位是否安装正常。

4）检查压缩机安全防护装置是否良好。

5）检查压缩机油路与冷却水系统是否通畅正常。

6）检查压力表、温度计等是否装置妥当。

7）人工扳车转动压缩机可转动附件，检查各运动机构有无卡住及碰撞记录。

2. 压缩机无负荷试车

1）先将电动机起动开关点动几次，检查是否正常，并检查冷却水系统，润滑油系统，压缩机的运转系统是否正常，各连接部分是否松动，有无振动。

2）无负荷试车5min，停车检查。

① 各处温度是否正常。

② 各运动部件摩擦表面情况。

③ 检查机器各部位正常后，再连续空转10min、15min、30min、60min等，分别停车检查，若无问题，可连续空转8h，检查内容同前。

3. 压缩机吹洗

1）先人工清洗压缩机。

2）拆卸机器利用空气吹扫。

3）整机空气吹扫，直至清洁为止。

4. 压缩机负荷试车

负荷试车用压缩空气进行，在负荷试车同时进行气密性试验，并了解压缩机在正常工作压力情况下的气密性，生产能力（排气量）以及各项性能是否符合规定要求。

（1）负荷试车前的准备工作

1）再次全面检查设备、管道、阀门。

2）再次检查连接件与运动机构，并用扳手再次将所有连接螺栓拧紧。

3）冷却水路总管与支管应畅通无阻。

4）油路畅通，压力正常，各注油点工作正常。

5）压力表、温度计安装完好，工作正常。

6）电动机工作正常，带动压缩机正常工作。

（2）半负荷试车

在调节压缩机负荷时，逐步关闭排气阀门，使压缩机的排气压力为额定压力的1/4、2/4、3/4分别运转1h、2h、2h，在运转时分别检查：

1）压缩机运行平稳，设备不正常振动与响声，各连接处无松动。

2）油路压力在额定范围内。冷却水流正常，水温在规定范围内。

3）各管路无泄漏与异常振动。

4）各级排气压力、温度在正常范围内，各级冷却水排水温度小于40℃。

5）电动机温升与电流的在规定范围内。

（3）各阶段半负荷试车停车检查

1）主轴与轴承的温度应不超规定值。

2）各处油温应不超过允许值。

3）运动部件所见摩擦表面情况良好，无烧痕、擦伤、劣痕等。

（4）第一阶段满负荷试车

运转10~20min，停车检查，项目同前。

（5）第二阶段满负荷试车

分别运转 30min、1h、2h、4~8h、24h 分别停车检查，项目同前。

（6）负荷试车完毕拆开检查

1）检查各摩擦面情况。

2）对于活塞式应检查各级阀组的贴合情况，气缸上下死点间歇有无变动及机力、气缸、曲轴的水平、垂直度等。

3）更换润滑油。

（7）试车运行记录

每小时记录一次压力、温度、电流和电压等，其数值均应在规定范围之内。

压缩机经过上述步骤试车运转、平衡可靠、一切正常，则可投入生产运行。

（三）附属设备检查

燃气加压机房的附属设备与所选机型、升压要求等因素有关，一般应有过滤器、冷却器、油气分离器及润滑油系统和动力系统。在对压缩机进行检查的同时，应对附属设备按产品要求进行认真检查。

（四）管路系统吹扫及试压

1. 吹扫

1）将工艺管道与加压站内工艺设备用盲板隔开。

2）使工艺管道上阀门处于全开状态。

3）吹扫管道。

2. 强度试验

与调压站试验相同。

3. 气密性试验

与调压站试验相同。

4. 置换

三、调压计量间验收

调压计量间的验收可参照调压站的验收进行。

四、站区外部工艺管道验收

门站、储配站区外部工艺管线验收与城镇燃气室外管线的验收基本相同。除应按室外管线验收内容与程序外，还应注意下面几点：

1）在进行外部工艺管道验收时，应将站区工艺管道与储罐、加压机房、调压计量间等隔开。

2）站区工艺管线管件与连接部分较多，在进行检验时应认真仔细，对于钢管连接焊缝的质量检验时，要从严掌握。

3）检查时应注意门站和储配站的放散系统是否安全可靠，并在通气置换时充分利用站区放散系统。

五、门站和储配站综合运行试验

在门站和储配站各部分试验合格的基础上对整个站进行综合运行试验，综合运行试验的目的是检验全站的各项技术经济指标是否满足设计要求，安全运行是否有保障，环境保护有无问题。具体应注意以下问题。

1）门站和储配站的主要技术经济指标为供气规模、储气规模、总储气量、可调度容积、容积利用系数、进站与出站压力、储罐的储存压力、最大供应流量，对在进行综合运行试验时，应对以上数据进行核实。

2）门站和储配站在综合运行试验中应检查全站工艺系统各部位的安全防护措施是否正常有效，安全阀是否在给定条件下工作，安全放散装置是否能在紧急状态可靠运行。

3）站区内的工艺阀门应进行全面检查，是否开启关闭方便，是否关闭严密，自动控制阀门是否满足要求。

4）站区的消防是门站和储配站安全运行的重要保证，应在综合运行试验时对站区消防系统进行检验，检查消防系统与消防水量是否符合 GB 50016—2014《建筑设计防火规范》的要求。

5）在进行全站综合运行试验中，应检查是否有大气污染与噪声超标等环保方面的问题，应按有关环境保护要求进行整改。

第三节 储气与加压设备安全运行与管理

一、储气罐安全运行与维修

（一）储气罐的安全运行管理

1）低压湿式储气罐钟罩升降的幅度应在允许规定的红线范围内，如遇大风天气，应使塔高不超过两塔半。要经常检查储水槽和水封中的水位高度，防止燃气因水封高度不足而外漏。宜选用仪表装置控制或指示其最高、最低操作限位。

2）储罐基础不均匀沉陷会导致罐体的倾斜。对于湿式罐，倾斜后其导轮、导轨等升降机构易磨损失灵，水封失效，以致酿成严重的漏气失火事故；对于干式储罐，倾斜后也易造成液封不足而漏气。因此，必须定期观测基础不均匀沉陷的水准点，发现问题及时处理，处理办法一般可用重块纠正塔节（或活塞）平衡或采取补救基础的土建措施。

高压固定罐虽然无活动部件，但不均匀沉降会使罐体、支座和连接附件受到巨大的应力，轻则产生变形，重则产生剪力破坏，引起漏气等事故。因此高压罐的基础也应定期观测，并在设备接管口处设补偿器或从设计上采取补偿变形措施。

3）储气罐都是露天设置，由于日晒雨淋，不可避免会带来罐的表皮腐蚀，一般要安排定期检修，涂漆防腐。

由于燃气本身有某种程度的化学腐蚀性，所以储气罐不可避免会有腐蚀穿孔现象发生。在有关规范规定允许修补的范围内，采取措施后，修补现场已确认不存在可爆气体时，方可进行补漏。补漏完毕，应作探伤、强度和气密性试验验收检查，并备案。

4）冬季，尤其寒冷地区，对于湿式罐要注意水封、水泵循环系统的水冻问题，并加强巡视。对于干式罐，应在罐壁内涂敷一层防冻油脂。对于高压固定罐，应设防冻排污装置，避免排污阀被冻坏。

5）高压储气罐的安全阀工作压力应为：当储罐只安装一个安全阀时，安全阀开启压力

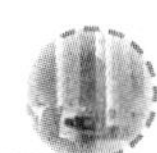

不大于设计压力；当储罐安装多个安全阀时，其中一个安全阀的开启压力不大于设计压力，其余安全阀的开启压力可适当提高，但不得超过设计压力的1.05倍。只要储气罐已投入运行，安全阀必须处于与罐内介质连通的工作状态，以便在储气罐内出现超压时能及时放散而保全罐体不致被破坏。因此，必须在安全阀上系铅封标记，加强巡视检查。

（二）储气设备维修

1. 低压湿式罐的维修

（1）日常维修

1）测定储气罐的倾斜度和水槽内的水位情况，做好记录。

2）定期检查溢水管运行、水槽、钟罩和塔节水封高度以及指示灯完好情况，并做好记录。当气罐各塔全升起时，各挂杯水位比挂杯顶面减低的高度应不大于150~200mm，如果挂杯中水位比挂杯面低到200mm，必须及时补水。

3）定期检查钢板接缝、焊缝、铆钉及螺钉接头的密封情况，并做好记录。

4）春、秋季各测一次气罐接地电阻，其电阻不得大于4Ω，避雷系统每年检查一次。

5）气罐蒸汽管道及阀门每年秋季检修一次。

6）气罐除锈刷油每两年一次。

7）检查放气阀、循环水泵（定期维修，时间可为一年）。

8）确保大小燃气阀门启闭灵活。

9）气罐巡视，每班不少于两次，巡视内容如下：

① 每班检查一次导轮及导轨的滑动情况，如发现脱轨和卡住问题要及时处理；

② 导轮油盅每周加黄油一次，发现油盅损坏应立即修理或更换；

③ 保持气罐罐顶、罐体、梯子、平台、栏杆及气罐周围整齐，不得有杂物；

④ 水封阀及其他闸门井内不应有积水；

⑤ 冬季要注意防冻，如有冻结现象应用蒸汽加热解冻；

⑥ 冬季加强对蒸汽胶管、阀门、喷嘴等设施的检查。如发现堵塞、冻裂、脱落等情况应及时处理；

⑦ 冬季测量水槽及挂杯水温，并应保持其不低于4℃。

（2）小修

1）储气罐钟罩和塔节壁板腐蚀小洞的修补，修补面积不大于200mm×300mm；

2）面积在$2m^2$以内的局部敲铲油漆；

3）调整个别导轮与导轨的位置，调换导轮座后盖；

4）局部栏杆、扶梯有损坏的调换、修复。

（3）中修

1）储气罐钟罩和塔节壁板腐蚀面积较大、修补面积大于200mm×300mm；

2）检修水封挂圈和杯圈，并进行修补；

3）面积大于$2m^2$的局部敲铲油漆；

4）因导轮与导轨长期磨损而需调换或加工修复在5对以上的。

（4）大修

1）储气罐钟罩、塔节壁板或水槽壁板因严重腐烂穿孔须停用，并置换待修；

2）储气罐因倾斜 200mm 或基础不均匀沉陷，严重影响正常运行，须置换待修；

3）储气罐壁板因腐蚀或已到三年一次的大修周期，需敲铲油漆，重新上漆；

4）其他意外事故须停用，应置换待修。

2. 高压储气罐的维修

（1）日常维修

1）巡视检查运行罐的调节阀门、安全阀、压力表和温度计等，并作记录；

2）定期（按周或月）活动各开关阀门一次，包括排污罐除锈上漆；

3）定期检漏一次（按周）；

4）定期放排污罐污水一次（按周）；

5）定期检查安全阀动作灵敏情况（按月）。

（2）小修（一年一次）

1）切断气源；

2）与运行设备连接部位加盲板；

3）放气，并外观检查罐体腐蚀情况；

4）拆罐充气管、补偿器等管件进行清管除锈，罐体涂漆防腐等，并测量基础有无沉陷；

5）安装管件、拆盲板；

6）置换并化验合格后投入运行。

（3）中修（三年一次）

1）切断气源；

2）与运行设备连接部位加盲板；

3）导气和放气；

4）拆卸补偿器和管件，启开要检修罐的人孔盖，外观检查罐体腐蚀情况，清管除锈，罐体涂漆防腐，并测量基础沉陷值是否已稳定；

5）安装管件，拆盲板；

6）置换并化验合格后投入运行。

（4）大修（五年一次）

1）切断气源；

2）与运行设备连接部位加盲板，置换罐内的燃气，并化验合格；

3）检修罐内加固圈、内梯、人孔和管法兰，检查有罐壁焊缝裂纹或较严重的腐蚀，应根据钢制焊接压力容器技术条件进行补焊或焊接修复，并按有关技术要求提出的技术要求验收；

4）清除罐内所有杂物；

5）更换所有法兰垫圈；

6）进行阀件（包括安全阀）气密性试验；

7）对罐进行强度试验和系统气密性试验；

8）对罐进行除锈涂漆防腐；

9）拆盲板，置换罐内空气，化验合格后可投入运行。

二、压缩机安全维护管理

压缩机的安全维护管理包括三个方面的内容：严格遵守安全操作规程；例行日常的检查制度；建立设备的维修周期。

（一）安全操作规程

压缩机的操作规程应根据机型和所使用的燃气特性来确定，但它不外包括：起动、润滑、冷却以及停车。

活塞式压缩机在起动前应先通入冷却水，检查储油器及润滑轴承的油箱内油质及油量，再起动油泵检查注油情况，并盘转两下。起动时，先打开旁通阀（或卸荷装置），使压缩机处于空载，再起动电动机。当电动机达到额定转速而油压升至所需压力时，开启出口阀，并同时关闭旁通阀，然后渐渐开启进口阀。停车程序与起动程序相反，先关闭进口阀，再停电动机，然后关小出口阀，待压缩机停止转动时，全关出口阀。冷却水阀门需在气缸冷却后才能关闭，并打开各冷却器的排水阀，把机内存水放尽。

离心式压缩机起动前也应先通入冷却水，并用手摇泵或电动泵注油至所需压力，再盘动电动机无故障时方可正式起动。转速达规定转数，并无杂声、振动等异常现象，即可迅速打开进口阀和出口阀，再逐渐增大到所需负荷。停止运转时，应先关闭出口阀和进口阀，然后关停电动机，在压缩机完全停止回转时才停止注油。

（二）巡视检查

压缩机室运行过程中，值班人员应按时巡视压缩机各机械摩擦部分的注油润滑情况，注意注油量的调整，并检查有无杂声和不正常的摩擦声。必须经常测试轴承转动部分外壳的温度，如温度超出正常值或发生异常音响时必须立即停车；如发生冷却水源中断供应、气缸密封箱及管道接头严重漏气等情况，也应停止运行；检查故障原因，并及时排除。冷却水的出口温度一般不得超过 35~40℃，如超过此温度时，应增加冷却水量，以防止机件过热。

（三）维修

燃气中的焦油、胶状灰尘、游离碳等会污损压缩机的叶轮、壳体、气阀、气缸等部件。单一组分的燃气污损机件相对轻一些，混合燃气污损机件则较重。

污损情况严重时，往往使压缩机产生振动，这时需更换轴承，或重新调整部件间隙，或修补密封间隙等。

为了延长压缩机的寿命，一般规定在下列使用周期内应对压缩机进行清扫和检修：

使用污损较严重燃气的压缩机为 700~1000h（使用于发生炉煤气、油制气、混合燃气的压缩）。

使用污损较轻燃气的压缩机为 2000~3000h。

燃气经净化后，对压缩机件的污损一般较轻。对离气源较远的长输管道上中继压缩机，其污损主要原因就不是焦油和灰尘，而是管道中的铁锈，因此，需按 1000~3000h 的检修周期进行清扫。大修可按每 3000h 进行一次，但运转情况良好时，可适当延长时间。

在习惯上，压缩机室都根据设备情况和检修内容安排大、中、小修。如果不是因为故障或其他原因进行临时性检修，一般情况下均按期执行检修计划。例如，约超过 1000h 一小修；约超过 2000h 一中修；约超过 3000h 一大修。

第四节　门站、储配站安全技术操作规程

一、往复式压缩机运行维修安全技术操作规程

（一）运行安全技术操作规程

1. 开车前准备

1）当调度工发现储气罐存在受大气温度影响或压力曲线低于规定值时，应与调度室联系，建议开启压送机组，以补给地区压力、经同意后，首先做好各种准备工作。

2）检查压送机组进、出口阀门及储气罐出口阀门，是否正常，并挂上指示标牌。

3）检查负荷阀是否已全部开启。

4）检查注油箱的油存量，必须符合规定刻度。

5）连杆轴承和平面轴承加油，并检查曲轴箱的油存量。

6）撬动压送机的同步电动机转子，使转子转动2~3转。

7）开启压送机冷却水阀门（开始时水流量稍小些）。

8）推上控制箱内闸刀，操作时必须戴上橡胶手套并站在橡胶垫板上。

2. 开车安全技术操作

1）开启压送机必须两人操作，一人在控制箱边，一人等候在压送机旁，用手势通知控制室内操作人员，按电钮开车，要注意压送机运转有无杂声。

2）压送机运行正常后，可将负荷阀关闭，负荷阀两个为一组，全关或半关，取决于地区压力的需要而定。

3）做好运行记录，并调整功率因数表读数为0.98~1.00。

3. 安全运行管理操作

（1）严格执行看、听、摸、闻、查五项巡回检查原则，以便发现问题，消除隐患，排除故障。

1）看：平面轴承温度表、注油器油存量及出油量、电动机集电环电刷火花、各种仪表指针读数。

2）听：负荷阀片声、连杆轴承声、控制箱内杂声、气缸摩擦声、电动机杂声。

3）摸：机座螺钉及轴封温度，活塞杆压板螺钉有无松动、电缆接头温度、冷却水温度、气缸温度。

4）闻：控制箱、电动机、压送机平面轴承焦味。

5）查：漏气情况、负荷阀松动、挡油环漏油。

（2）每0.5h对运行的压送机进行一次巡回检查。

（3）发现问题应做好应急措施，并向车间汇报。

（4）每次巡回检查后，要认真做好记录。

4. 停车操作

（1）压力曲线逐步上升，至规定值应向调度室要求停车，经同意后，即可着手停车准备工作。

（2）将负荷阀全部开启，再观察地区压力是否能符合曲线的规定，如无下降就可按控

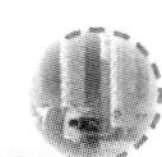

制箱上停车电钮停车。

（3）拉下控制箱内电源闸刀，操作时必须手戴橡胶手套，站在橡胶垫板上。

（4）关闭冷却水管阀门（严寒季节气缸内冷却水须排放干净，防止冻裂气缸体）。

（5）详细记载运行经过。

5. 紧急停车操作

（1）往复式压送机在运行中突然发生如下情况者，应立即按机上紧急停车电钮，进行停车。

1）交、直流安培表指针有剧烈摆动现象者。

2）电动机、发电机轴承温度超过规定者。

3）电动机、发电机发生摩擦杂声者。

4）铜环、电刷接触点，发生火花严重者。

5）电源接头松动而发生火花者。

6）压送机轴承温度，超过规定者。

7）压送机活塞与气缸壁发生摩擦杂声者。

8）负荷阀有松动或严重杂声者。

9）油润滑系统发生故障而断油者。

10）冷却水系统发生故障，断绝供应 0.5h 以上者。

11）气缸密封箱或管道接头有严重漏气者。

（2）在做好紧急停车措施后，地区压力不能维持压力曲线的规定者，应迅速起动备用车，以维持燃气输送。

（二）维修安全技术操作规程

1. 小修安全技术操作规程

小修系日常检修工作，通过修复校正可消除个别疵点，以达到设备正常运行。

（1）校验车位底脚螺钉

1）在压送机未停转前，使用特制检验小锤，敲击六角螺母的平面听声音，声音发哑，说明螺钉已有松动（这种检查方法适用于大螺母）。

2）对有松动的螺母，应及时拧紧（在停车期间），并复测松动螺母左右两只螺母的紧固程度，其牢固度以扭力扳头指针读数为准。同时还要用水平尺测量整体的水准以保持原有的水平。

3）校准后的螺母，应在齿纹上用漆画一线，以便观察螺母稳固位置的情况。

（2）检查曲轴箱各部件

1）检查活塞连杆的密封口是否有漏气现象，如发现漏气时，可收紧轴封压板螺钉，压板周围缝隙要均匀，但螺钉紧度要适量，以不漏为好，过紧会使连杆发热。

2）如采用上述措施，不能消除漏气现象，应拆卸压板取出垫料，重新装配。

3）检查曲轴连杆轴承，有无松动现象，可用撬棒将轴承左右撬动试验。可将调节螺钉适量调整。

4）在调整曲轴连杆螺钉时，觉得松动过大，应将调节螺钉拆卸，检查螺钉质量，如有损伤，应调换新螺钉使用。

（3）检查曲轴连杆与拖板结合是否松动或磨损，发现失常时，可调整接头螺钉，以校正连杆与拖轴位置。

（4）检查曲轴平面轴承温度，如有超过规定时，应拆出轴承衬瓦进行研磨修正。

（5）检查负荷阀活动轴封有无漏气，如有漏气，可将轴封压板拆卸，取出垫料清洗，加油脂重新装配，必须注意周围缝隙，螺母压紧适当。

（6）检查润滑系统

1）发现油箱接缝、油管接头漏油时，可进行重装。

2）如油管破裂可补焊或调换新管。

3）如油管阻塞，应拆卸清通后复装。

（7）检查车间内部管线接头密封情况

1）使用肥皂液在管接头及接缝上涂查，如有气泡，要做好标志，并应在未运行时，进行修理。

2）法兰接头漏气，可将四周螺钉再旋紧一圈。

3）承插式接头漏气，可重敲接缝垫料，如垫料已深入缝口，就得进行补铅重敲。必要时另加装防漏夹堵塞。

4）钢管焊缝漏泄，可用打胀办法修补，如漏泄点较大，就得停气焊补（动火修焊须按安全规定进行审批）。

2. 中修安全技术操作规程

压送机组经过一定时间运行后，应按检查制度规定，进行维护保养，机组在运行中发生故障，其故障性质符合中修范围者，一律作中修处理，以提高设备使用效率。

（1）负荷阀检查操作

1）关闭压送机进、出口阀门。

2）先旋松负荷阀、调节轴杆制动螺母。

3）拆卸负荷阀盖周围螺母。

4）拆卸负荷阀盖外壳。

5）使用特制套筒丝杆，将套筒一端与负荷中心轴丝扣旋紧，在套筒另一端装上压板。旋上螺母，压板位置必须保持中心。

6）旋动压板上螺母，将负荷阀吊起，在负荷阀出现时，起吊动作不得过快，防止阀座离位时产生撞击。

7）将负荷阀取出放在平板上拆除开口销，旋松中心螺母，拆开上下座板，取出阀座。

8）使用煤油清洗阀片、弹簧、销子、座板、阀盖和螺钉。

9）将负荷阀座板及阀片与中心轴先行装配，并握住中心轴，将阀正确地放入气缸的阀座内。

10）套上阀盖，旋紧接合螺母，在接缝中间用 1/8in 精铅线作垫料，并在制动螺母缝内加垫料并旋紧。

11）调整调节轴杆，将负荷阀紧压在阀座内。

12）如遇调节轴杆活动时，应清洗钢珠套筒及轴杆外部，封闭垫料须重加黄油。

13）如拆装气缸下部负荷阀时，应使用保险弹簧钢夹，以防阀门脱落损坏。

（2）水冷却系统检修操作

1）对循环水泵及电动机进行清洁保养。

2）存水池清除沉淀物。

3）检查备用存水箱。

① 关闭进口水阀。

② 拆装进水浮筒阀，清洗并研磨阀门密合线。

③ 清除箱内沉淀物，全部铲刷，并加涂底漆和面漆各两道。

④ 清洁旁通阀。

4）清洁检查气缸冷却水套

① 拆卸气缸外壳两侧手孔盖。

② 拆卸进口水管及旁通管塞。

③ 使用特制通条，清通气缸水套内壁，清除沉淀物，然后再用清水冲刷。

④ 按照手孔盖形状加工两块橡胶石棉板垫圈，涂上黄油将手孔盖复装好。

⑤ 复装出口水管和管塞，各接缝不得有漏水现象。

（3）气缸、活塞、活塞环检修操作

1）关闭压送机进、出口阀门。

2）排放气缸内剩余气体，禁止火种接近。

3）拆卸同一直线上负荷阀。

4）拆开曲轴箱大盖及小盖。

5）拆卸气缸盖周围螺丝帽和管塞，将特制的吊环装在管塞孔内，然后使用行车将气缸盖吊出，平放在地坪上。

6）撬装电动机，将活塞移至前止点（靠气缸盖处），测量气缸口与活塞顶端距离的尺寸，并做好活塞上下方向标志及记录。

7）拆装十字接头与活塞杆连接处的开口销，拆松活塞杆上的制动螺母。

8）使用特制拆活塞的工具，插入活塞顶端固定孔内，逆时针方向旋转，退松活塞杆与十字接头的连接丝扣。

9）推动活塞杆，将活塞推出气缸口约1/2时（即第一道活塞环出气缸口），使用牢固的棕绳拴在活塞中心，然后用行车吊出活塞，竖放在平木板上。

10）仔细检查气缸内壁有无伤痕和磨损，轻度伤痕或磨损可用油石打光气缸内壁。如果发现气缸某部分直径超过原直径0.5%~0.75%时，就要进行镗缸工作。

11）拆缸检查活塞环磨损情况时，如发现活塞外径有显著磨损者，应进行调换新环。

12）使用轻质柴油清洗气缸内壁、活塞及活塞环，清除污垢。

13）检查连杆与油封环密封情况，如发现油封上下两端面已接触时，应调换新油环。

14）使用特制工具，将活塞环装在活塞槽内，并压紧环接头。

15）用棕绳拴好活塞，吊起复装入气缸内，待活塞环进入气缸少许，可拆除压环夹，然后再依次将第二道活塞环推入气缸内。

16）用特制工具顺时针方向旋转活塞，使连杆与十字接头丝口紧合至标志线。

17）拆开气缸顶盖上冷却水套管塞，清洁水套内积存的沉淀物。

18）检查清洁气缸顶盖接缝垫料，并在接缝口涂上黄油，然后用行车吊起套上气缸，旋紧螺母并复装管塞。

19）撬装电动机。拖动活塞在气缸内行动，校正上止点与下止点的位置和标准间隙，检验时上下比点间隙可用8#青铅丝，从负荷阀孔伸入缸内，利用活塞前后行程来挤压铅线测定间隙，然后再以精密量具测压扁的青铅线即间隙距离，其规定如下：前后间隙为6mm，允许误差为0.5mm。

20）行程间隙校正后，将连杆与十字接头的制动螺母旋紧，并装上开口销。

21）复装负荷阀。

22）开启压送机进、出口阀门。

23）启动压送机组进行试车72h，先空载运转36h，后重车运转36h，检验合格后交付使用。

（4）平面轴承，曲轴与连杆轴承检修操作

1）旋松曲轴连杆上两端轴承的调节螺钉，放大至最大限度。

2）拆卸曲轴连杆上十字接头轧头螺钉，撬出短轴。

3）拆卸曲轴连杆上曲轴压板螺钉，取出下压板。

4）拆卸曲轴平面轴承盖板，取出斜面垫板及上片平面衬瓦。

5）清洗及检查磨损情况，及时刮削研磨调整。

6）如磨损情况严重，无法进行调整时，应进行大修理，将电机主轴（转子）全部吊出。进行调换衬瓦，并进行刮削研磨调换操作直至换上新衬瓦。

7）按照拆卸时相反的顺序进行复装和调整试车。

3. 大修安全技术操作规程

压送机组经过一定时间的运行后，应按照检修制度规定，进行全面拆卸检查、调整和修理，使之恢复原设计的工作效率。

（1）大修操作

1）关闭压送机进、出口阀门，并在控制箱上挂上“压送机大修”标志牌。

2）先拆卸一个负荷阀，放散气缸内剩余气体后，方能进行下列各项操作。

3）按照负荷阀中修操作法拆卸全部负荷阀及各种零件。

4）按照平面轴承中修操作法进行拆卸。

5）拆卸电动机底脚螺钉和电动机两侧防护罩及交、直流电线接头，用行车将电动机吊出基位，吊运时，必须注意使转子与定子稳固不得滑动，防止发生损伤，将转子与定子稳妥放置地坪上后，再将转子吊出电动机体壳，用两只搁凳稳妥地平放，转子轴两端与搁凳接触面必须用软质物衬垫，保护轴承不受损伤。

6）按照气缸、活塞中修操作法拆卸。

7）拆卸曲轴箱内连杆和拖板。

8）拆卸水冷却系统的管线。

9）拆卸油润滑系统管道并用小木塞将气缸上进油孔及油泵的进、出口油孔塞住，勿使杂质落入缸内或泵内。

（2）清洗、检查、整修操作

1）使用轻质柴油清洗所拆卸的各种部件，用干净揩布揩干后，分门别类按复装顺序先后放置，并用干净布遮盖。

2）清洗负荷阀钢片时，应平放在木板上揩擦油垢，不得使用带有锋口的工具铲削，负荷阀应逐个清洗，防止装配时发生错误，影响密合。

3）活塞、连杆、轴承、拖板、垫块、垫片等有方向性限制的零部件，必须分清方向，不得混淆。

4）认真检查各部件质量现状和磨损程度，然后决定修理或调换。

5）发现主轴与轴承表面接触有不均匀磨损时，应使用刮削和研磨法，反复刮削研磨，反复校验，修正至75%分布点均匀接触为止。

6）检查、清洁各部件上油眼或油槽是否有阻塞现象，如有阻塞应即予清通或整修。

7）整洗气缸内壁，清除油垢，检查磨损痕迹，如有磨损，可使用弧形油石均匀磨光，不能只磨一点，避免缸壁失圆。

8）钢皮阀片（负荷阀片）如有损裂或不平现象，应调换更新。

9）拖板滑行范围内，有无其他部分摩擦，如有痕迹，即应铲削修整。

10）清洗和检查各种螺钉和销钉，有损伤应调换新件。

11）检查和平整车位，可在左右曲轴箱内垫块上放上特制直尺，用框形水平尺来检查水平度，如有误差，应及时调整。

12）检查曲轴箱底脚螺钉，每只螺钉必须保持均匀地紧合状态，箱底垫铁要求垫实。

13）将各个轴头用“00”号砂纸打光，洗净揩干，加涂机油防护。

14）清洗、检查注油器油泵。

（3）整修后复装及校验

1）交直流同步电动机在电工检修工序后即可进行复装。

① 将转子起吊放入定子内，并用木挡转子撑紧使之稳定。

② 将交流电动机吊至安装位置的上空，约高出曲轴箱上30mm。

③ 将平面轴承下片揩净，涂上机油，然后在左右曲轴箱旁，各准备一人掌握套轴承，再指挥空中悬吊的电动机徐徐下放，与曲轴箱将接触时即套上轴承，一起放入曲轴箱内，必须将轴壳底部的启口槽套在垫铁块上，并且要对准电动机的底脚螺钉孔，插上定位销，然后要再拧上螺钉。

④ 检查电动机及转子轴承是否已全部落入位置，可使用撬棒扳动转子试验，合格后方能旋紧底脚螺钉。

⑤ 在平面轴承接缝中加上垫片，垫片必须放在定位销内侧，加上机油；再盖上片轴承壳，边沿要对齐。

⑥ 在轴承与曲轴箱间隙之间，插入斜面垫块，并与轴承边沿平齐。

⑦ 盖上平面轴承壳，调整斜面垫块至适当程度，旋紧支头螺钉。

⑧ 装配曲轴箱内侧的挡油板。

⑨ 撬动转子，校验平面轴承滚动是否轻松，有无摩擦现象，如有倾轧摩擦，应及时检查原因，立即调整。

2）按照气缸、活塞、活塞环中的操作法来复装活塞、活塞环、连杆等。

3）按照负荷阀中修操作法，来复装负荷阀。

4）按照曲轴箱连杆轴承中修操作来复装连杆，抽水拖板等。

5）复装冷却水系统。

6）复装油润滑系统。

7）电工进行接线。

8）使用撬棒复查各个轴承接头，试验紧密度是否适当，如有过紧或过松现象，应及时校正。

9）按照开车操作规程，进行试运转72h，合格后交付使用。

二、罗茨鼓风机运行维修安全技术操作规程

（一）运行安全技术操作规程

1. 开车前准备操作

1）开启鼓风机进、出口阀门。

2）鼓风机轴承加油。

3）检查油存量，如低于规定尺度，应补充新油。

4）扳动手按油泵，将存油送上喷油器。

5）推上油开关闸刀，注意一步化控制板上指示灯明亮后，方能进行上列操作。

2. 开车安全操作（一步化操作）

1）推上油开关电源的平开关。

2）推上电动阀电源的平开关。

3）按一步化按钮开关，起动电动机。

4）起动时，应有一人对鼓风机运行情况仔细检查，并抄录各种仪表读数及调整功率因数表为0.95。

5）拉下电动旁通阀电源的平开关。

6）拉下油开关电源的平开关。

3. 安全运行技术管理操作

1）车速增加时，推上车速指示灯平开关，再按加速按钮，必须注意车速信号灯，灯光先后强弱为车速快慢变化的依据，车速逐步提高，指示灯由明亮到稍弱向前移动（指示灯分前，中、后三个为一组）。

2）车速减低时，按减速按钮，注意灯光逐步转强，等下一个指示灯从暗到亮即可关闭高速档平开关。

3）巡视机件摩擦部分的润滑情况，加强对注油器的检查，随时调整注油量。

4）用耳测听鼓风机叶片、齿轮箱、电动机等，有无摩擦杂声。

5）用温度计测量机件和电动机的温度，一般不超过50~60℃，如温度升高，应检查原因。

6）鼓风机在夏季运行，车速在350r/min以上时，应开启冷却水源阀，并须注意气温，超过35℃应及时调整给水量。

7）巡视电动机集电环与电刷接触点，有无火花发生。

8）巡视各种压力表、电器仪表上的读数是否与规定的数据符合，如有误差，应及时调整。

9）如果在运行中，发现一般不正常情况而不影响运行者，可在停车后进行检修。

4. 停车操作（一步化操作）

1）先将车速减至150r/min。

2）推上油开关电源的平开关。

3）推上电动旁通阀电源的平开关。

4）按按钮开关，使继电器闭合，开启旁通阀。

5）使时间继电器开始工作至15s时，旁通阀完全开足，车速自动减低至0时，同时配合关闭最后一组指示灯。

6）拉下油开关电源闸刀。

5. 紧急停车操作

（1）鼓风机在运行中，突然发现如下情况者，应立即按紧急停车按钮停止运行。

1）交流安培表指针有剧烈摆动现象者。

2）电动机、发电机轴承温度越过规定者。

3）电动机、发电机轴承发生摩擦杂声音。

4）集电环与电刷接触点发生严重火花者。

5）电源接头发生火花者。

6）鼓风机轴承温度超过规定者。

7）鼓风机叶轮、齿轮箱有杂声和体壳摩擦发热者。

8）油润滑系统发生故障而断绝给油者。

9）管道接头或轴封点有严重漏气者。

10）其他故障发生有严重影响机件者。

（2）做好紧急停车措施后，应立即起动备用车，以维持地区燃气的正常输送。

（二）维修安全技术操作规程

1. 小修安全技术操作规程

（1）校验车位底脚螺钉操作

1）在鼓风机未运转前，使用尖头检验手锤敲螺母的六角平面听声音，如声音坚实，螺钉是紧实的，如哑声，螺钉已有松动。

2）对有松动的螺母，应及时拧紧（在停车期间），并复测松动螺母的左右的两个螺母的紧固程度，以扭力板头指针读数为准，同时还要用水平尺测量整体的水准，以保持原有的水平。

3）校正后的螺母，应在螺纹上用漆画一线，以便观察螺母位置的稳固情况。

（2）检查车间内部燃气管线接头密封情况

1）使用肥皂液沫涂在管线接头和接缝上，检视有无吹泡现象，如有吹泡，做好标记，在停车后进行修理。

2）法兰接头漏气，可将四周的螺钉重新旋紧一遍。

3）承插式接头漏气，可重敲铅接头，如铅垫料已陷入承口内过多，应进行补铅或重做铅接头。

4）钢管接缝漏气，可用打胀法阻塞漏缝，如漏气点过大，就得停气焊补（动火修焊须按安全规定进行核批）。

（3）检查联合接头

1）检查联合接头上的各个螺钉是否有松动，如有松动需要旋紧。

2）检查联合接头上每个螺钉的开口销或钢片保险扣有无缺少或损坏，如有不正常要随时配上。

3）检查两片联合接头中间固定的缝隙是否有移位现象，如发现不正常情况，应检查轴头与联合接头的销子及鼓风机与电动机的位置是否有位移，应针对造成失常的情况及时处理。

4）检查联合接头孔内的避震皮圈与孔径是否有过大的松动，如松动过大，应拆查皮圈，并及时调换。

（4）检查清洁油润滑系统

1）发现油箱接缝或油管接头有漏油时，可进行重新装配紧合。

2）油管破裂，可进行补焊或调换新管。

3）发现油管喷嘴阻塞，可拆卸清通后复装。

4）检查油喷嘴开关是否灵活，如发现紧轧，应拆洗校正。

（5）检修鼓风机轴头密封接头

1）利用存油槽内的废油涂在轴头和密封压板上试验，观察是否有吹泡现象，如有漏气，而压板尚未紧定时，可将压板螺钉略收紧。以堵住漏泄为止，必须保持周围缝隙均匀。

2）如果轴承压板已紧足时，可按照下列顺序进行调换垫料。

① 关闭鼓风机进、出口阀门。

② 拆卸轴承压板螺母，将压板退在空位处，使用钩子将旧垫料取出，要防止燃气中毒。

③ 用轻质柴油清洗轴承垫料槽、压板及螺钉。

④ 选择比垫料槽稍粗的新垫料，将垫料围绕在轴头上量出新垫料的长度，切割的断面必须是两个斜面接合。

⑤ 将新垫料涂上黄油，每圈分别填入，每圈接头必须分散放置，不得集中在一处，垫料要稍低于槽口。

⑥ 将压板移至轴头槽口，旋上螺母，逐渐收紧螺母，压板与轴头间隙要求均匀。如果压板一次就紧到底，应将压板拆卸后再加一道垫料旋到压紧为止。

⑦ 开启鼓风机进、出口阀门，试验是否再有泄漏。

2. 中修安全技术操作规程

机械设备经过一定时间的使用后，应按照检修制度规定进行检查修理，或机械设备在运行中发生特殊故障，而其性质符合中修范围者，一律作为中修理处理，以恢复设备的使用效率。

（1）冷却系统检修操作

1）关闭水源。

2）拆卸冷却水套两端法兰接头螺栓，放出存水。

3）拆卸冷却水套两端油管进、出口管活接头，必须在水套下面放置盛器，回收油管内剩余油脂。

4）取出冷却水套，使用特制刮刀，刮清套管内水垢和油管内油垢。

5）油管内部用轻质柴油揩洗。

6）检查、清洁法兰接头垫料，涂上新黄油。

7）复装冷却水套，将两端法兰螺孔对正，加上垫料，插上螺栓。

8）连接进、出口油管的活接头，然后再旋紧两端法兰上的全部螺栓。

9）开启冷却水套进、出水阀门，校验法兰接头的密封性。

10）按动手按油泵排除油管内空气后，检查活接头的密封性。

（2）通风系统检修操作

1）拆卸电动机上的通风主管，然后再打开通风横管及进、出口铅丝网板。

2）使用特制刷帚，清洁通风管内部灰尘。

3）检查通风管是否有腐烂破裂造成漏风现象，如有损坏，应根据情况考虑修补或调换。

4）清洁接头垫料，涂上黄油。

5）按照拆卸相反顺序进行复装。

（3）检查、清洁轴承操作

1）衬瓦轴承

① 拆卸轴承盖与油管上活接头。

② 拆卸轴承盖上螺母。

③ 起出轴承盖，清洗衬瓦。

④ 检查轴段衬瓦磨损情况，有不均匀磨损使用刮刀将不平痕迹稍加整理。

⑤ 检查轴承内部，是否正常运转，有无轧住和磨损情况。

⑥ 按照拆卸相反顺序进行复装，必须注意垫片放置位置要正确，螺母旋紧要均匀，并不得过紧。

2）滚珠轴承

① 拆卸轴承盖套，旋松平面支头螺钉。

② 先在轴盖口放置盛器，然后使用轻柴油，清洁滚珠轴承，清除油污，洗净揩平。

③ 检查滚珠与轴承壳有无硬擦痕迹，如有严重磨损，应调换新轴承。

④ 在滚珠轴承平面上涂上清洁高温黄油，但不得过多，如采用循环油润滑者不必改加黄油。

⑤ 清洁轴承盖，检查垫料并涂好黄油。

⑥ 按照拆卸时相反顺序进行复装，注意平面支头螺栓和压板，旋紧程度应保持原来位置，然后校验风叶与墙板的间隙，不得有摩擦现象。

（4）检查齿轮箱操作

1）拆卸齿轮箱上的进油管上活接头。

2）拆卸齿轮箱上侧面主副轴口挡油板及毡垫圈，必须防止损坏毡垫圈。

3）拆卸齿轮周围接缝螺栓。

4）卸下齿轮箱上盖。

5）逐齿检查齿轮箱磨损或牙齿损裂情况。

6）如发现齿轮有严重磨损或损裂时，应按大修顺序进行大修调换。

7）复装前应仔细检查齿轮箱内是否有杂物遗留在内。

8）检查毡垫圈有无损坏。

9）检查缝口垫料有无损坏，如有破裂应立即调换。

10）在法兰接缝面上涂上黄油，将垫料平铺在法兰上，对准孔位。

11）盖上上盖，撬正螺栓孔，并逐孔插入螺栓。

12）复装齿轮箱侧面挡油板，旋紧螺栓，须注意挡油板内径与轴外径的间隙，不得有摩擦现象。

13）旋紧齿轮箱上盖螺栓。

14）连接进油管上活接头。

15）按动手按油泵，将油注入齿轮箱，检查活接头密封性。

（5）鼓风机叶轮清洗操作

1）关闭鼓风机进、出口阀门。

2）拆卸鼓风机上部一段双法兰短管，注意鼓风机内存余的少量燃气外溢，防止中毒。

3）拆卸鼓风机上部的特制法兰。

4）使用铜质铲刀，清除鼓风机叶轮及四周墙板上油垢杂质，叶轮须转动铲刮。

5）使用轻柴油刷洗叶轮及墙板，并揩擦干净。

6）使用卡片（厚薄规）测量叶轮与叶轮之间及叶轮与壳体之间的间隙，如缝隙有不均匀或摩擦现象，可以从主轴与副轴齿轮上的调节螺钉来调整。

7）按照拆卸操作相反的顺序进行复装。

8）如清洗叶轮工作当天不能完成者，应在鼓风机出口孔上加装临时盲板封闭，防止杂物落入损伤叶轮，在继续工作时，应再仔细检查。

（6）循环油泵检查、清洁操作

1）手按油泵

① 拆卸油泵进、出口管。

② 拆卸油泵按手柄。

③ 拆卸油泵上盖。

④ 清洗油泵转子及叶片。

⑤ 检查叶片与壳体磨损程度，并及时校验修正。

⑥ 检查封口垫料，并涂好黄油。

⑦ 按照拆卸相反的顺序进行复装校验。

2）传动油泵

① 拆卸油泵出口油管的法兰接头。

② 拆卸油泵进口油管的法兰接头。

③ 拆卸油泵与副轴的联合接头。

④ 拆卸油泵上盖。

⑤ 清洗油泵转子及叶片。

⑥ 检查叶片与体壳磨损程度，并及时校验修正。

⑦ 检查封口垫料并涂好黄油。

⑧按照拆卸相反顺序进行复装校验。

3）齿轮油泵

① 拆卸油泵进、出口油管。

② 拆卸油泵上盖。

③ 检查油泵齿轮磨损情况。

④ 检查齿轮磨损情况。

⑤ 检查封口垫料，并涂好黄油，同时在油泵内加上清洁黄油。

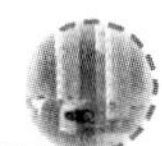

⑥ 按照拆卸相反顺序进行复装校验。

3. 大修安全技术操作规程

机械设备经过一定时间运转后，应按照检修制度规定，应进行全面拆卸检查及修理，以恢复机械设计性能。

（1）鼓风机拆卸操作

1）拆卸直流电动机与鼓风机的联合接头。

2）拆卸循环泵及循环油管、冷却水管及通风管。

3）拆卸鼓风机出口双法兰短管。

4）拆卸鼓风机进口法兰接头。

5）拆卸传动齿轮箱上下盖。

6）拆卸三道主、副轴承上盖及轴封闭接头。

7）拆卸鼓风机与存油箱的连接螺钉。

8）拆卸鼓风机轴头定位螺钉套壳及旋松调整螺栓。

9）使用葫芦将鼓风机吊起离开存油箱顶约125mm，并作鼓风机底部垫以厚100mm方木两道，放下鼓风机搁平。

10）使用葫芦将鼓风机轴头部分壳板吊起，再拆卸鼓日机与壳板接缝螺栓，然后再敲卸定位销。

11）将拆卸的壳板吊出轴头。

12）使用葫芦将鼓风机两端轴头吊稳搁平后，方能再拆卸靠齿轮箱一边的壳板螺栓，敲卸定位销，取下鼓风机两边壳体。

13）将靠近齿轮部分的主、副轴销吊高，取出第二道轴承的下部衬瓦。

（2）清洗、检查、修理操作

1）使用轻柴油清洗已拆卸的各部件，再用干净揩布揩干后放置，并用干布遮盖。

2）检查各部件的磨损程度，然后决定修理或调换。

3）发现轴或轴承表面有不均匀磨损时，应使用刮刀铲刮和研磨方法来反复校验至75%分布点，均匀接触为止。

4）检查、清洁各部件上油眼或油槽有无阻塞现象，如有阻塞应即清通修正。

5）检查全部接缝垫料，如有破裂，应按照原配件重新裁剪垫料，垫料厚度，必须符合原来规格。

6）检查叶轮与体壳及壳板，有无磨损痕迹，如有摩擦可在叶轮上稍加修正。

7）检查叶轮与轴接合处，有无损伤痕迹。

8）检查传动齿轮与轴接合处是否牢固，销子是否紧配合。

9）使用“00”号砂纸，将轴和轴承打光、洗净、揩干、加上机油。

（3）大修后复装及校验

1）按照鼓风机拆卸相反顺序进行复装。

2）在各个接缝平面上，均须涂上黄油，铺好垫料，方能接合。

3）安装时，主轴上叶轮与副轴上叶轮，必须保持垂直。

4）安装时，叶轮与壳板必须用厚薄规校验，必须保持缝隙均匀，四周无摩擦现象。

5）各个接合螺栓旋紧后要求受力均匀。

6）在鼓风机全部安装完毕后，应先试运行，运行正常后，可安装鼓风机出口双法兰短管。

三、压送机房内设备安全维修保养项目及要求

（一）行车安全保养

1. 检查内容

①行车传动、行走部分的检查、清洗、加油；②测定行车轨道水平。

2. 质量要求

①保持行车灵活；②各部件要安全牢固；③导轨必须保持水平。

3. 检修周期

每年一次。

（二）阀门保养

1. 检修内容

主轴加油、调换垫料。

2. 质量要求

轴杆操作灵活，不漏气。

3. 检修周期

每年一次。发现零部件损坏情况，再另行安排。

（三）电动阀门保养

1. 检修内容

①蜗轮箱检查、清洗、加油；②调换垫料。

2. 质量要求

①轴杆操作灵活，不漏气；②涡轮箱内加足黄油；③校验上、下限位开关。

3. 检修周期

每年一次。电、钳工配合进行。

（四）泵类检修

1. 检修内容

①轴承清洗、检查、加油；②调换垫料；③检查泵主机工作状态；④检查水管。

2. 质量要求

①主轴应保持灵活；②存油箱应保持油量；③叶轮不得碰壳体；④循环管线不得漏水。

3. 检修周期

每年一次。

（五）压送机气缸清除杂质

1. 检修内容

拆卸清洗缸体、负荷阀、活塞环、活塞。

2. 质量要求

①保持气缸内清洁，运行灵活，不漏；②负荷阀密封不漏。

3. 检修周期

每年一次。

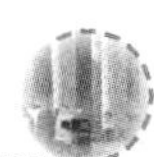

四、储气罐运行维修安全技术操作规程

（一）上罐安全技术操作事项

1）在直立式扶梯上下浮塔时，一律要使用安全带，安全带使用前必须严格检查是否牢固完整。

2）上气罐操作人员，不得穿着鞋底钉有铁板（块）的鞋子，防止滑跌和产生火花。

3）登高操作时，工作服的袖口及裤脚口，必须扣紧，便于行动。

4）登高操作使用的工具，必须用工具袋盛装，上下必须用绳索传送，不得由操作人员随身携带，更不得以投掷方法传送工具。工具不得留放在储气罐上过夜。

5）在走道上工作，工具必须放置稳妥，工具袋、材料桶牢固地悬挂在栏杆内侧，防止落入水槽内。

6）在下面工作人员必须戴上安全帽。

7）遇六级以上大风时，应停止登高作业，紧急抢修任务，须经领导签准。

8）参加高空作业人员，如遇精神不爽或身体条件不适宜登高者，一律禁止参与高空作业。

9）直立式扶梯上下时，思想要集中，尤其在扶梯岔口处要特别注意，行动必须稳慢。

10）水槽走道上要保持清洁，不得沾有油垢。

（二）测量储气罐倾斜度

1. 水封面测定法

1）在储气罐的走道上，按照圆周等分为八个测点，即“东”“东南”“南西”“西北”“北”“北东”等方位，并做好明显标志。

2）按八个测点，利用走道内沿角作为基准点，用特制量具（深度滑尺），量至水槽内水平面上，记录各测点的数据。根据八个测点实测数据，求出气罐的倾斜度。

3）测定气罐倾斜时，应选择无风时节，如遇有风，应记录风向、风速。

2. 样椿点测定法

1）在储气罐的外壁上按照圆周等分为八个测点，即“东”“东南”“南”“南西”“西”“西北”“北”“北东”等方位。在八个方位离地面 1.5m 高度处，水平焊上20mm×100mm 扁铁各一条，并在储气罐槽附近地面上砌筑“东”“南”“西”“北”方位的四个测量水准点。

2）根据水准点用橡胶管玻璃水柱管（橡胶管两端插上玻璃直管，管内盛满水，必须排清管内空气），在水准点与罐壁焊板上对比测定，记录对比差数（即倾斜度）。

3）地面水准点，一点可测储气罐上两个方位点。

4）测定气罐倾斜时，应选择无风时节，如遇有风，应记录风向、风速。

（三）检查储气罐导轮导轨运行及清洁加油

1）检查观察储气罐导轮导轨在升降时是否保持正常接触。

2）检查储气罐导轨接板螺丝头是否与导轮有磨损现象。

3）检查储气罐导轨与导轮磨损情况。

4）检查导轮座螺栓有否松动现象。

5）用高压黄油枪在导轮轴油眼上注射黄油，必须在轴头缝内能见到黄油挤出为止，夏季选用厚黄油，冬季选用薄黄油。

6）清洁导轮与导轮上的污垢垃圾，并在导轮与导轨接触槽上涂上黄油。

7）在检查过程中，发现有不正常情况，应做好记录，并及时上报，提出检修意见。

（四）检查钢板连接焊缝、铆钉及螺栓接头漏泄

1）检查钢板连接焊缝、铆钉及螺丝接头处有无漏水，漏油痕迹。

2）用检漏仪、鼻闻和耳听来检查各种接缝接头的漏泄情况。

3）检查水封口内，有无发生漏气水泡。

4）储气罐顶部检漏，在水槽上部位，可用肥皂液涂在检查处，寻找漏泄点。

5）检查漏泄点时，工作人员应站在漏点上风，防止燃气中毒，如漏泄较大，须戴防毒面具方能进行。

6）漏泄点属螺栓接头因受振动而松动的，可重新旋紧螺栓，制止漏泄。

7）漏泄点属铆钉接缝者，可沿接缝边沿或铆钉头边沿，用手锤、凿子打击钢板边沿或铆钉头边沿，使钢板或铆钉受打击而伸胀，阻塞漏泄。

8）焊缝有微小毛孔漏泄，可用打胀法阻塞毛孔漏泄。

9）储气罐的焊缝产生裂缝，或铆接缝产生长条漏缝，应采用重新焊接方法来修补。

10）储气罐修补采用动火焊接时，必须制定安全施工方案，经审批后才能施工。

11）动火焊接检修的储气罐必须保持罐内一定压力，严禁负压动火补焊。

12）储气罐采用动力焊补的现场必须设置灭火机，砂包等消防器材，应有消防人员现场配合。电焊工作人员必须穿戴全套石棉防火服装。

13）如发生火警，现场人员要思想集中，在消防人员指导下，积极镇静地进行灭火工作。

14）储气罐发现小型孔洞漏泄，可采用下列办法修补：

① 个别小孔，先用木塞堵塞漏洞，用D10mm圆钢加工成直角形钩钉螺栓，将短的弯钩套入孔内，加上一块橡胶垫片，再覆上3mm厚圆钢板，中间留有比D10mm稍大的孔套在露罐壁外的钩钉上，将螺帽旋紧堵位漏泄。

② 较大孔径或几个小孔集中一起的漏洞，先用软性塞头堵住漏气，根据漏孔面积大小加一块钢板，在四周钻好钩子螺栓孔，装上橡胶垫片，仍用螺栓钩钉固定在漏孔，堵绝气源。

③ 铆接的储气罐壁板接缝铆钉头松动漏泄（长条漏缝）的修漏方法有以下三种：

a）用麻丝或石棉线打入缝内，临时堵住漏气。用钢板锻制成“Ω”形状，凸槽高度应比铆钉头销高，覆板长度根据漏泄处长度而定，遇到横竖缝交叉点，覆板的凸槽要锻成“T”字形，在覆板两边钻好D10mm孔，然后将覆板上涂上红油粉，并用石棉线围住孔，覆装在漏泄点上，用钩钉螺栓固定，但凸槽的端部必须另焊半圆铁片封闭。

b）焊补修理首先用麻丝或石棉线阻塞缝隙漏气，再在裂缝两侧焊上拉攀，收紧螺栓口，使裂缝复位。用软土填塞缝口，用三道扁铁与裂缝成十字交叉焊好，然后再在裂缝处补焊，发现燃烧即停焊，重用粘土封闭再焊补，最后在每个铆钉头上圈焊。

c）用覆板焊补，覆板形状同①方法，焊补时防漏气措施同②方法。

15）修补后，对修补部位必须再用肥皂液查漏，无气泡为合格。

（五）检查溢水管运行

1）检查储气罐的溢水管是否畅通，发现油垢聚积，应予清通。

2）检查储气罐的溢水斗是否完好，水位墙板位置是否适当。

3）测量水槽存水深度，如长时间干旱应进行补水。

（六）检查储气罐指示灯

1）分层检查指示灯的电源线，是否有被导轮轧坏或拉断。

2）检查各层电源线的接线盒接头是否完整。

3）检查指示灯头、防雨罩、灯泡熔丝是否完好。

4）信号灯检修必须严格执行停电操作，并挂上检修牌。

（七）检查储气罐腐锈情况

1）分层检查储气罐表面的保护层，是否有老化、龟裂现象。

2）发现壁板表面局部有气泡，应用铲刀清除面层，检查钢板腐锈情况，做好详细记录。

3）储气罐壁板局部腐锈，应部分敲铲出金属光泽、刷净、揩干，补漆刷漆时，钢板表面必须保持干燥。

4）大面积锈蚀，可分塔敲铲出金属光泽、刷净、揩干，油漆。

第五节　门站、储配站安全事故处理

一、门站、储配站运行安全事故原因分析及处理方法

门站、储配站在运行过程中由于设备本身的问题或误操作等原因可能会出现漏气、火灾、爆炸与机器损坏等事故。因此，应对运行中可能发生事故的原因进行分析，以便及时对事故进行处理。

门站、储配站中容易发生事故的部位主要是压缩机、储罐与管道阀门等处，现分别叙述如下。

（一）压缩机安全故障的分析与排除

在燃气门站、储配站中使用的压缩机种类较多，以活塞式压缩机为例分析其故障及排除。

1. 不正常的响声

压缩机在正常运转过程中，各部运动机构都有一种正常的响声，当某些机件发生故障时，压缩机将发出不正常的响声，可以根据这些不正常的响声，找出发生故障的部位，以便排除故障。

2. 油压降低、增高、油温升高

为保证压缩机正常运转，必须有足够的润滑油供给各运动机构进行润滑。用于压缩机曲轴-连杆运动机构的正常润滑油压力在 0.1～0.3MPa 范围内，也有的压缩机规定为 0.1～0.5MPa，如果超出这个范围，则对压缩机润滑不利。低于 0.1MPa 时油压太低影响润滑，则使运动机构发热以致造成故障或引起重大事故。

油温过高也给压缩机润滑带来影响，使油的黏度降低，不能保证正常润滑，一般机身油池内的油温不应超过 60℃。

当油压和油温不正常时，应找寻原因，加以排除。

3. 过度发热

压缩机在正常运转过程中，对燃气进行压缩，产生大量热量。由于气缸水套的冷却水把热量带走，虽然经过冷却，但一、二级气缸排出的气体仍然允许在 160℃以内。

压缩机中的运动件、曲轴、连杆、活塞以及排气阀等，由于运行摩擦，不可避免地产生一定的热量，致使某些机件和润滑油温度升高，一般的正常压缩机各部运动机件温度不应超过 60℃。如果超过这个温度即是过度发热，有发生故障的可能或已经发生了故障。必须及时停车进行处理，不然将要引起严重的机械事故。

过度发热可以通过安装在压缩机上的仪表、温度计和自动警报信号观察。也可以通过用手摸来试探，例如检查轴承瓦的温度时多用手来试探，也可以通过察看发热部分是否变色，特别是有油的地方，发生过热时产生油泡和发生油烟味道。例如十字头与机身导轨之间由于缺油而干摩擦引起过度发热，同时沿曲轴箱呼吸器出现油烟。

活塞与填料函中缺油，也会发生过度发热，在曲轴箱向外冒油烟。当发现过度发热时，应及时排除。

4. 排气量降低

压缩机排气量降低就降低了它的生产能力，也就是直接影响了压缩机的工作效率。发现后如不及时处理，也会使压缩机造成严重的机械事故。

5. 漏气

漏气是压缩机不正常的现象，特别是经过压缩的气体压力，其轻微漏气也会影响压缩机的排气量。漏气严重时压缩机将不能工作。因此，对于漏气必须及时处理。

检查漏气的方法：在外部管路或阀盖、安全阀等处漏气时能听到吱吱的响声，还可以用手试找漏气的部位和方向。一般轻微的漏气可以用水或肥皂水来试找，在漏气处有水泡产生，检查压缩机的吸、排气阀应注入煤油进行气密性试验，渗漏应不超过规定标准，活塞环应放在气缸中作漏光检查（即用灯光检查），或用塞尺检查。

6. 折断和断裂

压缩机由于日常维护不好，违章操作，常常造成运动机构（如曲轴、连杆、十字头、连杆轴瓦、活塞、气缸、活塞环等）拉伤、咬住、折断、断裂、冻裂等，重大机械事故应及时处理，避免造成重大事故。

（二）储气罐的安全故障分析与排除

储气罐在运行过程中容易出现的故障主要是储气罐漏气、水封冒气、卡罐与抽空等。

1. 储气罐漏气

储气罐漏气主要原因是由于罐体钢板被腐蚀造成穿孔而漏气，当发现漏气以后应根据罐体腐蚀情况进行修补。在平时保养过程中，定期进行罐体防腐处理，以避免事故发生。

2. 水封冒气

湿式储气罐的塔节之间靠水封进行密封，当水封遭到破坏时，则罐内煤气将从水封中冒至大气，形成漏气。造成水封破坏的原因主要有：①由于大风使罐体摇晃，水封遭破坏。②下部塔节被卡，上部塔节在下落时造成脱封冒气。③地震使储罐摇晃倾斜，水封水大量泼出，引起漏气。

为了防止水封冒气，遇有大风天气，需将储气罐降至一塔高度，最高不得超过一塔半。并应经常检查导轮导轨运行情况，及时发现问题进行处理。

3. 卡罐

湿式储气罐在运行时有时出现卡罐现象。卡罐现象的原因很多，主要是罐体垂直度与椭圆度不符合要求，使导轮导轨不能很好配合工作，也有可能是因为导轮工作不良，造成卡罐。当出现卡罐现象应及时分析原因，进行修复，避免重大事故发生。

当导轮导轨配合不良时，也可采取调整导轮位置使之与导轨紧密配合。当罐体垂直度不合要求时，应检查罐体沿周边的沉降情况是否均匀，若由于储罐基础沉降不均匀造成的罐体倾斜，则应使罐体调平，以保证罐体垂直度，使储罐能正常运行。

4. 抽空

当储气罐下降至最低限位时，此时应立即停止压缩机工作，以免继续抽排罐内燃气，使储气罐抽空形成负压而遭到破坏。平时在储罐运行过程中应随时注意储气罐的高度，使压缩机工作与储气罐的进气与排气协调配合，特别要注意储气罐最高与最低限位的报警，避免储气罐冒顶与抽空现象发生。

（三）其他安全事故的处理

当门站、储配站内阀门或管道某部位发生漏气时，在岗各有关人员应及时检查漏气部位，确定事故处理方案，尽快排除事故。

当门站、储配站某部位由于漏气而引起火灾，则应按下列程序，处理火灾事故。

1）发现漏气火灾时，立即向站内人员报警，并同时向公安消防队报警。

2）全站人员由站领导统一指挥，组织救火灭火排险行动。

3）使用干粉灭火器或水枪灭火。

4）熄灭漏气或着火部位附近 50m 左右一切明火，特别是下风向明火。

5）变电室值班人员应保证消防水泵的供电。

二、门站、储配站安全事故应急与抢修措施

（一）门站、储配站安全事故应急措施

燃气门站、储配站可能出现的安全事故应急措施如下：

1. 燃气管道断裂，发生大跑气

其防范主要目的有两点：一是避免或减小燃气污染环境以致造成火灾和中毒事故；二是避免或缩小对生产和人民生活的影响。

1）在燃气管道断裂附近加强防范，在消防范围内，严禁一切明火严禁机动车辆等一切机械和电器设施的启动与运转。立即报告公安消防部门、行政部门，立即组织人力加强事故范围内的警戒工作，杜绝明火及机械电器的操作，严禁烟火。

2）立即关闭管道跑气点上游和下游的阀门。

3）在现场已污染的范围内，设置消防危险标志牌和执勤警戒人员。

4）当跑气停止，经安全部门、技术部门用燃气检漏仪检查，确认燃气污染解除后，方可结束现场的紧急状态。

2. 加压机房主要输气设施破坏大跑气

应急措施：

1）立即切断电源，停止机房内一切设备运转。

2）关闭跑气点前后的阀门。

3）打开门窗通风，并打开防爆排风扇通风。

4）在压送站范围内，严禁一切室外明火作业。

5）立即报燃气公司调度室，采取临时措施，平衡市内供气。

6）由站内安防人员、技术人员应用燃气检漏仪检查，确认燃气污染消除后，经站长同意，可恢复开机运行。

3. 重要站房发生火灾爆炸

如压送站、配气站的调压配气间发生火灾爆炸，应立即切断电源，扑灭火灾并争取尽快恢复供气。

应急措施：

1）在站房外部进出口方向切断一切电源，关闭阀门，切断气源，同时采取干粉灭火器等扑灭火焰。

2）立即组织人员在现场周围20m范围（下风向50m）进行值勤警戒。

3）根据单位负责人或安全、技术等部门的决定，打开站外旁通，人工监视压力表和调节阀门恢复供气。对于居民区，不得夜间恢复供气。

4）通过检测，燃气污染解除，经单位负责人或有关部门决定后，可解除紧急状态，撤除警戒或减小值勤警戒范围。

（二）安全事故抢修措施

1. 燃气管道断裂跑气

1）如果跑气量较大，须按门站、储配站事故应急措施中的规定，及时采取措施，关闭断裂处前后的阀门，消除跑气和燃气对周围环境的污染。

2）根据管道的重要程度决定是否降压、停气，同时根据断裂情况和关闭阀门后燃气渗漏情况，决定采取抢修方法：打管卡子，或带气焊接，必要时也可采取充氮气作业。

3）作业前要准备好机械、工具材料、消防器材、危险牌示、红色指示灯、防爆照明灯、防护用品等。

4）设专人做好现场的消防警戒和安全宣传工作。

5）提前编制抢修工作的危险作业方案，作业方案需经有关部门批准。

6）抢修作业完后，应在工作压力下进行试漏，合格后作好防腐处理，恢复地面，清整现场等工作。

2. 站区加压机房、调压室发生火灾和爆炸

1）及时采取应急措施，进行灭火和救护，关闭进出站阀门，打开站外旁通，人工监控供气。

2）在站房外的总进、出站阀门处，靠站内一侧安装盲板。

3）编制作业方案，明确作业方法、组织分工；指派现场作业负责人、安全负责人，确定安全设施、主要机具材料、作业步骤、安全措施等。

4）如果加盲板后，经仔细检测站内确定无燃气泄漏，可以采取空气置换燃气和不带气焊接的作业。

5）修理后除进行外观检查外，需经试压合格。

6）抢修工作完后，应作好管理设备的防腐处理，并修复站房，围墙、地面等土建设施。

第十三章

调压装置的使用与维护

第一节　调压器的工作原理

调压器是燃气供气系统中的重要设备，用于控制燃气供气系统的压力工况。调压器具有降压及稳定出口压力的作用。在额定的压力、流量范围内，当进口压力或出口压力负荷发生变化时，它能自动调节阀口的启闭，使其稳定在设定的压力范围内，所以，调压器是一种自动减压阀，将较高的压力降至一个较低的设定压力。

虽然燃气系统调压器的型式、种类繁多，但无论是进口产品还是国内产品，其基本构造、原理相似。

调压器一般由壳体、皮膜、阀、重块或弹簧、导压管等部分组成，其中阀门起到调节燃气流量作用；皮膜是敏感元件，它依靠作用在皮膜上燃气压力的大小，来控制阀门的开启度，以达到调整燃气压力的目的；重块或弹簧是用来调节调压器出口压力大小的调节机构，加大重块或弹簧的作用力，可以使调压器出口压力增高，反之则减小。

调压器的工作原理如图 13-1 所示，现设定 P_1 为调压器进口压力，P_2 为调压器出口压力，通过导压管的连接，与皮膜下方的燃气压力相通，构成对皮膜向上的力；G 为重块或弹簧作用于皮膜向下的力。

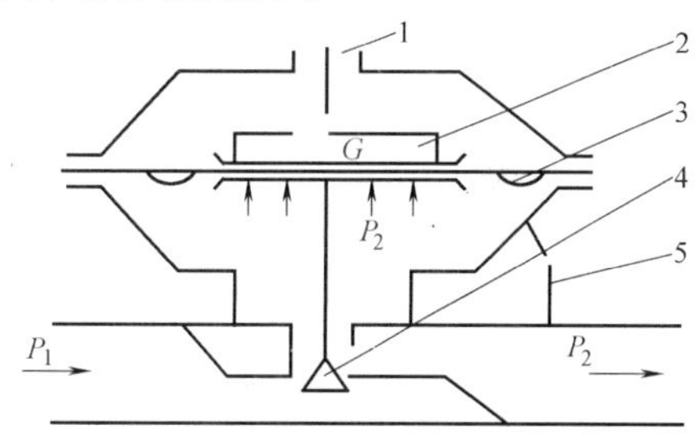

图 13-1　调压器工作原理图
1—气孔　2—重块　3—薄膜
4—阀　5—导压管

当阀门平衡时，调压器阀开启适当，出口压力 P_2 为设定值。此时，出口压力 P_2 与薄膜上方重块或弹簧向下的重力相等，阀口开启度不变，调压器出口压力稳定在一个确定值，以使燃气正常供应。

在实际运行时会有以下 4 种情况：

① 当调压器进口压力 P_1 增大时，出口压力 P_2 也会增大，并大于重块的重力 G，即 P_1 大于 G。这使得薄膜向上移动，通过连杆拉动，阀口开启度变小，流量减少，使得出口压力 P_2 降低。当出口压力降低到与重块的重力相等，即 $P_2=G$ 时，恢复平衡状态。

② 当调压器进口压力 P_1 减小时，出口压力 P_2 也会减小，并会小于重块的重力 G，即 $P_2<G$。这会使得皮膜下降，阀口开启度增大，流量增加，导致出口压力 P_2 升高。当出口压力升高到与重块的重力相等，即 $P_2=G$ 时，又恢复到平衡状态。

③ 当调压器出口流量增大时，会引起出口压力 P_2 降低，即出口压力 P_2 小于重块的重力 G，$P_2<G$。这时皮膜会在重块重力下，向下移动，使得阀口开启度增大，以增加进口流量，并会导致出口压力 P_2 增加。出口压力升高到与重块的重力相等时，即 $P_2=G$ 时，调压

器又恢复到平衡状态。

④ 当调压器出口流量减小，会造成出口压力 P_2 增大，并大于重块的重力 G，即 $P_2>G$，这又会使得薄膜向上移动，阀口开启度变小，以减少进口流量和降低出口压力 P_2，当出口压力降低到与重块的重力相等，即 $P_2=G$ 时，调压器再次恢复到平衡状态。

第二节　调　压　器

调压器可分为直接作用式和间接作用式两种。直接作用式调压器依靠敏感元件（薄膜）所感受的出口压力的变化来调节调节阀的开启程度。间接作用式调压器的出口压力变化，使操纵机构（如指挥器）动作，接通能源（可为外部能源，也可为被调介质）以改变调节阀门的开启度。

调压器还可按用途或使用对象分为：用于厂、站调压装置的调压器，用于管网调压装置的调压器、用于专用调压装置的调压器及用于用户的调压器；按结构可以分为浮筒式及薄膜式调压器；按进出口压力分为高高压、高中压、高低压调压器、中中压、中低压调压器及低低压调压器。

若调压器后的燃气压力为被调参数，则这种调压器为后压调压器。若调压器前的压力为被调参数，则这种调压器为前压调压器。城镇燃气采用后压式调压器调节燃气压力。

一、直接作用式调压器

图 13-2 是直接作用式调压器构造图。这种调压器通过流量较小，一般用于小型工业用户、商业及居民用户。

当流量为某一值时，调节弹簧使阀门处在某一开度，出口压力为规定值 P_2。当流量增大时，或进口压力 P_1 降低时，出口压力 P_2 也减小，则薄膜下的燃气压力与膜上弹簧力失去平衡，使薄膜向下移动，并通过杠杆将阀门开大而流量增加，使出口压力恢复到 P_2 值。

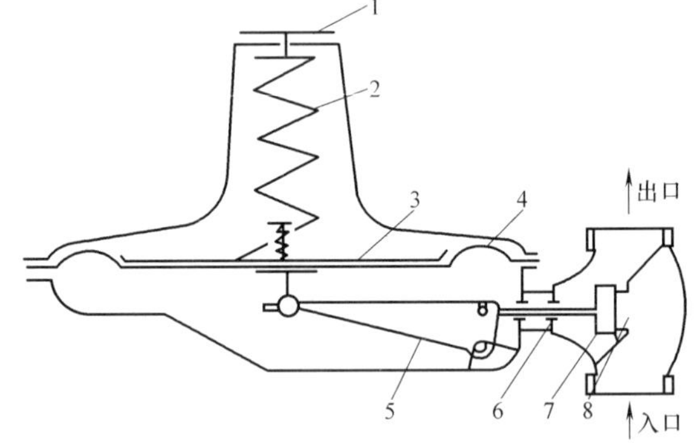

图 13-2　直接作用式调压器构造图
1—调节螺丝　2—弹簧　3—金属压盘　4—薄膜
5—杠杆　6—横轴　7—阀芯　8—阀座

当流量减少或进口压力 P_1 增大时，调节动作与上述情况相反。当流量减到零值时，出口压力 P_2 值达到最大值，薄膜在 P_{2max} 的作用下向上位移到最大位移时，使阀门紧紧关闭，调压器就停止供气。

该调压器具有构造简单、体积小、重量轻、性能可靠、安装方便等优点。

二、间接作用式调压器

1. 活塞式调压器

活塞式调压器是后压反馈间接作用式调压器，能根据给定值，自动调节出口压力，该调压器由调压阀和指挥器两部分组成，中间以导压管联通，具有外形美观、组装紧凑、操作简

便、性能稳定，便于遥控操作等特点。适用于人工煤气、天然气等。

活塞式调压器的技术性能指标和外形尺寸见表 13-1。

表 13-1　活塞式调压器的技术性能指标和外形尺寸

型　号	TMJ-218	TMJ-328	型　号	TMJ-218	TMJ-328
进口压力 P_1/MPa	0.1~0.01	0.3~0.05	流量/(m^3/h)	6700	25000
出口压力 P_2/MPa	0.001~0.01	0.12~0.03	工作温度/℃	−20~+40	−20~+40
关闭压力 P_h/MPa	$<1.25P_2$	$<1.2P_2$	长×宽×高/mm^3	700×819×766	—
稳压精度（%）	±15	±10	接管尺寸/mm	法兰 Dg200	法兰 Dg200

2. 雷诺式调压器

雷诺式调压器比其他类型调压器的结构复杂，占地面积较大，但通过流量大，调节性能好，是国内应用较为广泛的一种中低压调压器。它适用于中压与分配管网之间的调压。LN150 型雷诺式调压器的主要尺寸与性能见表 13-2，RTJ-21 型雷诺式调压器规格及技术性能见表 13-3。

这种调压器有较好的关闭性能和较高的稳压精度，但操作技术要求高，维修保养工作量大。

表 13-2　LN150 型雷诺式调压器的主要尺寸与性能

规　格	额定流量/(m^3/h)	进口压力	出口压力	双阀口尺寸/mm	连接尺寸/mm	质量/kg
		MPa				
D150	855	0.007~0.3	0.0006~0.003	D108	法兰 Dg150	300

表 13-3　RTJ-21 型雷诺式调压器规格及技术性能

型　号	进口压力 P_1/MPa	出口压力 P_2/MPa	额定流量 q_n/(m^3/h)	稳压精度（%）	关闭压力 P_h/MPa	公称直径 D/mm
RTJ-212	0.005~0.2	0.001~0.005	500	±15	$1.25P_2$	50
RTJ-214	0.005~0.2	0.001~0.005	1200	±15	$1.25P_2$	100
RTJ-314	0.07~0.4	0.001~0.005	800	±15	$1.25P_2$	100
RTJ-316	0.07~0.4	0.001~0.005	1500	±15	$1.25P_2$	50

3. 自力式调压器

自力式调压器广泛用于天然气供应系统的门站、分配站、各级压力管网之间及用户调压处。自力式调压器由主调压器、指挥器、信号管三部分组成。其主要尺寸与性能见表 13-4。

该调压器结构简单，操作维护方便，无须外来能源，只需用天然气自身压力进行调节。

4. 曲流式调压器

曲流式调压器具有结构简单紧凑、性能稳定、调节范围广、灵敏度高、关闭严密、运行噪声小及维修周期长等优点，适用于天然气供应系统的门站、分配站；各级压力管网之间及用户调压处。

表 13-4　RTJ 型自力式调压器规格及技术性能

型　　号	进口压力 P_1/MPa	出口压力 P_2/MPa	额定流量 q_n/(m^3/h)	稳压精度 (%)	关闭压力 P_h/MPa	公称直径 D/mm
RTJ-212FK	0.02~0.2	0.001~0005	650	±15	$1.25P_2$	50
RTJ-213FK	0.02~0.2	0.001~0005	1500	±15	$1.25P_2$	80
RTJ-214FK	0.02~0.2	0.001~0005	2000	±15	$1.25P_2$	100
RTJ-312FK	0.05~0.4	0.001~0005	1000	±15	$1.25P_2$	50
RTJ-313FK	0.05~0.4	0.001~0005	2000	±15	$1.25P_2$	80
RTJ-314FK	0.05~0.4	0.001~0005	3700	±15	$1.25P_2$	100
RTJ-322FK	0.05~0.4	0.005~0.015	1400	±10	$1.25P_2$	50
RTJ-323FK	0.05~0.4	0.005~0.015	2200	±10	$1.25P_2$	80
RTJ-324FK	0.05~0.4	0.005~0.015	4000	±10	$1.25P_2$	100

曲流式调压器由调压器和指挥器组成。主要尺寸与性能见表 13-5。

表 13-5　曲流式调压器主要尺寸与性能

型　　号	TMJ-434	TMJ-314	型号	TMJ-434	TMJ-314
进口压力 P_1/MPa	0.3~0.8	0.05~0.6	流量/(m^3/h)	13000~30000	~1200
出口压力 P_2/MPa	0.1~0.3	0.003~0.01	工作温度/℃	-15~+60	—
关闭压力 P_h/MPa	$1.2P_2$	$1.25P_2$	长×宽×高/mm^3	490×340×615	—
稳压精度（%）	±10	±15	接管尺寸	法兰 Dg100	法兰 Dg100

第三节　调压装置及附属设备

一、调压装置及其分类

调压装置就是以调压器为主并将其必需的阀门、过滤器、安全装置、测量仪表、旁通管和计量设备等安装配置连接成一个整体的压力调节与控制的系统。

调压装置是城镇燃气输配系统中重要组成部分。可以按在输配系统中的位置与作用、装置围护构造、建筑形式，进、出口压力等进行分类。

1. 按在输配系统中位置与作用分

（1）站场调压装置　站、场调压装置是指气源、门站、储配站、配气站、汽化站、混气站、加气站等的调压系统。它是根据站、场的工艺需要进行设计与建造的。一般站场等调压装置的进出口压力较高，并根据条件与要求可露天设置也可设在室内。站场调压装置一般均设有计量设备，以便对进出站场的燃气进行计量。

（2）网路调压装置　网路调压装置是指在输配系统中的各级管网上为改变压力所设置的调压系统。其进出口压力由输配系统的压力级制确定。网路调压装置一般均设在专用建筑物内。在网路调压装置中一般不需设置计量设备，网路调压装置又可分为网路连接调压装置与区域调压装置。

1）网路连接调压装置。网路连接调压装置，燃气输配系统中管网的压力级制是三级或以上时，调压装置出口压力为中压以上、其管网不直接与大量用户相连接的网路调压装置。

2）区域调压装置。输配系统中调压装置出口压力为低压、其管网直接与大量用户相连

接的网路调压装置。区域调压装置在一定区域范围内向用户供气。

（3）专用调压装置　专用调压装置是城镇燃气输配系统直接向工业用户或大型商业用户单独供气的调压系统。专用调压装置应设计量设备。根据进口压力大小与环境条件可设在露天、单独、单层建筑物内、用气建筑物毗连单层建筑物内、单独、单层建筑生产车间内、用气建筑物顶层内和屋顶平台上。专用调压装置也可根据规模大小设在调压柜或调压箱内。

（4）用户调压装置　用户调压装置是用以供应一户或一栋（或数栋）住宅居民用户使用的调压系统。供应一户的调压装置一般设置在燃气用具处，其进口管段的压力相对较高，并敷设在室内，因此应采取必要的安全措施，保证安全运行。供应一栋（或数栋）住宅用户的调压装置，一般设置在庭院或悬挂在楼栋建筑物外墙上的金属箱内。

2. 按调压装置围护构造形式分

（1）露天调压装置　当自然条件和周围环境许可时，站场调压装置和设在用气建筑物屋顶平台的专用调压装置可采用露天敷设，称为露天调压装置。在其周围应设置护栏或围墙。

（2）调压站　设于单独建筑物内的网路调压装置与专用调压装置称为网路调压站与专用调压站。

（3）调压柜　设于预制的柜式围护结构内的调压装置称调压柜。一般网路调压站与专用调压站可采用调压柜形式。

（4）调压箱　设于金属箱内的调压装置称调压箱。用户调压装置中供应一栋（或数栋）住宅用户的调压装置均采用调压箱。专用调压装置也可采用调压箱型式。

3. 按压力调节范围分

与按进出口压力对调压器分类一样，调压站按压力调节范围分为以下几种。

（1）高—高调压站　燃气进口压力与额定出口压力均为高压时的调压站。一般在站、场调压装置与网路连接调压站时可为高—高调压站。

（2）高—中调压站　燃气进口压力为高压，额定出口压力为中压的调压站。用于站场调压装置与网路连接调压站。

（3）高—低调压站　燃气进口压力为高压，额定出口压力为低压的调压站，用于区域调压站。

（4）中—中调压站　燃气进口压力与额定出口压力均为中压的调压站，用于网路连接调压站。

（5）中—低调压站　燃气进口压力为中压，额定出口压力为低压的调压站，用于区域调压站。

（6）低—低调压站　燃气进口压力与额定出口压力均为低压的调压站，用于区域调压站与用户调压装置。

4. 按建筑形式分

（1）地上调压装置　为保证调压装置安全运行和便于操作管理，调压装置一般均设于地上。

（2）地下调压装置　当在地上建设调压装置受到限制，且进口压力小于 0.4MPa 时，可考虑采用地下调压装置。但由于地下调压装置检修操作不便并容易发生安全事故，因此，只有在建设地上调压装置十分困难时才采用。

二、调压装置的附属设备

调压装置除调压器外，还包括下列辅助设备。

1. 阀门

为了检修调压器、过滤器及停用调压器时切断气源，在每台调压器进出口处必须设置阀门。高—高调压站与高—中压调压站的旁通管上一般设置双阀门，以保证旁通严密不渗漏，而中—低压与低—低压调压站的旁通管上可只设置一个阀门。

2. 过滤器

人工燃气和天然气含有各种杂质，在管道输送过程中也会有铁锈等灰尘产生，易使管道、阀门、调压器等堵塞。为了清除这些杂质，保证调压器的正常运行，应在调压装置内的调压器前安装过滤器（或分离器）。所选的过滤器应结构简单，使用可靠，过滤效率高，气体通过时压降小，这样就不用经常更换或清洗其部件，减少维修工作量。

常用的过滤器有重力式分离器、离心式旋风分离器及气体管道过滤器。

重力式分离器分立式及卧式两种，由分离、沉降、捕雾、沉淀四部分组成。工作时，气体切向进入分离器，靠离心力及急剧改变气流方向的作用使微粒初步得到分离，微粒靠重力沉降，再由捕集器捕集更小的尘粒。收集到的固体、液体由排污孔与液体出口排出。重力分离器一般只能分离粒径大于 20~30μm 的颗粒。立式重力式分离器的构造如图 13-3 所示。

旋风分离器处理能力大、分离效率高，结构简单，是我国油气集输上用得最广泛的设备，分离粒径可至 10μm，含尘气体进入旋风分离器后，在旋转过程中形成离心力，悬浮在气流中的固（液）体微粒，在离心力和重力作用下向下运动，由排污口排出，气体向上旋转，由出口管道逸出，其构造如图 13-4 所示。

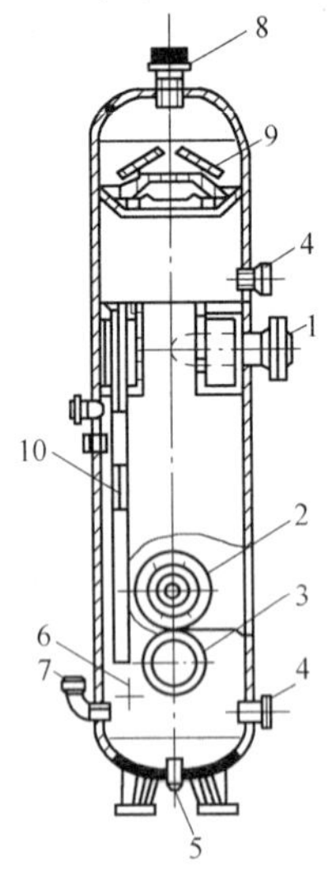

图 13-3　立式重力式分离器图

1—进气管　2—自动排液器接管　3—人孔
4—液面计接管　5—排污孔　6—液体出口
7—遥测液面计接管　8—气体出口　9—捕集器
10—泄漏管

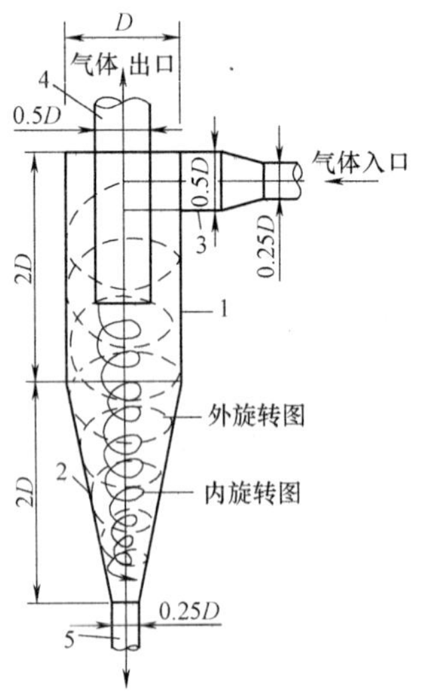

图 13-4　旋风分离器

1—圆筒体　2—圆锥体　3—进气管
4—出气管　5—排污管

在气体管道过滤器中，所使用过滤介质种类很多，通常有马鬃、长玻璃丝、瓷环、金属丝网、泡沫塑料等，国外还采用海绵状醋酸乙烯板等材料。气体管道过滤器的构造如图13-5所示。

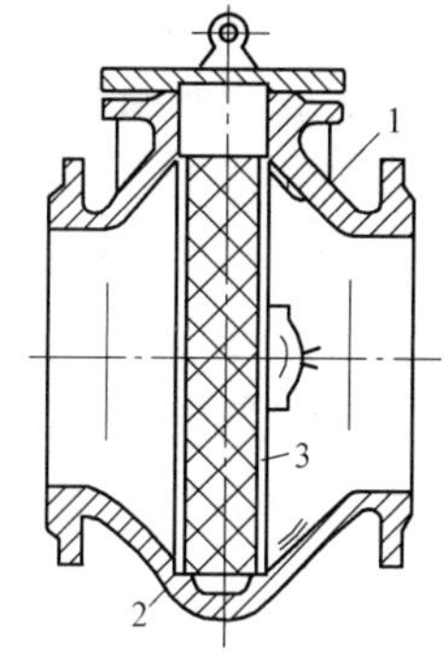

图 13-5　管道过滤器

1—外壳　2—夹圈　3—填料

在长距离的天然气输气干管上，宜采用重力式及旋风分离器。允许压降较大时，可选用旋风式；允许压降较小时，可选用重力式。

天然气门站及城镇环网系统中的各级调压站，当进口压力小于1.2MPa时，均选用气体管道过滤器。对净化要求高而一般分离器达不到净化要求时，也常用气体管道过滤器。

在选定过滤器型号及管径后，应校核其压力损失是否超过允许数值。输送压力超过0.3MPa时，常用圆筒形管道过滤器，允许压力降一般为0.01MPa。输送压力低于0.3MPa时，常用扁形管道过滤器，允许压力降一般为0.005MPa。在过滤器前后应安装压力表。运行时可根据过滤器前后压力降的数值，判断过滤器堵塞情况。高压燃气通过过滤器的压力降不得超过0.01MPa，压力降过大时，应及时清洗过滤器。

3. 安全装置

由于调压器或指挥器的薄膜破裂、阀口关闭不严、弹簧故障、阀杆卡住等原因，会使调压器失去自动调节及降压能力。这样，高—中压燃气就会未经调压由进口直接流向出口，造成调压器后的中—低压燃气系统超压。如低压系统超压就会冲坏燃气表，发生管道、设备漏气或引起燃具不完全燃烧，直接危及用户的安全。因此调压站必须设置安全装置，以保证城镇燃气系统安全运行。

调压装置一般采用安全阀、安全切断阀、并联监视器、组合安全等安全措施。

（1）安全阀　安全阀安设在调压器出口，当出口压力超过规定值时，安全阀启动，将一定量燃气排入大气中，使出口压力恢复到允许压力范围内，并保持不间断地供气。

安全阀分重块式、弹簧式和水封式，分别如图13-6、图13-7、图13-8所示。

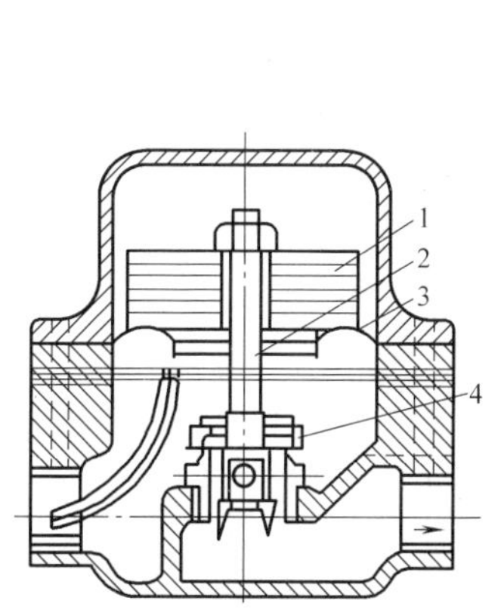

图 13-6　重块式安全阀

1—重块　2—主轴

3—薄膜　4—阀瓣

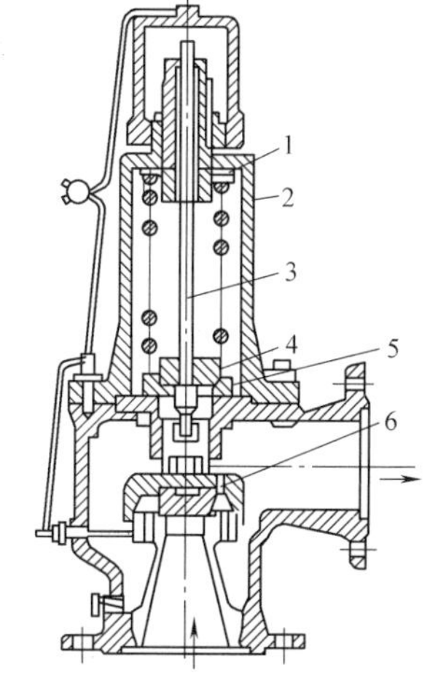

图 13-7　弹簧式安全阀

1—弹簧压盖　2—弹簧罩　3—阀杆

4—弹簧　5—弹簧座　6—阀瓣

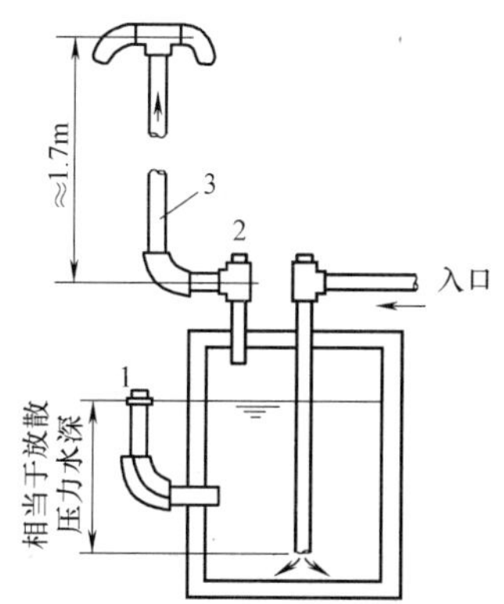

图 13-8　水封式安全阀

1—管塞（检查水位用）　2—管塞（检查有无燃气放散用）　3—放散管

弹簧式安全阀有封闭式和开放式两种。封闭式是将排除的介质全部沿着出口排泄到指定的地方而不随地放散。人工燃气及天然气宜采用封闭式弹簧安全阀。

弹簧式安全阀和重块式安全阀的工作原理基本相同。当压力上升超过弹簧或重块作用力时，阀门即开启，燃气经放散管排出，以达到系统泄压的目的。放散压力取决于弹簧调节螺栓的拧紧程度（或重块重量），有时安全阀因生锈等原因而失灵，因此要注意做日常维护工作。

水封式安全阀构造简单，被广泛使用。当超压时，燃气即冲破水封放散到大气中。采用水封式安全阀时，随时要注意液位的变化；在寒冷季节，调压站内应采暖或在水封内注入防冻液。水封的放散压力应根据调压器出口压力确定，其值可参考表13-6。

表13-6　水封放散压力值

调压器出口压力/MPa	水封放散压力/MPa	调压器出口压力/MPa	水封放散压力/MPa
0.001	0.0015	0.002	0.003
0.0014	0.0021	0.005	0.0065

安全装置的放散管应高出调压站屋顶1.0m，并应注意周围建筑物的高度、距离及风向，并采取适当措施，防止燃气放散时发生危险。

（2）安全切断阀　安全切断阀安设在调压器进口。是一种带自动控制的切断阀，用以在调压器出口压力过高的情况下，自动切断燃气，其切断压力应低于燃气表安全工作压力和灶具安全工作压力，一般应略小于安全阀放散压力。

安全切断阀有重锤式与弹簧式两种。

1）重锤式安全切断阀。重锤式安全切断阀如图13-9所示，切断阀圆盘1可沿着垂直方向上下移动，并与轴上的插头2相连，轴的外端有带重块的杠杆8。在将阀门装在工作位置时，人工提起杠杆，并用杠杆锚定螺栓4将其固定在上部。薄膜杆7安装在切断阀的上部。需要控制的调压器出口压力经过连通管5引入膜下空间。由于调压器出口压力的波动，将使薄膜上下移动，当由于出口压力升高到极限状态时，横梁13与销钉脱开并下降打击在杠杆8上，锚定螺栓4松开，阀门在重块和自重作用下下降，切断燃气通道。

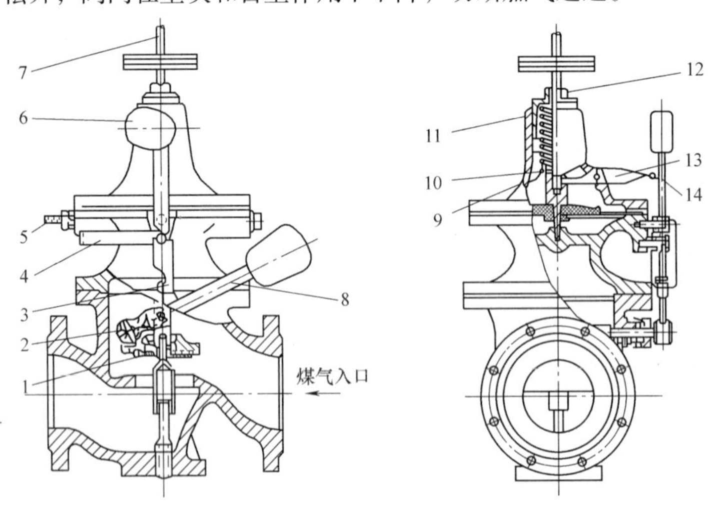

图13-9　重锤式安全切断阀

1—圆盘　2—插头　3—锚杠　4—锚定螺栓　5—冲量管接管　6—锤　7—薄膜杆
8—带重块的杠杆　9—螺母　10—弹簧盘　11—弹簧　12—调节套筒　13—横梁　14—锤销子

重锤式安全切断阀在阀门重新启动前要中断燃气供应且需人工重新复位。

2）弹簧式安全切断阀。弹簧式安全切断阀如图 13-10 所示。

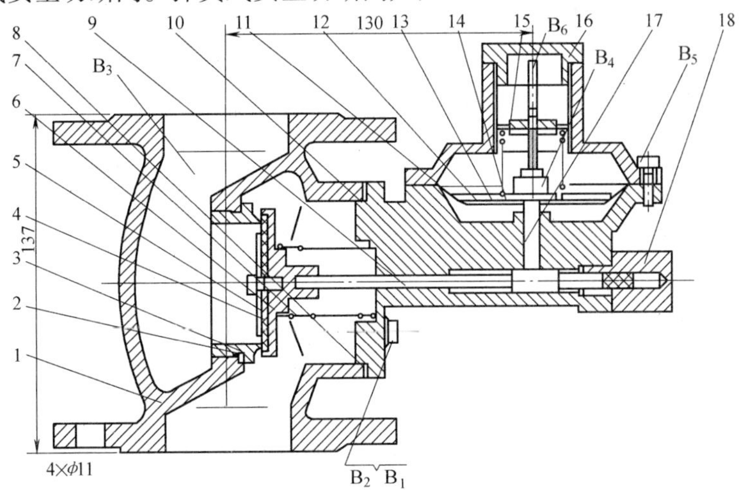

图 13-10　弹簧式安全切断阀

1—阀体　2—矩形密封圈　3—阀圈　4—压板　5—活门垫片　6—切断活门　7—切断弹簧（a）
8—O 形密封圈　9—切断阀下体　10—止动杆　11—切断阀上体　12—托盘　13—切断皮膜
14—切断弹簧（b）　15—弹簧压帽　16—顶盖　17—切断杆　18—丝堵

正常情况下，阀口打开，当压力上升且超过规定压力时，薄膜带动切断杆 17 上升，止动杆 10 脱钩，此时在弹簧 7 的作用下阀圈 3 关闭。当管内压力恢复正常时，拉止动杆 10，并按下复位螺钉 B_6，即可使切断阀恢复开启状态。

（3）并联监视器装置　所谓并联监视器装置实际是两个调压器并联形式的工作方式。如图 13-11 所示。这种并联形式工作时，一个调压器正常工作，另一个关闭备用。当正常工作的调压器出故障时，另一个自动启动，开始工作。

正常工作的调压器出口压力略大于备用调压器的出口压力，所以备用调压器呈关闭状态。当正常工作的调压器因故障使出口压力增加到超过允许范围时，其线路上的安全阀关闭，致使出口压力下降，当下降到备用调压器给定的出口压力时，备用调压器自行启动正常供气。备用线路上的安全阀的动作压力应略高于正常工作线路上的安全阀的动作压力。

两条线路的工作状态可每半年交换一次。

（4）串联监视器装置　串联监视器装置实际是两个调压器串联形式的工作方式。如图 13-12 所示。

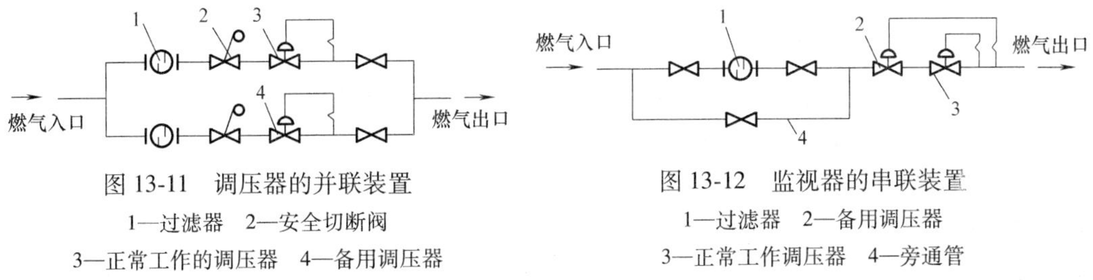

图 13-11　调压器的并联装置

1—过滤器　2—安全切断阀
3—正常工作的调压器　4—备用调压器

图 13-12　监视器的串联装置

1—过滤器　2—备用调压器
3—正常工作调压器　4—旁通管

作为监视器的调压器 2 给定的出口压力略高于正常工作调压器 3 的出口压力，因此，正常工作时监视器的调节阀是全开的。当调压器3失灵，出口压力上升达到监视器给定的出口压力时，监视器2投入运行。监视器也可以放在正常工作调压器的下游，但这时监视器的规格不得小于正常工作调压器。

4. 旁通管及备用调压器

凡不允许间断供气的调压站均应设置旁通管，以便在调压器检修时用，人工操纵旁通管阀门，以保持正常供气。

厂（站）及钢路的高中压、中低压等重要调压站在设置旁通管的同时，还应设置备用调压器管路。当调压器发生故障或定期维修时，可切换并启动备用调压器。只有当站内设备发生故障，又不能切换操作时，方启动旁通管，使之不间断地供气。旁通管的管径应根据该调压站最低进口压力和调压站最大出口流量来确定。为了防止噪声和振动，旁通管最小管径不小于Dg50。

5. 测量仪表

调压装置的测量仪表主要是压力表。在过滤器后应装指示式压力计，调压器出口装自动记录式压力计，可自动记录调压站出口瞬时压力，以监视调压器的工作状况。厂、站调压装置及用户调压站一般还设置流量计。

第四节　调压装置工艺流程及布置

一、调压装置工艺流程

调压装置是城镇燃气输配系统中，为保证各级压力管道及用户应用设备压力需要的重要设施，是城镇燃气供应的压力调节与控制系统，对城镇燃气安全可靠的供应与应用起着重要作用。合理的确定调压装置工艺流程十分重要。

调压站由调压器、阀门、过滤器、安全装置、旁通管及测量仪表等组成。图13-13为调压站基本工艺流程示意图。

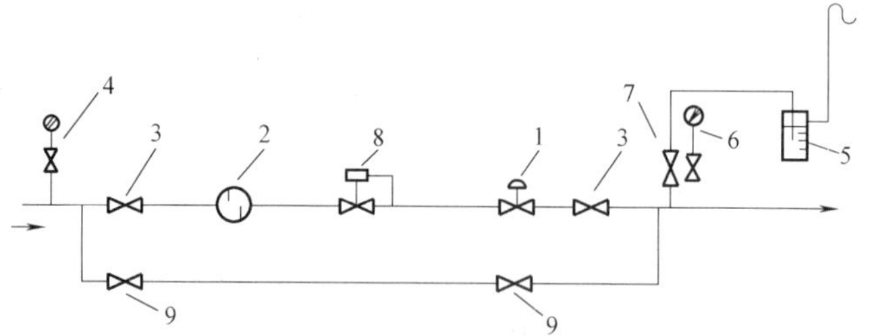

图13-13　基本工艺流程图

1—调压器　2—过滤器　3—调压器进、出口阀门　4—压力表　5—水封式放散阀　6—出口压力表　7—连接水封放散阀的阀门　8—安全切断阀　9—旁通上的阀门

燃气进入调压站后，先进入调压器前阀门，此处阀门的作用是：当调压设备发生故障时，起关断燃气作用，然后燃气进入过滤器，将燃气中对调压器及下游设备有损害杂质过滤掉，再进入调压器进行降压。经调压后，经出口阀门进入燃气管网。调压站内压力表用于检测燃气压力，当调压出站压力过高时，安全放散阀打开，放散过高的燃气压力，当出站燃气压力高到一定程度，安全切断阀启动，切断调压器出口管路。旁通管在调压器等设备检修时或调压器发生故障而又不能中断供气的情况下使用。调压器出口处一般设置压力自动记录仪，24h不停记录出口压力变化情况。

各种类型的调压装置的工艺流程基本相同。

图 13-14 为活塞式中低压调压站基本工艺流程示意图。它由两组调压装置构成，常应用于较大供气小区。

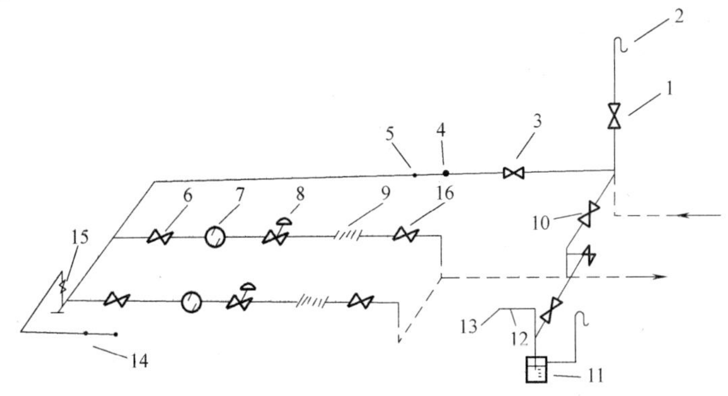

图 13-14 中低压调压站工艺流程图

1—中压放散阀门 2—中压放散管 3—调压站总进口阀门 4—弹簧表 5—管道温度计 6—调压器进口阀门 7—过滤器 8—调压器 9—调长器 10—旁通阀门 11—水封 12—自动记录仪 13—低压 U 型记录仪 14—中压 U 型记录仪 15—中压仪表阀门 16—调压器出口阀门

图 13-15 为采用雷诺式调压器的区域调压站工艺流程。燃气自中压管网进入调压站，经过滤器清除杂质后进入主调压器，使调压站出口压力满足低压管网需要，并保持定值。当主调压器出口流量变化时，通过中压和低压辅助调压器和压力平衡器中的中间压力变化，自动调节主调压器阀门开度，达到压力调节的目的。燃气在进入中压辅助调压器前先进入脱萘筒，清除燃气中的萘及焦油等杂质，避免中压辅助调压器等堵塞。在调压站出口设置安全水封，当调压站出口压力超过规定值时，水封安全阀将燃气放散至大气中。在调压装置中设置旁通管，以便在调压器检修或事故时手工调节旁通阀，保证不间断供气。

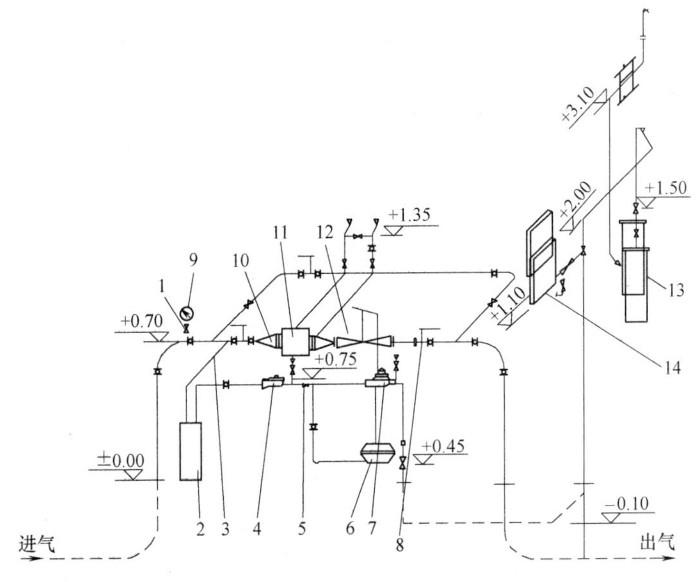

图 13-15 采用雷诺式调压器的区域调压站工艺流程

1—截止阀 2—脱萘筒 3—旋塞阀 4—中压辅助调压器 5—针形阀 6—压力平衡器 7—低压辅助调压器 8—对夹式蝶阀 9—压力表 10—异径管 11—过滤器 12—主调压器 13—安全水封 14—低压自动记录压力计

图 13-16 为采用自力式调压器的区域调压站工艺流程图。燃气可来自中压管网也可来自高压管网，进入主调压器后，经调压达到低压管网要求的出口压力。当管网用气量改变，引起调压站出口压力变化，利用指挥器与主调压器膜下空间的压力改变，形成主调压器膜上、下腔压力差的变化，调节调压器阀口开度大小，使调压站出口压力保持规定的数值。

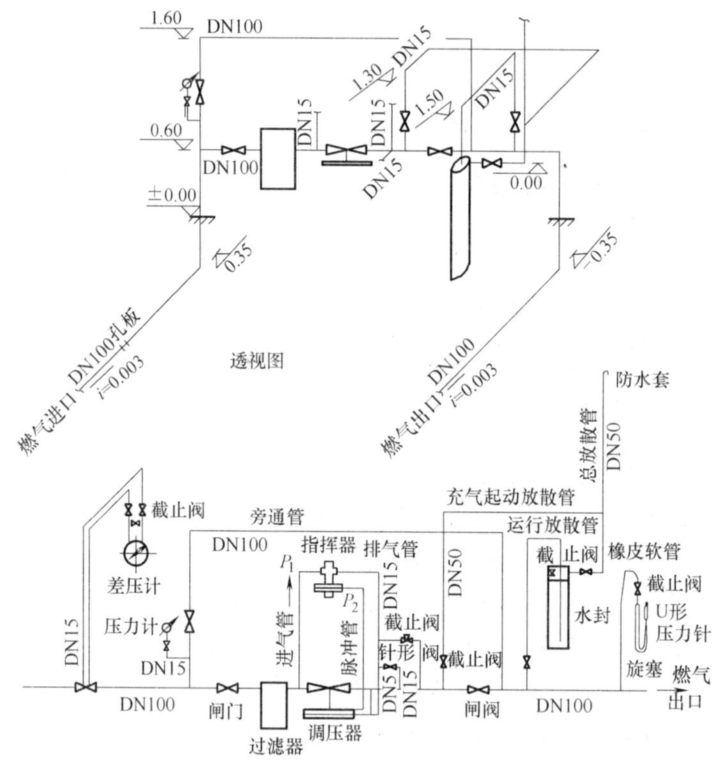

图 13-16　采用自力式调压器的区域调压站工艺流程图

当进口压力为高压、次高压的燃气调压站，在室外进出口管道上应设置阀门，进口为中压的调压站，可在室外进口管上设阀门。而区域调压站进口通常连接不同输气压力的管网，出口连接于低压管网上。当低压管网不成环时应设备用调压器。用户调压站通常用于由中压管网直接供应用户用气的管线上。专用调压站通常用于用气量较大的工业企业和大型商业用户，进口可直接连接在较高压力的输气管线上。

二、调压站的工艺布置

（一）调压站室外布置

调压站是具有燃气泄漏危险的场所，故调压站的室外布置必须根据调压站的性质，其周围应与建、构筑物保持足够的安全防火距离，并应考虑必要的安全措施。

（1）调压站与周围建筑物之间的安全距离应符合表 13-7 的要求。

（2）地上调压站应尽量设在居民住宅街坊、广场、公园和绿地等处，尽可能避开城镇的繁华街道。重要的调压站可设置保护围墙。

（3）专用调压装置一般应设置在单独单层建筑物内。当满足《城镇燃气设计规范》规定条件时，也可按下列形式设置。

1）商业用户调压装置进口压力不大于 0.4MPa 或工业用户（包括锅炉房）调压装置压力不大于 0.8MPa 时，可设置在用气建筑物专用单层毗连建筑物内，并应用无门窗洞口防火墙隔开。

2）当调压装置进口压力不大于 0.2MPa 时，可设置在公共建筑物的顶层房间内，并应靠建筑物外墙，不应布置在人员密集房间的上面或贴邻。

3）当调压装置进口压力不大于 0.4MPa 且调压器进出口管径 Dg≤100mm 时，可设置在用气建筑物平屋顶上，但露天调压装置、调压柜、调压箱与建筑物烟囱的水平净距不应小于 5m。

表 13-7　调压站与其他建、构筑物水平净距　　（单位：m）

设置形式	调压装置入口燃气压力级制	建筑物外墙面	重要公共建筑物	铁路（中心线）	城镇道路	公共电力变配电柜
地上单独建筑	高压（A）	18.0	30.0	25.0	5.0	6.0
	高压（B）	13.0	25.0	20.0	4.0	6.0
	次高压（A）	9.0	18.0	15.0	3.0	4.0
	次高压（B）	6.0	12.0	10.0	3.0	4.0
	中压（A）	6.0	12.0	10.0	2.0	4.0
	中压（B）	6.0	12.0	10.0	2.0	4.0
调压柜	次高压（A）	7.0	14.0	12.0	2.0	4.0
	次高压（B）	4.0	8.0	8.0	2.0	4.0
	中压（A）	4.0	8.0	8.0	1.0	4.0
	中压（B）	4.0	8.0	8.0	1.0	4.0
地下单独建筑	中压（A）	3.0	6.0	6.0	—	3.0
	中压（B）	3.0	6.0	6.0	—	3.0
地下调压箱	中压（A）（B）	3.0	6.0	6.0	—	3.0

注：1. 当调压装置露天设置时，则指距离装置的边缘。

2. 当建筑物（含重要公共建筑物）的某外墙为无门、窗洞口的实体墙，且建筑物耐火等级不低于二级时，燃气进口压力级制为中压（A）或中压（B）的调压柜一侧或两侧（非平行），可贴靠上述外墙设置。

3. 当达不到上表净距要求时，采取有效措施，可适当缩小净距。

4）当调压装置进口压力不大于 0.4MPa 时，可设置在单层建筑的生产车间、锅炉房和其他工业生产用气房间内，或当调压装置进口压力不大于 0.8MPa 时，可设置在单独、单层建筑的生产车间或锅炉房内。

（4）调压站室外进出口管道上的阀门，一般为闸阀，阀门设在地下阀门井内，以保证调压站出现事故时，可及时切断系统，避免事故蔓延。调压站室外进出口阀门距调压站的距离为

当为地上独立建筑物时不宜小于 10m（当毗连建筑物时，不宜小于 5m）；

当为调压柜时，不宜小于 5m；

当为露天调压装置时不宜小于 10m，当通向调压站支管阀门距调压站小于 100m 时，室外支管阀门与调压站进口阀门可合为一个。

（5）柜式调压装置应独立设在牢固的基础上，其设置位置与制作要求按 GB 50028—2006《城镇燃气设计规范》有关规定执行。

（6）箱式调压装置可挂在楼幢外墙上，但在采暖地区输送燃气应是干燥燃气；调压箱的位置、制作要求等按 GB 50028—2006《城镇燃气设计规范》有关规定执行。

（7）当采用地下调压装置时，可设置在地下单独的建筑物内或地下单独的箱内，并符合下列条件：

1）设在单独地下建筑物内时

① 室内净空不低于 2m；

② 宜采用混凝土整体浇筑结构；

③ 必须采取防水措施，在寒冷地区应采取防寒措施；

④ 调压站顶盖上必须设两个呈对角位置的人孔，孔盖应能防止地表水浸入；

⑤ 室内地坪应为不发火花材料，并应在一侧人孔下的地坪上设集水坑；

⑥ 调压站顶盖应采用混凝土整体浇筑的结构形式。

2）设在地下单独箱内时

① 地下调压箱不宜设置在城镇道路下，距其他建、构筑物水平距离与地上调压站一样。

② 地下调压箱上应有自然通风口，其设置与调压柜相同，可按 GB 50028—2006《城镇燃气设计规范》有关规定执行。

③ 安装地下调压箱的位置应能满足调压器安全装置的安装要求。

④ 地下调压箱应便于检修。

⑤ 地下调压箱应有防腐保护。

（二）调压站室内工艺布置

调压站室内工艺布置应考虑以下要求：

1）中低压调压站应设置安全水封，高中压调压站应设置安全阀；

2）调压站应在调压器入口（或出口）处设置防止燃气出口压力过高的安全装置，并采用人工复位；

3）调压站的放散管必须引出室外，并必须高出建筑物顶部 1.0m 以上；

4）调压站内必须设有旁通管，其管径应比调压器进口管径小一级至两级；

5）大型调压站在室外应增设室外旁通管；

6）旁通管上均应安设阀门，闸阀和截止阀均可采用；

7）调压器前后应设阀门；

8）调压站设有计量装置时，应根据计量装置型号及承受压力的范围，可安装在调压器的进口管段上或出口管上；

9）中低压调压站一般仅安装一台调压器，高中压调压站的输气量和供气范围较大，应根据气量决定设置调压器的台数；

10）重要的用户调压站应设置备用调压器；

11）如果调压站服务区域内，用气量波动范围大，则为了保证调压站出口压力的稳定，应设置通过气量不同的两种规格的调压器，供气量大时使用通过能力大的调压器调压，供气量小时使用通过能力小的调压器调压。

12）凡设置于有围护构造形式内的调压装置均应符合下列要求：

① 建筑耐火等级应符合 GB 50016—2014《建筑设计防火规范》的不低于“二级”设计规定；

② 室内通风次数不应小于 2 次，当设在公共建筑顶层房间内时，通风次数应大于 3 次；

③ 调压装置的建构筑物应有轻型屋顶爆炸泄压口，门、窗向外开；

④ 调压站内电气防爆等级应符合 GB 50058—2014《爆炸危险环境电力装置设计规范》“I”区设计规定；

⑤ 调压站内地坪均采用不发火花材料。

第五节　调压装置的安装验收与启动运行

一、安装及验收

安装在调压站内的设备及仪表均要有出厂合格证。在安装前，设备应清洗加油，阀门应作渗漏试验，仪表应按说明书的要求进行调整及标定。

调压站的土建、设备、仪表安装完毕后，施工单位应提供以下技术文件：竣工图样、设计变更纪要、隐蔽工程记录、管道及设备的试压记录，采暖系统试压记录等。调压站应按照图样的要求进行外观检查，并用空气吹扫管道系统后，再进行强度试验及气密性试验。

1. 强度试验

在室外总进出口阀门后、调压器前后、安全装置前（按燃气流动方向）均加盲板。盲板加设的位置要考虑在拆除时尽量避免带气作业。关闭室外总进出口阀门及室内接仪表的阀门，其余阀门全处于工作状态，以空气作为试验介质，强度试验压力为调压站进口设计工作压力的 1.5 倍。稳压后，用涂抹肥皂水的方法检查所有焊口、法兰、丝口、阀门等连接处均不得有漏气，压力表的指示压力不得急剧下降。

2. 气密性试验

强度试验合格后，方可进行气密性试验。试验压力为调压站进口设计工作压力的 1.25 倍，稳压 6h，压力降不得小于初压的 1% 。试验范围与强度试验相同。

管道系统试压合格后，拆除调压器组和安全装置的盲板，对调压站内的全部管道、设备系统进行气密性试验，试验压力为调压站进口最高设计压力。稳压后，用涂抹肥皂水的方法检查所有的管道、设备的接缝不得有漏气，并稳压 6h，压力降不超过初压的 1%为合格。

二、启动

1. 通气置换

调压站验收合格后，将燃气通到调压站外总进口阀门处，然后再进行调压站的通气置换工作。

每组调压器前后的阀门处应加上盲板，然后打开旁通管，安全装置及放散管上的阀门，关闭系统上其他阀门及仪表连接阀门。将调压站进口前的燃气压力控制在等于或略高于调压器给定的出口压力值，然后缓慢打开室外总进口阀门，将燃气通入室内管道系统。利用燃气压力将系统内空气赶入旁通管，经放散管排入大气中，待取样分析（可点火试验）合格后，再分组拆除调压器前后的盲板，打开调压器前的阀门，使燃气通过调压器。调压器组内的空气仍由放散管排出室外。此时，调压站的全部通气置换工作即告结束，最后关闭室内所有阀门。应注意的是，每组调压器通气置换经取样分析（或点火试验）必须合格后，方可进行下一组通气置换工作。

2. 启动

将调压站进口燃气压力逐渐恢复到正常供气压力，然后按下列步骤启动调压器：

首先缓慢打开一组调压器的进口阀门，这时，如果没有给调压器指挥器弹簧加压，出口压力将等于零值。如果是直接作用式调压器，由于压盘、弹簧的自重及进口压力对阀门的影响，出口压力会升到某一数值后，待薄膜下燃气压力与膜上压盘、弹簧的自重相平衡，出口压力就不再升高了；再慢慢给调压器或指挥器的弹簧加压，使调压器出口压力值略高于给定值；然后慢慢打开调压器出口阀门，根据管网的负荷及要求的压力，对弹簧再进行调整，注意观察出口压力的稳定情况。当该调压站达到满负荷时，调压器的出口压力应能保持在正常范围内。

最后进行关闭压力试验。在调压器满负荷时能保证出口压力稳定的情况下，逐渐关闭调压器出口阀门，观察出口压力的变化，最后将出口阀门全部关闭，并要求出口压力不超过规定值。一般调压器正常出口压力为 0.001MPa 时，关闭压力宜小于或等于 0.00145MPa。

第六节　调压装置安全维护管理与事故处理

一、调压装置安全维护管理

不论管网负荷或进口压力如何变化，调压装置均能保持稳定的出口压力，以保证燃气输配系统安全、正常地运转。因此调压站的安全维护管理工作十分重要。调压站的维护管理工作分为巡回检查及定期检修两部分。

（一）巡回检查

对于门站、储配站中的调压装置和高中压调压站每天须巡回检查一次；对于中低压的区域调压站，根据其负荷大小一般取其巡回周期为每 2~3 天一次。巡回检查内容包括：更换自动压力记录纸及添加墨水；检查调压器及其附属设备的运行情况；打扫室内卫生；检查水封的液位及加液（水或不冻液）等。如发现异常现象，应立即调查分析原因，进行妥善处理。巡回检查时至少要有两名以上熟练工人，并注意安全操作。

（二）定期检修

调压器除在运转失灵时需要修理外，应建立定期检修制度。门站、储配站中的调压室与高中压调压站及负荷大的区域调压站须每 3 个月检修一次；中低压调压站一般每半年检修一次。

调压站要检修的主要设备是调压器，其内容有：拆卸清洗调压器、指挥器、排气阀的内腔及阀门；擦洗阀杆和研磨已磨损的阀口；更换失去弹性或漏气的薄膜；更换阀垫和密封垫；更换已疲劳失效的弹簧；吹洗指挥器的信号管；疏通通气孔；更换变形的传动零件，加润滑油使之动作灵活；最后组装好调压器。检修完的调压器应按规定的关闭压力值调试，以保证调压器自动关闭严密。投入运行后，调压器出口压力波动范围应不超过±8%为检修合格。

除检修调压器外，还应对过滤器、阀门及计量仪表加以清洗加油；更换损坏的阀垫；检查各法兰、丝扣接头有无漏气，并及时修理漏气点；检查及补充水封的油质和油位；最后进行设备及管道的除锈刷漆。

进行定期检修时，必须有两名以上熟练的操作工人，严格遵守安全操作规程，按预先制定且经过上级批准的检修方案执行。操作时，要打开调压站的门、窗，保证室内空气中燃气浓度低于爆炸极限。

调压站的房屋建筑及其附属设备也应安排维修检查。

二、安全事故处理

调压器在运行期间，如能严格执行定期检修制度，保证检修质量，又在巡回检查时及时发现问题并妥善处理，一般不会发生故障。如果检修时，没有更换已磨损、锈蚀或失效的薄膜、零部件，或组装零件时有偏差，或超负荷量太大、进口压力过高以及燃气质量差等因素都会使调压器发生故障。当出现故障时，应查明原因，采取清理、调整等措施加以消除。

不论哪一种类型的调压器，出故障的现象大致有：出口压力下降；调压器自动关闭停止供气；出口压力逐渐升高；关闭压力过高；高压送气；出口压力跳动等。但因各类调压器的结构不同，同一故障产生的原因也各不相同。

（一）直接作用式调压器安全事故及排除方法

以用户调压器为例，造成故障的原因及其处理方法有以下几种：

1）由于弹簧疲劳失效，阀口被杂质、灰尘堵塞（萘堵、冻堵）；阀垫被腐蚀发胀造成的出口压力下降甚至调压器停止供气。遇此情况应拆开调压器进行清洗，更换失效的弹簧及阀垫。

2）由于阀口关阀不严或薄膜漏气造成出口压力上升或关闭压力过高，此时，应研磨阀口，更换胶垫及薄膜。

3）由于薄膜破裂，会使燃气直接由高压侧流向低压侧，造成高压送气，必须立即更换薄膜。

4）当出口管道有积水时，会有明显的出口压力跳动，此时，应排除附近管道上的凝水缸的积水。

（二）间接作用式调压器故障及排除方法

1. T 型调压器的故障及处理方法

1）因排气阀口磨损而关闭不严，使之排气不止；指挥器弹簧疲劳失效、调压器的薄膜漏气或破裂，造成出口压力逐渐下降。此时，需研磨阀口，更换弹簧及薄膜。

2）因调压器薄膜破裂，往往会造成调压器自动关闭停止供气。遇此情况，只需更换薄膜。

3）当指挥器阀口关闭不严，排气阀因杂质堵塞或排气阀压力调整不当而不能排气，会造成出口压力上升。遇此情况，要研磨指挥器的阀口，拆除及清洗排气阀，并重新调整排气阀的压力。

4）当指挥器薄膜破裂或进气阀口关闭不严时，会使调压器薄膜下腔压力不断增高，造成高压送气，应更换薄膜，研磨指挥器的阀门。

5）由于调压器主阀门或指挥器阀门关闭不严，都会造成调压器关闭压力过高。遇此情况，只需研磨阀口使之严密。

6）如出口管道中有水，或指挥器针形阀开度不当、或信号管位置不合适，则易出现出口压力波动。一般先从附近的凝水缸中抽出积水。如果排水后仍存在上述现象，即需要调整信号管的位置及阀门开度。

2. 雷诺式调压器的故障及处理方法

1）如果主调压器、压力平衡器或低压辅助调压器的薄膜破裂，针形阀堵塞，中压辅助调压器阀口堵塞，均会造成出口压力过高甚至高压送气。此时，应更换薄膜，清洗针形阀及中压辅助调压器。

2）低压辅助调压器的阀门被水、萘、灰尘堵塞，压力平衡器及低压辅助调压器重块因故跌落，中压辅助调压器薄膜破裂，针形阀及中压辅助调压器没有调节好而通过量太大，压力平衡器各部件连接处松动脱落，中压辅助调压器弹簧疲劳失效，均会造成出口压力过低。此时，应更换薄膜，调整针形阀及中压辅助调压器的弹簧，清洗并检修压力平衡器及低压辅助调压器。在更换薄膜时，要注意薄膜质量，保证其上下自由活动度。

3）出口管道存水或压力平衡器的固定销松弛，会造成出口压力波动及调压器振动，应排除低压管道内的积水并紧固固定销。

4）压力平衡器的重块配备不当或大量重块跌落，引起出口压力过高过低，甚至停止供气。此时，需检查重块的配备，重新调试压力。

5）主调压器及低压辅助调压器阀口缺损或被杂质卡住，阀垫损坏，中压辅助调压器调节量过小，进口压力过低，压力平衡器失效，都会造成关闭压力过低。此时，应清洗主调压器及低压辅助调压器，研磨阀口，更换阀垫及重新调节中压辅助调压器，调整信号管的位置及开度。

3. 活塞式调压器的故障及处理方法

1）调压器及指挥器薄膜漏气，指挥器弹簧疲劳失效，指挥器排气阀关闭不严，指挥器阀杆底部小弹簧失去弹性，均会造成出口压力逐渐下降。遇此情况，应研磨或更换排气阀阀口，更换失效的弹簧及漏气的薄膜。

2）如调压器或指挥器薄膜破裂，则会造成调压器停止供气，此时应立即更换薄膜。

3）指挥器薄膜有漏气，指挥器小阀口关闭不严，造成出口压力不断升高，发生这种情况时，应研磨小阀口阀杆，更换薄膜。

4）调压器阀口被杂质堵塞或阀口不平，阀垫损坏、破裂，排气阀不通或有堵塞，均会造成调压器关闭压力过高。此时，应更换阀垫、清洗调压器及指挥器的阀口，研磨已损坏的阀口。

5）指挥器薄膜破裂会造成高压送气，应立即更换薄膜。

6）由于安装质量不好，往往造成出口压力及调整压力的波动或跳动。因此必须严格掌握组装调压器的技术标准。

4. 自力式调压器的故障及处理方法

1）调压器薄膜漏气，密封垫和喷嘴安装位置不当，主调压器弹簧疲劳失效，均会造成出口压力过高。这时，应更换薄膜、弹簧；或重新组装指挥器，调整密封垫的位置。

2）指挥器弹簧失效，喷嘴堵塞，主调压器阀口堵塞或阀垫因腐蚀而发胀，均能造成出口压力下降。此时，应疏通喷嘴，清洗调压器，更换阀垫及弹簧。

3）调压器薄膜破损，阀口磨损，阀垫损坏，均会造成关闭压力过高或关闭不严。此时，应更换薄膜及阀垫，研磨阀口。

5. 曲流式调压器的故障及处理方法

1）指挥器的进口节流阀堵塞，下阀口堵塞，上阀口阀垫脱落，膜片破损，小弹簧疲劳失效，阀杆卡住，橡胶套破损，均会造成出口压力上升。特别是下阀口堵塞会造成高压送气。此时，应更换膜片、橡胶套、弹簧、阀垫，清洗指挥器的阀杆，重新粘结固定阀垫，清洗下阀口及节流阀。

2）指挥器大弹簧疲劳失效，指挥器上阀口阀垫被腐蚀膨胀或阀口堵塞，指挥器出口节流阀堵塞，指挥器阀杆卡住，橡胶套腐蚀膨胀，均会造成出口压力下降。此时，应清洗节流阀，指挥器的阀口、阀杆、更换弹簧，橡胶套及阀垫。

3）橡胶套破损，调压器密封面有污物，杂质附着，密封面损坏，橡胶套密封垫未压实，指挥器上阀口阀垫脱落，均会造成关闭不严或关闭压力高。此时，应重新调整及固紧橡胶套重新粘结固定阀垫，修复密封面，更换橡胶套，擦拭清洗密封垫。

4）橡胶套破坏，指挥器下阀口完全堵塞，指挥器进口节流阀完全堵塞，均会造成高压送气。此时，应更换橡胶套，清洗节流阀及指挥器下阀口。

5）由于节流阀调节不当，出口压力感应管堵塞，进口压力频繁波动，调压器橡胶套密封垫未压实，均会造成出口压力不稳定。此时，应重新调节节流阀，清洗疏通感应管，稳定供气压力，重新固紧橡胶套密封垫。

6）由于指挥器上阀口打不开，指挥器出口节流阀完全堵塞，造成调压器不能调节起动，此时，应重新装配指挥器，清洗节流阀。

第十四章 室内燃气管道的使用与维护

第一节 室内燃气管道一般知识

一、室内燃气供应系统的构成

室内燃气供应系统的构成，随城市燃气系统的供气方式不同而有所变化，图 14-1 所示的系统是普通居民楼用户的燃气供应系统，由用户引入管、立管、水平干管、用户支管、燃气计量表、用具连接管和燃气用具所组成。这样的系统构成是因为用气建筑直接连接在城市的低压管道上。在一些城市也有采用中压进户表前调压的供气系统。

用户引入管与城市或庭院低压分配管道连接，在分支管处设阀门。输送湿燃气的引入管一般由地下引入室内，当采取防冻措施时也可由地上引入。在非采暖地区或采用管径不大于 75mm 的管道输送干燃气时，则可由地上直接引入室内。输送湿燃气的引入管应有不小于 0.005 的坡度，坡向城市燃气分配管道。引入管穿过承重墙、基础或管沟时，均应设在套管内（图 14-2 所示为用户引入管的一种作法），并应考虑建筑物沉降的影响，必要时应采取补偿措施。

引入管上既可连一根燃气立管，也可连若干根立管，后者则应设置水平干管。水平干管可沿楼梯间或辅助房间的墙壁敷设，坡向引入管，坡度应不小于 0.002。管道经过的楼梯间和房间应有良好的自然通风。

燃气立管一般应敷设在厨房或走廊内。当由地下引入室内时，立管在第一层处应设阀门，阀门中心距一层地面 1.5m。阀门一般设在室内，对重要用户尚应在室外另设阀门。立管的下端应装丝堵，其直径一般不小于 25mm 立管通过各层楼板处应设套管。套管高出地面至少 50mm，套管与燃气管道之间的间隙应用沥青和油麻填塞。

由立管引出的用户支管，在厨房内其高度不低于 1.7m。敷设坡度不小于 0.002，并由燃气计量表分别坡向立管和燃具。支管穿过墙壁时也应安装在套管内。用具连接管（又称下垂管）是在支管上连接燃气用具的垂直管段，其上的旋塞（阀门）应距地面 1.5m 左右。

室内燃气管道应为明管敷设。当建筑物或工艺有特殊要求时，也可采用暗管敷设，但应敷设在有人孔的吊顶或有活盖的墙槽内。为了满足安全、防腐和便于检修需要，室内燃气管道不得敷设在卧室、浴室、地下室、易燃易爆品仓库、配电室、通风机室、潮湿或有腐蚀性介质的房间内。当输送湿燃气的室内管道敷设在可能冻结的地方时，应采取防冻措施。

室内燃气管道的管材应采用低压流体输送钢管，并应尽量采用镀锌钢管。

二、高层建筑燃气供应系统

对于高层建筑的室内燃气管道系统还应考虑三个特殊的问题。

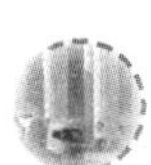

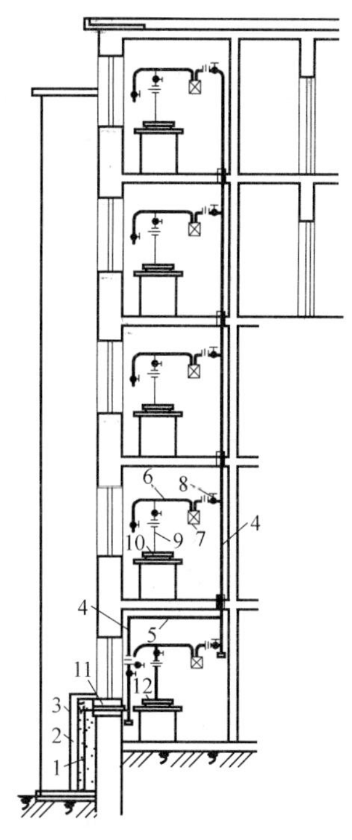

图 14-1　室内燃气供应系统剖面图

1—用户引入管　2—砖台　3—保温层　4—立管　5—水平干管　6—用户支管　7—燃气计量表　8—表前阀门　9—燃气灶具连接管　10—燃气灶　11—套管　12—燃气热水器接头

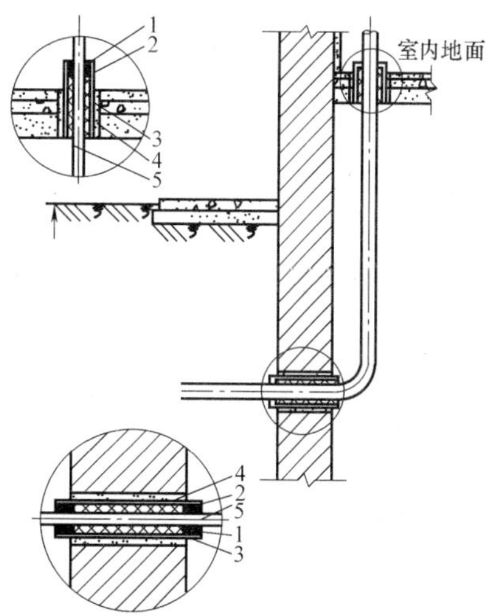

图 14-2　用户引入管

1—沥青密封层　2—套管　3—油麻填料　4—水泥砂浆　5—燃气管道

（一）补偿高层建筑的沉降

高层建筑物自重大，沉降量显著，易在引入管处造成破坏。可在引入管处安装伸缩补偿接头以消除建筑物沉降的影响。伸缩补偿接头有波纹管接头、套筒接头和软管接头等形式。图 14-3 为引入管的软管补偿接头，建筑物沉降时由软管吸收变形，以避免破坏。软管前装阀门，设在阀门井内，便于检修。

（二）克服高程差引起的附加压头的影响

燃气与空气密度不同时，随着建筑物高度的增大，附加压头也增大，而民用和公共建筑燃具的工作压力，是有一定的允许压力波动范围的。当高程差过大时，为了使建筑物上下各层的燃具都能在允许的压力波动范围内正常工作，可采取下列措施以克服附加压头的影响：

1）分开设置高层供气系统和低层供气系统，以分别满足不同高度的燃具工作压力的需要。

2）设用户调压器，各用户由各自的调压器将燃气降压，达到燃具所需的稳定压力值。

3）采用低—低压调压器、分段消除楼层的附加压头。

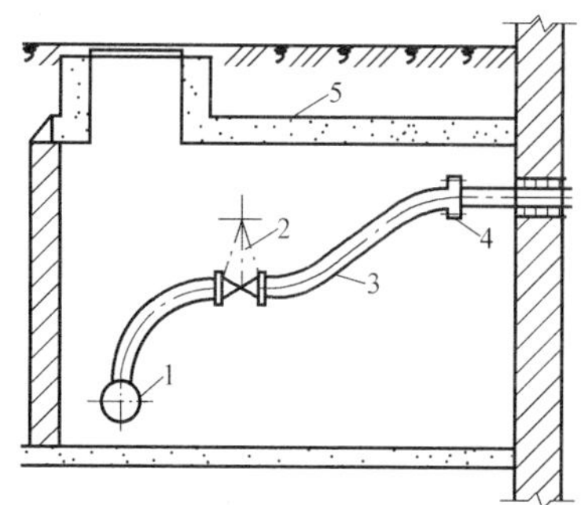

图 14-3　引入管的软管接头

1—庭院管道　2—阀门　3—铅管　4—法兰　5—阀门井

（三）补偿温差产生的变形

高层建筑燃气立管的管道长、自重大，需在立管底部设置支墩。为了补偿由于温差产生的胀缩变形，需将管道两端固定，并在中间安装吸收变形的挠性管或波纹管补偿装置。管道的补偿量可按下式计算：

$$\Delta L = 0.012 L \Delta t$$

式中　ΔL——管道的补偿量，mm；

Δt——管道安装时与运行中的最大温差，℃；

L——两固定端之间管道的长度，m。

挠性管补偿装置和波纹管补偿装置如图14-4所示。

三、超高层建筑燃气供应系统的特殊处理

通常建筑的高度超过60m时，便称为超高层建筑。对这类建筑供应燃气时，除了使用在普通高层建筑上采用的措施以外，还应注意以下问题：

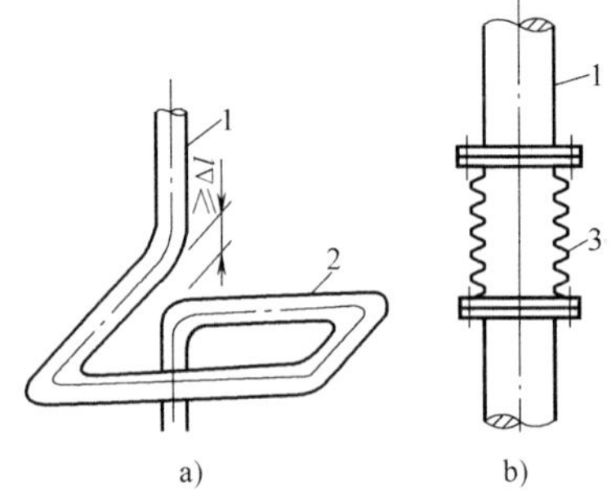

图14-4　燃气立管的补偿装置
a）挠性管　b）波纹管
1—燃气立管　2—挠性管　3—波纹管

1）为防止建筑沉降或地震以及大风产生的较大层间错位破坏室内管道，除了立管上安装补偿器以外，还应对水平管进行有效的固定，必要时在水平管的两固定点之间也应设置补偿器。

2）建筑中安装的燃气用具和调压装置，应采用粘接的方法或用夹具予以固定，防止地震时产生移动，导致连接管道脱落。

3）为确保供气系统的安全可靠，超高层建筑的管道安装，在采用焊接方式连接的地方应进行100%的超声波探伤和100%的X射线检查，检查结果应达到Ⅱ级片的要求。

4）在用户引入管上设置切断阀，在建筑物的外墙上还应设置燃气紧急切断阀，保证在发生事故等特殊情况时随时关断。燃气用具处应设立燃气泄漏报警器和燃气自动切断装置，而且燃气泄漏报警器应与自动燃气切断装置联动。

5）建筑总体安全报警与自动控制系统的设置，对于超高层建筑的燃气安全供应是必需的，在许多现代化建筑上已有采用，该系统的主要目的是：

① 当燃气系统发生故障或泄漏时，根据需要能部分或全部地切断气源；

② 当发生自然灾害时，系统能自动切断进入建筑内部的总气源；

③ 当该建筑的安全保卫中心认为必要时，可以对建筑内的局部或全部气源进行控制或切断；

④ 可以对建筑内的燃气供应系统运行状况进行监视和控制。

第二节　室内燃气管道及设施的检验与验收

一、室内燃气管道的检验

（1）引入管严禁附设在冻土和未经处理的积土上，通过外观检查或查看隐蔽工程记录。

（2）燃气引入管和室内燃气管道与电气设备、相邻管道之间的最小平行、交叉净距应符合表 14-1 的要求。检查数量不小于 20%，通过外观检查和尺寸检查。

表 14-1　室内燃气管道与电气设备、相邻管道之间的净距

管道和设备		与燃气管道的净距/cm	
		平行敷设	交叉敷设
电气设备	明装的绝缘电线或电缆	25	10*
	暗装或管内绝缘电线	5（从所做的槽或管子的边缘算起）	1
	电压小于 1000V 的裸露电线	100	100
	配电盘或配电箱、电表	30	不允许
	电插座、电源开关	10	不允许
相邻管道		保证燃气管道、相邻管道的安装和维修	2

* a. 当明装电线加绝缘套管且套管的两端各伸出燃气管道 100m 时，套管与燃气管道的交叉净距可降至 1cm。

b. 当布置确有困难，在采取有效措施后，可适当减小净距。

（3）燃气管道的坡度、坡向符合设计文件的要求，并应符合下列规定：

1）抽查管道长度的 5%，但不少于 5 段；

2）用水准仪（水平尺）拉线和尺量检查。

（4）燃气管道螺纹连接的检验应符合下列规定：

1）管螺纹加工精度应符合现行国家标准的规定，并应达到螺纹整洁、规整、断位或缺丝不大于螺纹全扣的 10%，连接牢固，根部管螺纹外露 1~3 扣。镀锌碳素钢管和管件的镀锌层破损处和螺纹露出部分防腐良好；接口处无外露密封材料；

2）检查数量，不少于 10 个接口。

（5）燃气管道法兰连接的检验应符合下列规定：

1）法兰对接应平行、紧密，与管道中心线垂直、同轴；

2）法兰垫片规格应与法兰相符，法兰及垫片材质应符合国家现行标准的规定，法兰垫片和螺栓的安装应符合规范要求。

（6）焊接检验应符合现行国家标准 GB 50236—2011《现场设备、工业管道焊接工程施工及验收规范》的规定。

（7）阀门安装后的检验应符合下列规定：

1）型号、规格、强度和严密性实验结果符合设计文件的要求，安装位置、进口方向正确，连接牢固紧密，开闭灵活，表面洁净；

2）检查数量，按不同规格、型号抽查全数的 5%，但不少于 10 个。

（8）管道支架及管座（墩）安装后的检验应符合下列规定：

1）构造正确，安装平正牢固，排列整齐，支架与管道接触紧密，支架间距不应大于有关规定；

2）检查数量，各抽查 8%，但不少于 5 个。

（9）安装在墙壁和楼板内的套管的检验应符合下列规定：

1）套管内无接头、管口平整、固定牢固；

2）穿楼板的套管，顶部高出地面50mm，底部与顶棚齐平，封口光滑；

3）穿墙套管与墙壁（或楼板）之间用水泥砂浆填实；

4）检查数量各不少于10处。

（10）引入管防腐层的检验，材质和结构符合设计文件的要求，防腐层表面平整，无皱折、空鼓、滑移和封口不严等缺陷，抽查20%，但不少于1处。

（11）管道和金属支架涂漆的检验：

1）油漆种类和涂刷遍数符合设计文件的要求；

2）涂料附着良好，无脱皮、起泡和漏涂，漆膜厚度均匀，色泽一致、无流淌及污染现象。

（12）室内燃气管道安装后检验的允许偏差和检验方法宜符合表14-2的规定，检验数量应符合下列规定：

表14-2　室内燃气管道安装后检验的允许偏差和检验方法

<table>
<tr><th>序　号</th><th colspan="3">项　　目</th><th>允许偏差/mm</th><th>检 验 方 法</th></tr>
<tr><td>1</td><td colspan="3">标高</td><td>±10</td><td>用水准仪和直尺尺量检验</td></tr>
<tr><td rowspan="4">2</td><td rowspan="4">水平管道纵、横方向弯曲</td><td rowspan="2">每1m</td><td>管径小于或等于DN100</td><td>0.5</td><td rowspan="4">用水平尺、直尺、拉线和尺量检验</td></tr>
<tr><td>管径大于DN100</td><td>1</td></tr>
<tr><td rowspan="2">全长（25m以上）</td><td>管径小于或等于DN100</td><td>≤13</td></tr>
<tr><td>管径大于DN100</td><td>≤25</td></tr>
<tr><td rowspan="2">3</td><td rowspan="2">立管垂直度</td><td colspan="2">每1m</td><td>2</td><td rowspan="2">吊线和尺量检查</td></tr>
<tr><td colspan="2">全长（5m以上）</td><td>≤10</td></tr>
<tr><td>4</td><td>进户管阀门</td><td colspan="2">阀门中心距地面</td><td>±15</td><td rowspan="2">尺量检查</td></tr>
<tr><td>5</td><td>阀门</td><td colspan="2">阀门中心距地面</td><td>±15</td></tr>
<tr><td rowspan="3">6</td><td rowspan="3">管道保温</td><td colspan="2">厚度（δ）</td><td>+0.1δ
−0.05δ</td><td>用钢针刺入保温层检查</td></tr>
<tr><td rowspan="2">表面不整度</td><td>卷材或板材</td><td>5</td><td rowspan="2">用1m靠尺、楔形塞尺和观察检查</td></tr>
<tr><td>涂抹或其他</td><td>10</td></tr>
</table>

1）管道与墙面的净距、水平管的标高：检查管道的起点、终点，分支点及变向点的直管段，不少于5段；

2）纵横方向弯曲：按系统内直管段长度每30m抽查2段，有分隔墙的建筑，以分隔墙为分段数，抽查5%，但不少于5段；

3）立管垂直度：一根立管为一段，两层及两层以上按楼层分段，各抽查5%，不少于10段；

4）进户管阀门全数检查；

5）其他阀门抽查10%，但不少于5个；

6）管道保温每20m抽查1处，但不少于5处。

（13）隐蔽工程现场跟踪观察和查阅设计文件及安装记录。

二、燃气计量表安装的检验

（1）燃气计量表必须经过法定计量机构的检定，检定日期应在有效期内。检查燃气计量表上的检定标志查看检定记录。

（2）燃气计量表的性能、规格、适用压力应按设计文件的要求检验。

（3）燃气计量表安装方法应按产品说明书或设计文件的要求检验，燃气计量表前设置的过滤器应按产品说明书检验。

（4）燃气计量表的安装位置应符合设计文件的要求。燃气计量表的外观应无损伤，油漆膜应完好。

（5）燃气计量表与用气设备、电气设备的最小水平净距应按设计文件的要求检验。

（6）使用加氧的富氧燃烧器或使用鼓风机向燃烧器供给空气时，应检验燃气计量装置后设的止回阀是否符合设计文件的要求。

（7）燃气计量表与管道的螺纹连接和法兰连接，应符合规范的要求。

（8）膜式表钢支架安装应符合设计文件的要求，安装端正牢固，无倾斜。

（9）支架涂漆检验应符合下列规定：

1）油漆种类和涂漆遍数应符合设计文件的要求；

2）漆膜附着良好，无脱皮、起泡和漏涂，漆膜厚度均匀，色泽一致，无流淌及污染现象。

（10）燃气计量表安装后的允许偏差和检验方法应符合表 14-3 的规定。

表 14-3　燃气计量表安装的允许偏差和检验方法

序　号	项　　目		允许偏差/mm	检 验 方 法
1	$<25m^3/h$	表底距地面	±15	吊线和尺量
		表后距墙饰面	5	
		中心线垂直度	1	
2	$\geqslant25m^3/h$	表底距地面	±15	吊线、尺量、水平尺
		中心线垂直度	表高的 0.4%	吊线和尺量

三、室内燃气管道及设施试验

室内燃气管道安装竣工，先由施工单位自检合格之后，再经质量检查部门按质量检查标准，逐项检查合格之后，方可移交使用。

在施工单位自检合格之后，质量检查部门组织的技术验收大致可分为三个阶段：审阅和检查技术文件、施工图和竣工图；室内燃气管道系统的外观检查，重点检查管道的施工质量和燃气表、燃具等安装质量；管道系统的强度试验及严密性试验资料。

1. 一般规定

（1）室内燃气管道安装完毕后，必须按规范的要求进行强度和严密性试验。

（2）试验介质宜采用空气，严禁用水。

（3）室内燃气管道试验前应具备下列条件：

1）已有试验方案；

2）试验范围内的管道工程除涂漆、隔热层外，已按设计图样全部完成，安装质量符合规范的规定；

3）焊缝、螺纹连接接头、法兰及其他待检部位尚未做涂漆和隔热层；

4）按试验要求管道已加固；

5）待试验的燃气管道已与不参与试验的系统、设备、仪表等隔断，泄爆装置已拆除或隔断，设备盲板部位及放空管已有明显标记或记录；

（4）试验用压力表应在检验的有效期内，其量程应为被测最大压力的1.5~2倍。弹簧管压力表精度应为0.4级。

（5）试验由施工单位负责实施，并通知燃气供应单位和建设单位参加。燃气工程的竣工验收，应根据工程性质由建设单位组织相关部门、燃气供应单位按规范要求进行联合验收。

（6）试验时发现的缺陷，应在试验压力降至大气压时进行修补。修补后应进行复试。

（7）民用燃具的试验与验收应符合国家现行标准CJJ12—2013《家用燃气燃烧器具安装及验收规程》的有关规定。

2. 强度试验

（1）试验范围：居民用户为引入管阀门至燃气计量表进口阀门（含阀门）之间的管道；工业企业和商业用户为引入管阀门至燃具接入管阀门（含阀门）之间的管道。

（2）进行强度试验前燃气管道应吹扫干净，吹扫介质采用空气。

（3）试验压力应符合下列规定：

1）设计压力小于10kPa时，试验压力为0.1MPa。

2）设计压力大于或等于10kPa时，试验压力为设计压力的1.5倍，且不得小于0.1MPa。

（4）设计压力小于10kPa的燃气管道进行强度试验时可用发泡剂涂抹所有接头，不漏气为合格。设计压力大于或等于10kPa的燃气管道进行强度试验时，应稳压0.5h，用发泡剂涂抹所有接头，不漏气为合格；或稳压1h，观察压力表，无压力降为合格。

（5）强度试验压力大于0.6MPa时，应在达到试验压力的1/3和2/3时各停止15min，用发泡剂检查管道所有接头无泄漏后方可继续升至试验压力，并稳压1h，用发泡剂检查管道所有接头无泄漏，且观察压力表无压力降为合格。

3. 严密性试验

（1）严密性试验范围应为引入管阀门至燃具前阀门之间的管道。

（2）严密性试验应在强度试验之后进行。

（3）中压管道的试验压力为设计压力，但不得低于0.1MPa，以发泡剂检验，不漏气为合格。

（4）低压管道试验压力不应小于5kPa。试验时间，居民用户试验15min，商业和工业用户试验30min，观察压力表，无压力降为合格。

（5）低压管道进行严密性试验时，压力测量可采用最小刻度为1mm的U形压力计。

四、室内燃气管道及设施的验收

施工单位在工程竣工后，应先对燃气管道及设备进行外观检验和严密性试验，合格后通知有关部门验收。新建工程应对全部装置进行检验；扩建或改建工程可仅对扩建或改建部分

进行检验。

（1）工程验收应包括下列内容：

1）按规范提供完整的资料；

2）其他附属工程有关施工的完整资料；

3）工程质量验收会议纪要。

（2）工程验收时，应提交下列文件，并填写相关表格：

1）设计文件及设计变更文件；

2）设备、制品、主要材料的合格证和阀门的试验记录；

3）隐蔽工程验收记录；

4）管道和用气设备的安装工序质量检验记录；

5）焊缝外观检查记录和无损探伤记录；

6）管道系统压力试验记录；

7）防腐绝缘措施检查记录；

8）质量事故处理记录；

9）工程交接检验评定记录。

第三节 燃气设施的通气置换与点火

一、通气置换

燃气管道和用气设备在检验合格的基础上，在批准投入使用前，必须将管道设备内存在的空气进行置换。

燃气管道置换空气的方法一般有两种，惰性气体置换法和燃气置换法。惰性气体置换法比较安全，但费用贵，运输不方便，操作麻烦，一般不采用。各地实践表明，直接采用燃气置换空气的方法操作简单、费用省、安全有保障、效果好，这项工作必须由燃气管理部门的专业人员负责进行。

采用燃气直接置换空气的方法，在置换过程中，在一定时间内会形成具有爆炸性的混合气体，稍有疏忽，极易发生爆炸事故。因此，燃气置换在管道投入运行前成为一项不可缺少的工序，必须精心组织，谨慎地进行，以确保置换工作顺利进行。

对零星的居民用户置换通气工作，可由燃气服务站的检验人员直接负责进行。对大面积的室内燃气管道工程的置换通气工作应有组织、有准备地进行。

（一）组织形式

成立某地区的置换点火领导指挥部（小组），下设几个小组：

（1）宣传组：负责现场宣传，通知并组织用户。

（2）维修组：负责工具准备和整改。

（3）通气组：负责通气、放散、取样、点火。

（4）安全保卫组：负责通信联络安全保卫。

（5）后勤组：负责工作人员食品和材料供应。

（二）燃气置换安全技术措施

1）置换工作必须在白天进行。

2）置换工作必须在整个工程检验合格的基础上进行。

3）为了确保置换工作安全进行、换气时的燃气工作压力尽可能控制在较低的压力下进行。

4）必须制定严格完整的防火防爆安全措施。

5）建立必要的通信系统，联络畅通。

6）工作人员必须严格坚守工作岗位，职责明确，一切行动听指挥。

7）绘制管道置换流程图，并将整个工程的全部阀门井、凝水缸井、放散管、取样点、用户集中点标出。

（三）管道设备通入燃气的方法

1）在通气前，必须检查整个管道系统和所有管道上的附属设备，如表、燃具、阀门等，然后关闭各阀门。

2）通气时，先通干、支管，后通表、表后管及燃具。

3）进一步检查燃气管道附近有无火源及安全措施。

4）由专业人员打开入户总阀门。

5）打开立管顶端丝堵放散混合气，估计管道内空气已排净或在放散点已嗅到燃气味时，用橡皮袋取气样拿到远离放散点的地方进行点火实验，从小管喷出的火焰为稳定的黄色火焰且无内焰，则说明空气已排净。严禁在放散点上直接点火实验。取样合格后，放散口加丝堵拧紧。

6）打开表前阀及灶具上的旋塞，放散混合气。这时，必须保证放散的厨房空气流通，减小室内燃气的浓度。严禁附近有明火。

二、点火

打开燃具开关火孔有燃气味时就可点火。可能头几次点不着，还需要继续放散，直至能点着火为止。点火燃烧正常后，方可移交用户使用。

点火时，必须保持室内空气流通。

燃气热水器与其他燃具同时安装，与室内燃气管道系统同时投入运行，其置换点火程序同上述。后安装的热水器及连接管道，首先用肥皂液涂各接口，检查是否有漏气，试压合格后方可点火，点火前可直接用燃气置换。打开热水器上的燃气进口阀放散，放散合格后即可点火。

第四节　室内燃气设施的维护管理

室内燃气设施的维护管理包括系统日常巡视和设备定期检修两项内容。目的是防止漏气，保证管路畅通、阀门开关灵活、燃气表计量准确、燃具燃烧正常等，以延长管道及设备的使用寿命，确保安全可靠供气。

一、系统日常巡视

系统日常巡视指定期或不定期地对用户室内燃气设施进行外观检查，对用户使用情况进行检查与监督。

外观检查包括以下内容：

1）检查穿墙、穿楼板等暗设管道和潮湿房间内管道有无锈蚀，管道防锈漆是否脱落；

2）燃气表运转是否正常，铅管接头或表接头有无严重变形或接口松弛，橡胶软管是否老化龟裂或发粘；

3）管道固定是否有松动现象，输送湿燃气的水平管道是否反坡；

4）管道接口是否密封完好、严密；

5）烟道是否畅通，有无倒灌风现象；

6）管路上阀门开关是否灵活。

在以上各项检查中，如发现异常情况，应立即着手处理，查明原因并修复。经检验合格后方可通知用户通气使用。

对用户检查与监督包括以下内容：

1）核查用户是否有私自增、改、移、拆燃气设施或其他严重违章现象。一经发现，应照章处理，限期采取纠正措施；

2）核查用户是否能认真执行《用户须知》发现违章或不正确操作，应立即制止、纠正，并做好宣传、示范工作。

二、室内燃气设施的定期检查

（1）对燃气用户设施定期进行检查，并对用户进行安全用气的宣传。

1）对于商业用户、工业用户、采暖等非家庭用户每年至少检查一次；

2）对于居民用户每两年至少检查一次。

（2）入户检查应包括下列内容并做好检查记录：

1）确认用户设施没有损坏；

2）管道不应被擅自改动、被作为其他电器设备的接地线使用，应无锈蚀、重物搭挂，连接软管应安装牢固且不应超长及老化，阀门应完好有效；

3）用气设备应符合安装、使用规定；

4）应无燃气泄漏；

5）用气设备前燃气压力应正常；

6）计量仪表应完好。

（3）在进行室内设施检查时应采用检查液检漏或仪器检测，发现问题应及时采取有效的保护措施，由专业人员进行处理。

三、室内燃气设施的定期检修

定期检修是指根据系统的工作时间，对系统进行周期性地检查和维修，通常检修周期为1~2年。有系统全面外观检查和设备定期检修两项内容。

系统全面外观检查的项目与系统日常巡视相同。

1. 阀门检修

阀门检修要求拆卸所有阀门，清洗加油并更换已磨损的零部件。

室内燃气系统阀门检修程序如下：

1）打开门窗通风，严禁现场有明火，并设专人巡视；

2）关闭系统总阀门（引入管阀门），在系统最高处接胶管引出室外进行放散；

3）确认放散完全后，拆卸所有用户表前阀和灶前阀，清洗加油并更换已损部件；

4）将系统复原并做打压试验，试验方法及要求与系统安装验收相同；

5）打压合格后拆卸用户总阀门，并及时用事先准备好的湿抹布堵塞引入管口，以防大量燃气泄漏。用户总阀门检修后安装；

6）系统完全复原后，按通气程序进行置换，用肥皂水对用户总阀门处进行带气检漏，确认没有漏气，则阀门检修工作完成，可通知用户使用。

2. 燃具检修

燃具的定期检修有以下内容：

1）清除燃烧器火孔及喉管等处的污垢、锈渣和灰尘，并更换燃具上已损坏的零部件（喷嘴、阀门等）；

2）检查燃具的燃烧工况。修正喷嘴直径，调整燃具热负荷；观察火焰是否有黄焰、连焰等现象并校正，然后将火焰调到小火状态，用明火在风门处检查是否会产生回火，有异常时，应校正使燃具燃烧正常。

3. 室内燃气管及燃气用具的报废标准

（1）阀门　阀门遇有下列情况应予以报废：阀门丝扣损坏、阀体损坏、阀芯损坏、阀门材料质量及加工质量不良的阀门。

（2）管道　室内燃气管道遇有下列情况应予以报废：管材质量不符标准，存在缺陷的管材；因年久腐蚀严重，壁厚减少1mm以上的管材；有砂眼缺陷、腐蚀严重或丝扣损坏的管件。

（3）燃气表　燃气表的周期检定期限：人工燃气为6年，天然气为10年，到期限须拆回整修，并重新检定。如在检定有效期内发生故障，必须及时更换，遇有下列情况燃气表应报废：铁壳遭腐蚀穿孔或铸壳缺陷无法修补者；皮膜变质或穿孔；表内联动装置损坏无法修复。

第五节　室内燃气设施的故障检修

室内燃气管道及燃气用具投入运行之后，由于安装质量、产品质量、使用方法不当、腐蚀原因和设备的有效使用期限等因素的影响，室内燃气管道及燃气用具就会发生故障，影响用户的正常使用，有的会造成事故的发生。所以，日常的检修工作十分重要。燃气运行管理部门工作人员对用户报修的故障，要仔细询问，详细登记，及时认真的处理，不留丝毫的隐患，不让用户使用带病的燃气管道和设备。

燃气运行管理部门的工作人员应向用户宣传正确使用燃气的方法和安全知识，让用户学会处理喷嘴堵塞或因风门调节不当引起的燃烧不正常等小故障。

一、进入室内维护和检修作业的规定

1）进入室内作业应首先检查有无燃气泄漏，当发现燃气泄漏时，应开窗通风，切断气源，消除火源，在安全的地方切断电源，严禁在现场拨打电话，在确认可燃气体浓度低于爆炸下限20%时，方可进行检修作业。

2）燃气设施和器具的维护和检修工作，必须由具有相应资质的单位及专业人员进行。

3）当事故原因未查清或隐患未消除时不得撤离现场，应采取安全措施，直至查清事故原因并消除隐患为止。

二、室内燃气管道及燃气用具的报修

室内燃气管道应有专业人员定期巡视检查，发现漏气等问题，要及时检修处理。当群众举报某地区闻到泄漏的燃气味道时，管理人员应尽快到现场查明情况，处理不了的要及时向上级汇报，并有专人在现场监护，严防明火引起火灾。

燃气用户发现室内燃气管道及燃气用具的故障，应及时到燃气服务站或维修站报修，或者打电话报修。接待人员接到报修之后，要详细问明情况，做好记录。记录内容有报修人的姓名、住址、单位、故障发生的部位或者地点以及故障情况，商定维修时间。管理人员下达维修通知单，维修人员持维修通知单按预定时间上门维修，修理完毕，用户在维修通知单上签字验收，维修通知单交回存档。

遇到突发性事故或者不及时处理会危及群众生命财产安全的故障，燃气管理部门应迅速派维修人员到现场处理，处理之后，再填写事故处理记录存档。

维修人员到事故现场，一定要配齐工具，带足材料，严格执行操作规程和技术规程，迅速果断地处理故障，不留隐患。

三、室内燃气管及燃气器具修理内容

1）引入管堵塞。造成引入管堵塞的主要原因有：由于引入管“倒坡”，造成管内冷凝水堵塞；地下水的渗入造成堵塞；人工煤气中的萘及胶质体的堵塞；室外明管引入，在冬季易发生冰霜堵塞；粉尘、铁锈、杂物的堵塞。

2）室内立管或水平管的堵塞。造成室内立管或水平管堵塞的主要原因有：管内冷凝水造成的堵塞；萘及胶质体的堵塞；楼梯间的水平管冰霜堵塞；施工时清管不良，造成的杂物堵塞；粉尘或铁锈堵塞。

3）室内管因腐蚀穿孔造成漏气或因腐蚀管壁减薄形成事故隐患。

4）室内总阀门因密封不严漏气或年久失修开关不严，或因阀芯脱落造成不通气。

5）表前阀与灶前阀漏气或开关不严。

6）燃气表漏气、不走、走快、走慢或堵塞、不通气。

7）灶具漏气及更换喷嘴。

8）软连接胶管的更换。

9）丝扣连接部位漏气的修理。

10）热水器拆卸及更换。

四、用户故障维修

1. 室内燃气设施的故障检修大多从用户报修电话开始

检修程序如下：

1）当接到用户报修电话时，要做好电话记录，记录上应写清用户地址、楼层、来电话时间及故障性质等项内容。同时通知检修人员做好准备工作。

2）检修人员接到报修后，应携带好检修工具及安全用品，立即赶赴现场。

3）赶到现场后，立即进行故障检查，准确迅速地判定故障类型及产生原因，同时排除火灾、爆炸隐患。

4）一切就绪后，即着手进行故障排除。

5）现场作业时应注意：不得用凳子摞起来登高，注意室内的电气设备，防止工具、人身触及。

6）故障排除后要请用户在修理传票上签字，注明修复时间。

2. 漏气及其检修方法

漏气是室内燃气管道最常见的故障。在建筑物内闻到了臭鸡蛋味或汽油味就应该意识到燃气管道系统漏气了。此时应提高警惕，千万不能点火而且要禁止一切可能引起火花的行动，例如拉电门、抽烟，敲打铁器等。应迅速打开门窗，保证空气流通，降低室内燃气浓度，并及时向燃气管理部门报告。

漏气的原因：

1）施工质量及设备质量不良。施工接口不严，固定不牢，管线下沉引起漏气。燃气表安装不合理，表具受力损坏。胶管连接处固定不牢，引起接口松动漏气。灶具、阀门连接不严引起漏气，灶具阀门上的缺陷引起漏气。

2）管道受腐蚀穿孔漏气。管道的腐蚀有内腐蚀和外腐蚀之分，内腐蚀是由于燃气中的有害物质引起的；外腐蚀是由于外界水蒸气、热气、地面水分及氧化作用引起的，尤其是靠近水池等潮湿地方的管道及穿墙管、穿楼板管，套管密封不严，进水后，套管内管道遭腐蚀更快。

3）使用不当造成的漏气。

4）胶管质量不良，胶管老化开裂，胶管与灶具接连件松动，都会引起漏气。

5）旋塞开关不严，阀门的阀杆与压母之间的缝隙处，当阀门填料松动或老化后，易产生漏气。

找漏的方法：

1）肥皂液查漏：肥皂液易起泡，气体渗漏时会鼓起肥皂泡。用肥皂液查漏是一种最经济、最简单有效的方法。

2）用U形压力计查漏。

3）用眼看、耳听、鼻闻、手摸配合起来找漏。

4）用检漏仪检查地下引入管漏气。

在进行室内燃气管道系统漏气检查时，绝对不允许用明火检查漏气。它极易引起爆炸火灾事故。

漏气的检修：

若查出漏气点，其所在房间要及时打开门窗通风，严禁一切明火。迅速关闭阀门，及时抢修。

1）管道漏气的修理：室内燃气管道都是明设丝扣连接，发现丝扣处漏气，应将管道拆卸开进行检查，丝扣完整时，可将丝扣表面清理干净重新缠填聚四氟乙烯胶带，然后拧紧，切忌错丝偏丝、重丝、乱丝、倒丝现象，发现上述丝扣质量问题，应把丝扣锯掉重新铰制成合格的丝扣，或者更换新管。

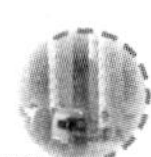

对于管道上的裂缝或穿孔引起的漏气应及时更换新管。

管件的漏气，一般是因为丝扣没有上紧，或缺少密封填料，或密封填料损坏。如活接头、表接头漏气，经继续拧紧后，仍然漏气，需对密封圈等密封件进行检查，采取相应措施。

2）胶皮管漏气的修理：胶管的插入端漏气，应将端部切除重新插入使用，但剪短后的胶管长度仍应能满足燃具使用的需要。有裂缝或老化的胶管应更换新管。发现胶管有纵向裂纹或有砂眼也应更换新管。胶管插入要牢固，并用卡子或铁丝固定。

3）燃气表发现漏气一般应换新表。

4）旋塞漏气一般是缺油。这时，可将塞芯取下涂以黄油，注意不可将塞芯孔堵住。塞芯放入阀体后，螺母的松紧要适度。

旋塞的阀体和塞芯密封依靠二者细心研磨而成，零件之间不具备互换性，损坏一个塞芯即报废一个阀门。

3. 堵塞及检修方法

堵塞的原因：

1）管道积水堵塞管道。燃气中水蒸气的凝结及地下水从管道缺陷处的渗入是造成管内积水的主要原因，那些“倒坡”、坡向不合理及坡度不够的管段就易发生水堵。

2）萘的堵塞。人工煤气中都含有萘，当净化不好的人工煤气进入管道后，由于管道中温度下降，则饱和度以上的萘就析出，粘附在管壁或燃气表内形成萘堵。室内管道最易积萘处，是管道转弯和引入管露出地面部分、表前阀及旋塞。

3）胶体的堵塞。燃气中形成的胶质体是一种黑褐色有臭味的粘胶状物质，粘附在管道、阀门、燃气用具的喷嘴上，造成堵塞故障。

4）冰霜的堵塞。这种故障一般发生在北方地区寒冷的冬季，位于室外引入管和楼梯间的室内管受气温影响，管内的冷凝水可能会结霜或冰，造成管道堵塞。

5）杂物的堵塞。

堵塞部位的查找：

1）首先检查燃具，看看喷嘴及旋塞塞芯孔有无堵塞。如发生堵塞，可用铁丝等物捅开。仍然点不着火，应检查表。

2）在拧开表的进气接口，来气压力正常，而灶具在接上表之后仍无燃气，说明燃气表堵塞，需换新表。

3）在拧开表的进气接口，来气压力低或根本无气，则表前阀或者表前阀以前的室内管发生堵塞。经检查表前阀完好时，就应分段检查表前阀的各段管道。

4）当低楼层用户供气正常，高楼层用户无气，说明立管有堵塞。若整根立管无气，将U形压力计装在户外引入管上部三通的丝堵位置，若U形压力计显示压力正常，说明入户总阀门及其管道有堵塞。

5）当拧开室外引入管上部三通上的丝堵，来气压力低或压力为零，说明引入管或外地下管网发生堵塞。

堵塞的检修：

1）灶具喷嘴及旋塞堵塞可用铁丝捅开。

2）表具堵塞可换新表。

3）立管堵塞可用铁丝或质地较硬的钢丝连捅带搅，也可用带有真空装置的燃气管道疏通机；堵塞严重的管段只有将其拆卸开来清除或者更换新管。

4）总阀门堵塞，可将其卸下来清洗修理或者更换新阀门。

5）引入管的萘堵或冰堵，可将其上部三通丝堵卸开，向管内倒入热水，使萘或冰被熔化并随水冲向室外地下支管。若引入管地下部分因“倒坡”引起的水堵，就得破土返工，重新调整好引入管的坡向和坡度。

4. 管道更换

表、灶、热水器及表后管道的更换比较简单，不用关闭入户总阀门，只需将用户的表前阀关闭就行了。拧开表进出口管上的锁紧螺母，便可更换燃气表，拧开灶前下垂管上的活接头，便可更换灶具。

更换其他室内燃气管道，一般要关闭入户总阀门。更换立管或水平管需要松开相应的活接头，逐根卸开相应的管段及管件，直至该更换的部位。

更换入户总阀门，先拧开装有总阀门的低位水平管来气一端三通的丝堵，用棉纱或破布堵紧来气方向的管道，卸开阀后的活接头，便可进行阀门的更换。

室外地上或地下的引入管更换，一般就要进行带气作业。并在原有管线位置敷设管道，这样不必在墙上另外打洞，也不用改动室内管道。

室内管道及其设备更换后，都要进行置换工作，用燃气将管道及其设备里的混合气体置换出来，避免爆炸事故的发生。

第六节　用户室内燃气设施的改装与验收

一、居民用户和商业用户的改装

民用室内、商业用气设施的改装工程包括燃气管道及燃气装置的迁移、更换和改接。

1. 迁移

迁移工程前，有专用调压站的应关闭调压站燃气出口阀门，并同时关闭室内引入管上的总阀门。放散室内管道中的燃气，并用空气吹扫干净，方可进行迁移工程。

迁移工程按设计图样或迁移方案进行，施工要按新装工程要求进行，注意不要使原有的管道接头松动或受到拉伸和弯曲。

迁移工程完成之后，室内燃气系统要整体试压，试压合格后，再进行吹扫与置换，最后进行试点火投入使用。

2. 更换

更换工程包括管道和表灶的更换。

更换管道时，应关闭调压站燃气出口阀及室内引入管上的总阀门，放散管内燃气，并用空气吹扫干净后方可施工。更换时的施工方法应按新装工程的标准进行，按规定进行试压、吹扫、置换、点火。

更换燃气表只需将表前表后阀门关掉，拧开法兰连接螺栓，卸下旧表，换上新表。更换时，应做好室内通风工作，严禁明火。换上新表后，打开表前及表后阀门，及时置换出燃气表内的空气，并用肥皂液查看接口是否漏气。

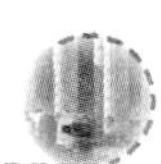

灶具因损坏、燃烧器堵塞、换大热负荷燃烧器等需要更换灶具时，一般只需关闭灶前阀门即可更换。更换新的灶具后，要用肥皂液检查接口是否漏气并及时置换出灶具内的空气后方可投入使用。

3. 改接

改接工程包括引入管接口的改接和室内干管的改接，改接工程一律按照新装工程的标准进行施工、试压、验收、置换、点火。

二、工业用气设施的改装、检修技术

1. 改装

工业企业因厂房的改建、扩建及工艺的改变，需要迁移、更换和改接燃气管道及燃气装置。工业燃气装置专业性强，不像民用燃气装置那样具有通用性，燃气管理部门一般只负责燃气管道的改装。

工业用燃气设施的改装工程也应按新装工程的标准执行，施工程序、试压验收、通气点火均按有关的技术要求执行。

2. 检修

工业厂房内各种设备多、电器多、生产人员多，一旦发生火灾爆炸事故会造成很大的生命财产损失。因此，要特别注意燃气设施漏气事故的防范。为了防止漏气事故的发生，要加强巡视，及时更换或整改有事故隐患的管道和设备，不要让管道和设备带“病”坚特工作。关键部位要安装燃气报警器，并要做好燃气报警器的维护保养工作，使其保持良好的工作状态。

燃气管道的漏气及堵塞故障的处理方法与以前讲述方法相同。由于工业用气设施用气量大，燃气管道口径大，管线长，管内存放燃气量大，在检修前、后要做好燃气管道的放散、吹扫及置换工作。

三、改装、检修工程的点火验收

1. 检修工程的点火验收

检修工作应制订计划，临时检修应有申办手续。由燃气管理部门负责进行的检修工作，要有检修通知单，施工单位编制检修方案，有周密的安全措施。更换用的管材、管件及用气设备应与原管材、管件及用气设备材料及质量相符，连接部位相匹配。检修后要有详细的检修记录，并按新装工程试压验收。

检修工作在试压验收合格之后，用空气或燃气吹扫管线，吹扫介质的用量为吹扫管段体积的三倍。在吹扫时，做好室内通风工作，放散管要引出室外，附近无明火。用空气做吹扫介质时，在点火前做好置换工作。吹扫置换工作应按先干管，后支管，再表灶。

置换工作完毕，关闭放散阀，就可以进行点火工作。逐个地点燃每一个燃烧器，燃烧器燃烧正常，既可交付使用。用户要在检修单上签字验收。检修单交燃气管理部门存档。

2. 改装工程的点火验收

改装工程有设计图样或设计方案，按图（方案）施工。施工技术要求及技术标准均与新装工程相同。改装工程完成后，应有竣工资料。

第七节　室内燃气设施事故的处置

一、事故的预防

燃气管理部门的职工应高度重视安全工作，着重抓好防止火灾、爆炸、中毒事故的发生，并向用户做好安全用气的宣传，确保国家财产人民群众生命财产的安全。燃气具有易燃、易爆和有毒的特点，我们要了解和掌握燃气的这些特点，采取预防措施防止事故的发生。一旦发生事故，及时采取有效措施，减小损失。

着火有三个条件：燃烧物、温度和空气（氧气）。燃气是易燃物质，扩散在空气中不易察觉，遇到明火，就会燃烧。首先，我们要防止燃气的泄漏，切断燃烧物的来源。有时避免不了燃气的泄漏，就要杜绝周围有明火或火花的产生，避免引起火灾。

爆炸可以分为化学爆炸和物理爆炸。化学爆炸是指由化学变化所引起的，如可燃气体，蒸汽及粉尘与空气混合，在一定浓度中遇火种爆炸就属于化学爆炸。物理爆炸是由于设备内部的压力超过了设备允许强度，内部介质急剧冲出而引起的，纯属物理变化过程。爆炸与燃烧并无显著区别，燃烧是物质与氧的化合，也是一种化学物理变化，只是与爆炸相比反应速度慢，破坏力小。各种可燃性气体有不同的爆炸限度，如天然气与空气组成的混合气体，当天然气的体积占总体积的5%~15%时，遇火种就会发生爆炸。

了解可燃性气体的爆炸特性，在日常工作中就得注意防止燃气的泄漏，施工时或置换通气点火时，就要注意控制燃气与空气混合物的浓度，防止爆炸事故的发生。人工煤气中含有一氧化碳及其他有毒气体，天然气中也含有硫化氢等有毒气体，它们能毒害人们身体。一氧化碳使人体血液中的血色素凝结，产生窒息。硫化氢使人体呼吸器官麻痹而中毒。燃气的泄漏或燃烧废气排除不畅，使室内空气中含氧量降低，使人感到氧气不足，先是虚弱眩晕，进而可能失去知觉，直至死亡。所以，防止燃气泄漏和保证室内空气流通就可以防止中毒事故发生。

在施工安装过程中，使用各种机械设备，只要遵守操作规程，注意安全防范，就会避免各种人身伤亡事故的发生。

二、民用燃气设施事故的处置

（一）安装事故的处置

民用燃气设施安装前，需要在墙体和楼板上打洞，使用的工具有电钻、风镐、大锤和钢纤等。在打洞之前，要查清打洞部位有无暗装或明装电线，防止打洞时，工具碰破电线绝缘层而发生触电事故。电钻要有接地线，防止电钻外壳带电伤人。电钻电源线在使用过程中，绝缘层会发生破损，漏电伤人，要注意及时发现电源线的破损处，并予以修整或更换。使用大锤打洞时，注意力要集中，防止大锤砸伤人。

登高作业时，梯子安置要牢靠，防止梯子滑动伤人。并要防止工具及管材等从高处落下砸伤人。安装管卡或管钩，需要钻洞埋螺栓，注意不要碰到电线。若有触电感觉，应立即停止操作，查找原因。

引入管与带气庭院管道连接时，产生燃气的漏失，容易引起操作人员中毒和烧伤事故的

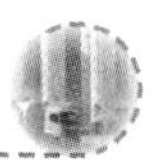

发生。操作人员有燃气中毒现象，应到空气新鲜的地方休息。中毒或烧伤严重者应立即送医院抢救。

（二）验收事故的处置

管道进行压力试验时，试验介质应为空气，不允许用燃气作为试验介质。强度试验时，不要带表灶，防止表灶损坏伤人。

户内设施改装或扩建后，有时用燃气作为介质试压，不允许用明火检漏。检漏前应开启室内门窗，搞好室内空气流通，防止人员中毒或火灾事故发生。若有中毒事故发生，应立即将中毒人员抬到空气流通的地方休息，松开衣服静卧。呼吸困难者应做人工呼吸，输给氧气或送医院抢救。发生火灾，要立即关闭管道上的阀门，切断气源，用水或干粉灭火剂进行灭火。抢救或灭火人员头脑要冷静，不要惊慌失措。

（三）使用事故的处置

燃气设施在使用过程中，会发生漏气中毒和火灾事故，因废气积聚引起的中毒事故。发现因燃气泄漏而中毒者或因废气中毒者，立即打开门窗，使空气流通，并将中毒者抬到空气流通的地方，中毒严重者立即送医院抢救。

发现室内有漏气现象，首先应打开门窗，搞好室内空气流通，降低燃气浓度。并杜绝一切火源，禁止开关电器。关闭燃气阀门，通知燃气管理人员进行抢修。

室内发生火灾，应首先关闭灶具上的阀门和入户阀门，切断气源，灭火抢救，同时报警，报警通知消防人员及时赶来灭火。

三、商业用燃气设施事故的处置

（一）安装事故的处置

商业用气燃气设施在施工过程中，要严格按安全操作规程执行，避免各种工伤事故的发生。带气作业要按带气操作程序进行，避免违章作业，并做好带气作业的监护工作。

（二）点火使用事故的处置

安装商业用气燃气设施要符合燃气规范的要求，在试压验收合格之后，方可进入点火阶段。点火之前，要置换出管道，燃气表和灶具设备内的空气，尤其注意炉膛的通风，防止炉膛存有燃气，点火时发生爆燃。

商业用气的燃气灶具热负荷大，设备集中，在燃气燃烧过程中，会产生大量的二氧化碳，烹调过程中还会产生大量的油烟。这些气体严重危害人体健康，一定要做好室内的自然通风，有条件的要安装机械排风设备。

凡具有炉膛的燃气设备，安装烟道的，要注意烟道的畅通，必须及时排放燃烧时产生的烟气。烟气在炉膛内的聚积，会形成正压，倒灌室内，燃烧器会因空气不足发生不完全燃烧，产生大量的一氧化碳而引起中毒，甚至使燃烧器熄灭，燃气逸出引起爆炸。遇到烟筒排烟不畅时，要停止燃烧器工作，清理烟道，并打开门窗，让室内空气流通，避免事故发生。

操作室内应安装燃气报警器，发现燃气泄漏，应关闭室内燃气总阀门，查找漏气点，并及时修理。

操作人员有不适的感觉，应到空气流通的地方休息，尤其在夏季，一定做好操作室的降温通风工作，防止操作人员因高温发生中暑。

四、工业用户燃气设施事故的处置

（一）安装中事故的处置

工业用户燃气设施一般都安装在车间里，车间里设备多、管道多、电器多、人员多，给现场施工带来不少困难。施工人员一定要按操作规程和技术要求施工，搞好协调工作，保证施工安全。

1. 人身事故

车间里运转设备多，施工人员在行走、施工、运料时，一定注意不要靠近运转的机器，防止被运转的机器碰撞或卷入头发及衣物，引起伤害，施工人员手持工具或管材不要碰到裸露的电线及配电盘等，避免触电事故发生。进行电焊操作时，操作场地不要有易燃物品，避免火灾伤人。

2. 其他事故

在存放有易燃易爆物品的场所施工，一方面要注意施工人员不要发生中毒或火灾烧伤事故，另一方面也要避免爆炸火灾事故发生，以免造成国家财产的损失。所以，一定要事先清理转移施工现场的易燃易爆物品。

（二）验收中事故的处置

燃气工程施工质量检验合格后，方可进入试压阶段。室外工程和室内工程可以分开试压，在分片试压合格之后，才能进入下一程序。试压介质一般用空气，不要用燃气作为试压介质。控制好试验压力，避免超压损坏设备。发现管道及设备有爆裂现象，应立即降压，查明原因，避免伤人。

试压合格后，进入燃气置换阶段。在通气置换之前，必须检查整个管道工程和所有管道上的附属设备，检查后必须将燃气表的进出口阀门关闭。通气置换工作分两次进行，先通燃气干管和支管，后通燃气表、用气管道及设备。通气置换前要先打开放散阀门。置换过程中，在规定的取样点用橡皮袋充气取样，然后拿到规定的地点试燃点。观察火焰，当火焰发黄无内焰时，即燃气呈不完全燃烧，可确定管内不含有空气，可以停止放散。如火焰内、外焰分明、燃烧声大，则管内还有空气，应继续放散。在管道放散过程中，放散管应有专人负责，注意周围不要有明火，要避免火灾和中毒事故发生。严禁在放散管道上进行试燃。

在通气置换时，开启车间门窗以利通风，工作人员不许抽烟。

给炉窑点火前，应注意检查燃气表进出口阀门和炉前总阀门在管道置换时是否关闭。没有关闭的要关闭，开启炉门，检查炉内有无燃气臭味，如有燃气臭味应及时检查修复，保证点火前无燃气泄漏。检查烟道有无积水，如有积水应予清除并烘干，务必使烟道有足够的吸力。炉窑周围不准放易燃易爆物品，并有足够的安全通道。

点火前启动鼓风机，排除炉膛内积存燃气。点火时要火等气，绝对不允许气等火，防止爆炸。点火时炉门口不许站人，防止火焰外窜伤人。点燃烧嘴时，应由上而下，由里往外逐只进行点燃与调节，切忌将所有烧嘴同时全部开启与点燃。如若烧嘴点不着，应立即关闭燃

气阀门，开大空气阀，清除炉膛内混合气体后，再作第二次点火。

任何新建、新修或长期停炉的炉窑，因炉内砌砖有潮气，在投入使用之前应小火烘炉。防止炉温过高，使炉体发生故障。

停炉时应先关燃气阀门，后关空气阀门，最后停止鼓风机。注意不得先关鼓风机后关空气阀。并要紧闭炉门和烟道闸门，防止空气流入而损坏耐火材料。

使用中若遇到停电等原因，使鼓风机突然停止送风时，须立即关闭所有烧嘴上的燃气阀门和空气阀门。必要时打开炉门防止事故。

第十五章

燃气管道的破坏与事故处理

燃气管道在实际使用过程中，由于在设计、制造、安装及运行管理中存在各种问题，因此，有可能发生管道的破坏性事故和人员伤亡事故。燃气压力管道的事故报告、调查、处理按国家质检总局令第 2 号《锅炉压力容器压力管道特种设备事故处理规定》执行。

燃气管道的破坏事故原因大体有以下几类：因超压造成过度的变形；因存在原始缺陷而造成的低应力脆断；因环境或介质影响造成的腐蚀破坏；因交变载荷而导致发生的疲劳破坏；因高温、高压环境造成的蠕变破坏等。

第一节　燃气管道破坏形式

一、燃气管道破坏形式的分类

燃气管道破坏形式的分类方法有很多种。按破坏时宏观变形量的大小可分为韧性破坏（延性破坏）和脆性破坏两大类。按破坏时材料的微观（显微）断裂机制分类，可以分为韧窝断裂、解理断裂、沿晶脆性断裂和疲劳断裂等，如图 15-1 所示。实际工作中，往往采用一种习惯的混合分类方法，即以宏观分类法为主，再结合一些断裂特征。通常分为：韧性破坏、脆性破坏、腐蚀破坏、疲劳破坏、蠕变破坏及其他形式破坏。

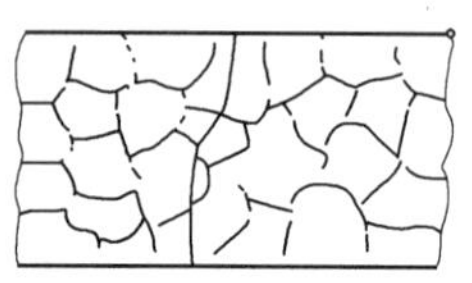

穿晶脆性断裂(解理)

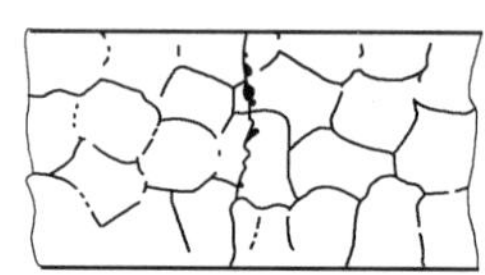

穿晶韧性断裂(微孔聚合)

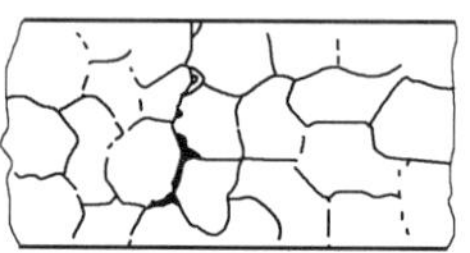

沿晶脆性断裂

图 15-1　金属材料的断裂途径

二、燃气管道破坏的分析方法

燃气管道的破坏事故一般采用宏观与显微相结合的分析方法。宏观分析方法包括变形量的测定、宏观形貌的观察分析、断口的宏观观察、材料的各项理化检验等。显微分析方法是指对断口借助电子显微镜进行观察分析。

1. 宏观变形量的测定

管道破断后的变形量不易测定，在可能的情况下应尽量测试以下一些量：管径和周长的最大鼓胀量、壁厚的最大减薄量、裂口的最大宽度和长度。

宏观变形量的测定将有助于鉴别管道破断的性态，即属于韧性破断还是脆性破断。脆性

破断在断裂前宏观变量很小，而韧性破断则有显著的宏观变形。

2. 断口分析

断口是指材料断裂后的自然表面。断裂时裂缝的扩展方向总是取阻力最小的路线，因此断口一般也是材料中性能最薄弱的部位，或者是应力最大的部位。断口的结构与形貌直接记录了断裂的原因、发生与发展的过程以及材料加工处理、使用等各方面的情况。因此管道破坏事故发生后如何保护好断口不受破坏、污染与腐蚀，尤为重要。

（1）断口的宏观分析　宏观分析的目的是要寻找识别破坏的起始点，观察并描述断口的形貌，断口形貌分灰暗的纤维状、闪光的结晶状、贝壳状等；观察有无夹渣、气孔、未焊透或裂纹等宏观缺陷。断口的扩展部分要分清放射状纹或人字纹的粗细及指向、断口的分叉、断口边缘是否有剪切唇及剪切唇的宽度等。

（2）断口的显微分析　利用扫描电镜可对断口微区的质点进行化学成分分析，从而鉴别冶金过程形成的非金属夹杂物或金属异相物质的化学成分。

（3）材料的理化分析　为鉴别材料的成分是否正常，可在断口或断口附近取样进行化学分析。为鉴别材料的晶粒度及金相状态是否正常，可以取样磨光进行金相分析。金相分析还可检查材料的冶金质量，如非金属杂物等。宏观检查还可辨别材料是否分层、折叠，从而鉴别材料的轧制质量。

对材料的机械性能的测量包括拉伸强度、屈服强度、延伸率、冲击韧性、断裂韧性及表面硬度等。除此以外，如有必要，还可进行模拟爆破、模拟焊接及断裂力学等试验。

采用电镜可从微观角度分析材料破断的物理过程，即破断的机理。

材料晶粒内的金属原子均按一定的点阵方式排列。例如铁索体晶体的原子按体心立方结构排列，奥氏体晶体的原子按面心立方结构排列。金属断裂时，沿金属晶粒内部那些由原子点阵排列所形成的各种结晶平面断开的破断称解理断裂，如图 15-2 所示。

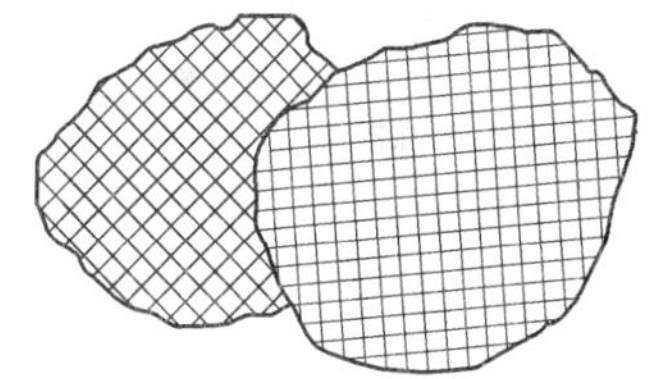

图 15-2　穿晶解理断裂

不按结晶平面发生的断裂称微孔聚合型断裂。一般说解理机制的断裂为脆断，微孔聚合机制的断裂为韧性断裂，这两种断裂均属于穿晶方式。沿晶断裂通常是因为应力腐蚀或蠕变等原因。

第二节　韧 性 破 坏

韧性破坏是管道在压力的作用下管壁上产生的应力达到材料的强度极限，因而发生断裂的一种破坏形式。发生韧性破坏的管道，其材料本身的韧性一般是非常好的，而破坏往往是由于超压而引起的。

一、韧性破坏的过程

金属材料在外力的作用下，首先产生弹性变形，当外力引起的应力超过材料的弹性极限（屈服点）时，除继续产生弹性变形外，同时还产生塑性变形。当外力引起的应力达到材料的强度极限时，材料便发生断裂，这就是材料变形过程的弹性变形、弹塑性变形和断裂的三个阶段。韧性破坏是一种因强度不足而发生的破坏。

金属的断裂是裂纹的发生和扩展的过程。金属在加工过程中可能在晶体留下显微裂纹，这些裂纹在金属的塑性变形中将得到扩展。金属材料发生大量塑性变形时，材料内部夹杂物中或夹杂物与基体界面上会形成显微空洞。随着塑性变形的增加，显微空洞长大并聚合，其边缘上的应力达到材料的极限强度，金属即发生断裂。

极限强度是材料最大均匀变形的抗力，表征材料在拉伸条件下所能承受的最大应力，是金属材料的主要机械性能指标，也是设计和选材的主要依据。

管道在屈服后的升压过程中，若在任意点卸压时均会留有较大的残余变形，例如鼓胀，而长度的变化几乎可以忽略不计。使用中的管道如果发现有鼓胀现象，说明已因超压变形而失效，必须停止使用。至于已发生韧性破断的管道，其鼓胀现象就更为明显。

二、韧性破坏的特征

如果管道不是由于存在明显的缺陷，或者材料也没有明显脆化，而是由于超压导致破坏时，都属于韧性破坏。从破坏后变形程度、断口破断情况和破坏压力可发现韧性破坏具有如下一些特征：

1. 发生明显变形

金属的韧性破坏是在大量的塑性变形后发生的。塑性变形使金属破坏后在应力方向上留存下较大的残余伸长，表现在管道上则是直径增大（或局部鼓胀）和管壁的减薄，周长伸长率可达10%~20%。所以具有明显的形状改变是韧性破坏的主要特征。

2. 一般不产生碎片

发生韧性破坏的管道由于材料韧性较好，通常不产生碎片，只是裂开一个口子，从而把介质储藏的能量释放出来。因为屈服变形是由于剪应力造成滑移引起的，所以裂口在薄弱部位出现时，可能与最大主应力垂直，最终则转向同最大剪应力方向一致，一般裂口成“I”形。液化管道一旦裂开长缝，压力迅速下降，裂口不会张口很大。气体管道因破裂时释放能量较大，使裂口又长又大，甚至产生很大撕裂变形。液化石油气管道因破坏时液态液化石油气迅速汽化，能量巨大，因此裂口也会很大。

3. 实际爆破压力与理论值相近

金属韧性破坏是经过大量的塑性变形，而且是在外力引起的应力达到极限强度时产生的，所以韧性破坏的管道，管壁上产生的应力一般都达到或接近材料的抗拉强度，即管道是在较高的应力水平下破坏的，它的实际爆破压力往往与理论上计算的爆破压力相接近。

4. 断口的宏观形貌

韧性破坏基本上是滑移、位错堆积和微孔聚合机制，断口呈纤维状，无金属光泽，色泽灰暗不平，断面有剪切唇。断口一般可区分为两部分，一是起爆部分，另一部分是快速撕裂部分。起爆点所占面积不大，但完全具备一般韧断断口的灰暗纤维状特点。由于这种断裂是材料的最大剪应力作用下充分滑移而断开的，断面易在与最大剪应力平行的方向发生，其方向往往与最大拉应力方向大致成45°夹角，其形状如图15-3所示。材料的韧性越好或者壁厚越薄，起爆点的纤维区深度与壁厚的比值越高，一般5~6mm壁厚以下的低碳钢管道其起爆点从内壁面到外壁面都会是纤维区。

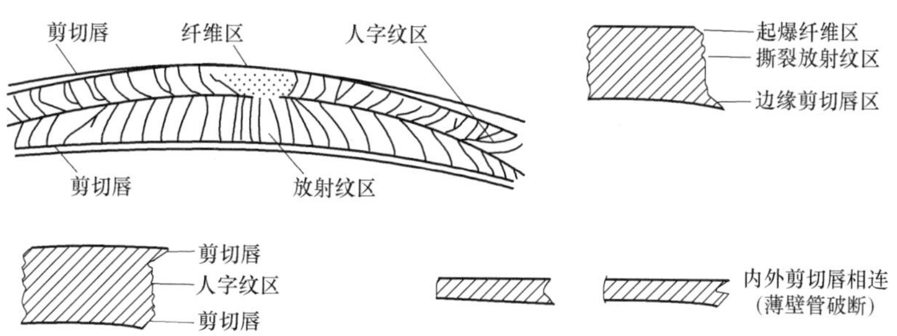

图 15-3　韧性破坏断口的宏观形貌

断口纤维区以外均为撕裂部分。材料形成纤维区断裂之后几乎以声速扩展撕裂。该部分呈放射形花纹和人字形花纹，并具有指向起爆点特点。人字纹和放射纹区一般与最大主应力方向垂直，而不是成 45°交角。接近壁面的断口边缘区一般有 45°方向的平齐光滑的剪切唇，这是由于壁面附近一般处于平面剪应力状态，易发生滑移剪切变形而形成剪切唇。如果管壁较薄，内外剪切唇可以相接，这时快速撕裂区不再出现放射纹和人字纹、全为 45°的剪断断口。

5. 断口的电镜分析

断口的微观形貌为韧窝花样，韧窝的实质就是一些大小不等的圆形、椭圆形凹坑，是材料微区塑性变形后在异相质点处形成空洞、长大聚集、互相连接并最后导致断裂的痕迹。宏观纤维状形貌是显微窝坑的概貌。

韧窝几乎都为金相中的二次相界面、非金属夹杂物、位错堆积区或晶界处等，因此非金属夹杂物愈多，愈易形成显微空洞和韧窝。

三、韧性破坏的预防

1. 韧性破坏的基本条件

韧性破坏是由于管道的薄膜应力超过材料的屈服极限而产生的，显著的塑性变形只有在整个受力截面上的材料均处于屈服状态下才能产生。局部应力高的部分的塑性变形会受到相邻部分材料的抑制从而降低过高的局部应力，因此韧性破坏不会首先从峰值应力的地方发生，除非这些地方存在严重的缺陷。

2. 常见韧性破坏事故

因为韧性破坏只有在管道整个截画上的材料均处于屈服状态下才会产生，而这种情况在正确设计、合理使用的管道中一般不会出现、一般产生于下列原因：

1）因操作失误，或生产不稳定而造成管道内压力升高，并超过最高许用压力；

2）安全保护装置（如安全阀）失灵，超压时不开启泄压；

3）燃气管道维护不良以致壁厚减薄，特别是均匀腐蚀减薄以后，即使并未超压，也可能致使一次薄膜应力过大，而导致韧性破坏。

3. 韧性破坏事故的预防

要防止燃气管道发生韧性破坏，最根本的办法是保证在任何情况下管壁上的应力都低于材料的屈服极限，这就必须做好以下几方面的工作：

1）使用管道必须经过认真的设计计算，使管道具有足够的壁厚，以保证在规定的工作压力下，管壁上的应力在许用应力范围以内；

2）管道系统应按规定装设安全泄压装置，并保证其灵敏好用；

3）加强对管道的维护检查和定期检验，采取有效措施防止大气及介质对管道的腐蚀，腐蚀余量应保持在许可的范围以内；

4）在实施检修或局部更换管道时，避免错用、不合理的代用材料而降低管道的极限应力，这种情况在实际工作上并不少见；对于长期放置不用、维护不良的管道，因发生大面积腐蚀、厚度减薄、强度减弱，再次启用前应按规定进行全面检验。

第三节　脆性破坏

脆性破坏是指管道破坏时没有发生宏观变形，破坏时管壁应力也远未达到材料强度极限，有的甚至还低于屈服极限。脆性破坏往往在一瞬间发生，并以极快的速度扩展。这种破坏现象和脆性材料的破坏很相似，故称为脆性破坏。又因为它是在较低的应力状态下发生的，故又叫做低应力破坏。脆性破坏的原因是材料的脆性和严重缺陷。前者可因焊接和热处理工艺不当而引起，后者包括安装时焊缝中遗留的缺陷和使用中产生的缺陷。此外，加载的速度、残余应力、结构的应力集中等都会加速脆断破坏的发生。

一、材料脆性引起的脆性破坏

钢铁材料在低温下冲击韧性显著降低。从大量的冲击试验表明，温度低时钢对缺口的敏感性增大，这种现象称为钢的冷脆性。

钢的冷脆性表明在温度变低时钢会由韧性状态转变成脆性状态。因此要防止钢的脆性破坏首先要掌握所使用的钢是在什么温度下由韧性状态变为脆性状态的，这个温度叫做冷脆转变温度。冷脆转变温度可以通过试样的冲击试验来评定，但是因为评价的方法、标准不同而结论各异，往往仅能定出一个温度转变区间。

除低温冷脆转变引起的脆性破坏外，还有因焊接导致焊缝及热影响区材料脆化而引起的脆性断裂。如焊条或焊丝的含碳量偏高或其他合金元素的碳当量偏高，便会引起焊接过程的淬硬倾向，使焊接接头区域材料硬化。如果含硫、磷量偏高时，也会导致焊缝的脆化。焊接过程本身相当于一个冶金过程，其热影响区相当于经受不同加热与冷却条件的热处理区，有些低合金钢或碳素钢在焊缝热影响区相当于接受了回火处理，由于回火脆性而使热影响区变脆。

二、缺陷引起的脆性破坏

金属材料以及压力管道的脆性破坏并不一定都由低温脆性引起。实际上，脆性破坏事故中材料的缺陷往往是主要原因，而其中尤以裂纹性缺陷引起的事故所占的比例最高。

金属管道在焊接时不可避免地带来许多缺陷，包括夹渣、气孔、未焊透及裂纹。裂纹是一种平面型的缺陷，因而是一种最危险的缺陷。裂纹的尖端存在严重的应力集中，而且往往与最大主应力相垂直，因此最容易引起低应力脆性破坏。

断裂力学建立了防脆断的分析方法。在分析了裂纹尖端附近应力应变场的基础上，引出了描述裂纹尖端应力场强度的物理量一应力强度因子（K_1）的概念，同时又用实测的方法

测得了应力强度因子临界值（K_{IC}），该值称为材料的断裂韧性。断裂韧性 K_{IC}、裂纹的尺寸 a、载荷应力 σ 三者之间符合下列数学式：

$$Y\sigma\sqrt{a} = K_{IC}$$

式中　Y——结构系数。

利用该式可以判断工作应力 σ 或裂纹 a 是否安全。

三、脆性破坏的特征

燃气管道发生脆性破坏时，在破坏的形状、断口形貌等方面都具有一些与韧性破裂正好相反的特征。

1. 无明显的塑性变形

金属的脆断一般没有留下残余伸长，因此脆断后就没有明显的塑性变形，表现出宏观的脆性性态。正是从这点出发，才将其划为脆性断裂之列。

除非因设计或选材的错误，一般由于材料冷脆引起管道脆断的例子并不多见。大部分脆断事故是由下面这些原因造成的：严重的超标缺陷，特别是裂纹性缺陷；焊接造成晶粒粗大、偏析而脆化；焊接材料含碳量过高，加上焊接参数不当引起淬硬；焊条潮湿导致焊缝含氢，又未适当热处理加以除氢，这些都会造成焊缝或热影响区材料韧性的脆化。

2. 材料脆化而破坏的断口特征

材料变脆形成的破坏断口，宏观上的特点是断口平齐，呈现金属光泽的结晶状态，断口与最大主应力垂直，这与韧性断裂的纤维状斜向剪断、塑性变形大有极为明显的区别。

从断裂机制上来看，该断裂往往为解理断裂，由于多晶体的不同晶粒的结晶取向不一，它们穿过晶界时的解理刻面取向也就各有所异，这就是宏观上形成金属闪光的原因。材料愈脆，结晶愈是细腻。

3. 因缺陷造成的脆断断口特征

因缺陷造成的脆性破坏尽管在宏观上与低温脆化很相似，但断口上有显著的不同，大多数中低强度钢管因焊缝中的缺陷引发的破坏的断口不呈结晶状，而是具有如下四个区域：原始缺陷区、稳定扩展的纤维区、快速扩展的放射纹区及人字纹区、内外表面边缘的剪切唇区，如图 15-4 所示。一般用肉眼便可清楚地观察到这四个区域。

图 15-4　原始缺陷低应力脆断断口

4. 破坏时的应力较低

因缺陷特别是裂纹引起的脆断管道，断裂时的薄膜应力都较低，一般不超过屈服强度，因此不会造成明显的塑性变形。同时，这种破坏可以在正常的操作压力或水压试验的压力下发生。

此外，脆性破坏常见于用高强度钢轧制的管道。中、低强度钢管一般都发生在厚壁管上。

四、脆性破坏的预防

造成脆性破坏的主要因素是缺陷及材料的脆性。按照断裂力学的观点，缺陷（通常指裂纹）附近的应力应变往往增强，当它达到材料断裂韧性指标时，缺陷迅速扩展而导致脆性断裂。脆性破坏事故的预防，应注意如下几个方面：

1. 加强对管道的检验

很多低应力脆断的管道都是由缺陷造成的，特别是焊缝中的裂纹性缺陷。管道焊缝裂纹有些是在安装焊接过程中产生的，如果在焊后加强对焊缝的宏观检查和无损探伤，确保无超标缺陷，可避免有裂纹的管道盲目投入运行以致发生脆性破断。

2. 消除焊接残余应力

焊接残余应力是造成脆性破坏的主要原因。焊接残余应力是管道在焊接过程中因加热、熔化、凝固、冷却等过程，使焊缝区内各部分变形不一而又相互制约的复杂过程所造成的。壁厚愈厚、管道结构自身刚性愈大，焊接残余应力也愈大。

合理的焊接工艺可以改善焊缝的韧性和降低残余应力，但不能消除残余应力。因此对大管径、厚壁、重要的管道应采用焊后热处理以消除残余应力，一般为退火处理。

3. 确保材料的韧性

管道在使用条件下应具有足够的韧性。为此，首先是合理选用材料。对于低温材料应提出使用温度下的最低冲击韧性指标，对高强度钢，最好是根据目前的探伤水平提出材料的最低断裂韧性值。要合理选用高强钢，尽量使用比较成熟的钢种。

焊接及热处理不当会降低材料的韧性。不少管道就是因为焊接过程中造成晶粒粗大使韧性下降，或者焊接时的预热、电流、速度、冷却、保温等过程不当，使焊接部位材料变脆。

使用过程中也要防止管道韧性的降低，如防止使用温度低于设计温度；开停车时要防止压力的急剧变化等。

4. 避免应力集中

应力集中是促成管道发生低应力脆性破坏的重要原因。管道中一切几何不连续部位，如异径管、三通、法兰等，应力比较集中，应尽可能采用过渡圆角的局部结构，这对低温管道尤为重要。要防止焊接中出现超标的错边、咬边和未焊透等缺陷，焊后要表面磨光，不允许焊缝出现咬边及母材上留存引弧凹坑，不适当的焊缝堆高也应磨去。

第四节　腐 蚀 破 坏

一、应力腐蚀破裂

在一定环境中，金属材料在应力和腐蚀介质共同作用下，经过逐渐腐蚀最终产生的破裂，称为应力腐蚀破裂。

根据城镇燃气管道的金属管材与埋地敷设和燃气本身性质特点，可能产生如下应力腐蚀破裂。

1. 碱脆

金属在碱液中的应力腐蚀破裂称碱脆。碳钢、低合金钢、不锈钢等多种金属材料有可能发生碱脆。但对碳钢的碱脆一般发生在氢氧化钠浓度为5%以上，温度大于50℃时，因此，城镇燃气管道一般不易产生碱脆现象。

2. 硫化物腐蚀破裂

金属在同时含硫化氢及水的介质中发生的应力腐蚀破裂即为硫化物腐蚀破裂，简称硫裂。在天然气、石油采集，加工炼制，石油化学及化肥等工业部门常常发生管道、阀门硫裂事故。

硫裂的裂纹较粗，分支较少，多为穿晶型，也有晶间型或混合型。

3. 碳钢在 CO-CO_2-H_2O 环境中的应力腐蚀破裂

在合成氨、制氨的脱碳系统、煤气系统、有机合成及石油气等工业中常发生这类操作事故。

二、腐蚀疲劳

交变应力与化学介质共同作用下引起金属力学性能下降、开裂，甚至断裂的现象称为腐蚀疲劳。介质与应力的共同作用往往比它们单独作用或二者简单叠加更加有害。有时腐蚀性很弱的介质，像水、潮湿空气等也能起很大作用，使材料或物件发生破坏的危险性增加，这种现象很容易被忽视，因此需要给予足够的注意。

疲劳性能通常是用 S-N 曲线及疲劳极限来衡量。我们可以通过腐蚀介质对其影响来说明腐蚀疲劳破坏的规律。图 15-5 是腐蚀介质对 S-N 曲线的影响示意图。由图可见：

1）介质作用下疲劳强度的明显下降，空气和介质中的 S-N 曲线在高应力低循环次数一侧比较靠近，二者差别减小。低应力时腐蚀疲劳寿命连续大幅度的下降，疲劳极限消失。

2）预先腐蚀然后再疲劳，虽然也可使强度下降，但其作用要比介质和应力同时作用弱得多，因此前者并非真正意义上的腐蚀疲劳。前者保留疲劳极限，后者疲劳极限消失。腐蚀疲劳裂纹的特点如下：腐蚀疲劳裂纹往往有很多条，但无分枝，这是与应力腐蚀裂纹的区别。裂纹一般是穿晶的。

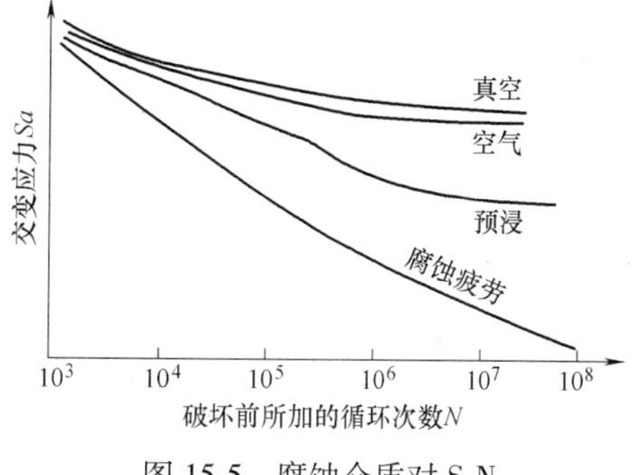

图 15-5　腐蚀介质对 S-N 曲线的影响（示意图）

管道的疲劳源有三个方面：

1. 机械激振

压缩机、泵的机械振动，传递给与之连接的配管系统，而配管系统又受以支卡架的约束，位移不能迅速转移，就会在机、泵与配管的连接部位产生较大的振动应力。

2. 燃气流动工况

压缩机喘振将会使整个管路系统产生流体自激振动现象。管路中减压阀、调节阀处，由于流速的变化，也会引起管道振动。管道内气液二相的不稳定性流动也易产生管道内压力的波动，引起管道励振。压力脉动和涡流（流体在弯头和管道截面积突然变化处因流速和流动方向的变化而引起流体流动紊乱）则能严重地引起管道振动疲劳。

由于管道温度的变化，管道的受热膨胀及冷却收缩又不能自由进行（被固定），因此管道承受交变的热应力。

压力循环使得管道承受循环载荷，也是造成管道疲劳破坏的重要原因。

3. 自然因素

主要指风载荷及地震等自然因素使管道承受变动应力。

三、氢损伤

氢渗透进入金属内部而造成金属性能劣化称为氢损伤，也叫氢破坏。在金属燃气管道中有可能产生氢鼓泡和氢脆等氢损伤。

1. 氢鼓泡及氢诱发阶梯裂纹

主要发生在含湿硫化氢的介质中。

硫化氢在水中离解：

$$H_2S \longrightarrow H^+ + HS^-, \quad HS^- \longrightarrow H^+ + S^{2-}$$

钢在硫化氢水溶液中发生电化学腐蚀。

阳极反应：　$Fe \rightarrow Fe^{2+} + 2e$

二次反应过程：　$Fe^{2+} + S^{2-} \rightarrow FeS$

阴极反应：

$$2H^+ + 2e \longrightarrow 2H_{吸附} + H_2\uparrow, \quad 2H_{吸附} \longrightarrow 2H_{吸收}$$

由上述过程可以看出，钢在这种环境，不仅会由于阳极反应而发生一般腐蚀，而且由于S^{2-}在金属表面的吸附对氢原子复合氢分子有阻碍作用，从而促进氢原子往金属内渗透。当氢原子向钢中渗透扩散时，遇到了裂缝、分层、空隙，夹渣等缺陷，就聚集起来结合成氢分子造成体积膨胀，在钢材内部产生极大压力（可达数百 MPa）。如果这些缺陷在钢材表面附近，则形成鼓泡，如图 15-6 所示。氢鼓泡破坏形貌如图 15-7 所示。如果这些缺陷在钢的内部深处，则形成诱发裂纹。它是沿轧制方向上产生的相互平行的裂纹，被短的横向裂纹连接起来形成“阶梯”，见图 15-8。氢诱发阶梯裂纹轻者使钢材脆化，重者会使有效壁厚减小到管道过载、泄漏甚至断裂。

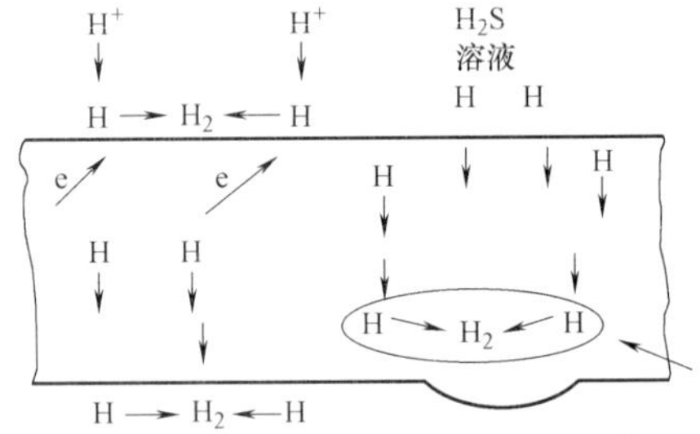

图 15-6　氢鼓泡示意图

氢鼓泡需要一个硫化氢临界浓度值。有资料介绍，硫化氢分压在 138Pa 时将产生氢鼓泡。

氢鼓泡及氢诱发阶梯裂纹一般发生在钢板卷制的管道上。

2. 氢脆

不论以什么方式进入钢内的氢，都将引起钢材脆化，即延伸率、断面收缩率显著下降，高强度钢尤其严重。若将钢材中的氢释放出来（如加热进行消氢处理），则钢的机械性能仍可恢复。氢脆是可逆的。

H_2S-H_2O 介质常温腐蚀碳钢管道能渗氢，在高温高压临氢环境下亦能渗氢；在雨天焊接或在阴极保护过度时亦会渗氢。

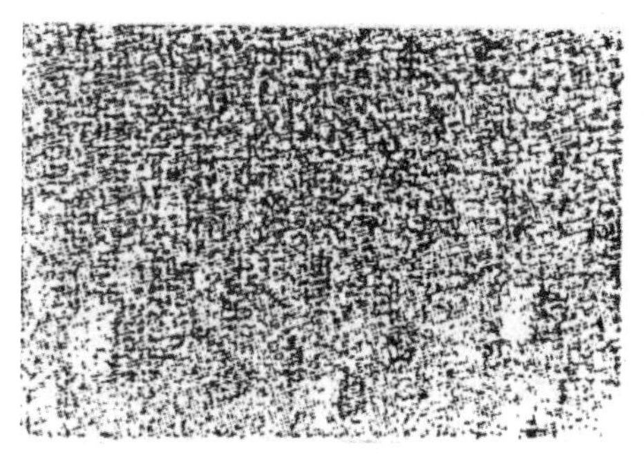

图 15-7 氢鼓包

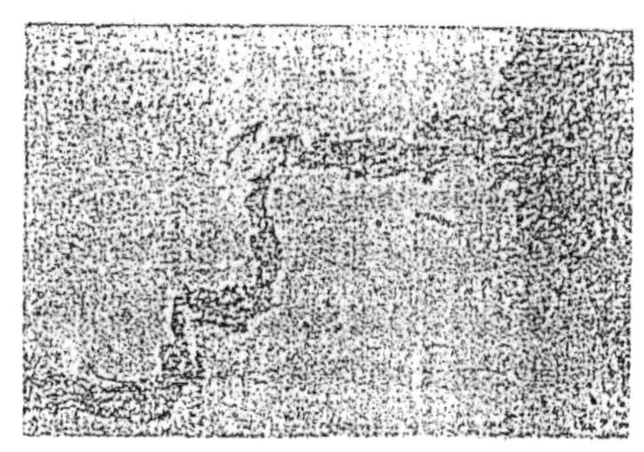

图 15-8 16Mn 低合金钢在 H_2S 腐蚀环境中发生的氢诱发阶梯裂纹破坏现象

四、腐蚀破坏的设防

1）做好管道防腐设计、施工安装与检验工作。

2）在管道运行期中，加强日常维护管理，特别注意管道防腐层及电保护的检查维修工作。

3）随时注意燃气管道运行环境的变化，其中包括燃气成分中腐蚀性物质的增加和地下管道埋设地点的土壤腐蚀情况的变化，当发生变化后应采取针对性措施。

第五节 疲劳破坏

燃气管道的疲劳破坏是管道长期受到反复加压和卸压的交变载荷作用出现的金属材料疲劳而产生的一种破坏型式。疲劳破坏时一般没有明显的塑性变形，从型式上来讲与脆性破坏很相似，但其原因和发展过程却截然不同。

一、疲劳破坏过程

金属在承受大小和方向都随时间发生周期性变化的交变载荷的作用时，尽管载荷所产生的应力不大，而且往往低于材料的屈服极限，但如果长期受这种载荷的作用，也会发生断裂，这就是金属的疲劳。

金属承受的交变应力愈大，则所能承受的交变次数愈少；反之，交变应力愈小，则至断裂时所能承受的交变次数就愈多。当金属所承受的交变应力不超过某一数值时，它可承受无数次的交变应力而不会发生疲劳断裂，该应力值称为材料的疲劳极限。疲劳极限与抗拉强度有一定的比例关系。在拉伸—压缩对称的应力循环中，疲劳极限约为抗拉强度的 40%。

二、疲劳破坏的特征

1. 发生疲劳破坏的部位

疲劳破坏最易在两处发生：一是结构的几何不连续处，即管道的应力集中部位；二是存在裂纹类原始缺陷的焊缝部位，即使在交变的膜应力下也会产生疲劳裂纹的扩展而破坏，如果两种情况同存于一处，就极易产生疲劳破坏。

2. 疲劳破坏的基本形式

疲劳破坏主要为爆破和泄漏两种：如果材料强度高而韧性差，疲劳裂纹产生并扩展到临界裂纹尺寸时，就会突然以极快的速度扩展而破坏；如果材料的强度较低而韧性较好，疲劳裂纹扩展到相当尺寸后即使穿透了管壁仍未达到临界裂纹尺寸，此时管道只发生燃气泄漏而不爆破。

3. 疲劳破坏后的整体特征

由于疲劳破坏的管道所受的膜应力并不高，一般都在设计许用应力之内，即使应力集中部位应力很高，也不会引起管道总体显著变形。

4. 疲劳断口的宏观形貌

疲劳断裂时无塑性变形，属于脆性断裂性态，断口上有明显的裂纹产生区、扩展区和最终断裂区。管道的名义应力较小而又没有大的应力集中，则疲劳裂纹产生和扩展区所占的面积较大，反之则较小。

疲劳断口上突出的特点是在扩展区宏观上具有贝壳状的树纹，并且断口平齐、光亮，基本上与最大主应力相垂直（指拉伸或弯曲疲劳断裂的情况）。断口的最终断裂区一般有放射状的花纹或人字纹。

5. 疲劳断口的微观特征

电镜下观察疲劳断口的裂纹扩展区时，可见到一种独特的疲劳辉纹。疲劳辉纹与宏观的贝壳纹十分相似但含义不同。辉纹是在恒幅交变载荷作用下每一次循环所留下的印记，其间距反映该阶段的扩展速度。而贝壳纹是交变载荷应力幅度变动时留下的痕迹。

三、疲劳破坏的预防

1. 选用合适的抗疲劳材料

燃气管道的疲劳破坏一般均属于低周高应力疲劳破坏，而低周高应力疲劳取决于材料的塑性应变能力。低碳钢与碳锰钢具有较好的塑性应变能力，同时又具有抗低周疲劳破坏的特性。强度偏高的碳钢或合金钢材料则与之相反。

2. 考虑结构的抗疲劳性能

应力集中是引起疲劳破坏的主要因素。管道系统结构的设计应尽可能消除或减少应力集中。管道系统中几何不连续部位适当的技术处理可提高其疲劳寿命。

3. 选材及安装时的注意问题

严禁使用冶金质量和制造质量低、均匀度差、有缺陷的管材。施工时要保持管材表面的完好光洁，提高焊缝焊接质量，严格按规范做好无损检验。

4. 燃气管道的定期检验

燃气管道在使用过程中会因各种原因产生裂纹，特别是承受交变载荷的疲劳影响的管道。对焊缝要按规定的年限进行各种手段的定期检验。重点应检验应力集中部位的焊缝。

第六节　蠕 变 破 坏

金属材料在高温环境下受拉应力的作用将缓慢伸长，这就是蠕变，当管道压力过高，产生较大应力时，也会造成蠕变破坏。

一、蠕变破坏过程

蠕变一般分减速、恒速及加速三个阶段。在一定温度条件下，当应力小到一定程度时，

只发生减速与恒速两个阶段，经过一定时间后不易产生断裂。

蠕变断裂的强度指标是：蠕变极限和持久极限。蠕变极限是金属材料长期在高温作用下塑性变形抗力指标。持久极限是金属材料在高温长期应力作用下对断裂抗力指标。

蠕变和最终断裂与沿晶滑动和晶粒内滑移有关。晶粒内滑移在塑性变形中很普遍，而沿晶滑动是蠕变的特征。

二、蠕变破坏特征

蠕变断裂是一种沿晶断裂。断口呈粗糙颗粒状，无金属光泽。由于长期在高温蠕变作用下管道在直径方向明显变形，且断口被氧化或被腐蚀物覆盖而难以看清真正形貌。断口无明显减薄，没有剪切唇，断口与管壁垂直，具有脆性断口特征。

三、蠕变破坏的预防

1）设计时应根据管道的使用温度选择合适的管材，并按蠕变极限选取许用应力。

2）蠕变破坏部位主要位于弯头、三通等高拉应力地区，因此设计时应使管道结构合理。使之不易产生蠕变破坏。

3）在施工安装过程中应按设计确定的管材，并严格按照确定的焊接工艺和热处理措施进行。

4）管道运行中严格控制工艺指标，不允许超温超压运行。

5）加强检验，应将出现过高温高压的管段作为重点检验对象。

在城镇燃气管道中一般运行温度较低，因此，不易发生管道蠕变破坏。

第七节　燃气管道破坏事故分析

对燃气管道破坏事故认真的调查分析，找出确切的事故原因，其目的就是要逐步摸清和掌握管道安全运行的规律和科学管理的方法，从事故中找寻设计、材料、制造、安装、运行和检验等各方面的经验教训，以期提高管理的技术水平。

管道的事故原因往往是多方面的，常常是多种不安全因素交叉在一起，促成了事故的发生。对事故的技术分析就是要找出这些不安全因素和它们之间的关系，从不同的角度提出预防事故的措施。

管道发生的破坏事故无论大小，都要组织有关人员进行调查与处理，必要时组织有关专家调查分析，最后写出技术报告，并上报质量技术监督行政部门。

一、事故的现场处理

1. 现场紧急处理

管道发生破坏事故之后，首先切断燃气来源和与周围系统、设备的联系。及时切断有关设备的动力电源，以防止因电源、明火引发二次起爆等更严重的后果。

2. 现场保护与记录

现场紧急处理后，必须严格保护现场，要注意尽量保存与事故有关的各种信息，对于易丧失的信息（如气、液及易遭破坏的环境）要尽快收集，并详细记录，以便作进一步的调查分析。在保护现场时，必须保护好管道破裂断口，作为事故原因分析的依据。

3. 收集并保存原始操作记录

现场处理时要仔细收集事故发生前后所记录的操作压力、温度、流量、燃气的成分分析等有关原始数据。无法收集时，要对事故前的操作情况作调查取证，以便为事故的综合分析提供重要原始依据。

4. 事故现场调查

事故的现场调查包括以下两个方面：

（1）管道破裂情况的检查和测量　管道破裂情况的检查包括对断口的初步观察、变形或破裂形状及管道内外表面情况的检查。应测量膨胀的程度及部位，泄漏的位置、泄漏口的尺寸，裂口的位置、方向、裂口长度及张开的最大宽度，周长的变化、裂口处厚度减薄的情况等。

（2）安全保护装置情况　包括对安全阀和压力表的检查，看管道是否有超压的可能或存在有超压的迹象；看安全保护装置是否有失灵现象，是否有开启过的迹象；检查压力表是否正常。

5. 事故过程调查

事故前管道系统运行情况，主要调查事故前实际操作温度、压力、流量、介质成分和性质等；了解是否有异常情况，如温度、压力的波动、操作失误、泄漏、声响、明火等。

事故经过情况包括异常现象开始的时间、采取的应急措施、上传下达的情况、安全保护装置动作情况以及事故发生时的详细情况，如有无闪光、着火、爆炸声次数等。

6. 管道历史情况的调查

（1）制造和安装情况　管材、管件的制造厂、出厂年月、产品合格证；管材质保书或复验单、代用情况；系统的设计、竣工资料图样；焊接材料及试验资料、焊接工艺、无损检测资料、热处理记录、压力试验记录；起爆部位原来的焊接情况、检验记录资料等。

（2）管道运行情况　历年运行的工艺指标；使用年数、周期、累计运行时间；历年检验及最近一次检验检修的时间和内容，曾经出现的问题，采取的措施；要注意了解介质对材料的腐蚀，特别是应力腐蚀和晶间腐蚀的倾向；要了解温度与压力的交变波动范围和周期。

安全保护装置情况包括其型式、规格、使用时间、日常维护检修及定期校验的情况。

二、技术检验和鉴定

简单的调查分析往往不可能断定事故的真正原因，只有通过进一步的技术检验和鉴定，才能最终得出科学的结论。

1. 材料检验

检验或校核管道材料原有的化学成分或性能，检查管道在使用过程中材料成分性能所发生的变化，对于分析事故原因十分必要。

（1）化学成分检验　化验的目的是通过常规元素的检验来确定材料牌号或验明其是否符合标准。其次是重点分析那些对材料的机械性能有较大影响的元素成分。

（2）机械性能测定　材料的机械性能通常是由制造厂质保书提供。安装、检修、使用的不当往往改变了原有材料的机械性能，从而有可能导致事故的发生，所以，有必要在断裂部位取样作机械性能的复验。

（3）金相试验　金相样品应尽可能取在起爆处，对起爆处的金相观测可查看材料组织是否正常，鉴别冶炼过程中存在的缺陷；热加工过程的缺陷；在断口上找出裂纹的性质；验证某些使用条件下的腐蚀。

成分分析和金相检验不因材料变形而变化，是一种可信的检验方法。

2. 断口分析

断口分析由宏观分析与显微分析两部分组成。宏观分析用以确定断裂的性态，即属于脆性断裂还是韧性断裂；显微分析用以判别断裂的微观机理。两种方法相辅相成，加之其他手段，一般便可确定管道断裂事故的基本原因。

（1）断口宏观分析　宏观分析简单易行而且有效，一般作为断口分析的主要手段。通过宏观分析可以找出断裂的原始起爆点，从而可帮助分析爆破的原因、断裂的性态。

（2）断口的显微分析　用电镜以断口作显微形貌观察，对事故原因的确定很有帮助。一般说纤维区的显微形貌为韧窝状花样，剪切唇部分为拉长韧窝花样；韧性好的材料放射纹与人字纹一般为准解理花样，韧性差的可能是解理河流状花样；脆性解理断裂则为河流状花样；疲劳断口呈海滩线状花样；应力腐蚀表现岩石状或泥块状花样；仅蠕变断口较难看清其真正的形貌。

（3）断口的化学分析　断口的化学分析包括剥层取样的化学成分分析和电镜中微区成分分析。剥层分析有助于鉴别脱碳、高温氧化、应力腐蚀等破坏。扫描电镜的 X 射线反射波可测出断口微区元素的种类和含量，从而可鉴别出冶金夹杂物、焊接材料成分以及使用过程中材料的成分变化。

三、事故综合分析

事故综合分析的目的是最终对事故的过程、性质、破坏形式及性态、事故的原因提出科学的结论。综合分析的基础和依据是事故调查及技术鉴定。调查及技术鉴定的资料须经仔细分析研究、去伪存真、由表及里，才能最终准确判断事故发展过程及失效之原因。最后，还要根据理化机制分析的结论进行管理机制的分析，提出改进建议和采取的相应措施。

1. 破坏程度及爆炸性质

（1）管道破坏程度　管道事故的破坏程度可分为鼓胀、泄漏、爆裂与爆炸四种等级。鼓胀与存在的缺陷、腐蚀、超压有关；泄漏可能是由于腐蚀、应力腐蚀、疲劳裂纹的扩展引起管壁的穿透而产生；爆裂往往是因局部严重缺陷在不太高的压力下沿某个方向开裂而造成的较严重的破坏；爆炸则是因材料的脆性、严重缺陷、介质骤变而撕裂甚至裂成碎块而飞出，并伴有巨大响声，其后果较为严重。

（2）破坏的性质

1）工作压力下的破断：指在工作压力（包括试验压力）下管道的破裂，可因腐蚀减薄、设计壁厚过薄、材料选材不当造成的正常压力但超过屈服应力的高应力破断，也可因缺陷尤其是裂纹性的疲劳裂纹、应力腐蚀裂纹等因素引起的低于屈服应力的低应力破断。工作压力下破断的区别标准是破断时管道并未超出工作压力，因此要调查运行操作记录、仪表自动记录的运行参数，要检查安全阀是否开启泄放过、压力表有无异常情况，必要时应卸下安全保护装置作进一步检查和试验，还要从断口检查原始缺陷的情况。

2）超压破断。超过试验压力而引起的破断为超压破断，这类破坏一般由于操作失误、工艺反常而压力升高所致。在原始缺陷而又不太严重时，一旦超压，且材料的韧性又欠佳，就可能在超压程度不高时破断，此时往往表现出脆断性态。无原始缺陷，韧性优良，则可在超过工作压力 3 倍以上时才破断，并且表现出韧性破断的状态及特征。鉴别这类破断的根据仍然是压力。正常压力和超压破断一般由物理原因所致，其压力升高缓慢，通常可通过严格操作规程、强化工艺纪律、坚持定期检验来避免。

3）化学爆炸及二次爆炸破断。燃气管道系统内因与空气产生化学反应，引起压力急剧升高，积聚并瞬间释放大量的能量，超过按壁厚计算的爆破压力，形成了化学爆炸，这也是一种超压破断；二次爆炸则是超压爆炸后逸出管道的气体与周围空气混合达到爆炸极限后再次引发的爆炸。化学爆炸往往引起粉碎性破坏，而无明显塑性变形，安全附件即使开启也来不及泄压，压力表指针通常撞弯并回不到零位；二次爆炸时很可能由于冲击波的巨大能量将管道或支架等推倒。

2. 破坏形式的确定

燃气管道破坏形式是指宏观性态（韧性或脆性）或微观机理（微孔聚集、解理、疲劳、腐蚀、蠕变等），习惯上可以分为以下五种基本的破坏形式，即韧性破断、脆性破断、疲劳破断、腐蚀破断和蠕变破断。要鉴别管道的破断形式，除了运行操作的因素之外，主要是根据破断后管道的形貌、性态断口分析、材料分析、金相分析等各种技术分析的结果做综合鉴别。

3. 事故原因的确定

通过以上调查、技术检验与鉴定、综合分析，便可比较方便地确定事故的原因。通常可将事故原因分为四类：设计、安装检修、运行管理、安全保护装置。

（1）设计原因　设计方面的原因主要有设计选材不当，结构设计不当和管道工艺设计缺陷。

（2）安装检修原因　安装检修原因在管道事故中占有一定的比例。安装施工中因焊接工艺或铸铁管接头安装不当、代材不符合要求、误用错用管材等都有可能导致破坏事故的发生。

（3）运行管理原因　包括因超压运行操作使管道最大应力超过强度极限；阀门等的误操作使流量、温度、压力失控；检修前后未对管道系统进行置换或置换不彻底；操作人员违反工艺纪律、巡检制度执行不够、未及时查找隐患、缺陷整改不及时；在用燃气管道定期检验制度贯彻不力等，都是运行管理不当，最终导致管道事故发生的原因。

（4）安全保护装置原因　包括管道系统未按要求设置安全阀、压力表等安全保护装置；安全保护装置设计排放能力过小；未按规定要求实施定期检修或校验；安全保护装置管理不善、铅封破碎、不能起到可靠的安全保护作用。当确定这一类原因时，均应对安全保护装置

作技术检验与鉴定，然后才能作出结论。

在综合分析之后，应明确指出事故原因是上述四类中的哪一类。

表 15-1 为燃气管道主要的破坏形式特征及其主要原因分析。

表 15-1　燃气管道破坏形式特征及主要原因

破坏形式	韧性破断	脆性破断		疲劳破断	蠕变破断
		脆化	缺陷		
性态	韧性破断、薄膜应力超过许用应力	属低应力脆断，中低强度钢一般发生在较低温度		低应力脆断，薄膜应力在许用应力之内	低应力高温脆断、破坏应力小于材料强度极限
机制方式	微孔聚合型穿晶	解理型 穿晶		解理型 穿晶	解理型 沿晶
断口特点	断裂前发生显著的塑性变形，一般无碎片，将破坏部分拼合时，断口有间隙，花纹粗大，准解理状，有明显的纤维、放射、剪切唇三个	无明显塑性变形，将碎片拼接后其周长无明显变化 平滑光亮河流状花样，缺陷脆断可见三个区域		无塑性变形，无直径增大或壁厚减薄，无脆断碎片 贝壳状辉纹，可见纤维、放射、剪切三个区域	管道直径方向有明显变形，伴有沿径线方向裂纹，表面有龟裂，断口无明显减薄，颗粒状，难见形貌
与最大拉应力夹角	45°	直角	直角	裂纹扩展速度小时呈直角，大时接近 45°	直角
色泽	无金属光泽、灰暗	结晶状金属光泽	白亮金属光泽	白亮色光泽	无金属光泽
晶粒粗糙度	较光滑	粗糙	极粗糙	较光滑，粗糙度与裂纹扩展速度成正比	粗糙
主要原因	操作失误、工艺生产不稳定、安全附件失灵、管道严重腐蚀减薄、设计不当	管道焊缝存在原始缺陷，定期检验工作疏漏、焊接工艺及焊后热处理不当致留存残余应力、局部应力集中、选材及使用不当		不连续处应力集中、焊缝有裂纹类原始缺陷	选材不当、错用误用混用材料、焊接及冷作加工产生晶间裂纹、工艺指标失控、局部过热、高温管道监控不力

参考文献

[1] 江孝禔．城镇燃气与热能供应［M］．北京：中国石化出版社，2006.

[2] 段常贵，王民生．燃气输配［M］．3 版．北京：中国建筑工业出版社，2001.

[3] CJJ 51—2016 城镇燃气设施运行、维护和抢修安全技术规程［S］．北京：中国建筑工业出版社，2016.

[4] 城市建设研究设计院．CJJ 33—2005 城镇燃气输配工程施工及验收规范［S］．北京：中国建筑工业出版社，2005.

[5] CJJ 94—2009 城镇燃气室内工程施工与质量验收规范［S］．北京：中国建筑工业出版社，2009.

[6] CJJ 63—2018 聚乙烯燃气管道工程技术标准［S］．北京：中国建筑工业出版社，2018.

[7] GB 50028—2006 城镇燃气设计规范［S］．北京：中国建筑工业出版社，2006.

[8] 中国城市燃气协会．职业技能培训教材．燃气安全技术，2006.

[9] 中国城市燃气协会．职业技能培训教材．燃气基础知识，2006.

[10] 中国城市燃气协会．职业技能培训教材．燃气调压工，2006.

[11] 中国城市燃气协会．职业技能培训教材．燃气户内检修工，2006.

[12] 中国城市燃气协会．城镇燃气设施运行、维护和抢修安全技术规程实施指南［M］．北京：中国建筑工业出版社，2007.

[13] 中国城市燃气协会．城镇燃气聚乙烯（PE）输配系统［M］．北京：中国建筑工业出版社，2005.

[14] 邵宗义，等．实用供热、供燃气管道工程技术［M］．北京：化学工业出版社，2005.

[15] 建设部城市建设研究院标准所．城镇燃气工程标准使用手册［M］．北京：中国标准出版社，2003.

[16] 中国城市燃气协会，中国标准出版社第二编辑室．城镇燃气及燃气器具标准汇编［M］．2 版．北京：中国标准出版社，2003.